U0679312

计算机系列教材

焦家林 熊曾刚 主编
朱三元 李志敏 涂俊英 王曙霞 副主编

大学计算机
应用基础教程

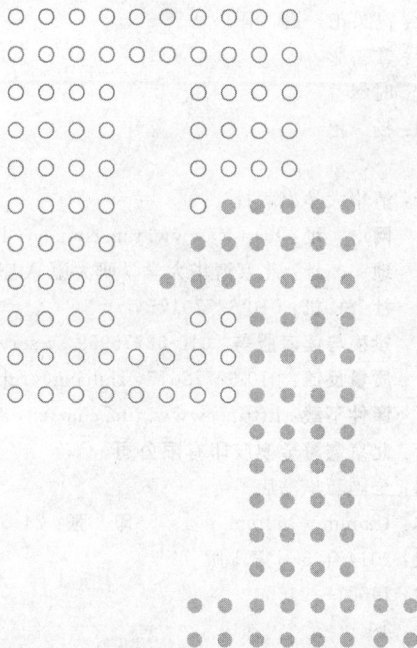

清华大学出版社

北 京

内 容 简 介

本书按照高等学校计算机基础课程的教学要求,结合当今最流行的计算机应用技术,汇萃几位作者多年教学实践经验编写而成。全书内容包括计算机基础知识、Windows 7 操作系统基础与应用、计算机网络技术、Office 2010、网页设计基础、多媒体基础知识等几部分。

本教材突出了普及性、实用性、简明性。主要特色是:内容新,先进而实用;面向应用,突出操作;资料齐全,覆盖面宽,充分突出"实践"和"技能",既强调基础知识与技能,又留给读者继续学习和提高的空间。

本书可作为普通高等学校计算机应用基础课程教材,也可用作各类计算机应用培训班、进修班教材以及工程技术人员和其他人员参加各种计算机考试的教材和参考资料。

本书封面贴有清华大学出版社防伪标签,无标签者不得销售。

版权所有,侵权必究。侵权举报电话:010-62782989   13701121933

图书在版编目(CIP)数据

大学计算机应用基础教程/焦家林等主编. —北京:清华大学出版社,2014(2019.7 重印)
(计算机系列教材)
ISBN 978-7-302-35287-7

Ⅰ. ①大…　Ⅱ. ①焦…　Ⅲ. ①电子计算机—高等学校—教材　Ⅳ. ①TP3

中国版本图书馆 CIP 数据核字(2014)第 018842 号

责任编辑:高买花　薛　阳
封面设计:常雪影
责任校对:时翠兰
责任印制:杨　艳

出版发行:清华大学出版社
　　　　网　　址:http://www.tup.com.cn,http://www.wqbook.com
　　　　地　　址:北京清华大学学研大厦 A 座　　　　　　邮　　编:100084
　　　　社 总 机:010-62770175　　　　　　　　　　　　邮　　购:010-62786544
　　　　投稿与读者服务:010-62776969,c-service@tup.tsinghua.edu.cn
　　　　质量反馈:010-62772015,zhiliang@tup.tsinghua.edu.cn
　　　　课件下载:http://www.tup.com.cn,010-62795954
印 装 者:北京鑫海金澳胶印有限公司
经　　销:全国新华书店
开　　本:185mm×260mm　　　印　　张:24.5　　　字　　数:597 千字
版　　次:2014 年 3 月第 1 版　　　　　　　　　印　　次:2019 年 7 月第 9 次印刷
印　　数:19601～21600
定　　价:49.00 元

产品编号:052236-02

前　言

"大学计算机应用基础"课程是大学新生入校的第一门计算机课程,也是大学专科、本科各学科学生必修的公共基础课程。

教育部 2006 年发布的《关于进一步加强高等学校计算机基础教学的意见暨计算机基础课程教学基本要求》中对大学生计算机基础课程的教学要求是:掌握计算机软硬件的基础知识,以及程序设计、数据库、多媒体、网络等方面的基础概念与原理性内容,了解信息技术的发展趋势;熟悉典型的计算机(网络)操作环境及工作平台,具备使用常用软件工具处理日常事务的能力。本教材就是围绕这一要求编写的。

近年来,以 Microsoft Windows 和 Office 为代表的操作系统与办公软件迅速发展,Windows 7 与 Office 2010 以其华丽外观、强大的稳定性和功能,逐步取代较低版本的操作系统与应用软件,一些计算机类的社会考试也采用 Windows 7 与 Office 2010 为平台,因此,本教材以 Windows 7+Office 2010 为主要平台进行编写。

本教材由计算机基础知识、Windows 7 操作系统、Office 2010、计算机网络与多媒体等几部分构成。

计算机基础知识主要介绍计算机发展历史与未来,二进制与信息编码,计算机硬件、软件与程序设计基础,微型计算机使用与维护等。

操作系统基础与应用主要介绍操作系统的概念与功能,并介绍常用的操作实例,重点介绍 Windows 7 操作系统的使用方法。

计算机网络部分较系统地介绍网络的基本概念、体系结构与网络协议,重点介绍局域网与国际互联网的常用应用,另外还对互联网应用新技术和网络安全与文明知识进行了介绍。

Office 2010 部分是课程的重点,详细介绍 Office 2010 的几个最常用软件的使用。Word 2010 除了介绍基本的文字编辑,并重点强调大学生常用的长文件排版、目录生成等实用技能的使用。Excel 2010 部分主要强调表格计算功能,对透视表等高级应用也进行了初步介绍。PowerPoint 2010 中主要介绍了演示文稿设计,幻灯片的制作、美化与播放。Access 2010 数据库是提高部分,这部分介绍数据库的基本知识,数据库、表、查询、视图与报表的基本操作,为学生在今后本专业的工作与研究中对大量数据的处理和程序设计打下基础。

网页制作与多媒体部分为选修内容,网页设计部分只要求学生初步了解网页制作的基本方法而不进行专业的网页设计,所以在众多的网页工具中选用较简单的 FrontPage 2003(在 Office 2003 版后,Microsoft 便停止升级 FrontPage)软件进行学习。多媒体部分介绍了多媒体的基本理论知识,常用媒体的编码和媒体处理软件,为学生进一步学习打下基础。

本教材突出了普及性、实用性、简明性。主要特色是:内容新,先进而实用;面向应用,突出操作;资料齐全,覆盖面宽,符合培养应用型人才的要求。教材主要面向大学新生,除大学生必须具备的计算机基础知识和技能之外,也考虑到了学生今后参加各种社会上的计算机认证考试的需要,有意识地强化了相应的知识与技能。教材既包括学生必备的基本知识与技能,还加入了对大学生今后进一步学习和使用计算机必需的新知识和扩展技能的介绍。

本教材由湖北工程学院计算机与信息科学学院多年来一直从事计算机基础教育的教学团队集体编写完成,焦家林、熊曾刚任主编,朱三元、李志敏、涂俊英、王曙霞任副主编。朱三元编写了第 1 章和第 2 章,焦家林编写了第 3 章、第 4 章、第 6 章和第 7 章,涂俊英编写了第 5 章,王曙霞编写了第 8 章,李志敏编写了第 9 章。熊曾刚承担全书内容的设计以及审定工作。

由于编者水平有限,加之时间紧张,而且本书内容较新,可参考的资料有限,书中难免存在一些缺陷,恳请专家及读者批评指正。

作 者

2014 年 1 月

目 录

CONTENTS

第1章 计算机基础知识

1.1 概论

1.1.1 计算机简史

在人类文明发展的历史过程中,计算工具经历了从简单到复杂、从低级到高级的发展过程。例如,结绳计数、算筹、算盘、计算尺、手摇机械计算机与电动机械计算机等。它们在不同的历史时期发挥了各自的作用,同时也孕育了电子计算机的雏形。

电子计算机是一种能够按照指令对各种数据和信息进行自动加工和处理的电子设备。它是当代社会人类从事生产、科研、生活等活动所使用的一种电子工具,是 20 世纪人类最伟大、最卓越的技术发明之一,它标志着人类又开始了一个新的信息革命时代。

世界上第一台电子计算机诞生于 1946 年,它由美国宾夕法尼亚大学莫尔学院的莫奇列(John W. Mauchly)教授等人研制成功,取名为 ENIAC(Electronic Numerical Integrator And Calculator)。这台电子计算机是一个庞然大物,全机耗用了 18 800 只电子管,1500 多个继电器,并耗用了大量的电容器和电阻,其功率达 150kW,而运算速度仅为每秒 5000 次。针对 ENIAC 存在的问题,美籍匈牙利数学家冯·诺依曼(J. Von Neumann)提出了"存储程序式"来解决 ENIAC 的缺陷。冯·诺依曼指出计算机内部应采用二进制进行运算,应将指令和数据都存储在计算机中,由程序控制计算机自动执行,这就是著名的冯·诺依曼原理。"存储程序式"计算机结构又称为冯·诺依曼体系结构,它标志着电子计算机时代的到来。

在距今短短的六十多年时间,计算机的发展已经历了 4 个阶段,目前正在向第 5 代过渡,计算机的 4 个发展阶段如表 1-1 所示。

表 1-1 计算机发展的四个阶段

代次	起止年代	所用的电子元器件	主存储器	数据处理方式	运算速度	应用领域
第 1 代	1946—1957	电子管	磁鼓、磁心	汇编语言、代码程序	5 千~3 万次/秒	国防及高科技
第 2 代	1958—1964	晶体管	磁心	高级程序设计语言	数十万~几百万次/秒	工程设计、数据处理
第 3 代	1965—1970	中、小规模集成电路	半导体	结构化、模块化程序设计、实时处理	数百万~几千万次/秒	工业控制、数据处理
第 4 代	1971—今	大规模、超大规模集成电路	半导体	分时、实时数据处理、计算机网络	上亿条指令/秒	工业、生活等各方面

1.1.2 计算机的特点

1. 运算速度快、精度高

2013 年 6 月 17 日,国际 TOP500 组织公布了最新全球超级计算机 500 强排行榜榜单,中国国防科学技术大学研制的"天河二号"以每秒 33.86 千万亿次的浮点运算速度,成为全球最快的超级计算机。计算机的计算精度随着表示数字的位数的增加而提高,再加上先进的算法,可以达到人们要求的任何精度,目前计算精度可以达到上亿位。

2. 具有逻辑判断和记忆功能

计算机具有准确的逻辑判断能力和高超的计算能力。目前微型计算机上的内存储器的容量已达到几 GB。计算机的逻辑判断功能指的是计算机不仅能进行算术运算,还能进行逻辑运算和推理。计算机的计算能力、逻辑判断能力和记忆能力三者的结合,使之可以模仿人的某些智能活动。计算机已经不再只是计算工具,而是人类大脑延伸的重要工具。

3. 高度的自动化

由于计算机采用存储程序方式工作,即把编制好的程序输入计算机中,再向计算机发出运行命令,计算机便在该程序的控制下自动执行程序中的指令完成指定的任务。

4. 通用性强

人们使用计算机,不需要了解其内部构造和原理,就能满足各类用户应用于不同的领域的需求,从而实现计算机的通用性,达到计算机应用的各种目的。

1.1.3 计算机的分类

目前使用的计算机已是琳琅满目,种类繁多,可以从不同的角度对其进行分类。

1. 按性能分类

巨型计算机(Supercomputer)。巨型计算机是目前功能最强、速度最快、价格最贵的计算机,一般用于解决如气象、航天、能源、医药等尖端科学研究和战略武器研究中的复杂计算问题。

大型计算机(Mainframe Computer)。大型计算机具有很高的运算速度和很大的存储容量,有很强的数据处理和管理能力,工作速度相对较快。主要应用于高等学校、较大的银行和科研院所以及大型数据库管理系统。

小型计算机(Minicomputer)。小型计算机规模小,结构简单(与上述机型相比较),价格便宜,而且通用性强,维修使用方便。它适合工业、商业和事务处理应用。

微型计算机(Microcomputer)。微型计算机也被称为个人计算机(Personal Computer, PC),它是当今最为普及的机型。PC 体积小、功耗低、成本低、灵活性大,其性能价格比明显地优于其他类型的计算机,因而现在绝大多数个人用户使用的都是 PC。近几年又出现了体积更小的微型计算机,如笔记本、掌上计算机、平板计算机等。

工作站(Workstation)。工作站是一种新型的计算机系统,是介于 PC 和小型计算机之间的一种高档微型计算机。与微型计算机相比有较大的存储容量和较快的运算速度,主要用于图像处理和计算机辅助设计等。

2. 按处理的数据分类

按处理的数据类型分类,可分为数字计算机、模拟计算机和混合计算机。数字计算机所处理的数据是数字量,处理后的结果仍以数字的形式输出。目前常用的计算机大都是数字计算机。模拟计算机所处理的数据是连续的,称为模拟量。一般以电信号的幅值来模拟数字或某物理量的大小,如电压、电流等。能接受模拟数据,处理后仍以连续的数据输出,这种计算机称为模拟计算机。混合计算机集数字计算机和模拟计算机的特点,可以接受模拟量或数字量的运算,最后以连续的模拟量或离散的数字量为输出结果。

3. 按使用范围分类

按使用范围分类,可分为通用计算机和专用计算机。通常所说的计算机均指通用计算机。专用计算机是为适应某种特殊应用而设计的计算机,一般只能作为专用,如嵌入式计算机等。

1.1.4 计算机的发展趋势

计算机发展到今天,从发展趋势来看,将向着巨型化和微型化发展;从应用上看,它将向着多媒体化、网络化、智能化的方向发展。

1. 巨型化

巨型计算机运算速度快、存储容量大、通道速率快、处理能力强、工艺技术性能先进,主要用于复杂的科学和工程计算,如天气预报、飞行器的设计以及科学研究等特殊领域。目前巨型计算机的处理速度已达到每秒数千万亿次。巨型计算机代表了一个国家的科学技术发展水平和国家的综合科技实力。

2. 微型化

微型计算机是计算机微型化的代表,如 PC、笔记本、平板计算机、智能手机等。它体积小,功耗低,成本低,灵活性大,其性能价格比明显地优于其他类型的计算机。微型化是指计算机功能齐全、使用方便、体积微小、价格低廉。计算机的微型化可以拓展计算机的研究领域,使计算机进一步贴近人们的日常生活。

3. 网络化

计算机技术与现代通信技术的结合构成了计算机网络。计算机网络可以方便、快捷地实现信息交流、资源共享等,网络就是计算机。通信、电子商务等都离不开网络的支持。2009 年年底,我国的网民数量已达 3.84 亿。

4. 多媒体化

现代计算机可以集图形、图像、声音、文字处理为一体,使用户通过多个感官获取相关信息。最突出的领域是虚拟现实技术,可实现实验的可视化。可以以图像与声音的集成形式实现最新的娱乐和游戏。

5. 智能化

未来计算机的智能化将会领导计算机的发展潮流。计算机的智能化是利用计算机模拟人的思维过程,称其为人工智能。在这些方面包括:数学定律的证明、逻辑推理、自然语言理解、专家系统、机器人等,都可利用人们赋予计算机的智能来完成。计算机的智能化是人们长期追求的目标。

1.1.5　计算机应用领域

由于计算机不但具有高速运算能力,而且还具有逻辑分析和逻辑判断能力等特点,大大提高了人们的工作效率,还可以部分替代人的脑力劳动,所以其应用领域非常广泛,几乎各行各业都能使用计算机帮助人们完成一定的工作,例如,从图书的编辑到最后的排版校对,从卫星研制到最后升空,以及工农业自动化的各个环节的管理等。

1. 科学计算

科学计算是计算机的传统应用领域之一。科学计算的步骤通常为:构造数学模型、选择计算方法、编制计算机程序、上机计算和分析结果。随着计算机技术的发展,使得人们最终从烦琐的计算中解放出来。如卫星轨道计算、天气预报、建筑结构分析以及导弹发射等许多尖端科技的计算都离不开计算机。

2. 信息处理

信息处理是指计算机对大量的信息进行分析、合并、分类和统计等的加工处理,是目前计算机应用最广泛的领域之一。计算机广泛应用于信息管理,对管理自动化乃至社会信息化都有积极的推进作用。信息处理通常用在办公自动化、信息情报检索、物流管理、企事业管理等领域。随着信息化进程的推进,信息管理中的信息过滤、分析以及支持智能决策等方面的应用,是衡量社会信息化质量的主要依据。

3. 过程控制

过程控制也称实时控制。使用计算机采集各类生产过程中的实时数据,并按预定的算法将得到的数据进行处理,再反馈到执行机构去控制相应后续过程,实时地对控制对象进行自动控制。过程控制可以提高自动化程度,减轻工作人员的劳动强度,提高生产效率,节省生产原料,降低生产成本,提高产品质量与合格率。计算机过程控制已在机械、冶金、石油、化工、纺织、水电、航天等部门得到广泛的应用。

4. 计算机辅助设计与制造

计算机辅助设计(Computer Aided Design,CAD)是可以帮助设计人员实现最优化设计的判定和处理,以实现最佳设计效果的一种技术。例如,在建筑设计过程中,可以利用 CAD技术进行力学计算、结构计算、绘制建筑图纸等,可以不断提高设计速度,还可以大大提高设计质量。计算机辅助制造(Computer Aided Manufacturing,CAM)利用 CAD 的输出信息控制、指挥生产和装配产品。将 CAD 和 CAM 技术结合,可以提高产品质量,降低成本,缩短生产周期,提高生产率和改善劳动条件。目前,从复杂的飞机制造到简单的家电产品生产中都广泛使用了 CAD 和 CAM 技术。

5. 计算机辅助教育

计算机辅助教学(Computer Aided Instruction,CAI)是利用计算机系统使用课件来进行教学,引导学生循序渐进地学习。CAI 更适用于学生个性化、自主化的学习,体现了现代学习的主动性。

计算机模拟也是一种计算机辅助教学的手段,如飞行模拟器用以训练飞行员等。计算机模拟还可以模拟现实生活中难以实现的事情,如核子反应堆的控制模拟等。

多媒体教学指利用计算机和相应的配套设备可以演示文字、图形、图像、动画和声音,为教学提供强有力的手段,使课堂教学变得图文并茂,生动直观。

6. 网络与通信

计算机网络是指通过通信线路把不同地理位置的若干台计算机连接起来,从而使这些计算机彼此间实现信息交流、资源共享等。随着信息技术的发展,通信业的发展将越来越迅速,计算机在通信领域的作用也会越来越大。目前全球最大的网络,即 Internet(国际互联网)已把全球的大多数国家联系在一起。

计算机在信息高速公路和电子商务等领域也得到了快速发展。信息高速公路是将所有的信息资源连接成一个全国性的大网络,让各种形态的信息(如文字、数据、声音和图像等)都能在大网络里交互传输。目前较热门的电子商务则是通过计算机和网络进行商务活动,是发生在开放网络上的包含企业之间、企业和消费者之间的商业交易。消费者通过网络进行选购和支付。电子商务发展不仅会改变企业本身的生产、经营、管理活动,而且将影响到整个社会的经济运行与结构。

1.1.6 我国计算机的发展

我国计算机的发展起步较晚,1956年国家制定12年科学发展规划,把发展计算机、半导体等学科作为科学技术的重点。1958年组装调试成功第一台电子管计算机(103机),1959年研制成大型通用电子管计算机(104机),1960年研制成第一台我国自己设计的通用电子管计算机(107机)。

1964年,我国开始推出第一批晶体管计算机,如108、109机以及320机等,其运算速度为每秒10万次~20万次。1971年研制成第三代集成电路计算机,如150机。1974年后DJS-130晶体管计算机形成了小批量生产。1982年采用大、中规模集成电路研制成16位的DJS-150机。

1983年,国防科技大学推出向量运算速度达1亿次的银河Ⅰ型巨型计算机。到1997年银河Ⅲ投入运行,速度每秒130亿次,内存容量为9.15GB。

20世纪90年代以来,我国微型计算机形成大批量、高性能的生产局面,并且发展迅速,而且还产生了许多我国自己的知名微型计算机品牌,如联想等。

2009年10月,中国国防科技大学研制成功的中国运算速度最快的超级计算机"天河一号",每秒峰值运算速度1206万亿次,它一天的计算量相当于一台主流个人计算机不间断地计算160年。这使得中国成为继美国之后第二个能研制千万亿次计算机的国家。超级计算机将主要用于石油勘探、生物医药研究、航空航天装备研制、新材料开发等领域。2010年11月14日,国际TOP500组织在网站上公布了最新全球超级计算机前500强排行榜,"天河一号"排名全球第一。其后2011年才被日本超级计算机"京"超越。2012年6月18日,国际超级计算机组织公布的全球超级计算机500强名单中,"天河一号"排名全球第5。

2013年5月,我国研制成功世界上首台5亿亿次(50PFlops)超级计算机——"天河二号",这是国家863计划"十二五"高效能计算机重大项目的阶段性成果。天河二号双精度浮点运算峰值速度达到每秒5.49亿亿次,Linpack(国际上流行的用于测试高性能计算机浮点计算性能的软件)测试性能已达到每秒3.39亿亿次,再次荣登全球运行最快计算机宝座,如图1-1所示。

图1-1 "天河二号"超级计算机

1.2 计算机的数制

1.2.1 数制概述

计算机的显著特点之一就是它强大的存储能力,但计算机是如何将这么多数据准确无误地进行存储的呢? 下面介绍计算机使用的数制和常用编码。

人们在生产实践中,创造了数的多种表示方法,这些数的表示规则称为数制。其中按照进位方式记数的数制叫做进位记数制。

1. R 进制记数制

从十进制记数制的情况看,其基数为 10,任意 R 进制同样有基数 R,其中 R 为任意正整数,如二进制的 R 为 2,十六进制 R 为 16 等。

1) 基数

一个记数制所包含的数字符号的个数称为该数制的基数,用 R 表示。如十进制有 10 个数字符号 0~9;二进制有两个数字符号 0,1;八进制有 8 个符号 0~7;十六进制有 16 个数字符号,用 0~9,A~F 表示(其中 A、B、C、D、E、F 分别表示十进制数 10、11、12、13、14、15)。对于数字串,人们习惯在一个数的后面加上字母 D(十进制)、B(二进制)、O(八进制)以及 H(十六进制)来表示其前面的数是哪种进位制。例如,$AF05_H$ 就表示十六进制数 AF05。

2) 位权

任何一个 R 进制数都是由一串数码组成,每一位数码所表示的实际值的大小除数字本身外,还与它所处的位置有关。该位置的基准值称为位权。位权用 R 的 i 次幂表示。对于 R 进制数,小数点前的一位的位权为 R^0,小数点前的第 i 位的位权为 R^{i-1},小数点后的一位为 R^{-1},以此类推。

3) 数的按位权展开

类似十进制数值的表示,任一 R 进制的数都可以表示为: 各位数码本身的值与其所在位的位权的乘积之和。例如,$101.01_2 = 1 \times 2^2 + 0 \times 2^1 + 1 \times 2^0 + 0 \times 2^{-1} + 1 \times 2^{-2} = 5.25$。

2. 二进制

二进制是计算机中采用的记数方式,因为二进制具有以下特点:

1) 电路简单

计算机是由逻辑电路组成的,逻辑电路通常只有两个状态,如开关的"通"和"断",电压的"高"和"低"。这两种状态正好用二进制的 0 和 1 来表示。

2) 工作可靠

两种电的稳定状态表示两个数据,数字传输和处理不容易出错,因而电路更加可靠。

3) 简化运算

二进制运算法则简单。

4）逻辑性强

计算机工作原理是建立在逻辑运算基础上的,逻辑代数是逻辑运算的理论依据。二进制只有两个数码,正好代表逻辑代数的"true(真)"和"false(假)"。

但是,二进制的明显缺点是数字冗长、书写量过大、容易出错、不便阅读。所以,在计算机中常用八进制或十六进制数表示。

1.2.2 数制间的转换

因为计算机使用的二进制在人们的现实生活中并不常用,所以要想使人、机顺利交流,首先应了解数制之间的转换方法。表1-2列出了二进制数与其他数制之间的对应关系。

表 1-2 二进制与其他数制之间的对应关系

十进制	二进制	八进制	十六进制
0	0	0	0
1	1	1	1
2	10	2	2
3	11	3	3
4	100	4	4
5	101	5	5
6	110	6	6
7	111	7	7
8	1000	10	8
9	1001	11	9
10	1010	12	A
11	1011	13	B
12	1100	14	C
13	1101	15	D
14	1110	16	E
15	1111	17	F
16	10000	20	10

1. 十进制与二进制的相互转换

1）二进制数→十进制数

以 2 为基数按权展开并相加。

二进制数用$(N)_2$表示。如:$(0)_2$,$(1)_2$,$(10)_2$,$(101)_2$等。

二进制数转换为十进制数常用公式:
$$M_n \times 2^{n-1} + M_{n-1} \times 2^{n-2} \cdots M_2 \times 2^1 + M_1 \times 2^0$$

其中:M 为每位二进制数(0 或 1),N 为二进制位数。

例:求$(1101.101)_2$的等值十进制数。

$$(1101.101)_2$$
$$= 1 \times 2^3 + 1 \times 2^2 + 0 \times 2^1 + 1 \times 2^0 + 1 \times 2^{-1} + 0 \times 2^{-2} + 1 \times 2^{-3}$$

$$=8+4+0+1+0.5+0+0.125$$
$$=(13.625)_{10}$$

2) 十进制数→二进制数

整数部分和小数部分分别用不同的方法进行转换。

整数部分的转换采用的是除 2 取余法。其转换原则是：将该十进制数除以 2，得到一个商和余数(K_0)，再将商数除以 2，又得到一个新的商和余数(K_1)，如此反复，直到商是 0 时得到余数(K_{n-1})，然后将得到的各次余数，以最后余数为最高位，最初余数为最低位依次排列，即 $K_{n-1}\cdots K_1 K_0$。这就是该十进制数对应的二进制。

小数部分的转换采用的是乘 2 取整法。其转换原则是：将十进制的小数乘以 2，取乘积中的整数部分作为相应二进制小数点后最高位 K_{-1}，反复乘 2，逐次得到 $K_{-2}K_{-3}\cdots K_{-m}$，直到乘积的小数部分为 0 或位数达到精确度要求为止。然后把每次乘积的整数部分由上而下依次排列起来($K_{-1}K_{-2}\cdots K_{-m}$)即是所求的二进制数。

提示：在小数转换时，有些十进制小数不能转换为有限位的二进制小数，则只有用近似值表示。例如，$(0.57)_{10}$ 不能用有限位二进制表示，如果求 6 位小数近似值，则得到$(0.57)_{10}\approx(0.100100)_2$。

2. 十进制与八进制的相互转换

八进制数→十进制数：以 8 为基数按权展开并相加。

十进制数→八进制数：整数部分，除 8 取余；小数部分，乘 8 取整。

3. 十进制与十六进制的相互转换

十六进制数→十进制数：以 16 为基数按权展开并相加。

十进制数→十六进制数：整数部分，除 16 取余；小数部分，乘 16 取整。

4. 二进制与八进制的相互转换

1) 二进制数→八进制数

二进制数转换成八进制数所采用的转换原则是："三位并一组"，即以小数点为界，整数部分从右向左每 3 位为一组，若最后一组不足 3 位，则在最高位前面添 0 补足 3 位，然后将每组中的二进制数按权相加得到对应的八进制数；小数部分从左向右每 3 位分为一组，最后一组不足 3 位时，尾部用 0 补足 3 位，然后按照顺序写出每组二进制数对应的八进制数即可。

例：把$(1101001.1011)_2$转换为八进制数。

$$(1101001.1011)_2=(001)(101)(001).(101)(100)=(151.54)_8$$

2) 八进制数→二进制数

八进制数转换成二进制数的转换原则是："一位拆三位"，即把一位八进制数写成对应的 3 位二进制数，然后按顺序连接即可。

例：把$(166.47)_8$转换为二进制数

$$(166.47)_8=(1)(6)(6).(4)(7)=(001)(110)(110).(100)(111)_2$$
$$(166.47)_8=(1110110.100111)_2$$

5．二进制与十六进制的相互转换

二进制和十六进制数的转换与二进制数和八进制数的转换相似。

二进制数→十六进制数：转换原则是——"4 位并一体"。

十六进制数→二进制数：十六进制数转换成二进制数的转换原则是："一位拆 4 位"，即把一位十六进制数写成对应的 4 位二进制数，然后按顺序连接即可。

例：把$(5D.7A4)_H$转换为二进制数。

$(5D.7A4)_H = (0101)(1101).(0111)(1010)(0100) = (1011101.0111101001)_2$

1.2.3 二进制数的运算

二进制的运算可分为算术运算和逻辑运算。

1．二进制的算术运算

二进制的算术运算也就是通常所说的四则运算，即加法、减法、乘法和除法运算。具体运算规则是：逢二进一，借一当二。

2．二进制的逻辑运算

计算机所用的二进制数 1 和 0 可以代表逻辑运算中的"真/假"、"是/否"和"有/无"。由此可见，二进制适宜逻辑运算的特性也是计算机采用二进制的一个原因。

逻辑运算包括"非"、"与"、"或"和"异或"4 种。

1）逻辑"或（or）"运算。

逻辑"或"运算也被称为逻辑加法，通常用符号"＋"或"∨"来表示。其运算法则如表 1-3 所示。

由其运算法则可以得出逻辑"或"运算的意义，即，在所给的逻辑变量 A、B 中，只要有一个为 1，逻辑"或"运算的结果就是 1。

2）逻辑"与（and）"运算。

逻辑"与"运算也被称为逻辑乘法，通常用符号"×"或"∧"或"·"来表示。其运算法则如表 1-4 所示。

由其运算法则可以得出逻辑"与"运算的意义，即，在所给的逻辑变量 A、B 都是 1 时，逻辑"与"运算的结果才是 1。也就是说，在当所有的条件都符合时，逻辑结果才为肯定值（1）。

表 1-3　逻辑"或"运算法则

A	B	$A+B/A \vee B$
0	0	0
0	1	1
1	0	1
1	1	1

表 1-4　逻辑"与"运算法则

A	B	$A \times B/A \wedge B/A \cdot B$
0	0	0
0	1	0
1	0	0
1	1	1

3）逻辑"非（Negate）"运算

逻辑"非"运算也被称为逻辑否运算，通常是在逻辑变量上加上划线来表示，即 $\overline{A}$。其运算法则如表 1-5 所示。

逻辑"非"运算的逻辑意义就是，不是 0，则唯一的可能就是 1，反之亦然。

4）逻辑"异或（Exclusive-Or）"运算

逻辑"异或"运算通常用符号"$\oplus$"表示，其运算法则如表 1-6 所示。

它的逻辑意义是指当逻辑运算中变量的值不同时，结果为 1，而变量的值相同时，结果为 0。例如，在判断两个带符号数的符号是否相同时，只需对两数进行"异或"运算，运算结果的最高位若为 0 就表示两数符号相同；若为 1，就表示不同。

表 1-6 逻辑"异或"运算法则

A	B	$A \oplus B$
0	0	0
0	1	1
1	0	1
1	1	0

表 1-5 逻辑"非"运算法则

A	$\overline{A}$
0	1
1	0

1.3 计算机中的数据表示

1.3.1 数据的单位

1. 有关术语

在计算机内部，数据都是以二进制的形式存储和运算的。当数据存储和运算时，通常要涉及的单位有以下几个。

1）位

计算机中所有的数据都是以二进制来表示的，一个二进制代码称为一位，记为 bit。位是计算机中最小的信息单位。

2）字节

在对二进制数据进行存储时，以 8 位二进制代码为一个单元存放在一起，称为一个字节，记为 Byte。字节是计算机中次小的存储单位。

3）字

一条指令或一个数据信息，称为一个字。字是计算机进行信息交换、处理、存储的基本单元。

4）字长

CPU 中每个字所包含的二进制代码的位数，称为字长。字长是衡量计算机性能的一个重要指标。字长越长，数据所包含的位数越多，精度越高。

5）指令

指挥计算机执行某种基本操作的命令称为指令。一条指令规定一种操作，由一系列有序指令组成的集合称为程序。

6) 容量

容量是衡量计算机存储能力常用的一个名词,主要指存储器所能存储信息的字节数。常用的容量单位是 B、KB、MB、GB、TB,它们之间的换算关系是:1KB＝1024B,1MB＝1024KB,1GB＝1024MB,1TB＝1024GB。

2. 带符号数的表示

1) 机器数

在计算机中,通常把一个数的最高位定义为符号位,用"0"表示正,"1"表示负。把在机器内存放的正、负号数码化的数称为机器数。

在计算机中有符号的数字有三种表示方法:原码、反码和补码。

2) 原码表示法

用机器数的最高位代表符号位,其余各位是数的绝对值。符号位若为 0,则表示正数,若为 1,则表示负数。

例如:$X = +1001010$ $Y = -1001010$

则 $[X]_原 = 01001010$ $[Y]_原 = 11001010$

3) 反码表示法

正数的反码和原码相同,负数的反码是对原码除符号位外各位取反。

例如:$[X]_反 = 01001010$ $[Y]_反 = 10110101$

4) 补码表示法

正数的补码和原码相同,负数的补码是该数的反码加 1。

例如:$[X]_补 = 01001010$ $[Y]_补 = 10110110$

需要说明的是:引入补码的概念后,加、减法运算都可以用加法来实现。而且符号位也和数字一样对待,且两数的补码之"和"等于两数"和"的补码。这为加、减法运算带来很多方便。另外,计算机中的"乘"、"除"也可以转换成"加"、"减"进行运算。所以在计算机中只设计一个简单的加法器就可以执行各种算术运算,从而大大简化了电路设计。因此,在近代计算机中,"加"、"减"多采用补码运算。

3. 带小数点数的表示

为了不仅能够表示正数和负数,也能表示带小数点的数,计算机内部数据表示法又产生了定点数表示和浮点数表示。

1) 定点数

将小数点的位置固定的数称为定点数(Fixed-Point Number)。它又区分为定点纯整数和定点纯小数。定点纯整数就是将小数点固定在机器数的最低位(最右边)之后,对于带符号整数,符号位放在最高位。它表示的数值范围是:

$$-(2^{n-1} - 1) \sim 2^{n-1} - 1;$$

定点纯小数,小数点不用明确表示出来,因为总是指把小数点固定在符号位与最高数字位之间,它表示的数值范围是:

$$-(1 - 2^{-(n-1)}) \sim 1 - 2^{-(n-1)}$$

2) 浮点数

浮点数(Floating-Point Number)则是指小数点位置可以变动的数。这种表示方法类似于十进制的科学计数法,它增加了数值的表示范围,有效地防止了溢出的发生。所谓溢出(Overflow)就是指一种运算结果超出机器表示数值范围而导致运算结果错误的现象。

因此用浮点数来表示一个既有整数部分又有小数部分的二进制数 P 时,可以表示为 $P=M\times2^E$ 的形式,其中 M 为一个二进制定点小数,称为尾数(Mantissa),这里尾数要求是大于 0.5 的数,即尾数最左边值位为"1";尾数的位数依数的精度要求而定。E 为二进制定点整数,称为阶码(Exponent),阶码的位数随数字表示的范围而定,它体现了二进制数 P 小数点的实际位置。

例:二进制 -110101101.01101 可以表示为 $-0.11010110101101\times2^{1001}$。

在具体进行数的表示时,浮点数的正、负是由尾数的数符决定的,而阶码的正、负只决定小数点的位置,即决定浮点数绝对值的大小。

1.3.2 常用信息编码

1. BCD(Binary-Coded Decimal)码

由于通常人们习惯用十进制来记数,而计算机采用的是二进制记数,因此为了方便,将十进制的 0~9 这 10 个数字分别用 4 位二进制数来表示的编码就称为 BCD 码。如表 1-7 所示列出了这一对应关系。

表 1-7 BCD 码、十进制、二进制对照表

十进制	BCD 码	二进制
0	0000	0000
1	0001	0001
2	0010	0010
3	0011	0011
4	0100	0100
5	0101	0101
6	0110	0110
7	0111	0111
8	1000	1000
9	1001	1001

由于 8421BCD 码只能表示 10 个十进制数,所以在原来 4 位 BCD 码的基础上又产生了 6 位 BCD 码,它能表示 64 个字符,其中包括 10 个十进制数,26 个英文字母和 28 个特殊字符。但在某些场合,还需要区分英文字母的大、小写,这就提出了扩展 BCD 码,它是由 8 位组成,可表示 256 个符号,其名称为 EBCDIC(Extended Binary Coded Decimal Interchange Code)。EBCDIC 是常用的编码之一,IBM 等计算机采用这种编码。

2. ASCII 码

目前在计算机中最普遍采用的字符编码是 ASCII(American Standard Code for

Information Interchange)码,即美国标准信息交换码。它是用 7 位二进制数进行编码的,可以表示 128 个字符,其中包括 0~9 10 个数码,以及大小写英文字母和一些其他字符,如字母"A"的 ASCII 码为"1000001","!"的 ASCII 码为"0100001"。7 位 ASCII 码如表 1-8 所示。

因为字节(8 位二进制数)是基本的存储单位,所以实际上一个字符的 ASCII 码占有 8 个二进制位,即一个字节,最高位用做奇偶校验位。

说明:奇偶校验(Odd-Even Check)是为了防止数据传送错误而采用的一种措施。当传送数据时,通过调整字节最高位的值使字节在传送之前包含奇数/偶数个"1",传送到达之后检查"1"仍为奇数/偶数个,就认为传送正确,否则认为错误。

3. Unicode 编码

扩展的 ASCII 码提供了对应的 256 个字符,用来表示世界各国的文字编码是不够的,为了能表示更多的字符和意义,又出现了 Unicode 编码。

Unicode(统一码、万国码、单一码)是一种在计算机上使用的字符编码。它为每种语言中的每个字符设定了统一并且唯一的二进制编码,以满足跨语言、跨平台进行文本转换、处理的要求。

表 1-8　7 位 ASCII 码表

字符 $b_7 b_6 b_5$ / $b_4 b_3 b_2 b_1$	000	001	010	011	100	101	110	111
0000	NUL	DLE	SP	0	@	P	`	p
0001	SOH	DC1	!	1	A	Q	a	q
0010	SRX	DC2	"	2	B	R	b	r
0011	ETX	DC3	#	3	C	S	c	s
0100	EOT	DC4	$	4	D	T	d	t
0101	ENQ	NAK	%	5	E	U	e	u
0110	ACK	SYN	&	6	F	V	f	v
0111	BEL	ETB	'	7	G	W	g	w
1000	BS	CAN	(	8	H	X	h	x
1001	HT	EM	)	9	I	Y	i	y
1010	LF	SUB	*	:	J	Z	j	z
1011	VT	ESC	+	;	K	[	k	{
1100	FF	S	,	<	L	\	l	|
1101	CR	GS	—	=	M	]	m	}
1110	SO	RS	.	>	N	^	n	~
1111	SI	US	/	?	O	_	o	DEL

Unicode 码从 1990 年开始研发,1994 年正式公布。随着计算机工作能力的增强,Unicode 也在面世以来的十多年里得到普及。Unicode 是一种 16 位的编码,能表示六万五千多个字符或符号。目前世界上各种语言所使用的符号都在 3400 个,所以 Unicode 编码可以用于任何一种语言。Unicode 编码与现在流行的 ASCII 码完全兼容,二者的前 256 个字符一样,目前,Unicode 编码已经用在 Windows NT、OS/2、Office 2000 等软件中使用。

1.3.3　汉字编码

ASCII 码只对英文字母、数字和标点符号进行编码。为了使计算机能够识别和处理汉字,同样也需要对汉字进行编码。在汉字处理的过程中,根据要求的不同,采用的编码也不同。下面就对不同处理环节的汉字编码逐一进行介绍。

1. 汉字信息交换码

汉字的交换码即中华人民共和国国家标准信息交换汉字编码,代号为 GB2312—1980。它是一种机器内部编码,作用在于将不同系统使用的不同编码统一转换成国标码,是汉字信息处理系统之间或汉字信息处理系统与通信系统之间信息交换的代码。

国标码中共收录了汉字、字母、图形等字符 7445 个,其中有汉字 6763 个和 682 个其他基本图形字符。其中一级汉字 3755 个,二级汉字 3008 个。

国家标准将汉字和符号放置在一个 94 行×94 列的二维阵列中,阵列中的每一行称为汉字的“区”,用两位十进制的区号表示;每一列称为汉字的“位”,用两位十进制的位号表示。一个汉字的区号与位号的组合就是该汉字的“区位码”。例如,字符集中的第一个汉字“啊”位于第 16 行第 1 列,所以它的区位码就是 1601。

国标码由区位码转换得到,转换方法是:将十进制的区码和位码分别转换为十六进制编码,再将这个代码的第一个字节和第二个字节分别加上 20H。例如,“啊”的十六进制表的的区位码是 $(1001)_H$,国标码为 $(3021)_H$。

2. 汉字输入码

为将汉字输入计算机而编制的代码称为汉字输入码,也称为外码。汉字输入码的作用是使用户能够利用英文键盘输入汉字。根据汉字的特点和人们不同的习惯,现今已经设计出了多种输入编码,它们主要可以分为 4 类:

(1) 数字编码,如电报码、区位码;

(2) 字音编码,如全拼、双拼输入方案;

(3) 字形编码,如五笔字型、表形码;

(4) 音形编码,如根据语音和字形双重因素确定的输入码。

可以想象,对于同一个汉字,不同的输入法有不同的输入码,这些不同的输入码,通过输入字典转换到统一的国标码之下。

3. 汉字的内码

由于汉字的内码是为计算机内部对汉字进行存储、处理而设置的汉字编码。当一个汉字输入到计算机后就转换为内码,然后才能在机器内传输、处理。为与英文区别起见,规定英文字符的机内代码是最高位为 0 的 8 位 ASCII 码,而国标码的前后字节的最高位也是 0,与 ASCII 码冲突,因此将汉字字符机内代码的两个字节的最高位都置为 1。即把 GB 2312—1980 规定的汉字国标码直接加上 $(8080)_H$ 后作为汉字机内码。

例："啊"的国标码是：00110000 00100001 即（3021）$_H$。

而"啊"的内码是：10110000 10100001 即（B0A1）$_H$。

4. 汉字的输出码

汉字的输出码提供了输出汉字时所需要的汉字字形。计算机的汉字字形通常有两种表示：点阵和矢量表示。

点阵表示中，字形存在字模点阵之中，字模点阵就是指用同样大小方框中的 m 行和 n 列的小圆点来表示每一个汉字。

如果在汉字的字模点阵中，将每一点用二进制数表示，有笔形的位为 1，否则为 0，就可以得到该汉字的字形码。由此可见，汉字字形码是一种汉字字模点阵的二进制码，是汉字的输出码。

早期的计算机中显示的汉字通常采用的是 16×16 的字模点阵。这样每一个汉字的字形码就要占用 32B（每一行占用 2B，总共 16 行，如图 1-2(a)所示）。

早期打印使用的汉字字形通常则采用的是 24×24 点阵、32×32 点阵、48×48 点阵等，这时所需要的存储空间自然也会相应的增加。当然，点阵的密度越大，输出的效果越好。

汉字的点阵字形在汉字输出时要经常使用，所以要把各个汉字的字形码固定地存储起来。存放各个汉字字形码的实体称为汉字库。为满足不同需要，出现了各种各样的字库，如宋体字库、楷体字库、繁体字库等。矢量字体的每个字形都是通过数学方程来描述的，一个字形上分割出若干个关键点，相邻关键点之间由一条光滑曲线连接，这条曲线可以由有限个参数来唯一确定，如图 1-2(b)所示。矢量字的好处是字体可以无级缩放而不会产生变形。目前主流的矢量字体格式有三种：Type1、TrueType 和 OpenType，这三种格式都是与平台无关的。

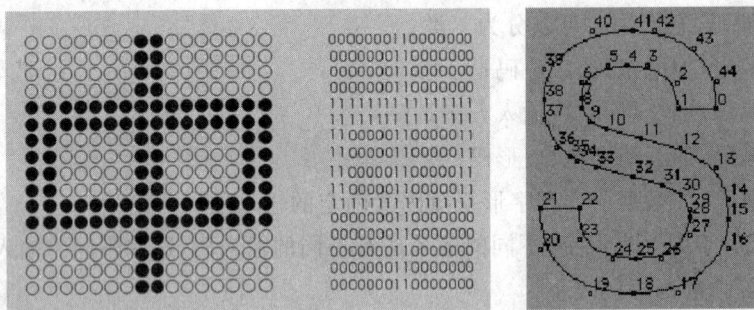

(a) 汉字"中"的16×16的字模点阵　　　(b) 字母"S"的矢量字形的关键点

图 1-2　字形

5. 汉字的地址码

汉字地址码是指汉字库（主要指字形点阵式字模库）中存储汉字字形信息的逻辑地址码。汉字库中的字形信息都是按一定的顺序连续存放在存储介质中，所以汉字的地址码也大多是连续有序的,且与汉字内码间有简单的对应关系,以简化汉字内码到汉字地址码的转换。因此计算机显示一个汉字的过程首先是根据其内码找到该汉字在字库中的地址,然后将该汉字字形显示在屏幕上。

在汉字的输入、处理和输出的过程中,汉字输入码向内码的转换,是通过使用输入字典实现的。在计算机的内部处理过程中,汉字信息的存储和各种必要的加工都是以汉字内码形式进行的。在汉字的通信过程中,系统将汉字内码转换为适合于通信的交换码(国标码),以实现通信处理。在汉字的输出过程中,系统根据汉字内码计算出汉字的地址码,按地址码从字库中取出汉字字形码,以实现汉字的显示或打印输出。

1.4 计算机系统组成

1.4.1 计算机结构及工作原理

一台完整的计算机系统包括硬件系统和软件系统两个部分。没有安装任何软件系统的计算机称为裸机,裸机是不能工作的。

学习计算机时首先接触到的就是它的硬件,从外表看 PC 由主机、显示器、键盘和鼠标等机械装置组成。而 PC 的软件系统是指硬件设备上运行的各种程序、数据和有关的技术资料,它大致分为系统软件和应用软件两大类,如图 1-3 所示。

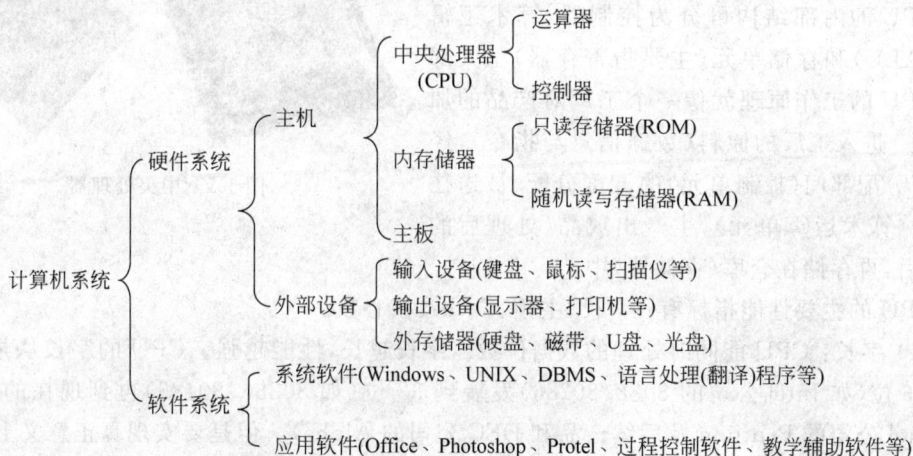

图 1-3 计算机系统组成示意图

计算机硬件由运算器、控制器、存储器、输入设备和输出设备 5 个基本功能部件组成。如图 1-4 表示了这 5 个部分的相互关系。冯·诺依曼体系结构的基本思想:计算机的体系结构由上述 5 个部分组成;在计算机中程序和数据都用二进制代码表示;程序预先存储到计算机的存储器中。即首先把计算机如何进行操作的指令序列(称为程序)和原始数据输入到计算机内存中,然后每一条指令中明确规定了计算机从哪个地址取数、怎样操作、最后送到哪里等步骤,就这样在控制器的指挥下完成规定的所有操作步骤,直到遇到停止指令。这就是存储程序和程序控制的工作原理。

原始数据、程序 → [输入设备] →数据→ [存储器] →数据→ [输出设备] →输出信息→

地址 | 指令 | 控制信号

[运算器]

反馈信号 | 操作命令

图中实线代表数据信号流向，虚线代表控制信号流向

[控制器]

请求信号 | 请求信号

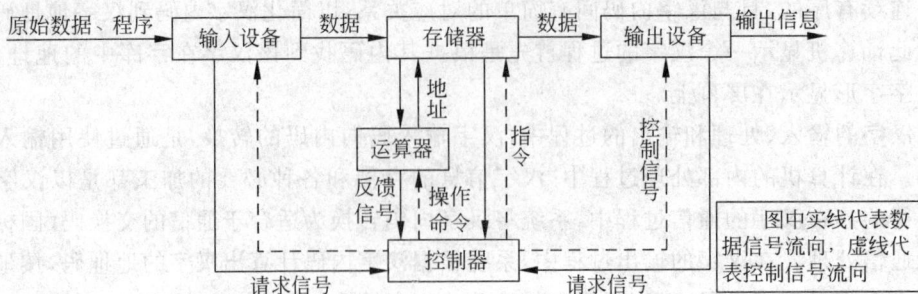

图 1-4　PC 的工作原理图

1.4.2　微型计算机硬件系统

微型计算机的硬件指它的物理装置或物理实体，例如，中央处理器、主板、存储器、显示器、输入/输出设备等。

1. 中央处理器

中央处理器(Central Processing Unit,CPU)是硬件的核心，主要包括运算器和控制器。CPU 芯片决定了计算机的档次。如图 1-5 所示的是英特尔酷睿 i7 四核。

CPU 的内部结构可分为控制器、算术逻辑单元(ALU)和存储单元(主要指寄存器)三大部分。CPU 的工作原理就像一个工厂对产品的加工过程：进入工厂的原料(数据信息与指令)，经过物资分配部门(控制单元)的调度分配，被送往生产线(算术运算单元)，生产出成品(处理后的数据)后，再存储在仓库(存储器)中。

图 1-5　中央处理器

CPU 的主要性能指标有：字长、主频、Cache、核心数。

(1) 字长：CPU 能同时处理的数据位数。字长越长，性能越强。CPU 的字长从早期的 8 位、16 位(如 Intel 公司的 8088、80286)发展到 32 位(如 80386、80486)再到现在的 64 位(如 Intel 公司的 Pentium 及后续产品和 DEC 公司的 Alpha)。但是要实现真正意义上的 64 位计算，仅有 64 位的处理器是不行的，还必须有 64 位的操作系统以及 64 位的应用软件才行，三者缺一不可，缺少其中任何一种要素都是无法实现 64 位计算的。

(2) 主频：CPU 工作的时钟频率，单位是兆赫(MHz)或千兆赫(GHz)，如 Intel 酷睿 i7 3770 3.4G 中的 3.4G CPU 的主频。主频越高，计算机的速度越快。主频和实际的运算速度存在一定的关系，但并不是一个简单的线性关系。所以，CPU 的主频与 CPU 实际的运算能力是没有直接关系的，主频表示在 CPU 内数字脉冲信号震荡的速度。CPU 的运算速度还要看 CPU 的流水线、总线等各方面的性能指标。例如 Intel 系列中，1.5GHz Itanium 2 大约与 4GHz Xeon/Opteron 一样快。

(3) Cache：高速缓冲存储器 Cache 是介于中央处理器和主存储器之间的高速小容量

存储器,其作用是为了让数据访问的速度适应 CPU 的处理速度。CPU 内缓存的运行频率极高,一般是和处理器同频运作,工作效率远远大于系统内存和硬盘。实际工作时,CPU 往往需要重复读取同样的数据块,而缓存容量的增大,可以大幅度提升 CPU 内部读取数据的命中率,而不用再到内存或者硬盘上寻找,以此提高系统性能。但是从 CPU 芯片面积和成本的因素来考虑,缓存都很小。例如,L1 Cache(一级缓存)的容量通常在 32~256KB,L2 Cache(二级缓存)的容量通常在 1~8MB。

(4) 核心数:多内核(multicore chips)是指在一枚处理器(chip)中集成两个或多个完整的计算引擎(内核)。使用多核技术的原因是仅仅提高单核芯片(one chip)的速度会产生过多热量且无法带来相应的性能改善。2005 年 4 月 21 日,Intel 发布了双核心处理器 Pentium Extreme Edition 840。目前微型计算机中所使用的 CPU 以四核和八核居多。

2. 主板

主板实质上是一块矩形电路板,如图 1-6 所示。它是一个提供了各种插槽和系统总线及扩展总线的系统板。主板上的插槽用来安装组成微型计算机的各部件,而主板上的总线可实现各部件之间的通信。主板主要包括控制芯片组、CPU 插座、内存插座、BIOS、CMOS、各种 I/O 接口、扩展插槽、键盘/鼠标接口、外存储器接口和电源插座等元器件。芯片组是主板的关键部件,用于控制和协调整个微型计算机系统的正常运行和各部件的选型,芯片组的性能在很大程度上决定了主板的性能,也决定了各部件的选型,进而影响到整个计算机系统。

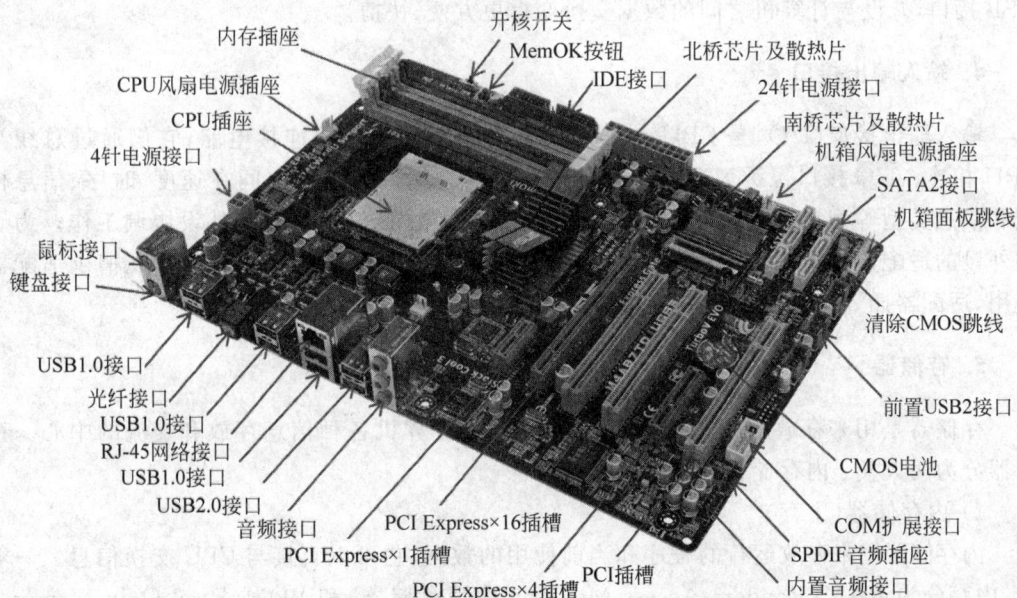

图 1-6 华硕 M4A87TD 主板

基本输入输出系统(Base Input/Output System,BIOS)全称为 ROM-BIOS,是主板上的一块只读存储器,里面存有与主板匹配的一组基本输入输出系统程序。

CMOS 是一片 RAM 存储器芯片,其中存储了系统运行所必需的配置信息,如系统的存储器、CPU、磁盘驱动器、显示器等设备的参数，以及系统日期、时间等。由于它由专门的电池供电，所以计算机关机后其中的信息不会丢失。

3. 总线

在计算机中通常采用总线(Bus)连接的方法将计算机的各部件连接在一起。各个部件由总线连接并经它相互通信，信息位在总线上传输。如在计算机系统中，它是 CPU、内存、输入、输出设备传递信息的公用通道，主机的各个部件通过总线相连接，外部设备通过相应的接口电路再与总线相连接。通过总线能使整个系统内各部件之间的信息进行传输、交换、共享和逻辑控制等。在总线上一次能传输的二进制位数定义为总线的宽度。根据所连接部件的不同，总线分为内部总线、系统总线和扩展总线。

内部总线也叫片总线，是同一部件(如 CPU)内部连接各寄存器及运算部件的总线。

系统总线是同一台计算机各部件之间相互连接的总线，系统总线又分为数据总线、地址总线和控制总线。地址总线是专门用来传送地址的。在设计过程中，从 CPU 地址总线来选用外部存储器的存储地址。地址总线的位数往往决定了存储器存储空间的大小。数据总线用于传送数据信息。控制总线用于传送控制信号和时序信号。如有时微处理器对外部存储器进行操作时要先通过控制总线发出读/写信号、片选信号和读入中断响应信号等。

扩展总线负责 CPU 与外部设备之间的通信。

通用串行总线(Universal Serial Bus，USB)是一个使计算机外接设备连接标准化、单一化的接口。一个 USB 接口可以支持多种计算机外部设备，实现真正的即插即用。利用 USB 接口，外设与计算机之间的数据交换变得更方便、快捷。

4. 输入输出接口

输入输出接口(I/O)是 CPU 与外部设备之间交换信息的连接电路，它们通过总线与 CPU 相连。I/O 接口也称为适配器或设备控制器。主机与外设之间在速度、时序、信息格式和信息类型等型计算方面存在不匹配，因此需要 I/O 接口使主机与外设协调工作。为了将外设的适配器连接到微型计算机的主机中，在系统的主板上有一系列的扩展槽供适配器使用，适配器插入扩展槽后，通过系统总线与 CPU 连接，进行数据的传送。

5. 存储器

存储器是用来存放程序和数据的记忆装置，是计算机各种信息存放和交流的中心。存储器分为两大类：内存储器和外存储器。

1) 内存储器(主存)

内存储器用来存放运行的程序和当前使用的数据，它可以直接与 CPU 交换信息。一般地，内存分为 RAM(Random Access Memory，读写存储器)和 ROM(Read Only Memory，只读存储器)。

RAM 的特点是其中存入的内容可随时读出写入，断电后，RAM 中的内容全部丢失。计算机中直接与 CPU 打交道的程序和数据都存放在 RAM 中，因此通常所说的计算机内存指的就是 RAM。内存容量是计算机性能的又一个重要指标，内存越大，"记忆"能力越强，程序运行的速度越快。微机 RAM 的容量已从最初的 256KB、512KB、640KB，逐步发展到

32MB、64MB，到目前的几十 GB。

ROM 的特点是其中存入的内容只能读出不能写入，断电后，ROM 中的内容仍然存在。一般固化在 ROM 中的是机器的自检程序、初始化程序、基本输入输出的驱动程序。

2）外存储器（外存）

外存储器用于存放暂时不用的程序和数据，外存中的信息不能直接和 CPU 进行数据交换，需要先传送到内存后，才能被 CPU 使用。其容量可以很大，常见的外存储器有磁带、硬盘、光盘和 U 盘。

现代信息存储技术的一个重要发展是移动存储技术和网络存储技术，如闪存卡、光盘、闪存盘（U 盘）、移动硬盘、网络附加储存等。

（1）硬盘 硬磁盘存储器是由一组磁盘和硬盘驱动器构成，二者封装在金属盒中，称为硬盘。与软盘相比硬盘容量更大，存取速度更快，目前微型计算机上配备的硬盘容量都在 120GB 以上。一般用 C：表示硬盘驱动器。硬盘若分成几个逻辑驱动器，一般再用 D：（或 E：等）表示。

（2）光盘 光盘一般可分为 CD-ROM 和 DVD-ROM，CD-ROM 的容量为 670MB 左右，DVD-ROM 的存储容量达到 4.7GB 以上；还有一次性写入光盘（WORM），这类光盘，用户可以写入信息，但只能写入一次，可多次读写；可擦写型光盘，用户可以多次对其进行读写。

（3）移动硬盘 移动硬盘以硬盘为存储介质，便于携带。大多数的移动硬盘一般都是以标准硬盘为基础的。因为采用硬盘为存储介质，其数据的读写模式与标准的 IDE 硬盘相同。移动硬盘一般采用 USB、IEEE 1394 等传输速度较快的接口，可以以较快的速度与系统进行数据传输。

（4）闪存卡 闪存卡是利用闪存技术来实现存储电子信息的存储器。一般用在掌上计算机、数码相机等小型数码产品中作为存储介质。根据不同生产厂商的不同应用，闪存卡又分为 SmartMedia（SM 卡）、Compact Flash（CF 卡）、MultiMediaCard（MMC 卡）、Secure Digital（SD 卡）等。它们虽然规格不同，但技术原理相同。

（5）U 盘 U 盘即闪存盘，是一种体积小的移动存储装置，是以闪存为存储核心，通过 USB 接口与计算机相连的便携式存储设备。其原理是将数据存储于内建的闪存中，利用 USB 接口以方便不同的计算机间的数据交换。使用者只需将它插入到计算机的 USB 接口，计算机的软件系统的即插即用功能使得计算机自动侦测到此装置并可以使用。闪存盘的主要部件就是一枚闪存芯片和一枚控制芯片以及电路板、USB 接口和外壳。闪存盘容量大、可靠性高、携带方便。

（6）网盘 网盘是采用先进的海量存储技术，构建的网络存储器。用户可以方便地将文档、照片、音乐、软件等各种资料保存起来，使得这些资料的存取不受时间、地点的限制。只要登录相关网络的地址与邮箱，就可以管理网盘中的文件和资料。如网易的网盘是基于先进的海量存储技术，采用 HP 的磁盘阵列构成。上传到网易网盘中的所有资料，都保存在高性能的海量磁盘阵列中，其安全性高于 U 盘。

（7）高速缓冲存储器 高速缓冲存储器（高速缓存），即通常所说的 Cache。位于 CPU 与内存之间，用于解决 CPU 与内存之间的速度匹配问题。

Cache 是一种特殊的存储器子系统，其中复制了频繁使用的数据以利于快速访问。

Cache 中存储了频繁访问的 RAM 位置的内容及这些数据项的存储地址。当处理器引用存储器中的某地址时,高速缓冲存储器便检查是否存有该地址。如果存有该地址,则将数据返回处理器;如果没有保存该地址,则进行常规的存储器访问。因为 Cache 总是比主 RAM 存储器速度快,所以当 RAM 的访问速度低于微处理器的速度时,常使用高速缓冲存储器。

6. 输入设备

用户通过输入设备将数据和信息传入存储器。最常用的输入设备有键盘、鼠标、扫描仪、音频输入设备、视频输入设备等。

(1) 键盘　是计算机最常用的输入设备,它是组装在一起的一组按键矩阵。几乎所有的命令、汉字、各种语言程序、初始数据等都是从键盘输入。常用的键盘有 101 键、104 键等几种,不同种类的键盘分布基本一致。

(2) 鼠标　是一种广泛用于图形用户界面的输入设备,用来控制显示屏幕上光标移动位置和选择、移动显示屏幕上的内容。按工作原理鼠标分为:机械式、光电式和无线。

(3) 图形扫描仪　是图片输入的主要设备,能把一幅画或一张照片转换成数字信号存储在计算机内,然后利用有关的软件编辑、显示和打印计算机内的数字化的图形。扫描仪的主要技术指标有:分辨率(DPI,即每英寸扫描所得到的像素点数)、灰度值或颜色数、幅面(A4、A3、A2 等)和扫描速度。

(4) 音频输入设备　主要由话筒和音频卡(俗称声卡)组成。音频卡可采集声音,然后将模拟信号数字化、压缩、存储,并提供各种音乐设备(收录机、录放机、CD、合成器等)的数字接口。

(5) 视频输入设备　主要由视频设备(如数码相机、摄像机、影碟机、电视等)和视频卡组成,视频卡可将视频模拟信号进行捕获、编码、压缩、解压等数字化处理,转换成数字信号。

(6) 条形码阅读器　是一种能够识别条形码的扫描装置,可连接到计算机上使用。当阅读器从左向右扫描条形码时,就把不同宽窄的黑白条纹翻译成相应的编码供计算机使用。许多自选商场和图书馆都使用它管理商品和图书。

(7) 手写笔　一般都由两部分组成,一部分是与计算机相连的写字板,另一部分是在写字板上写字的笔。手写笔的出现就是为了输入中文,使用者不需要再学习其他的输入法就可以很轻松地输入中文,当然这还需要专门的手写识别软件。同时手写笔还具有鼠标的作用,可以代替鼠标操作 Windows,并可以作画。

(8) 触摸板　是一种在平滑的触控板上,利用手指的滑动操作来移动游标的输入装置。当使用者的手指接近触摸板时会使电容量改变,触摸板自身会检测出电容改变量,转换成坐标。触摸板是借由电容感应来获知手指移动情况,对手指热量并不敏感。其优点在于使用范围较广,全内置、超轻薄笔记本均适用,而且耗电量少,可以提供手写输入功能;因为它是无移动式机构件,使用时可以保证耐久与可靠。

(9) 触摸屏　是一种可接收触头等输入讯号的感应式液晶显示装置,当接触了屏幕上的图形按钮时,屏幕上的触觉反馈系统可根据预先编程的程式驱动各种连接装置,可用以取代机械式的按钮面板,并借由液晶显示画面制造出生动的影音效果。触摸屏作为一种最新的计算机输入设备,它是目前最简单、方便、自然的一种人机交互方式。

7. 输出设备

计算机处理的结果通过输出设备向人们传送。显示器、打印机是计算机最基本的输出配置,此外还有绘图仪、语音输出设备等。

1) 显示器

显示器分为两种——阴极射线管显示器(CRT)和液晶显示器(LCD)。前者外形与家用电视相似,体积大而笨重,是最常用、最成熟的显示器件;后者体积小,重量轻,最初用于便携式计算机中,现在新出厂的计算机配置的基本上都是液晶显示器。

显示器的尺寸有 14 英寸、15 英寸、17 英寸、20 英寸、22 英寸、23 英寸、24 英寸(指对角线的长度)等多种规格,显示器的色彩有单色和彩色两种,显示器的显示方式有字符和图形两种。在字符工作方式下,显示器可显示 25 行,每行 80 个字符,汉字和图形必须在图形工作方式下才能显示。

字符显示方式:先把要显示字符的代码送入主存储器的显示缓冲区,再由该缓冲区送往字符发生器,将字符的代码转换成字符的点阵图形,最后通过视频控制电路送往屏幕显示。

图形工作方式:该工作方式是直接将显示字符或图像的点阵(非字符代码)送往显示缓冲区,再由缓冲区通过视频控制电路送到屏幕显示。该显示方式要求显示缓冲区很大,但可以直接对屏幕上的"点"进行操作。

显示器最重要的性能指标是分辨率,分辨率是在屏幕上横向和纵向像素的个数,例如,某显示器的分辨率为 1024×768,表示该显示器在水平方向能显示 1024 个点,在垂直方向能显示 768 个点,整屏能显示 1024×768 个点。目前微型计算机上广泛使用的显示器的像素直径(点距)为 0.22mm 左右,分辨率越高,图像越清晰。

显示卡是显示器与主机连接的桥梁,所以显示器必须与显示卡匹配,目前常用的显示卡的标准是 VGA 标准。显示卡作为独立的计算机板卡,有以下几部分构成:显示主芯片、显存、显示 BIOS、数据转换部分、总线接口等。

2) 打印机

打印机是计算机目前最常用的输出设备,打印机分为击打式和非击打式两大类。

点阵针式打印机是利用直径 0.2~0.3mm 的打印针,通过打印头中的电磁铁吸合或释放来驱动打印针向前击打色带,将墨点印在打印纸上而完成打印动作的;通过对色点排列形式的组合控制,实现对规定字符、汉字和图形的打印。所以,点阵针式打印机实际上是一个机电一体化系统。它由两大部分组成:机械部分和电气控制部分。机械部分主要完成打印头横向左右移动、打印纸纵向移动以及打印色带循环移动等任务,电气控制部分主要完成从计算机接收传送来的打印数据和控制信息,将计算机传送来的 ASCII 码形式的数据转换成打印数据,控制打印针动作,并按照打印格式的要求控制字车步进电机和输纸步进电机动作,对打印机的工作状态进行实时检测等。

喷墨打印机属于非击打式打印机。工作时,喷嘴朝着打印纸不断喷出带电的墨水雾点,当它们穿过两个带电的偏转板时在信号的控制下,落在打印纸的指定位置上,形成正确的字符。喷墨打印机可打印高质量的文本和图形,还能进行彩色打印(如彩色照片等)。但喷墨打印机常需要更换墨盒,加大了打印成本。

激光打印机也属于非击打式打印机。激光打印机的核心技术就是所谓的电子成像技术,这种技术融合了影像学与电子学的原理和技术以生成图像,核心部件是一个可以感光的硒鼓。硒鼓是一只表面涂覆了有机材料的圆筒,预先带有电荷。硒鼓被照射的部分带上负电,并能吸引带色粉末。硒鼓与纸接触再把粉末印在纸上,接着在一定压力和温度的作用下熔结在纸的表面。目前激光打印机已成为打印机的主流。

1.4.3 计算机软件系统

相对于计算机硬件而言,操纵计算机正常运行的指令系统是一种独立于硬件的无形物质,称为软件(Software)。所谓软件,就是计算机程序、过程以及计算机的文件资料等有序信息的总称。程序(Program)是操纵计算机从事某项工作的一组指令。指令(Instruction)是指规定计算机完成某项工作的操作。

根据软件在计算机工作中所担负的作用,人们习惯将其分为系统软件、开发软件和应用软件三大类。

1. 计算机软件的特点

软件是程序设计用一种计算机语言表达出来的程序,具有以下特点。

(1) 软件是一种逻辑实体,不是具体的物理实体,具有抽象性。必须通过观察、分析、思考与判断了解它的功能。

(2) 软件的生产与硬件等产品的生产不同,它没有明显的制造过程,软件开发成功后,可以很容易并大量复制同一内容的副本,生产效率极高。

(3) 软件的功能改变或修改相对硬件容易,升级换代比硬件快。

(4) 软件的开发和运行受到计算机系统的限制,对系统有不同程度的依赖。

(5) 软件是复杂的。一方面是它所反映的实际问题是复杂的,另一方面是程序逻辑结构的复杂,由此导致软件开发的困难。软件的开发还涉及许多社会因素,如机构、体制及管理方式等问题,还涉及人的观念和心理。

2. 系统软件

系统软件(System Software)是指专为计算机系统本身配置的用于管理、操纵和维护计算机使其正常高效运行的各种软件。系统软件一般在购置计算机时随硬件一起交付给买主使用,是计算机正常运行不可缺少的软件。部分系统软件是在计算机制造过程中就预先编制好并装入 ROM 内部的,而大部分系统软件是计算机出厂后由销售商或用户存放在外存储器上的。系统软件包括操作系统和实用程序两类软件。

1) 操作系统

操作系统(Operating System,OS)是计算机正常运行的必要软件,负责管理计算机软硬件资源的分配、调度、输入/输出控制和数据管理等基本工作,使计算机能够自动高效地运行。没有 OS 的支持,任何软件都不能在计算机上运行。微型计算机上常用的操作系统有Windows 系列(XP/7/8/Server 2008/Server 2012)和 Linux 系列(Centos、Ubuntu、Red Hat Gentoo、Freebsd、Debian)。

2) 实用程序

实用程序(Utility Programs)又称为服务程序(Service Programs),是指支持和维护计算机正常处理工作的软件。这些程序在计算机软、硬件管理工作中执行某个专门功能。例如,诊断程序负责对计算机设备的故障以及对某个程序中的错误进行检测、辨认和定位以便操作者排除和纠正。除此之外,还有追踪程序、输入输出程序、监督和管理程序、调试程序、计算机语言翻译、链接处理程序,数据库管理系统(DataBase Management System)以及软件开发工具及支持程序等。

3. 应用软件

应用软件(Application Software)是指为了让计算机应用到社会生活各个领域之中(即将人类社会生活中的某些事务交给计算机进行处理)所设计编制出的一些程序或软件产品。所有应用软件都是针对社会生活中某一类特定问题使用计算机来解决而设计的一组程序。对社会生活中的一些常用问题,已有许多相应的应用软件。

(1) 数字计算处理软件,如各种统计分析程序、数学方程求解程序等。

(2) 让计算机从事文字工作的字处理应用软件,从事印刷排版工作的排版软件,报表处理程序等。

(3) 计算机辅助软件,如从事辅助教学(Computer Assisted Instruction,CAI)工作的CAI软件,辅助工程设计(Computer-Aided Design,CAD)和制造(Computer-Aided Manufacturing,CAM)的CAD和CAM软件等。

(4) 各种信息管理系统(Management Information System,MIS)。

(5) 各种游戏软件。

4. 程序设计语言

程序设计语言(Programming Languages)又称开发软件(Developmental Software),是一种将人类语言与计算机语言进行沟通的语言转换指令体系。随着软件开发技术的发展,程序设计语言的发展大致经历了4代:面向机器的机器语言(Machine Language)和汇编语言(Assembly Language)以及面向过程的高级语言(High-Level Language)和非过程化的高级语言。

1) 机器语言

机器语言就是以二进制代码形式表示的机器指令的集合。每台计算机都配有自己的指令集合(即指令系统)。指令是指示计算机进行某种操作的命令。如应在什么地方提取数据,进行什么运算,结果存放在什么地方等,它与机器直接相关。因此,一条指令通常包括操作码和操作数两部分。操作码表示这条指令执行何种操作,而操作数是指示操作的对象或参数。

机器语言也被称为计算机低级语言,因为它的机器指令全都是由0和1这些二进制码组合而成的,因此用机器语言编写的程序能被计算机直接识别和执行,所以机器语言运行速度最快。

虽然有利于机器的识别,但与人的习惯用语和数据表达方式差别太大,所以难学、难记、难写、难检查、难修改等,总之用户很难方便地使用,这就给计算机的广泛应用造成了很大的障碍。为了解决这些问题，人们研制出了汇编语言和高级语言。

2）汇编语言

汇编语言是在机器语言的基础上改进而来的，它使用符号代替二进制代码来表示指令。汇编语言的优点也就在于较机器语言容易记忆和学习。

用汇编语言编写的程序称为源程序，源程序经过汇编程序的加工和翻译后成为计算机可执行的目标程序。然而汇编语言虽然较机器语言已经有了很大的改进，但仍然比较复杂，且依赖于具体的机器。人们又继续研制了高级语言。

3）面向过程的高级语言

高级语言是一种在语句和命令上比较接近人们学习习惯和自然语言（英文）的编程语言。它的运算符和算式也与数学中的用法很接近。这些都使人们易学、易用和易记，并且高级语言不再依赖于某台计算机。因而通用性好，并能为一般人所使用。

当然高级语言编写的源程序也和汇编语言编写的源程序一样不能直接被计算机直接识别和执行，而要使源程序经过"翻译程序"的加工翻译成为计算机可执行的目标程序，再用链接程序把目标程序链接成可执行程序后才能执行。所谓"翻译程序"也就是指编译程序或解释程序。

现在常用的高级语言有：Visual Basic、FORTRAN、C/C++、Java、Delphi、C♯等。

4）非过程化的高级语言

非过程化的高级语言称为第4代语言。在面向过程的语言中，关于问题求解我们不但要考虑做什么，同时还要考虑怎么做。非过程化的高级语言把求解问题的重点放在做什么上，只需向计算机说明做什么，如何去做，由计算机自己生成和安排执行步骤。这类语言有：

SQL——结构化查询语言。用于数据库查询的程序设计语言，只需告诉计算机到什么数据库查询满足什么条件的信息，不必说明怎样去查找的过程。

面向对象的程序设计语言——以对象为基础，把问题的求解视为对象之间相互作用的结果。对象是一个封装了对象特征和行为的抽象体，通过对象之间相互发送消息的方式来使程序得到执行，产生需要的结果。例如，Delphi、VC、VB、Java、C♯等都是面向对象的程序设计语言，这一类程序设计语言是目前程序设计的主流语言。

1.4.4 计算机的维护

随着计算机的不断发展，计算机与人们的生活已越来越密切，这时维护计算机的"健康"与安全就越发显得重要。关于计算机的维护包括日常保养、硬件维护、软件维护等几个方面。

1. 日常保养

放置计算机的环境很重要，应注意将计算机安置在远离强磁、强电、高温、高湿以及阳光直射之处，不要放在不稳定的处所。因为长期接近热源，机壳会变形；在阳光下，影响屏幕效果；更不要将机器放在通风不良的狭窄地方，影响机器散热，机器离墙应有 10cm 以上的距离；不要让机器淋雨或过度潮湿。

计算机理想的工作温度是 10℃～30℃，太高或太低都会影响计算机配件的寿命。其相对湿度是 30%～80%，太高会影响 CPU、显卡等配件的性能发挥，甚至引起一些配件的短路；太低容易产生静电，同样对配件的使用不利。另外，空气中灰尘含量对计算机影响也较大。灰尘太多，天长日久就会腐蚀各配件和芯片的电路板并产生静电反应。所以，计算机室最好保持干净整洁。如果天气潮湿到一定程度，如显示器或机箱表面有水汽，此时决不能未烘干就给机器通电，以免引起短路等造成不必要的损失。与其他电器一样，尘埃对计算机的威胁是明显的。大量的维修实践表明，在灰尘大的环境中工作，由于印刷电路板、磁头产生附着力很强的污垢，易使其绝缘程度下降，漏电电流增加而烧毁元件和划伤磁头盘片，从而使计算机系统瘫痪。因此对计算机的各部件要定期清洁，特别是主板、磁头和光头。

正确地执行开机和关机顺序。开机的顺序是：先外设（如打印机、扫描仪、UPS 电源、Modem 等），显示器电源不与主机相连的，还要先打开显示器电源，然后再开主机；关机顺序则相反：先关主机，再关外设。其原因在于尽量地减少对主机的损害。因为在主机通电时，关闭外设的瞬间，会对主机产生较强的冲击电流。关机后一段时间内，不能频繁地开、关机，因为这样对各配件的冲击很大，尤其是对硬盘的损伤更严重。关机时，应注意先关闭所有程序，再退出 Windows 操作系统，否则有可能损坏应用程序和数据。

2. 硬件维护

硬件是计算机正常运行的基础。任何硬件的故障，都会造成计算机系统的工作异常。随着计算机硬件生产自动化程度的不断提高，维修的内容越来越少，而故障检测成为硬件维护的主要内容。

CPU 的散热问题是很重要的，如果 CPU 不能很好地散热，就有可能引起系统运行不正常、机器无缘无故重新启动、死机等故障。

计算机硬件故障是指造成计算机系统功能错误的物理损坏，这种损坏可能是电子故障、机械故障或是介质故障。

（1）电子故障是指电路板或元件的失效所造成的逻辑错误；

（2）机械故障是指计算机的机械部分如键盘失灵、磁盘驱动器磁头定位不准及打印机的机械故障等；

（3）介质故障是指信息的介质载体（如磁盘）出现故障，造成信息无法正常读出。

计算机故障通用检测工具主要有万用表、示波器和逻辑测试笔等。专用的检测工具有逻辑分析仪、自动测试仪、逻辑示波器和维修卡等。一般用户不具备专用检测仪器，但可以使用一些通用工具，加上自己的知识和经验就可以处理相当一部分的故障。另外，工具软件也是很有效的检测工具，运行这些软件可以定位或诊断出一些硬件故障。计算机故障诊断包括人工诊断法与自动诊断法。

3. 人工诊断

检查和维修计算机故障时应遵循以下原则：先静后动，先分析故障原因，再动手检查和维修；先软后硬，计算机出现故障后，应先排除外围设备的故障，然后再检查硬件设备；先外后内，如果确定为硬件故障，一般应先排除外围设备的故障。如首先检查系统配置及参数设置情况；其次检查计算机电源、跳线设置、信号链接，排除由于接触不良造成的简单故障；

最后才检查 CPU、主板、内存条等设备配件的机械、电子部件造成的故障。一般诊断方法如下：

1）直接观察法

观察法就是通过看、听、摸、闻等方式检查机器的故障。利用人的感觉器官检查是否有火花、异常音响、元器件过热、烧焦、保险丝熔断以及有关插件是否有松动、接触不良、断线等明显故障。

2）插拔法

将扩展卡、信号线拔出后再插回，可以排除扩展卡和信号线的接插松动造成的故障。可逐块拔下插件板，每拔一块测试一次机器状态，一旦拔出某一块，机器恢复正常状态，就可以断定为刚才那块板子的问题，插拔法也适用于集成电路芯片故障的检测。

3）试探法

计算机发生故障后，将计算机主板上所有非关键配件拆除，只保留 CPU、内存、显示卡等，逐一添加其他配件，如果在添加某个配件后计算机出现相同故障，说明此配件就是造成故障的配件。可用正常的插件板或好的组件（尤其是大规模集成电路）替换有故障疑点的插件板或组件。

4）交换法

把相同的插件或器件互相交换，观察故障变化的情况，是帮助找出故障原因的一种方法。计算机中有许多部分由完全相同的插件或器件组成。如果故障出现在这些部位，用交换法能很快地排除故障。

4. 自动诊断（程序诊断）

计算机的内部结构复杂，其可控、可观察性较差，因此对故障的直接检测比较困难。使用功能测试法能够有效地诊断出硬件故障。程序诊断的常用方法如下。

（1）简单功能测试。利用操作系统中的调试工具进行功能测试。调用 DEBUG 程序的各种命令，可以对系统的各个端口、内存、寄存器进行读写，以检查相应部件的功能。

（2）编制简易测试程序诊断。在简单功能测试的基础上，由用户针对具体故障专门编制的简单程序，进行机器故障诊断。有助于加快故障的定位。

（3）高级诊断程序诊断。利用诊断程序可以较严格地检查在运行的机器工作情况。这种诊断程序常以菜单的形式为用户提供许多可以选择的测试项目，用户利用它可以对自己的系统工作状态进行全面的检查。但这种检查必须在计算机系统基本正常之后才能使用，而且也只能检查到部件一级。

（4）加电自检程序诊断。当电源接通后，机器自行启动自检程序并进入系统测试状态。如果自检能够正常通过，然后才启动操作系统。如果自检不能正常通过，则显示出错代码信息并发出出错声响，指出故障的部件。是否启动操作系统，取决于故障的范围，对系统破坏的程度和用户对屏幕提示信息的回答。

（5）借助诊断卡诊断。利用计算机系统的开机自检程序，可对电源、主板、CPU、内存条、显示卡、硬盘，键盘、打印机接口等进行检测，并显示出便于识别的错误代码。借助诊断卡等工具进行检查，可方便地检测到故障原因和故障部位。

5. 软件维护

软件是计算机正常运行的必要条件。随着计算机的广泛应用,软件维护成为计算机系统正常运行的重要内容。

但计算机在使用的过程中总是会有各种各样的问题,如硬盘无法启动、无法打印、文件被误删除、磁盘信息读不出来、查找文件的时间变长、运行速度变慢或是感染病毒等,这时的计算机并没有物理故障,而是软件故障,需要进行软件维护,软件维护是保证计算机能够正常工作的一个不可缺少的过程。

软件维护的目的就是利用工具软件来修改和调整计算机系统运行的软件环境,保证计算机系统能够高效率地运行。软件维护的工作主要有以下几项。

(1) 数据备份。数据备份是数据遭到破坏后,恢复数据最简单有效的方法。

(2) 整理和删除无用的文件。很多系统软件在运行的过程中会产生一些临时文件。这些文件会占用大量磁盘空间。这类文件应该删除,收回磁盘空间。

(3) 正确地配置系统。

(4) 合理地安排硬盘的文件目录。

(5) 恢复被破坏文件的数据。

(6) 整理磁盘的文件分配:磁盘在使用过程中,反复生成删除文件,或文件经常修改,文件在磁盘上的位置变得不连续,出现很多小的"碎片"。这时读文件的速度就会降低。需要对磁盘文件进行整理,对磁盘性能进行优化。

6. 工具软件

工具软件是功能强大、针对性强、比较实用的各种计算机管理和维护软件的总称。随着计算机软件技术的不断发展,软件版本的不断提高,各种工具软件的功能也越来越强大,涉及的范围也越来越广。

工具软件涉及的内容很广,包括磁盘管理工具、病毒清除、数据恢复、系统优化、加密解密及网络通信,还有计算机安全防护、上传下载、图形图像、娱乐视听、文件管理、光盘刻录与镜像、系统管理、网络工具等诸多方面。根据工具软件用途的不同,其大体上可分为以下几类。

(1) 系统管理工具:系统管理工具是指对计算机软、硬件系统进行管理的一类工具软件。

(2) 磁盘复制工具:磁盘复制工具是指专门用于磁盘复制,方便磁盘系统之间进行数据高效复制的一类工具软件。

(3) 数据压缩工具:数据压缩工具是指通过对磁盘数据的压缩,以减少数据所占用的磁盘空间,使在原来的磁盘空间不变的情况下,能存储更多数据的一类工具软件。

(4) 加密与解密工具:加密工具是指用于保护软件开发者的合法权益,防止软件被非法复制及修改、算法分析及目标代码反汇编等,达到控制和延缓非法扩散目的的一类工具软件。解密工具是指针对加密工具开发的,进行反加密的一类工具软件。

(5) 系统测试工具:系统测试工具是指用来测试系统总体或局部性能指标的一类工具软件。

(6) 编程调试工具：编程调试工具是指用于编制和调试程序的一类工具软件。

(7) 硬件仿真工具：硬件仿真工具是指用软件的方式来模仿硬件的一些功能的一类工具软件。

(8) 多媒体工具：多媒体工具是指对声音、图像、文本、动画、视频等多种媒体进行创作、编辑，以及将各种媒体有机结合起来，制作多媒体软件的一类工具软件。

(9) 网络与通信工具：网络与通信工具是指能使计算机之间通过网络互相传输数据，互相进行通信的一类工具软件。

(10) 游戏工具：游戏工具是指能实现计算机游戏逻辑型、数值型等变量的修改，对内存进行跟踪、定位，以及截取屏幕画面等功能的一类工具软件。

(11) 综合性工具：综合性工具是指功能强大，将一系列实用工具软件集成的综合性工具软件包。

第 2 章　操　作　系　统

2.1　操作系统概述

2.1.1　操作系统的定义

操作系统(Operating System,OS)是管理和控制计算机硬件与软件资源的计算机程序,是直接运行在"裸机"上的最基本的系统软件,任何其他软件都必须在操作系统的支持下才能运行。操作系统是用户和计算机的接口,同时也是计算机硬件和其他软件的接口。操作系统在计算机系统中的位置如图 2-1 所示。操作系统管理计算机系统的硬件、软件及数据资源,控制程序运行,改善人机界面,为其他应用软件提供支持等,使计算机系统所有资源最大限度地发挥作用,提供了各种形式的用户界面,使用户有一个好的工作环境,为其他软件的开发提供了必要的服务和相应的接口。

图 2-1　操作系统在计算机
系统中的位置

2.1.2　操作系统的功能

操作系统是直接运行在计算机硬件上的第一个软件,它不仅用于启动计算机,而且在计算机启动后,管理计算机的软件和硬件,也就是说,只要计算机在运行着,那么操作系统就时时刻刻在工作,操作系统是一切其他软件运行的基础。一个完整的操作系统应具备几方面的功能:处理机管理功能、存储器管理功能、设备管理功能和文件管理功能。此外,为了方便用户使用操作系统,还必须向用户提供一个使用方便的操作界面。

1. 存储器管理的功能

存储器管理的主要任务,是为多道程序的运行提供良好的环境,方便用户使用存储器,提高存储器的利用率,以及能从逻辑上扩充内存。为此,存储器管理应具有内存分配、内存保护、地址映射和内存扩充这 4 种功能。

2. 处理机管理的功能

处理机管理的主要任务,是对处理机进行分配,并对其运行进行有效的控制和管理。在多道程序环境下,处理机的分配和运行都是以进程为基本单位,因而对处理机的管理可归结为对进程的管理。它包括进程控制、进程同步、进程通信和调度等 4 个方面。

3．设备管理的功能

设备管理器的主要任务,是完成用户提出的 I/O 请求,为用户分配 I/O 设备,提高 CPU 和 I/O 设备的利用率,提高 I/O 速度,以及方便用户使用 I/O 设备。为实现上述任务,设备管理应具有缓冲管理、设备分配、设备处理以及设备独立性和虚拟设备等功能。

4．文件管理的功能

在现代计算机系统中,总是把程序和数据以文件的形式存储在磁盘和磁带上,供所有的或指定的用户使用。因此,在操作系统中必须配置文件管理机构。文件管理的主要任务,是对用户文件和系统文件进行管理,以方便用户使用,并保证文件的安全性。为此,文件管理应具有对文件存储空间的管理、目录管理、文件的读/写管理以及文件的共享与保护等功能。

5．用户接口

为了方便用户使用操作系统,操作系统又向用户提供了"用户与操作系统的接口",该接口通常是以命令或系统调用的形式呈现在用户面前。前者提供用户在键盘终端上使用,称为命令接口;后者则提供给用户在编程时使用,称为程序接口。

在较晚出现的操作系统中,则又向用户提供了图形接口,20 世纪 90 年代后推出的主流 OS 都提供了图形用户接口。例如,IBM 公司的 OS/2 2.1OS,Apple 公司的 Macintosh OS 以及 Microsoft 公司的 Windows。

2.1.3　操作系统的发展

1．20 世纪 80 年代前

第一部计算机并没有操作系统。这是由于早期个人计算机的建立方式(如同建造机械算盘)与效能不足以执行如此程序。

1947 年发明了晶体管,以及莫里斯·威尔克斯(Maurice Vincent Wilkes)发明的微程序方法,使得计算机不再是机械设备,而是电子产品。系统管理工具以及简化硬件操作流程的程序很快就出现了,且成为操作系统的基础。

到了 20 世纪 60 年代早期,商用计算机制造商制造了批次处理系统,此系统可将工作的建置、调度以及执行序列化。此时,厂商为每一台不同型号的计算机创造了不同的操作系统,因此为某计算机而写的程序无法移植到其他计算机上执行,即使是同型号的计算机也不行。

到了 1964 年,IBM 公司推出了一系列用途与价位都不同的大型计算机 IBM System/360,成为大型主机的经典之作。而它们都共享代号为 OS/360 的操作系统(而非每种产品都用量身定做的操作系统)。让单一操作系统适用于整个系列的产品是 System/360 成功的关键。

1963 年,奇异公司与贝尔实验室合作以 PL/I 语言建立的 Multics,是激发 20 世纪 70 年代众多操作系统建立的灵感来源,尤其是由 AT&T 贝尔实验室的丹尼斯·里奇与肯·汤普逊所建立的 UNIX 系统,为了实践平台移植能力,此操作系统在 1969 年由 C 语言重写;另一个广为市场采用的小型计算机操作系统是 VMS。

2. 20 世纪 80 年代

第一代微型计算机并不像大型计算机或小型计算机,没有装设操作系统的需求或能力;它们只需要最基本的操作系统,通常这种操作系统都是从 ROM 读取的,此种程序被称为监视程序(Monitor)。

20 世纪 80 年代,家用计算机开始普及。通常此时的计算机拥有 8b 处理器加上 64KB 内存、屏幕、键盘以及低音质喇叭。而 20 世纪 80 年代早期最著名的套装计算机为使用微处理器 6510(6502 芯片特别版)的 Commodore C64。此计算机没有操作系统,而是以 8KB 只读内存 BIOS 初始化彩色屏幕、键盘以及软驱和打印机。它可用 8KB 只读内存 BASIC 语言来直接操作 BIOS,并依此撰写程序,大部分是游戏。此 BASIC 语言的解释器勉强可算是此计算机的操作系统,当然就没有内核或软硬件保护机制了。此计算机上的游戏大多跳过 BIOS 层次,直接控制硬件。

早期最著名的磁盘启动型操作系统是 CP/M,它支持许多早期的微型计算机,且被 MS DOS 大量抄袭其功能。

最早期的 IBM PC 架构类似 C64。当然它们也使用了 BIOS 以初始化与抽象化硬件的操作,甚至也附了一个 BASIC 解释器!但是它的 BASIC 优于其他公司产品的原因在于它有可携性,并且兼容于任何符合 IBM PC 架构的机器上。这样的 PC 可利用 Intel-8088 处理器(16b 寄存器)寻址,并最多可有 1MB 的内存,然而最初只有 640KB。软式磁盘机取代了过去的磁带机,成为新一代的储存设备,并可在 512KB 的空间上读写。为了支持更进一步的文件读写概念,磁盘操作系统(Disk Operating System,DOS)因而诞生。此操作系统可以合并任意数量的磁区,因此可以在一张磁盘片上放置任意数量与大小的文件。IBM 并没有很在意其上的 DOS,因此以向外部公司购买的方式取得操作系统。

1980 年,微软公司取得了与 IBM 的合约,并且收购了一家公司出产的操作系统,在将之修改后以 MS DOS 的名义出品,此操作系统可以直接让程序操作 BIOS 与文件系统。虽然有很多不足之处,但 MS DOS 还是变成了 IBM PC 上面最常用的操作系统(IBM 自己也有推出 DOS,称为 IBM DOS 或 PC DOS)。MS DOS 的成功使得微软成为地球上最赚钱的公司之一。

20 世纪 80 年代另一个崛起的操作系统是 Mac OS,此操作系统紧紧与苹果公司的麦金塔计算机捆绑在一起。在受到施乐公司的图像操作界面的启发后,苹果公司开发了最早的商用化图形化操作系统。

3. 20 世纪 90 年代

Apple I 计算机,苹果计算机的第一代产品。延续 20 世纪 80 年代的竞争,20 世纪 90

年代出现了许多影响未来个人计算机市场深厚的操作系统。由于图形化使用者界面日趋繁复,操作系统的能力也越来越复杂与巨大,因此强韧且具有弹性的操作系统就成了迫切的需求。

起初于市场崛起的苹果计算机,由于旧系统的设计不良,使得其后继发展不力,苹果计算机决定重新设计操作系统。经过许多失败的项目后,苹果于 1997 年释出新操作系统——MacOS 的测试版,而后推出的正式版取得了巨大的成功。

除了商业主流的操作系统外,从 20 世纪 80 年代起兴起开放原码,其中 BSD 系统也发展了非常久的一段时间,但在 20 世纪 90 年代由于与 AT&T 的法律争端,使得远在芬兰赫尔辛基大学的另一股开源操作系统——Linux 兴起。Linux 内核是一个标准 POSIX 内核,其血缘可算是 UNIX 家族的一支。Linux 与 BSD 家族都搭配 GNU 计划所发展的应用程序,但是由于使用的许可证以及在历史因素的作弄下,Linux 取得了相当可观的开源操作系统市场占有率,而 BSD 则小得多。相较于 MS-DOS 的架构,Linux 除了拥有傲人的可移植性,它也是一个分时多进程内核,以及良好的内存空间管理(普通的进程不能存取内核区域的内存)。

另一方面,微软对于更强力的操作系统呼声的回应便是 Windows NT 于 1993 年的面世。

一开始 Windows 并不是一个操作系统,只是一个应用程序,其背景还是纯 MS DOS 系统,这是因为当时的 BIOS 设计以及 MS DOS 的架构不甚良好之故。

在 20 世纪 90 年代初,微软与 IBM 的合作破裂,微软从 OS/2(早期为命令行模式,后来成为一个很成功但是曲高和寡的图形化操作系统)项目中抽身,并且在 1993 年 7 月 27 日推出 Windows NT 3.1,一个以 OS/2 为基础的图形化操作系统。并在 1995 年 8 月 15 日推出 Windows 95。

直到这时,Windows 系统依然是建立在 MS DOS 的基础上,在 2000 年所推出的 Windows 2000 上,才算是第一个脱离 MS DOS 基础的图形化操作系统。

Windows 2000 是 Windows NT 的改进系列,Windows XP(Windows NT 5.1)以及 Windows Server 2003(Windows NT 5.2)、Windows Vista(Windows NT 6.0)、Windows 7(Windows NT 6.1)也都是立基于 Windows NT 的架构上。

这一时期渐渐增长并越趋复杂的嵌入式设备市场也促使嵌入式操作系统的成长。

4. 21 世纪的今天

微软的桌面操作系统 Windows XP 于 2001 年 10 月 25 日发布,该操作系统是有史以来最为成功的商业操作系统。在经过了不受用户青睐的 Windows Vista 后,微软于 2009 年 10 月 22 日发布了 Windows 7。Windows 7 是目前市场占有率最高的桌面操作系统,2012 年 12 月占 69.73% 的市场份额。微软公司于 2012 年 10 月 26 日正式推出 Windows 8,它具有革命性变化的操作系统。系统独特的开始界面和触控式交互系统,旨在让人们的日常计算机操作更加简单和快捷,为人们提供高效易行的工作环境。Windows 8 支持来自 Intel、AMD 和 ARM 的芯片架构,被应用于个人计算机和平板计算机上。微软在网络操作系统方面,于 2003 年 4 月发布了 Windows 2003 Server、于 2008 年 2 月发布了 Windows 2008 Server、于 2012 年 7 月发布了 Windows 2012 Server。

Linux 操作系统在这一时期出现了蓬勃式发展,于 2000 年年底成为继 Windows 之后的第二大操作系统。原来仅有技术爱好者参与,现已吸引了企业的注意并参与其中,各种版本的 Linux 纷纷出现,如 Centos、Ubuntu、Fedora、Red Flag。

这一时期大型计算机与嵌入式系统使用很多样化的操作系统。在服务器方面 Linux、UNIX 和 Windows Server 占据了市场的大部分份额。在超级计算机方面,Linux 取代 UNIX 成为第一大操作系统,截至 2012 年 6 月,世界超级计算机 500 强排名中基于 Linux 的超级计算机占据了 462 个席位,比率高达 92%。随着智能手机的发展,Android 和 iOS 已经成为目前最流行的两大手机操作系统。

2.1.4 操作系统的分类

从出现操作系统开始,操作系统的发展经历了批处理、实时系统和分时系统三个阶段。计算机操作系统可以分为以下几种类型。

1. 批处理操作系统

批处理操作系统(Batch Processing Operating System)的工作方式是:用户将作业交给系统操作员,系统操作员将许多用户的作业组成一批作业,之后输入到计算机中,在系统中形成一个自动转接的连续的作业流,然后启动操作系统,系统自动、依次执行每个作业。最后由操作员将作业结果交给用户。批处理操作系统的特点是:多道和成批处理。

2. 分时操作系统

分时操作系统(Time Sharing Operating System,TSOS)的工作方式是:一台主机连接了若干个终端,每个终端有一个用户在使用。用户交互式地向系统提出命令请求,系统接受每个用户的命令,采用时间片轮转方式处理服务请求,并通过交互方式在终端上向用户显示结果。用户根据上步结果发出下道命令。分时操作系统将 CPU 的时间划分成若干个片段,称为时间片。操作系统以时间片为单位,轮流为每个终端用户服务。每个用户轮流使用一个时间片而使每个用户并不感到有别的用户存在。分时系统具有多路性、交互性、"独占"性和及时性的特征。多路性是指,同时有多个用户使用一台计算机,宏观上看是多个人同时使用一个 CPU,微观上是多个人在不同时刻轮流使用 CPU。交互性是指,用户根据系统响应结果进一步提出新请求(用户直接干预每一步)。"独占"性是指,用户感觉不到计算机为其他人服务,就像整个系统为他所独占。及时性是指,系统对用户提出的请求及时响应。它支持位于不同终端的多个用户同时使用一台计算机,彼此独立互不干扰,用户感到好像一台计算机全为他所用。

常见的通用操作系统是分时系统与批处理系统的结合。其原则是:分时优先,批处理在后。"前台"响应需频繁交互的作业,如终端的要求;"后台"处理时间性要求不强的作业。

3. 实时操作系统

实时操作系统(Real Time Operating System,RTOS)是指使计算机能及时响应外部事件的请求在规定的严格时间内完成对该事件的处理,并控制所有实时设备和实时任务协调一致地工作的操作系统。实时操作系统要追求的目标是:对外部请求在严格时间范围内做出反应,有高可靠性和完整性。其主要特点是资源的分配和调度首先要考虑实时性然后才是效率。此外,实时操作系统应有较强的容错能力。

4. 网络操作系统

网络操作系统(Network Operating System,NOS)是通常运行在服务器上的操作系统,是基于计算机网络的,是在各种计算机操作系统上按网络体系结构协议标准开发的软件,包括网络管理、通信、安全、资源共享和各种网络应用。其目标是相互通信及资源共享。在其支持下,网络中的各台计算机能互相通信和共享资源。其主要特点是与网络的硬件相结合来完成网络的通信任务。网络操作系统被设计成在同一个网络中(通常是一个局部区域网络 LAN,一个专用网络或其他网络)的多台计算机中可以共享文件和打印机访问。流行的网络操作系统有 Linux,UNIX,BSD,Windows Server,Mac OS X Server,Novell NetWare 等。

5. 分布式操作系统

分布式操作系统是为分布计算系统配置的操作系统。大量的计算机通过网络被连接在一起,可以获得极高的运算能力及广泛的数据共享。这种系统被称做分布式系统(Distributed System)。它在资源管理、通信控制和操作系统的结构等方面都与其他操作系统有较大的区别。由于分布计算机系统的资源分布于系统的不同计算机上,操作系统对用户的资源需求不能像一般的操作系统那样等待有资源时直接分配的简单做法而是要在系统的各台计算机上搜索,找到所需资源后才可进行分配。对于有些资源,如具有多个副本的文件,还必须考虑一致性。所谓一致性是指若干个用户对同一个文件所同时读出的数据是一致的。为了保证一致性,操作系统须控制文件的读、写、操作,使得多个用户可同时读一个文件,而任一时刻最多只能有一个用户在修改文件。分布操作系统的通信功能类似于网络操作系统。由于分布计算机系统不像网络分布得很广,同时分布操作系统还要支持并行处理,因此它提供的通信机制和网络操作系统提供的有所不同,它要求通信速度高。分布操作系统的结构也不同于其他操作系统,它分布于系统的各台计算机上,能并行地处理用户的各种需求,有较强的容错能力。

分布式操作系统是网络操作系统的更高形式,它保持了网络操作系统的全部功能,而且还具有透明性、可靠性和高性能等。网络操作系统和分布式操作系统虽然都用于管理分布在不同地理位置的计算机,但最大的差别是:网络操作系统知道确切的网址,而分布式系统则不知道计算机的确切地址;分布式操作系统负责整个的资源分配,能很好地隐藏系统内部的实现细节,如对象的物理位置等。这些都是对用户透明的。

6. 大型计算机操作系统

大型计算机(Mainframe Computer),也称为大型主机。大型计算机使用专用的处理器指令集、操作系统和应用软件。最早的操作系统是针对 20 世纪 60 年代的大型主机结构开发的,由于对这些系统在软件方面做了巨大投资,因此原来的计算机厂商继续开发与原来操作系统相兼容的硬件与操作系统。这些早期的操作系统是现代操作系统的先驱。现代的大型主机一般也可运行 Linux 或 UNIX 变种。

7. 嵌入式操作系统

嵌入式系统是一种专用的计算机系统,作为装置或设备的一部分。通常,嵌入式系统是一个控制程序存储在 ROM 中的嵌入式处理器控制板。事实上,所有带有数字接口的设备,如手表、微波炉、录像机、汽车等,都使用嵌入式系统,有些嵌入式系统还包含操作系统。嵌入式操作系统(Embedded Operating System)是指用于嵌入式系统的操作系统。由于嵌入式系统一般是应用于小型电子装置的,系统资源相对有限,所以其操作系统内核较之传统的操作系统要小得多。嵌入式操作系统是一种用途广泛的系统软件,通常包括与硬件相关的底层驱动软件、系统内核、设备驱动接口、通信协议、图形界面、标准化浏览器等。嵌入式操作系统负责嵌入式系统的全部软、硬件资源的分配、任务调度,控制、协调并发活动。它必须体现其所在系统的特征,能够通过装卸某些模块来达到系统所要求的功能。目前在嵌入式领域广泛使用的操作系统有:嵌入式 Linux、Windows Embedded、VxWorks 等,以及应用在智能手机和平板计算机中的 Android、iOS 等。

2.1.5 常见的操作系统

1. UNIX

UNIX 是一个强大的多用户、多任务操作系统,支持多种处理器架构,按照操作系统的分类,属于分时操作系统。UNIX 最早由 Ken Thompson 和 Dennis Ritchie 于 1969 年在美国 AT&T 的贝尔实验室开发。

类 UNIX(UNIX-like)操作系统指各种传统的 UNIX(比如 System V、BSD、FreeBSD、OpenBSD、Sun 公司的 Solaris)以及各种与传统 UNIX 类似的系统(例如 Minix、Linux、QNX 等)。它们虽然有的是自由软件,有的是商业软件,但都相当程度地继承了原始 UNIX 的特性,有许多相似处,并且都在一定程度上遵守 POSIX 规范。由于 UNIX 是 The Open Group 的注册商标,特指遵守此公司定义的行为的操作系统。而类 UNIX 通常指的是比原先的 UNIX 包含更多特征的操作系统。类 UNIX 系统可在非常多的处理器架构下运行,在服务器系统上有很高的使用率,例如大专院校或工程应用的工作站。

某些 UNIX 变种,例如 HP 的 HP-UX 以及 IBM 的 AIX 仅设计用于自家的硬件产品上,而 Sun 的 Solaris 可安装于自家的硬件或 x86 计算机上。苹果计算机的 Mac OS X 是一个从 NeXTSTEP、Mach 以及 FreeBSD 共同派生出来的微内核 BSD 系统,此 OS 取代了苹果计算机早期非 UNIX 家族的 Mac OS。

2. Linux

基于 Linux 的操作系统是 1991 年推出的一个多用户、多任务的操作系统。它与 UNIX 完全兼容。Linux 最初是由芬兰赫尔辛基大学计算机系学生 Linux Torvaids 在基于 UNIX 的基础上开发的一个操作系统的内核程序，Linux 的设计是为了在 Intel 微处理器上更有效地运用。其后在理查德·斯托曼的建议下以 GNU 通用公共许可证发布，成为自由软件 UNIX 变种。它的最大特点在于它是一个源代码公开的自由及开放源码的操作系统，其内核源代码可以自由传播。经历数年的披荆斩棘，自由开源的 Linux 系统逐渐蚕食以往专利软件的专业领域。

Linux 有各种发行版，通常为 GNU/Linux，如 Debian（及其衍生系统 Ubuntu、Linux Mint）、Fedora、openSUSE 等。Linux 发行版作为个人计算机操作系统或服务器操作系统，在服务器上已成为主流的操作系统。Linux 在嵌入式方面也得到广泛应用，基于 Linux 内核的 Android 操作系统已经成为当今全球最流行的智能手机操作系统。

3. Mac OS X

Mac OS X 是苹果 Macintosh 计算机操作系统软件的 Mac OS 最新版本。Mac OS 是一套运行于苹果 Macintosh 系列计算机上的操作系统。Mac OS 是首个在商用领域成功的图形用户界面。Mac OS X 于 2001 年 首次在商场上推出。它包含两个主要的部分：以 BSD 原始代码和 Mach 微核心为基础的 Darwin，它类似 UNIX 的开放原始码环境，由苹果计算机采用和与独立开发者协同作进一步的开发；及一个由苹果计算机开发的命名为 Aqua 的 GUI。

4. Windows

微软公司的操作系统 Windows 是一个多任务的操作系统，它采用图形窗口界面，用户对计算机的各种复杂操作只需通过鼠标就可以实现。Windows 系统，如 Windows 2000、Windows XP 都是创建于现代的 Windows NT 内核。NT 内核是由 OS/2 和 OpenVMS 等系统上借用来的。Windows 可以在 32 位和 64 位的 Intel 和 AMD 的处理器上运行，但是早期的版本也可以在 DEC Alpha、MIPS 与 PowerPC 架构上运行。虽然由于人们对于开放源代码作业系统兴趣的提升，Windows 的市场占有率有所下降，但是到 2013 年 1 月，Windows 系列操作系统在世界范围内占据了桌面操作系统 94.56% 的市场。

Windows 系统也被用在低级和中级服务器上，并且支持网页服务的数据库服务等一些功能。微软花费了很大研究与开发的经费用于使 Windows 拥有能运行企业的大型程序的能力。

现在广泛使用的 Windows 操作系统有：桌面操作系统 Windows XP、Windows 7、Windows 8，网络操作系统 Windows 2008 Server、Windows 2012 Server，嵌入式操作系统 Windows Phone、Windows CE。

5. iOS

iOS 操作系统是由苹果公司开发的手持设备操作系统。苹果公司最早于 2007 年 1 月 9 日的 Mac world 大会上公布这个系统，最初是设计给 iPhone 使用的，后来陆续套用到 iPod touch、iPad 以及 Apple TV 等苹果产品上。iOS 与苹果的 Mac OS X 操作系统一样,也是以 Darwin 为基础的,因此同样属于类 UNIX 的商业操作系统。原本这个系统名为 iPhone OS,2010 年 6 月 7 日 WWDC 大会上宣布改名为 iOS。2013 年第一季度数据显示,iOS 已经占据了全球智能手机系统市场份额的 17.3%,在美国的市场占有率为 43%。

6. Android

Android 是一种以 Linux 为基础的开放源代码操作系统,主要使用于便携设备。Android 操作系统最初由 Andy Rubin 开发,最初主要支持手机。2005 年由 Google 收购注资,并组建开放手机联盟开发改良,逐渐扩展到平板计算机及其他领域上。2011 年第一季度,Android 在全球的市场份额首次超过塞班系统,跃居全球第一。2013 年第一季度数据显示,Android 占据全球智能手机操作系统市场 75% 的份额,中国市场占有率为 90%。

2.2 Windows 7 基础

2.2.1 Windows 7 版本

Windows 7 是由微软公司开发的操作系统。Windows 7 可供家庭及商业工作环境、笔记本、平板计算机、多媒体中心等使用。微软 2009 年 10 月 22 日于美国、2009 年 10 月 23 日于中国正式发布 Windows 7,2011 年 2 月 22 日发布 Windows 7 SP1。Windows 7 总共有 5 个版本,如图 2-2 所示。

1. Windows 7 Home Basic(家庭普通版)

Windows 7 Home Basic 的主要新特性有无限应用程序、增强视觉体验(没有完整的 Aero 效果)、高级网络支持(Ad hoc 无线网络和互联网连接支持 ICS)、移动中心(Mobility Center)。缺少的功能:玻璃特效功能、实时缩略图预览、Internet 连接共享,不支持应用主题。

图 2-2 Windows 7 的 5 个版本及其之间的关系

2. Windows 7 Home Premium(家庭高级版)

Windows 7 Home Premium 有 Aero Glass 高级界面、高级窗口导航、改进的媒体格式支持、媒体中心和媒体流增强(包括 Play To)、多点触摸、更好的手写识别等。包含功能:玻璃特效;多点触控功能;多媒体功能;组建家庭网络组。

3. Windows 7 Professional(专业版)

Windows 7 Professional 替代 Vista 下的商业版,支持加入管理网络(Domain Join)、高

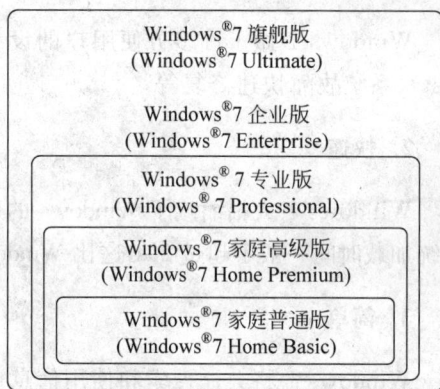

级网络备份等数据保护功能、位置感知打印技术(可在家庭或办公网络上自动选择合适的打印机)等。包含功能:加强网络的功能,比如域加入、高级备份功能、位置感知打印、脱机文件夹、移动中心(Mobility Center)、演示模式(Presentation Mode)等。

4. Windows 7 Enterprise(企业版)

提供一系列企业级增强功能:BitLocker,内置和外置驱动器数据保护;AppLocker,锁定非授权软件运行;DirectAccess,无缝连接基于 Windows Server 2008 R2 的企业网络;BranchCache,WindowsServer 2008 R2 网络缓存等等。包含功能:Branch 缓存、DirectAccess、BitLocker、AppLocker、Virtualization Enhancements(增强虚拟化)、Management(管理)、Compatibility and Deployment(兼容性和部署)、VHD 引导支持等。

5. Windows 7 Ultimate(旗舰版)

拥有 Windows 7 Home Premium 和 Windows 7 Professional 的全部功能,当然硬件要求也是最高的。包含功能:以上版本的所有功能。

2.2.2 Windows 7 特色

1. 易用

Windows 7 做了许多方便用户的设计,如快速最大化、窗口半屏显示、跳转列表(Jump List)、系统故障快速修复等。

2. 快速

Windows 7 大幅缩减了 Windows 的启动时间,据实测,在 2008 年的中低端配置下运行,系统加载时间一般不超过 20s,这比 Windows Vista 的 40 余秒相比,是一个很大的进步。

3. 简单

Windows 7 将会让搜索和使用信息更加简单,包括本地、网络和互联网搜索功能,直观的用户体验将更加高级,还会整合自动化应用程序提交和交叉程序数据透明性。

4. 安全

Windows 7 包括改进了的安全和功能合法性,还会把数据保护和管理扩展到外围设备。Windows 7 改进了基于角色的计算方案和用户账户管理,在数据保护和坚固协作的固有冲突之间搭建沟通桥梁,同时也会开启企业级的数据保护和权限许可。

5. Aero 特效

Windows 7 的 Aero 效果更华丽,有碰撞、水滴效果,还有丰富的桌面小工具。但是,Windows 7 的资源消耗却是最低的。不仅执行效率快人一筹,笔记本的电池续航能力也大幅增加。

Windows 7 及其桌面窗口管理器(DWM. exe)能充分利用 GPU 的资源进行加速,而且支持 Direct3D11 API。

2.2.3 Windows 7 配置最低要求

Windows 7 最低硬件配置要求如表 2-1 所示。

表 2-1 Windows 7 最低硬件配置要求

设备名称	基 本 要 求	备 注
CPU	1GHz 及以上	Windows 7 包含 32 位与 64 位两种版本,如果希望安装 64 位操作系统,则需要 CPU 支持才可以
内存	1GB 及以上	64 位系统需要 2GB 以上
硬盘	16GB 以上可用磁盘空间	64 位系统需要 20GB 以上
显卡	DirectX 9 显卡支持显卡 WDDM 1.0 或更高版本	
其他设备	DVD-R/RW 驱动器或者 U 盘等其他储存介质	安装用。如果需要可以用 U 盘安装 Windows 7,这需要制作 U 盘引导
	互联网连接/电话	需要联网/电话激活授权,否则只能进行为期 30 天的试用评估

2.3 Windows 7 的基本操作

2.3.1 启动 Windows 7

如果计算机已经安装了 Windows 7 操作系统,那么只需接通主机电源,打开显示器、音响设备等,按下主机上的电源开关,稍等片刻计算机就会进入 Windows 7 的启动界面。如果系统设置了多个用户将会出现用户选择界面,如图 2-3 所示。当用户选择了多个用户中的某一个,或者只有一个用户的时候,如果该用户设置了密码,将会出现密码输入界面,如图 2-4 所示。否则将直接进入系统。

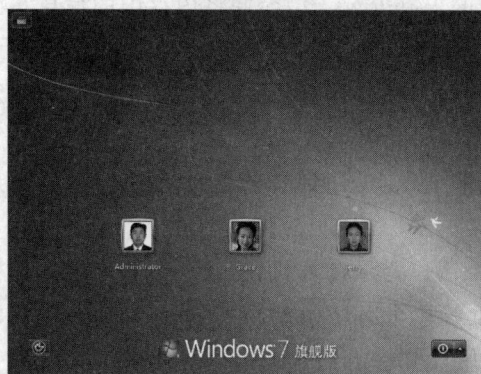

图 2-3 Windows 7 的登录界面

图 2-4 密码输入

在密码输入框中输入正确的密码后单击 按钮即可进入系统。

系统正确启动后,可看到 Windows 7 的桌面。由于用户对系统的设置不同,不同用户的桌面有所不同。

2.3.2 退出 Windows 7

退出 Windows 7 操作系统一定要按正确步骤进行,直接切断电源等非正常关机可能造成数据的丢失和资源的浪费,严重时还将造成系统的损坏。正确退出 Windows 7 的具体操作步骤如下。

(1) 先将所有已经打开的文件和应用程序关闭。

(2) 单击屏幕左下角的"开始"按钮 ,打开"开始"菜单。

(3) 单击"关机"按钮。

系统首先会关闭所有运行中的程序(如果某些程序不太配合,可以选择强制关机),然后,系统后台服务关闭,接着,系统向主板和电源发出特殊信号,让电源切断对所有设备的供电,计算机彻底关闭,下次开机就完全是重新开始启动计算机了。

"关机"菜单中其他选项如图 2-5 所示,其功能如下。

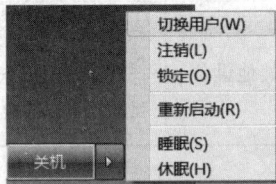

(1) 睡眠:计算机在睡眠状态时,将关闭监视器和硬盘,以使计算机使用较少的电量。想重新使用计算机时,它将快速退出等待状态,而且桌面精确恢复到等待前的状态。工作过程中

图 2-5 关闭计算机

短时间离开计算机时,应当使用睡眠状态来节省电能。因为待机状态并没有将桌面状态保存到磁盘,待机状态时的电源故障可能会丢失未保存的信息。

(2) 休眠:在使用休眠模式时,可以关掉计算机并切断电源,并确保在回来时所有工作(包括没来得及保存或关闭的程序和文档)都会完全精确地还原到离开时的状态。内存中的内容会保存在磁盘上,监视器和硬盘会关闭,同时也节省了电能,降低了计算机的损耗。一般来说,使计算机解除休眠状态所需的时间要比解除待机状态所需的时间长。因此,在将计算机置于待机模式前应该保存文件。如果希望在离开计算机时自动保存所做的工作,可使用休眠模式而非睡眠模式。但是,休眠模式将关闭计算机。

(3) 重新启动:即保留用户本次开机更改了的 Windows 设置,并将内存中的信息写到硬盘上,重启计算机。

(4) 锁定:锁定正在使用的用户,回到登录界面。锁定计算机后,只有锁定的用户或管理员才能将其解除锁定。

(5) 注销:向系统发出清除现在登录的用户的请求,返回到登录界面。注销后,其他用户可以登录而无须重新启动计算机。

(6) 切换用户:返回到登录界面,允许另一个用户登录计算机,但前一个用户的操作依然被保留在计算机中,其请求并不会被清除,一旦计算机又切换到前一个用户,那么他仍能继续操作,这样即可保证多个用户互不干扰地使用计算机了。

计算机是否支持睡眠和休眠受显卡、主板和操作系统以及正在运行的程序(如正在播放

视频)或服务的影响。

2.3.3 几个常用的基本术语

(1) 桌面：指启动 Windows 7 后，出现在屏幕上的整个区域。

(2) 对象：指 Windows 7 中的各种组成元素。包括程序、文件、文件夹、快捷方式、任务栏、"开始"按钮甚至桌面本身，等等。

(3) 图标：是代表程序、文件、文件夹等各种对象的小图像。一般情况下，图标的上面是图形，下面是文字说明(也就是图标名)。

(4) 文件夹：是一组对象，如文件、文件夹、程序等的集合。文件夹也称为目录。

(5) 快捷方式：是某对象的一个链接，保存该对象的地址。打开一个快捷方式，就是打开该快捷方式对应的对象。

(6) 窗口菜单与快捷菜单：Windows 7 中的程序运行时，一般都会产生一个窗口，在窗口的上部有一个菜单，称为窗口菜单(简称为菜单)；快捷菜单是指在 Windows 的对象上右击鼠标弹出的菜单。通过快捷菜单能快速地对对象进行相关操作。

2.3.4 鼠标及键盘的基本操作

1. 鼠标的基本操作

当用户握着鼠标移动时，计算机屏幕上的光标就随之移动。在操作过程中，只要将鼠标指针指向某个按钮、图标或某条命令并单击鼠标左/右键，就可以执行相应的操作或命令。鼠标的左键称为主键，右键称为副键。有些鼠标还配有滚轮，其作用是滚动显示的图像或文本，使得在有限的窗口中可以看到图像或文本的其他部分。在 Windows 7 中的大部分操作都是通过使用鼠标左键来完成的，右键主要用于打开快捷菜单。鼠标有以下几种基本操作。

(1) 指向：移动鼠标，使鼠标指针指向某一对象。

(2) 单击：快速按一下鼠标左键并立即释放。单击操作一般用于选定对象。

(3) 右击：将鼠标指针指向某一个对象，然后快速按一下鼠标右键。

(4) 双击：将鼠标指针指向某一个对象，快速地连续按两次鼠标左键并立即释放。

(5) 三击：在不移动鼠标的情况下，快速地连续三次按下鼠标左键再松开左键的动作。

(6) 拖动：将鼠标指针指向某一个对象，按住鼠标左键，然后移动鼠标指针到指定位置后再释放鼠标左键。

(7) 释放：将按住鼠标器左/右键的手指松开。

在 Windows 7 环境下操作时，一般情况下，鼠标指针的形状通常是一个小箭头，随着鼠标指针指向不同的对象或对象位置，或者当系统处于某种状态时，鼠标指针在屏幕上会出现不同的符号形状。表 2-2 中列出了一些鼠标指针符号形状及其含义。

表 2-2　常见鼠标指针符号

指 针 符 号	指针名及作用简述
↖	标准选择：出现在非文本区。主要用于选择菜单项目或命令
↖?	帮助选择：选择"帮助"菜单中的"这是什么?"时出现
↖⧗	后台操作：表明计算机正在执行一些后台处理任务
⧗	忙：表示计算机正处于执行用户某一命令的过程中
＋	精度选择
Ⅰ	文字选择：出现在文本区，表示插入点
✎	手写
⊘	不可用：表明当前的操作无效
↕	调整垂直大小：可调整对象垂直方向的大小，出现在窗口边框等处
↔	调整水平大小：可调整对象水平方向的大小，出现在窗口边框等处
⤢	对角线调整 1：在对角线方向上调整对象的大小，出现在窗口角等处
⤡	对角线调整 2：在对角线方向上调整对象的大小，出现在窗口角等处
✛	移动：当出现此指针时，可使用方向键移动整个窗口或表格
↑	其他选择
☝	链接选择：指向并选定桌面或窗口中的文件或文件夹时出现

以上是一种鼠标指针方案，选择不同的指针方案，各种状态下的鼠标指针可以表现为不同的图案。

2. 键盘的基本操作

键盘是计算机系统最常用的输入设备。键盘操作可以分为输入操作与命令操作。输入操作以向计算机输入信息为主要目的，用户可以通过键盘输入英文字母、汉字、数字以及各种符号。当在屏幕上有光标闪烁时，说明用户处于输入状态下，用户可直接进行输入操作。在进行输入操作时，用户所输入的字符都将显示在屏幕上。

命令操作的目的是向计算机发布一个命令，让计算机完成一件工作。如在 Windows 7 中，用户按下 Ctrl＋Esc 键就可以命令计算机打开"开始"菜单。命令操作通过特定的键或几个键组合来表示一个命令，这些键被称为快捷键。在 Windows 7 中有很多快捷键，用户可以利用这些快捷键发布不同的命令。

快捷键常常是多个按键的组合，书写时表示为：XXX 键＋XXX 键，描述为"同时按下"这几个按键，操作时可以选按下其中一个或几个键不松开，然后再按其他键。如 Ctrl＋Esc 快捷键操作，可以先按住 Ctrl 键不松开，再按 Esc 键。

以下列出一些常用的快捷键。

F1：显示当前程序或者 Windows 的帮助内容。

F2：若选中一个文件，这意味着"重命名"。

F3：在桌面上的时候是打开"查找：所有文件"对话框。

F5：刷新。

F10 或 Alt：激活当前程序的菜单栏。

Ctrl＋Alt＋Delete：打开启动任务管理器、锁定、切换、注销、更改密码等选择界面。

Delete：删除被选择的选择项目，如果是文件，将被放入回收站。

Shift＋Delete：删除被选择的选择项目，如果是文件，将被直接删除而不是放入回收站。

Ctrl＋N：新建一个文件。

Ctrl＋O：打开"打开文件"对话框。

Ctrl＋P：打开"打印"对话框。

Ctrl＋S：保存当前操作的文件。

Ctrl＋X：剪切被选择的项目到剪贴板。

Ctrl＋Insert 或 Ctrl＋C：复制被选择的项目到剪贴板。

Shift＋Insert 或 Ctrl＋V：粘贴剪贴板中的内容到当前位置。

Alt＋Backspace 或 Ctrl＋Z：撤销上一步的操作。

Shift＋Alt＋BackSpace：重做上一步被撤销的操作。

Windows 或 Ctrl＋Esc：打开"开始"菜单。

Windows＋M：最小化所有被打开的窗口。

Windows＋D：切换桌面。

Windows＋Ctrl＋M：重新恢复上一项操作前窗口的大小和位置。

Windows＋E：打开资源管理器。

Windows＋F：打开"查找：所有文件"对话框。

Windows＋R：打开"运行"对话框。

Windows＋L：锁定计算机。

Windows＋Break：打开"系统属性"对话框。

Windows＋Home：最小化/还原其他窗口。

Windows＋Ctrl＋F：打开"查找：计算机"对话框。

Windows＋#（#＝数字键）：运行任务栏上第 N 个程序。

Windows＋＋：打开放大镜/放大。

Windows＋－：缩小放大镜。

Windows＋P：切换显示输出。

Windows＋X：打开 Windows 移动中心。

Windows＋Up：最大化。

Windows＋Left：通过 AeroSnap 靠左显示。

Windows＋Right：通过 AeroSnap 靠右显示。

Windows＋U：打开轻松访问中心。

Windows＋T：选中任务栏首个项目，再次按下则会在任务栏上循环切换。

Windows＋Shift＋T：反向选中任务栏项目。

Shift＋F10 或鼠标右击：打开当前活动项目的快捷菜单。

Alt＋F4：关闭当前应用程序。

Alt＋Space：打开窗口左上角的菜单(控制菜单)。

Alt＋Tab：切换当前程序(给出程序列表进行选择)。

Alt＋Esc：切换当前程序(直接切换)。

Alt＋Enter：将 Windows 下运行的 MS DOS 窗口在窗口和全屏幕状态间切换。

Print Screen：将当前屏幕以图像方式复制到剪贴板。

Alt＋Print Screen：将当前活动程序窗口以图像方式复制到剪贴板。

Ctrl＋F4：关闭当前应用程序中的当前文本(如 Word 中)。

Ctrl＋F6：切换到当前应用程序中的下一个文本(加 Shift 键可以跳到前一个窗口)。

Ctrl＋F5：强行刷新。

Ctrl＋C：复制。

Ctrl＋X：剪切。

Ctrl＋V：粘贴。

Ctrl＋Z：撤销。

其他快捷键可查阅有关资料。

2.3.5 剪贴板及其操作

1. 剪贴板基本原理

剪贴板是在 Windows 系统中单独预留出来的一块内存,它用来暂时存放在 Windows 应用程序间要交换的数据,借助剪贴板,只需要简单地按几个键就可以将数据从一个文件复制到另一个文件中去。这些数据可以是文本、图像、声音或应用程序等。简单地说,只要是能够在硬盘上存储的数据,就能存放在剪贴板里。剪贴板并不是一个独立的应用程序,而是 Windows 中的一类 API 函数(应用程序编程接口函数),各种应用程序通过调用这类函数来管理应用程序间进行的数据交换。

Windows 应用程序中的“剪切”、“复制”、“粘贴”命令是剪贴板应用的典型操作,它的流程就是当用“剪切”或“复制”命令对数据进行操作后,这些数据就被暂时存放在剪贴板当中,使用“粘贴”命令就会把这些数据从剪贴板中复制到目标应用程序中,“剪切”和“复制”命令的不同之处就在于执行的结果,剪切会删除原来的数据,而复制操作后仍保留原来的数据。

在剪贴板中在同一时间只能存放此前最后一次剪切或复制的数据,再进行剪切或复制操作时,新的数据就会覆盖掉原有的数据,由于剪贴板是存在于系统内存中的,所以一旦关闭了计算机,上面的数据就会消失,但是只要不关闭计算机,剪贴板中的数据就会一直存在内存中。

2. 剪贴板的操作

对剪贴板的操作有两种,一是将数据放入剪贴板,二是将剪贴板中的数据取出并放置在目标位置。

要想把数据放进剪贴板中,可以通过复制或剪切操作来完成,在复制或剪切前必须要先选中指定的数据,这些信息可以是一段文字、图像或程序,不同的数据有不同的选定方法,如选中文字可通过拖动的方法选中,程序则可用单击选中。复制操作的方法很多,可以从程序的"编辑"菜单中选择"复制"命令,也可单击工具栏上的"复制"按钮,或者在鼠标右键菜单中选择"复制"命令,当然最快捷的方法还是按 Ctrl+C 键。剪切操作的方法基本同上,可以从程序的"编辑"菜单中选择"剪切"命令,也可单击工具栏上的"剪切"按钮,或者在鼠标右键菜单中选择"剪切"命令,当然也可以用 Ctrl+X 快捷键,如图 2-6 所示。

有两种特殊的剪贴板操作可以将屏幕和窗口的内容以图片的方式存入剪贴板中,要把整个屏幕的抓图复制到剪贴板中,可按 Print Screen 键,如果只把当前窗口的抓图复制到剪贴板中,按下 Alt 键不放,再按 Print Screen 键即可。

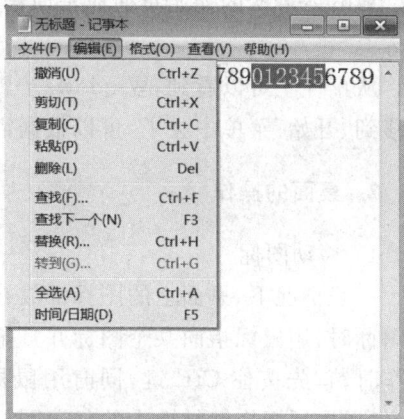

图 2-6 窗口中剪贴板操作及快捷键

粘贴操作可以把剪贴板中的数据复制到指定位置,首先将鼠标指针定位于目的位置,然后从窗口的"编辑"菜单中选择"粘贴"命令,也可单击工具栏上的"粘贴"按钮,或者在鼠标右键菜单中选择"粘贴"命令,也可以按 Ctrl+V 键。在粘贴时要注意的是剪贴的数据必须粘贴在相兼容的程序里,例如可以粘贴一个图形到 Word 中,也可以从 Excel 中粘贴一个电子表格到 Word 中去,但都不能粘贴到记事本中去,因为记事本程序不支持图片和表格。

2.3.6 桌面及其操作

1. 桌面的组成

进入 Windows 7 后,其桌面显示如图 2-7 所示。

图 2-7 Windows 7 桌面

Windows 7 的初始桌面非常简洁,包括"开始"按钮、回收站图标、任务栏和状态设置按钮等。

从桌面上可以看到,Windows 7 默认的桌面上只有"回收站"一个图标。其他图标都被转移到"开始"菜单中去了,可以根据需要发送到桌面。

2. 桌面的操作

1)移动图标

一般情况下,桌面上的图标都放在左上部,但用户需要时可将图标放在另外的位置。移动图标时,用鼠标指向某个图标并且拖动图标到适当的位置。用户也可同时移动多个图标,操作时,首先按住 Ctrl 键,同时用鼠标去单击每一个需要的图标,这样单击过的图标被选中,然后用鼠标拖动被选中的任一图标,则所有被选中的图标都随之移动。

2)排列图标

在桌面的空白处单击鼠标的右键,桌面上会弹出快捷菜单,用鼠标单击"排列图标"选项,此时弹出一子菜单,让用户根据所需选择排列图标的方式。

3)重命名图标

每个图标都由两部分组成,上面是图标的图形,下面是用来说明图标内容的图标名。用户可根据自己的喜好来对图标进行重命名。重命名的方法为:一是单击图标,此时图标被选中并以深色显示,图标名变为蓝底白字,再单击图标名,图标名出现一黑色的边框,这时用户即可重新编辑图标名;另一种方法是用鼠标右击图标,在弹出的快捷菜单上单击"重命名"选项,就可以重新编辑图标名了。

4)添加新对象

用户往往需要在桌面上添加新对象,其方法为:一是从别的地方用鼠标拖动的方法拖来一个新的对象,对象放置到桌面上后,它就处于 Desktop 目录下;另一种方法是在桌面的空白处右击,弹出快捷菜单,单击"新建"选项,用户可以根据需要选择新建一个文件夹或者新建一个快捷方式。

5)启动程序或窗口

在桌面上启动程序或窗口的方法十分简单,只要双击桌面上的对象的图标即可,正因为如此,用户才有必要在桌面添加新对象。对一些常用的应用程序或文件夹,我们经常会在桌面上建立它们的快捷方式图标。

2.3.7　窗口及其操作

窗口是桌面上用于查看应用程序或文档的一个矩形区域。窗口分为应用程序窗口、对话框窗口、文档窗口等。在 Windows 7 中,每运行一个应用程序,一般都要打开一个窗口。在窗口中操作非常直观和方便。

1. 窗口的组成

虽然每个窗口的内容各不相同,但所有窗口都有一些共同点。一方面,窗口始终显示在桌面(屏幕的主要工作区域)上。另一方面,大多数窗口都具有相同的基本部分。一个典型的窗口如图 2-8 所示。窗口主要由控制菜单按钮、标题栏、菜单栏、工具栏、边框、状态栏、滚动条以及工作区等部分组成。

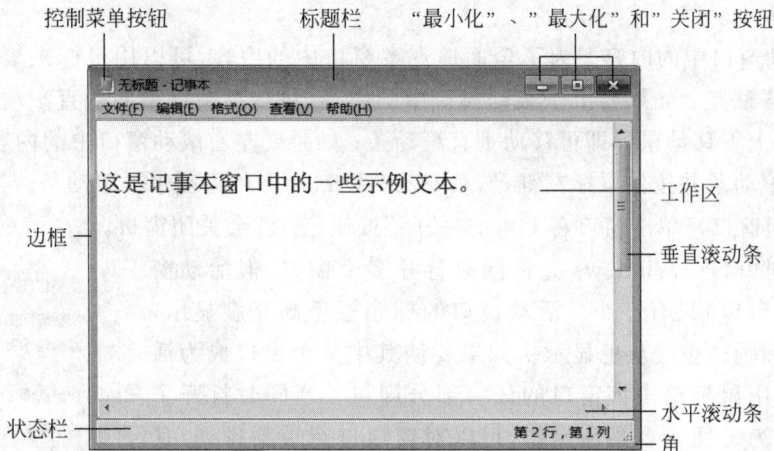

图 2-8 典型窗口的各个部分

（1）标题栏：位于窗口最上面的第一行，用于显示窗口的名称，通常是应用程序名或对话框名等。

（2）控制菜单按钮：位于标题栏的最左端。当用鼠标单击控制菜单按钮时（或在任务栏中用鼠标右击该窗口的图标），将弹出一个控制菜单，其中包含"恢复"、"移动"、"大小"、"最小化"、"最大化"和"关闭"等命令。当双击控制菜单按钮，或单击控制菜单中的"关闭"命令时，关闭该窗口。

（3）菜单栏：菜单栏是位于标题栏下面的水平条，其中包括"文件"、"编辑"、"帮助"等菜单项。只要单击其中某个项目，就会打开其相应的下拉菜单。

（4）状态栏：位于窗口的最下边，用于显示一些与窗口中的操作有关的提示信息。

（5）边框和角：包围窗口周围的 4 条边及角。

（6）"最小化"、"最大化"和"关闭"按钮：这些按钮分别可以隐藏窗口、放大窗口使其填充整个屏幕以及关闭窗口。

（7）滚动条：当窗口无法显示所有的内容时，就会在窗口的右边或下边出现垂直或水平滚动条。利用滚动条，可以上下左右滚动显示窗口中的信息。

2. 窗口的基本操作

窗口的基本操作包括移动窗口、改变窗口的大小、使窗口最小化、使窗口最大化、还原窗口、关闭窗口、排列窗口等。

（1）移动窗口。将鼠标指针指向标题栏，按住鼠标左键并移动鼠标，将窗口拖动到新的位置，然后释放鼠标按钮。

（2）改变窗口的大小。使用鼠标可以方便地改变窗口的大小。操作方法是：将鼠标指针指向窗口的边框或窗口角上，当鼠标指针变成双箭头形状时，按住鼠标左键并移动鼠标，窗口的边框将随着鼠标的移动而放大或缩小。当窗口改变到需要的大小时，释放鼠标即可。

（3）使窗口最小化。单击窗口右上角的"最小化"按钮 ，窗口就会缩小到任务栏上。

（4）使窗口最大化。单击窗口右上角的"最大化"按钮 ⬜，窗口就会放大到它的最大尺寸。当窗口最大化后，"最大化"按钮就变成了"还原"按钮 ⬛，单击"还原"按钮，可将窗口还原成原来的大小。

（5）滚动窗口中的内容。为了全面地观察窗口中的内容，可以用鼠标来滚动窗口。最简单的操作方法是：如果要上下滚动窗口中的内容，将鼠标指针指向垂直滚动条并按住鼠标左键，然后上下移动鼠标即可移动垂直滚动条；如果要左右滚动窗口中的内容，将鼠标指针指向水平滚动条并按住鼠标左键，然后左右移动鼠标即可移动水平滚动条。

（6）关闭窗口。单击窗口右上角的"关闭"按钮 ✖，就会关闭窗口。

（7）排列窗口。Windows 允许同时打开多个窗口，但活动窗口（或称前台窗口）只有一个。活动窗口的标题栏呈高亮度显示，其他窗口的标题栏呈浅灰色显示。如果要使其中某个窗口成为活动窗口，只要用鼠标单击该窗口的任一部分即可。当同时打开了多个窗口时，为了便于观察和操作，可以对窗口进行重新排列，其方法是：右击任务栏中的任意空白处，弹出如图 2-9 所示的快捷菜单；从快捷菜单中选择排列方式。

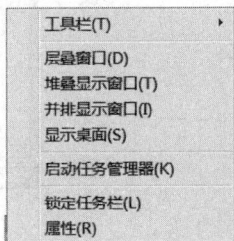

工具栏(T)	▶
层叠窗口(D)	
堆叠显示窗口(T)	
并排显示窗口(I)	
显示桌面(S)	
启动任务管理器(K)	
锁定任务栏(L)	
属性(R)	

图 2-9　快捷菜单

2.3.8　对话框及其操作

对话框是 Windows 提供的一种人机交流的方式，是一种特殊的窗口。Windows 7 通过对话框与用户交流信息。例如，当 Windows 7 运行已选取的命令而需要更多的信息时，就用对话框来提问，用户通过回答问题来完成对话。运行后面跟有"…"标志的菜单命令，就会打开对话框。例如，当从"记事本"的"文件"菜单中选择"打开…"命令时，"记事本"就显示"打开"对话框，询问需要打开文件的文件名。

Windows 7 也可使用对话框显示附加信息、警告信息或解释为什么所要求的任务没有完成等信息。大多数对话框都包括选项询问不同的信息，在提供了所有要求的信息后可选择命令以执行该命令。有标题的对话框在桌面上可以像窗口那样自由移动，只需用鼠标拖动标题栏到所需要的位置即可。

在 Windows 7 中，有的对话框只是要求用户在某个操作前进行确认如选择"是"来确认操作，或选择"否"中止操作；而有一些对话框相当复杂，往往要求指定几个选项。一个对话框中如果有多个可操作项，一般是通过鼠标来选择要操作的项目，也可以通过按 Tab 键来在各个可操作项之间切换。

1. 文本框

文本框用于提供给用户输入信息。若要使用鼠标激活文本框，只需单击文本框即可。在编辑文本框内容时，单击文本框，框内会显示一个插入点，即一根闪动的竖线，它指示输入的文字出现的位置，如图 2-10 所示。

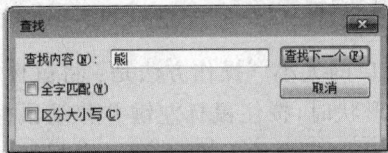

图 2-10　对话框中的文本框示例

2. 列表框

列表框显示可用选取栏目。若有很多的选取

项,则提供滚动条,以便用户可以使用鼠标快速移动。有时候会有一个文本框与列表框关联,从列表框中选择的列表项出现在与列表相关联的文本框中。下拉列表框是一个单行列表框,右边有一个下箭头按钮,单击该箭头时,下拉列表框会打开一个选项列表,如图 2-11 所示。

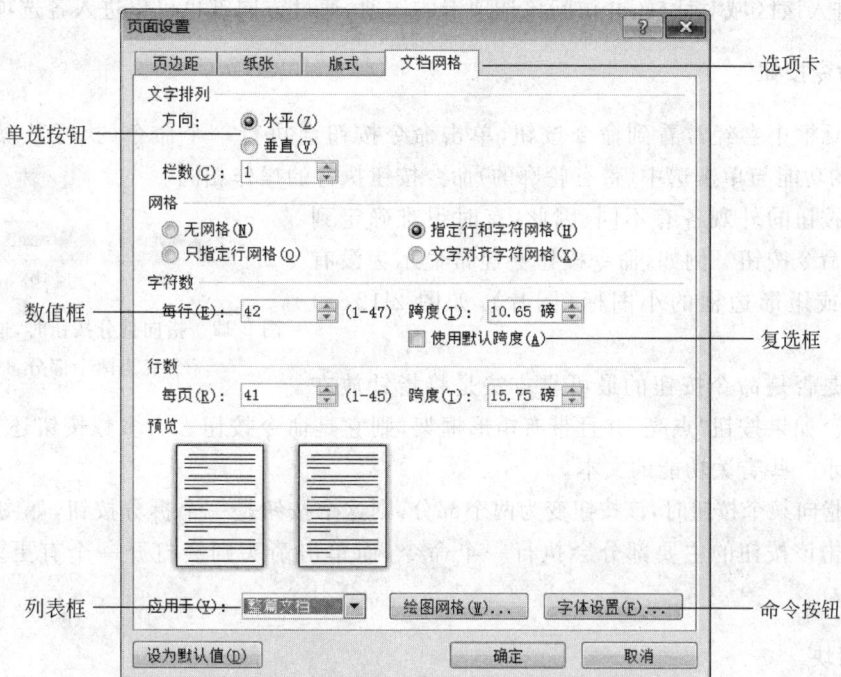

图 2-11 "页面设置"对话框中的可操作项

通常,只从列表框中选择一项,但有些列表框允许进行多项选择。若要从列表框中选择一项,单击该列表框中的表项,即选中该项。若是下拉列表框,首先必须单击列表框旁边的下拉箭头,打开列表,然后才能选择其中的内容。如果应用程序允许在列表框中选择多项,用户可选择任意多的项,也可取消任何项。

3. 单选按钮

单选按钮是对话框中一些互斥的选项列表。每次可从中选择一项,通过选择不同的选项可改变选择。被选择的按钮前有一个黑点,不可用的单选按钮在屏幕上显示灰色。

4. 复选框

复选框列出可以开和关的任选项。用户可以适当地选择一个或多个选项。当复选框被选择时,一个对勾号会出现在框中,指示相关联的命令选项是活动的。

若要用鼠标选择或解除一个复选框,单击它即可。

5. 数值框

单击数值框右边的上、下箭头,可以更改数值的大小,也可以直接输入数值。

6. 选项卡

Windows 7 使用选项卡将对话框中的选项进行分类,但不是所有的对话框都有选项卡。选项卡出现在某些对话框的顶部,且每个加选项卡的部分含有不同的一组选项。选择一个选项卡,进入该区域对话框,并访问该选项卡的选项,通过方向键也可以进入各选项卡。

7. 命令按钮

在对话框中会经常看到命令按钮,单击命令按钮会执行一个命令(执行某操作)。按Enter 键的功能与单击选中(带有轮廓的)命令按钮执行的操作相同。

命令按钮的外观各有不同,因此,有时很难确定到底是不是命令按钮。例如,命令按钮会经常显示为没有任何文本或矩形边框的小图标(图片),如图 2-12(a)所示。

图 2-12 指向拆分按钮时,这些按钮会变为两个部分

确定是否是命令按钮的最可靠方法是将指针放在按钮上面。如果按钮"点亮"并且带有矩形框架,则它是命令按钮。大多数按钮还会在指针指向时显示一些有关功能的文本。

如果指向某个按钮时,该按钮变为两个部分,则这个按钮是一个拆分按钮,如图 2-12(b)所示。单击该按钮的主要部分会执行一个命令,而单击箭头则会打开一个有更多选项的菜单。

8. 滑块

可让用户沿着值范围调整设置。它的外观如图 2-13 所示。

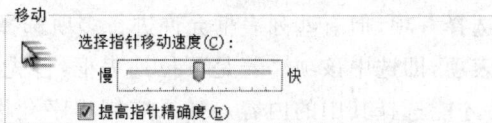

图 2-13 滑块

2.3.9 菜单及其操作

为了方便用户使用,Windows 根据命令功能的不同组织成不同的菜单,每个命令对应于菜单中的某个选项。

1. 菜单的约定

1) 正常的菜单选项与变灰的菜单选项

正常的菜单选项是用黑色字符显示出来的,用户可以随时选取它。变灰的菜单选项是用灰色字符显示出来的,表示在当前情形下它是不能被选取的。例如,当在"我的电脑"窗口中不选取任何对象的时候,"编辑"菜单下的"剪切"、"复制"等选项都是变灰菜单选项,这是因为"剪切"、"复制"选项都要求有相应的对象,因为没有选取对象,"剪切"和"复制"命令就无法执行。当在窗口中选取了对象后,"剪切"、"复制"就成为正常的菜单选项,用户可以选用它们来进行剪切和复制操作。

2)名称后跟有省略号(…)的菜单选项

选择这种菜单选项就会弹出一个相应的对话框,要求用户输入某种信息或改变某些设置。

3)名称右侧带有三角标记的菜单选项

这种带有三角标记的菜单选项表示在它的下面还有一级子菜单,当鼠标指向该选项时,就会自动弹出下一级子菜单。这种菜单称为级联菜单,此菜单可以多层嵌套。

4)名称后带有组合键的菜单选项

这里的组合键是一种快捷键,用户在不打开菜单的情况下,直接按下该组合键,即可以执行相应的菜单命令。例如,按 Ctrl+X 键就可以对选中的对象进行剪切。

5)菜单的分组线

有的时候,菜单选项之间会用直线直接分隔开来,形成若干菜单选项组。一般来说,这种分级是按照菜单选项的功能组合在一起的。如图 2-14 所示的菜单就是按其功能分成 4 组。

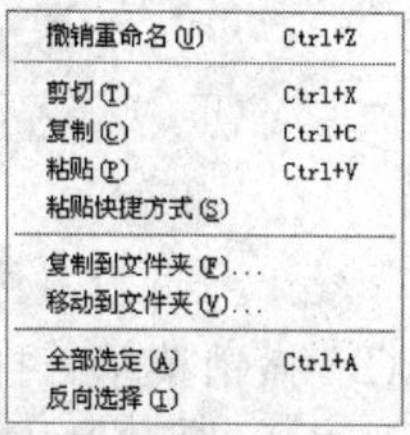

6)名字前带"√"记号的菜单选项

这种选项可以让用户在两个状态之间进行切换。在"查看"菜单中的"状态栏"菜单选项之前带有"√"表示此状态栏已在当前窗口显示,否则,该状态栏隐藏。单击该选项就可以在这两种状态之间进行切换。

图 2-14　菜单的分组线

7)名字前带"·"记号的菜单选项

这种菜单选项表示它是可以选用的,但在它的分组菜单中,同时只可能有一个且必定有一个选项被选中,被选中的选项前带有"·"记号。若后来又选中了同一分组中的另一个选项,则前一个选项的"·"标记就会消失。

8)变化的菜单选项

一般来说,一个菜单中的选项是固定不变的。不过也有些菜单可以根据当前环境的变化,适当地改变某些选项。例如,在"我的电脑"窗口中选取了对象后和在没有选取对象前,"文件"菜单中的选项内容是不一样的,选取对象后,"文件"菜单中增加了许多选项。

9)带有用户信息的菜单

有的菜单,其选项用来保留某些用户信息。如图 2-15 所示,在"写字板"程序的"文件"菜单中,就保留了最近打开过的文件名称,即把这些文件名变成了菜单选项,用户只需单击这样的选项,就会打开相应的文件。

2. 菜单的操作

(1)打开菜单。用鼠标单击菜单栏上的菜单名,就会打开相应的菜单。对于窗口控制菜单,用鼠标单击窗口左上角的控制按钮就可以打开它。此外,用鼠标右击某一对象,还会打开一个带有许多可用命令的对象快捷菜单。指向对象的不同,右击打开的快捷菜单的内容有所不同。打开菜单之后,同时按 Alt 键和菜单选项中带下划线的字母,就可选中该菜单选项。

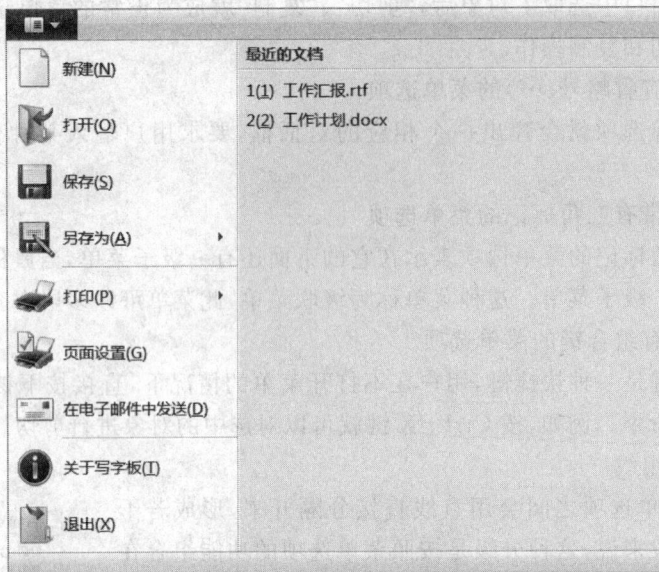

图 2-15　写字板的界面

（2）撤销菜单。打开菜单之后，如果不想选取菜单选项，则可以在菜单以外的任意空白位置处单击，这样就可以撤销该菜单。此外，按 Esc 键也可撤销菜单。如果打开一个菜单之后，想撤销菜单并打开另一个菜单，则只需把鼠标指向菜单栏上的另一菜单名就行了。利用键盘上的左右方向键也可以完成这一操作。

2.3.10　任务栏及其操作

桌面的底部是任务栏，它的形状是一个长条。任务栏上一般有"开始"按钮、"输入法提示"、"音量调节按钮"及"时钟显示"等选项。任务栏上的图标如果显示的是立体图标，表示该对应的程序正在运行，否则该程序没有运行。可以将正在运行的程序锁定到任务栏上，以后可以直接在任务栏上单击即可启动该程序。

与以往版本不同的是，当一个程序打开了多个窗口或程序执行了多次，在任务栏上只显示一个图标，该图标具有层叠效果，当光标放置其上时，会在其上部列出所有的窗口信息。

可以对任务栏进行调整，要执行此操作，首先需要解除任务栏"锁定"状态，方法是：在任务栏空白处单击鼠标右键，在弹出的快捷菜单中取消"锁定任务栏"的选中状态即可。

1. 改变任务栏的尺寸

要改变任务栏的尺寸，先把鼠标移到任务栏与桌面交界的边缘上，此时鼠标的形状变为垂直箭头；然后按住左键，拖动鼠标，就可以改变任务栏的大小。图 2-16 表示的是任务栏大小改变之前的样子，由于打开的程序较多部分被隐藏起来了，图 2-17 则为变大以后的任务栏，每个子栏都变宽了，看上去更清楚。因此，当桌面上打开的窗口较多或想更清楚地显示各子栏的内容时，就可以考虑改变任务栏的尺寸。

图 2-16 原始任务栏的尺寸

图 2-17 任务栏改变后的尺寸

2. 改变任务栏位置

屏幕上有 4 个位置可以安置任务栏：屏幕的底部、顶部以及左右两侧。用鼠标左键单击任务栏上的空白区，并按住左键，然后拖动鼠标，移动到目标位置后，松开鼠标即可。

3. 可覆盖性

有的时候，用户希望任务栏总是完整地显示在屏幕上，无论缩放窗口还是其他操作都不能覆盖它。这样的好处是可以确保任何时候，任务栏都是完整可见的，缺点则是会占用一定的可用屏幕空间。一般而言，这种模式对于初学者比较合适，因为它保证了任务栏的可见性和可操作性，不会出现因为偶然覆盖了任务栏而使用户一筹莫展的情形。初次启动时的默认模式就是任务栏不可覆盖模式。

如果用户觉得任务栏碍事，则可以把它隐藏起来。其操作步骤如下。

（1）在任务栏空白处单击鼠标右键，在弹出的快捷菜单中选择"属性"选项，打开"任务栏和「开始」菜单属性"对话框。

（2）选中"自动隐藏任务栏"复选框，然后单击"确定"按钮，如图 2-18 所示。这时候，如果屏幕上存在激活的窗口，任务栏就会被隐藏起来。

在隐藏模式下，任务栏并没有真正消除，只不过是在屏幕上看不见而已。如果用户此时想要对任务栏进行操作，也很容易。因为任务栏隐藏起来后，会在屏幕边缘留下一道白线。只要把鼠标移动到这根白线上，任务栏就会自动显示出来，用户就可以对它进行操作了，操作完毕，当鼠标离开任务栏之后，任务栏又会自动隐藏起来。

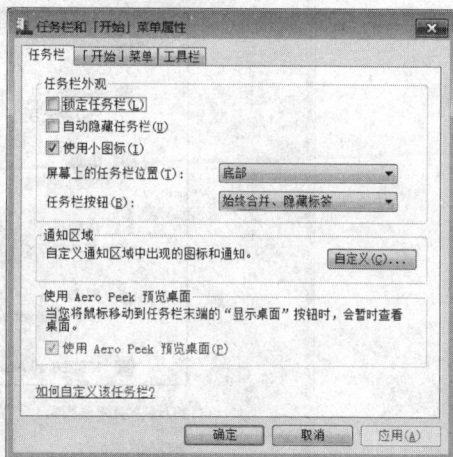

图 2-18 "任务栏和「开始」菜单属性"对话框

4. 自定义任务栏

用右键单击任务栏的空白处，会弹出一个快捷菜单，利用此快捷菜单，用户可以将"地址"、"桌面"、"链接"或"新建工具栏"放到任务栏。

5. 将程序锁定到任务栏及解锁

如果某个程序的使用频率很高，为方便起见可以将该程序锁定在任务栏上。如果该程序正在运行,可右击任务栏上的该程序图标,在快捷菜单中单击"将此程序锁定到任务栏"。如果某程序没有打开,则右击该程序,在快捷菜单中单击"将此程序锁定到任务栏"。

右击任务栏上锁定的程序图标,在快捷菜单中单击"将此程序从任务栏解锁"可以解除程序的任务栏锁定。

6. 选择在任务栏上出现的图标和通知

默认情况下,通知区位于任务栏的最右侧,它包含程序图标,这些程序图标提供有关传入的电子邮件、更新、网络连接等事项的状态和通知。安装新程序时,有时可以将此程序的图标添加到通知区,如图2-19所示。

新的计算机在通知区经常已有一些图标,而且某些程序在安装过程中会自动将图标添加到通知区。可以更改出现在通知区中的图标和通知,如图2-20所示,并且对于某些特殊图标(称为"系统图标"),可以选择是否显示它们,如图2-21所示。

图 2-19　任务栏通知区

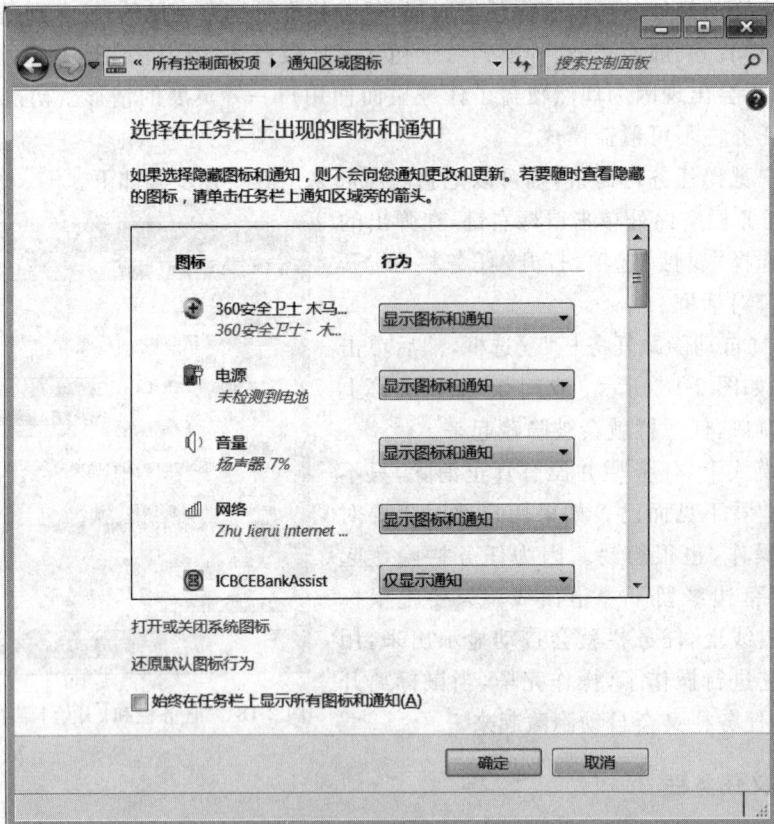

图 2-20　任务栏图标和通知设置

可以通过将图标拖动到所需的位置来更改图标在通知区中的顺序以及隐藏图标的顺序。

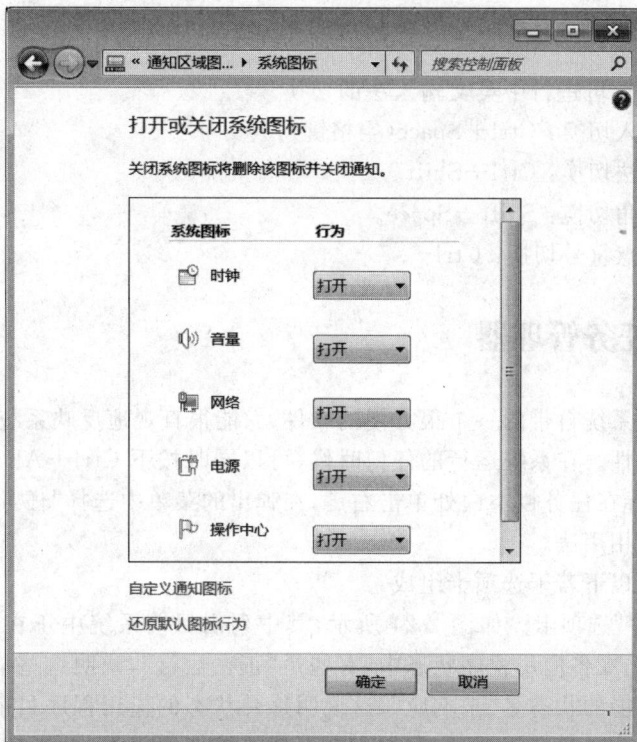

图 2-21　任务栏系统图标

2.3.11　Windows 7 的汉字输入法

1. 启动汉字输入系统

在 Windows 7 中启动汉字输入法的方法如下。

（1）单击任务栏右边的输入法按钮 ，打开输入法菜单。在输入法菜单中有多种输入法，如图 2-22 所示，用户可根据需要选择一种汉字输入法。

（2）选择一种输入法。例如，若要使用"微软拼音-新体验 2010"，单击输入法菜单中的"微软拼音-新体验 2010"命令，立即出现该汉字输入法的状态条，如图 2-23 所示。

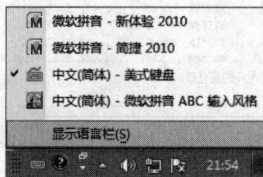

图 2-22　输入法菜单

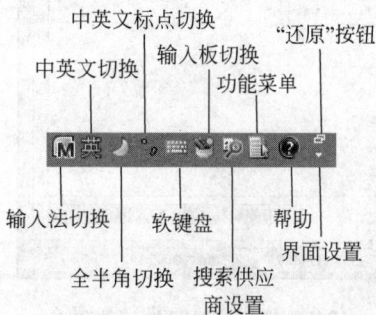

图 2-23　汉字输入法状态条

2. 输入法间的切换

利用下列快捷键可进行中英文输入法的切换。

(1) 中英文输入切换：Ctrl＋Space(空格键)。

(2) 中文输入法切换：Ctrl＋Shift。

(3) 全角与半角切换：Shift＋Space。

(4) 中英文标点符号切换：Ctrl＋.。

2.3.12　任务管理器

任务管理器是系统自带的一个很方便的软件,它能很直观地反映系统当前的应用程序、进程及其他相关属性。在系统运行的任何时候,可以同时按下 Ctrl＋Alt＋Del 键启动任务管理器,或者用鼠标在任务栏空白处单击右键,在弹出的菜单中选择"任务管理器"。以下介绍任务管理器的常用用法。

任务管理器由以下若干选项卡组成。

(1) "应用程序"选项卡。如图 2-24 所示,其中列出目前系统中正在运行的应用程序,并列出它们的状态,在各应用程序状态中,有些是"正在运行",说明这些应用程序是正常运行的。还有一种可能的状态是"未响应",这说明这种状态的应用程序目前由于所需资源不充分等原因暂时无法正常运行,而它们的存在会使系统变得很慢,并影响其他进程的运行,这时应该中止这些应用程序,使系统恢复到正常状态,操作方法是：选定某个"未响应"的应用程序,再单击下面的"结束任务"按钮即可。

(2) "进程"选项卡。如图 2-25 所示,进程也是系统中运行着的程序,一个应用程序对应着一个或多个进程,这里显示许多专业的分析项目,各进程所占比资源(如虚拟内存大小和占用 CPU)的情况。因此一些进程占用较多的存储器和 CPU 时间时,说明它们也是影响系统运行的进程,这时可以选中这些进程,单击"结束进程"按钮,以中止这些进程,使系统脱离不正常状态。

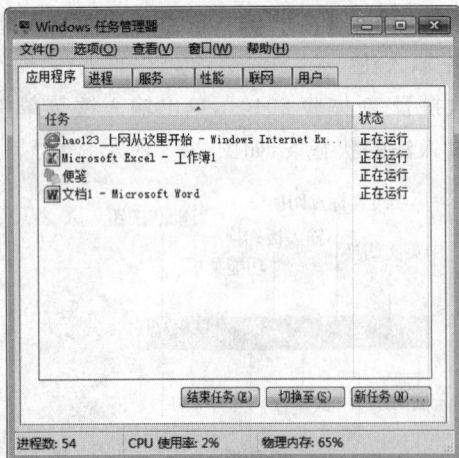

图 2-24　任务管理器"应用程序"选项卡

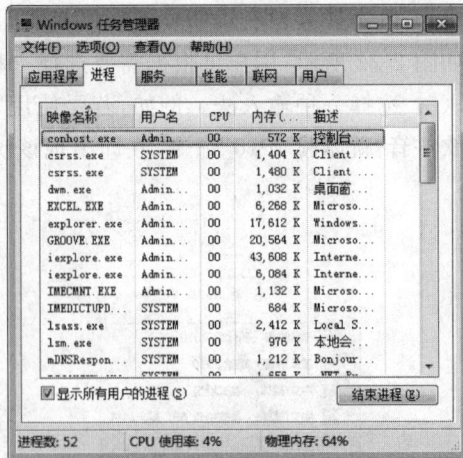

图 2-25　任务管理器"进程"选项卡

（3）"用户"选项卡。在此选项卡里,可以注销已经登录本机用户。如果当前用户的权限足够,就可以断开任何登录用户的登录。如果有远程用户登录本机,还可以向该用户发送消息。

2.4 "开始"菜单的使用

"开始"菜单是 Windows 7 的控制中心,"开始"菜单按钮总是位于任务栏的左端,只需单击"开始"按钮即可打开"开始"菜单,如图 2-26 所示。当鼠标指向菜单中带有三角标记的菜单项时,就会自动打开相应的级联子菜单。使用"开始"菜单可执行下列常见的活动。

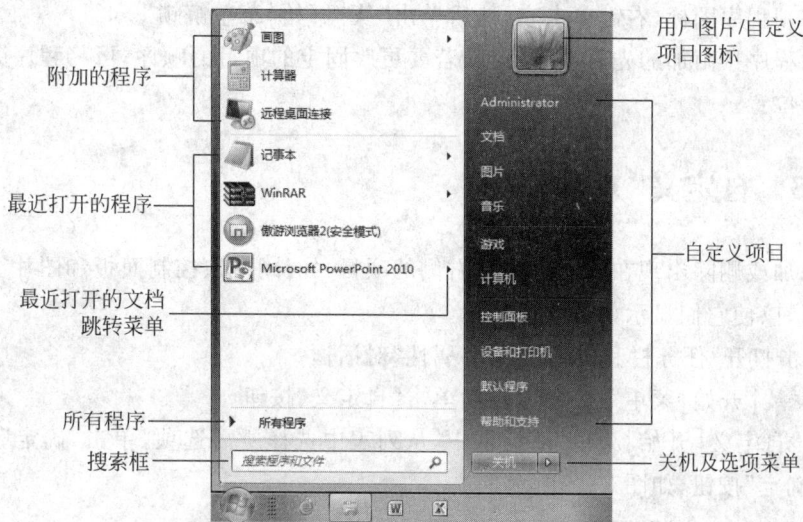

图 2-26 "开始"菜单

（1）启动程序。
（2）打开常用的文件夹。
（3）搜索文件、文件夹和程序。
（4）调整计算机设置。
（5）获取有关 Windows 操作系统的帮助信息。
（6）关闭计算机。
（7）注销 Windows 或切换到其他用户账户。

2.4.1 "开始"菜单的构成

"开始"菜单如图 2-26 所示,由以下三个主要部分组成。

（1）左边的大窗格上部显示计算机上程序的一个短列表。列表分为两部分,上部分是"附加的程序"列表;下部分是最近打开的程序列表(条目数可自定义,锁定到任务栏上的程序和附加的程序将不显示在该列表中)。这两类程序如果曾经有相应的文档被打开,则在项目的右边显示跳转菜单按钮▶。单击"所有程序"可在上部显示程序的完整列表。

（2）左边窗格的底部是搜索框，通过输入搜索项可在计算机上查找程序和文件。

（3）右边窗格提供对常用文件夹、文件、设置和功能的访问。在这里还可注销
Windows 或关闭计算机。

2.4.2　自定义"附加的程序"

如果经常使用某个程序，可以通过将程序图标锁定到"开始"菜单以创建程序的快捷方
式。锁定的程序图标将出现在"开始"菜单的左侧。

右键单击想要锁定到"开始"菜单中的程序图标，然后单击"锁定到「开始」菜单"。

若要解锁程序图标，右键单击它，然后单击"从「开始」菜单解锁"。

附加的程序按附加的先后顺序排列，若要更改固定的项目的顺序，可将程序图标拖动到
列表中的新位置。

2.4.3　自定义"开始"菜单

可以添加或删除出现在"开始"菜单右侧的项目，如计算机、控制面板和图片。还可以更
改一些项目，以使它们显示如链接或菜单。

（1）单击打开"任务栏和「开始」菜单属性"对话框。

（2）选择"「开始」菜单"选项卡，然后单击"自定义"按钮。

（3）在"自定义「开始」菜单"对话框中，从列表中选择所需选项，单击"确定"按钮，然后
再次单击"确定"按钮，如图 2-27 所示。

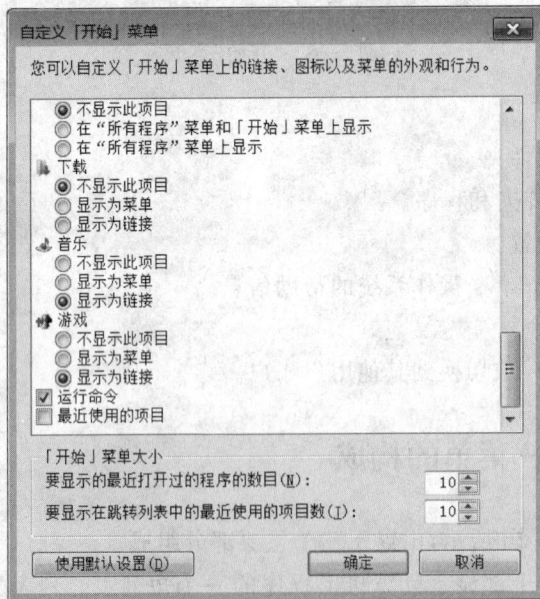

图 2-27　"自定义「开始」菜单"对话框

2.4.4 利用"开始"菜单启动应用程序

在计算机中安装了新的程序后,一般都会在"开始"菜单中创建启动该程序的快捷方式。在 Windows 7 中,启动应用程序、打开文件窗口大多通过"开始"菜单来实现。例如,用户通过"开始"菜单,可以打开 Internet Explorer 浏览器浏览网页;可以打开文字处理软件编辑文字;可以打开"控制面板"对计算机进行设置等。这里以打开"计算器"软件为例,介绍利用"开始"菜单启动程序的方法,其操作步骤如下。

(1) 单击"开始"按钮,打开"开始"菜单。选择"所有程序",弹出"所有程序"子菜单,选中子菜单中的"附件"命令,出现"附件"子菜单。

(2) 选择"附件"子菜单下的"计算器"命令,即可启动"计算器"软件。

2.4.5 利用"运行"命令启动程序

对于在"开始"菜单中没有列入的程序,也可以用"运行"命令来启动。用快捷键Windows+R,或依次单击"开始"→"所有程序"→"附件"→"运行",打开"运行"对话框。在该对话框的输入框中输入路径和程序名称或单击"浏览"按钮来查找所需的程序。然后单击"确定"按钮,就可以运行所输入的程序。另外,也可以单击输入框右端的向下箭头按钮,从下拉列表中选取程序运行,这个下拉列表中保存了最近几次使用"运行"所启动程序的名称。

通过自定义"开始"菜单可以把"运行"命令放置在自定义项目列表中,见 2.4.3 节。

2.4.6 使用"搜索"命令

搜索框是在计算机上查找项目的最便捷方法之一。搜索框将遍历用户的程序以及个人文件夹(包括"文档"、"图片"、"音乐"、"桌面"以及其他常见位置)中的所有文件夹,因此是否提供项目的确切位置并不重要。它还将搜索用户的电子邮件、已保存的即时消息、约会和联系人。

若要使用搜索框,请打开"开始"菜单并开始输入搜索项。输入内容之后,搜索结果将显示在"开始"菜单左边窗格中的搜索框上方。

搜索的匹配规则如下:

(1) 标题中的任何文字与搜索项匹配或以搜索项开头。

(2) 该文件实际内容中的任何文本(如字处理文档中的文本)与搜索项匹配或以搜索项开头。

(3) 文件属性中的任何文字(例如作者)与搜索项匹配或以搜索项开头。

搜索的结果将分类显示,类别有:程序、音乐、控制面板、文件和文件夹。

单击任一搜索结果可将其打开。或者,单击"清除"按钮 ✖ 清除搜索结果并返回到主程序列表。还可以单击"查看更多结果"以搜索整个计算机。

除可搜索程序、文件和文件夹以及通信之外,搜索框还可搜索 Internet 收藏夹和访问过的网站的历史记录。如果这些网页中的任何一个包含搜索项,则该网页会出现在名为"文件"的标题下。

示例：在搜索框中输入"calc"或"计算"，在搜索结果列表中的"程序"类别中将出现"计算器"，单击即可运行对应的程序。

2.4.7 利用"最近打开的文档"菜单

利用"最近打开的文档"菜单可以快速地打开最近使用过的文档。在"开始"菜单的"最近打开的文档"子菜单中保存的是用户最近打开的文档。只要单击"开始"按钮，指向附加的程序和最近打开的程序列表中文档打开所使用的程序，然后在"最近打开的文档"子菜单中单击欲打开的文档的名称，就可以打开该文档。

对于锁定在任务栏上的程序，右击该程序图标，在快捷菜单中显示"最近"列表，选中要打开的文档即可。

2.5 Windows 7 文件系统

在计算机中的各种信息，从用户写的信件、画的图到应用程序和数据，包括系统软件在内，都是以文件的形式存放在磁盘上，而且在计算机上的操作有很大一部分是在磁盘上存储或者寻找信息。因此，有必要了解 Windows 文件系统。

2.5.1 文件的特性、类型和命名

在计算机系统中，文件是最小的数据组织单位。文件中可以存放文本、图像以及数值数据等信息。而硬盘则是最常用的存储文件的大容量存储设备，其中可以存储很多的文件，其他的存储介质有光盘、U 盘等，MP3 播放器及手机中的存储体也可以作为存储文件的存储设备。为了便于管理文件，我们还把文件组织到目录和子目录中去。目录可以形象地理解为存放文件的文件夹，而子目录则被认为是文件夹中的文件夹（或子文件夹）。以后如无特别说明，我们将文件夹与目录这两个词通用。

1. 文件的特性

一个文件是一组信息的集合，这些信息最初是在内存中建立的，然后以用户给予的相应的文件名存储到磁盘上。文件具有以下特性：

（1）在同一磁盘的同一目录区域内不会有名称相同的文件，即文件名具有唯一性。不过，在不同磁盘或同一磁盘的不同目录中可以允许文件有相同的名字。

（2）文件中可存放字母、数字、图片和声音等各种信息。

（3）文件可以从一个磁盘上复制到另外一个磁盘上，或者从一台计算机上复制到另外一台计算机上，即文件具有可携带性。

（4）文件并非固定不变的。文件可以缩小、扩大，可以修改、减少或增加，甚至可以完全删除，即文件又具有可修改性。

（5）文件在硬盘中有其固定的位置。文件的位置是很重要的，一些情况下，需要给出路径以告诉程序或用户文件的位置。路径由存储文件的驱动器、文件夹或子文件夹组成。

2. 文件的类型和图标

在 Windows 7 中，文件可以划分为很多类型。文件的类型是根据它们所含信息类型的不同进行分类的。不同类型的文件在 Windows 7 中使用的图标也不同。

1）程序文件

程序文件由可执行的代码组成。如果用文本查看程序打开程序文件，只能看到一些无法识别的怪字符。在系统中，程序文件的文件扩展名一般为 .com 和 .exe 等。用户双击大多数程序文件都可以启动或执行某一程序。当利用 Windows 进行工作时，每一个应用程序名前都有其特有的图标，例如图 2-28 中所示的"calc"（计算器）和"dvdplay"（DVD 播放器）两个应用程序的图标。

2）文本文件

文本文件通常由字母和数字组成。一般情况下，文本文件的扩展名均为 .TXT，另外，应用程序中的大多数 Readme 文件也是文本文件。如图 2-29 中所示的"License"即为文本文件。

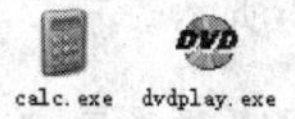

图 2-28　两个应用程序的图标 　　　　　　图 2-29　文本文件

3）图像文件

图像文件是指存放图片信息的文件。图像文件的格式有很多种。Windows 7 中的"画图"应用程序可以创建位图文件，并以扩展名 .bmp 来命名所创建的位图文件。如图 2-30 中所示的"Zapotec"即为位图文件。位图文件是一种图像文件。

4）多媒体文件

多媒体文件是指数字形式的声音和影像文件。在 Windows 7 中，普通的多媒体文件有许多种，如录音机生成的波形文件，其扩展名为 wav。如图 2-31 中所示的"Windows 登录声"声音文件就是一个声音波形文件，它包含可在波形相容的声音设备上播放声音的数据和指令。

5）字体文件

Windows 7 带有很多字体。Windows 7 的字体都放在 WINDOWS 文件夹下的 Fonts 文件夹中，如图 2-32 所示为字体文件的图标。

图 2-30　图像文件 　　　　图 2-31　多媒体文件 　　　　图 2-32　字体文件

6）数据文件

数据文件中一般包含数字、名字、地址和其他由数据库和电子表格等程序创建的信息。最通用的数据文件格式可以被一系列不同的程序读懂。例如，一个 xlsx 和 accdb 数据文件

分别可以被 Microsoft Excel 和 Access 应用程序作为输入文件。

3. Windows 7 文件的命名

在 Windows 7 中代表一个文件的名字由文件名及扩展名两部分构成,文件名允许文件名长达 256 个字符。早期的操作系统 DOS 也可以访问这些长文件名的文件,但此时文件名会被截断到 8 个字符的 DOS 文件名和三个字符的扩展名。这里主要介绍在 Windows 7 环境下的文件命名规则。

(1) 在文件或文件夹的名字中,最多可使用 256 个字符。

(2) 可使用多间隔符的扩展名,如 photo1. stroom. 6666. bmp. arj。

(3) 文件名中除去开头以外的任何地方都可以有空格,但不能有下列符号:

/ \ ?: * " < > |

(4) Windows 7 保留用户指定的名字的大小写格式,但不能利用大小写区别文件名。例如,Myfile. doc 和 MYFILE. DOC 被认为是同一个文件名。

(5) 文件的扩展名由 1~4 个符号构成,通常是由生成文件的软件自动加上的,其作用是标志一个文件的类型,从而系统也就可以用正确的方式来处理这些文件。Windows 7 系统常用的文件的扩展名及其代表的文件类型如表 2-3 所示。

表 2-3　Windows 常见文件的扩展名表

文 件 类 型	扩展名及打开方式
文档文件	txt(所有文字处理软件或编辑器都可打开)、doc(Word 及 WPS 等软件可打开)、rtf(Word 及 WPS 等软件可打开)、htm(各种浏览器可打开、用写字板打开可查看其源代码)、pdf(Adobe Acrobat Reader 和各种电子阅读软件可打开)
压缩文件	rar(WinRAR 打开)、zip(WinZIP 打开)、arj(用 ARJ 解压缩后可打开)
图形文件	bmp、gif、jpg、pic、png、tif(用常用图像处理软件可打开)
声音文件	wav(媒体播放器可打开)、aif(声音处理软件可打开)、au(常用声音处理软件可打开)、MP3(Winamp 播放)、ram(由 RealPlayer 播放)
动画与视频文件	avi(常用动画处理软件可播放)、mpg(由 VMPEG 播放)、mov(由 ActiveMovie 播放)、swf(Flash 文档)
系统文件	int、sys、dll、adt(此类文件由系统使用,用户不能改变和删除)
可执行文件	exe、com(鼠标双击可运行)
语言文件	c、asm、bas(由各种程序设计语言写程序的源程序文件)
映像文件	map(其每一行都定义了一个图像区域以及当该区域被触发后应返回的 url 信息)
备份文件	bak(被自动或是通过命令创建的辅助文件,它包含文件的最近一个版本)
模板文件	dot(通过 Word 模板可以简化一些常用格式文档的创建工作)
批处理文件	bat(在 MS DOS 中,bat 文件是可执行文件,由一系列命令构成,其中可以包含对其他程序的调用)

2.5.2　文件夹

为了分门别类地有序存放文件,操作系统把文件组织在若干目录中,也称文件夹,所以文件夹是一个文件容器,它提供了指向对应磁盘空间的路径地址。文件夹一般采用多层次结构(树状结构),如图 2-33 所示,在这种结构中每一个磁盘有一个根文件夹,它包含若干文件和文件夹。文件夹不但可以包含文件,而且可包含下一级文件夹(子文件夹),这样类推下去形成的多级文件架结构既帮助了用户将不同类型和功能的文件分类储存,又方便文件查找,还允许不同文件夹中文件拥有同样的文件名。

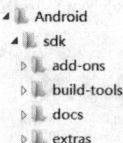

文件名不能超过 255 个字符(包括空格),可以有扩展名,但不具有文件扩展名的作用,也就不像文件那样用扩展名来标识格式。

如果删除一个文件夹,那么该文件夹内的所有内容也将被删除。

图 2-33　文件夹

2.5.3　库

库是 Windows 7 中的新增功能。库是用于管理文档、音乐、图片和其他文件的位置。可以使用与在文件夹中浏览文件相同的方式浏览文件,也可以查看按属性(如日期、类型和作者)排列的文件。

可以将磁盘上其他的文件夹包含到库中,也可以直接在库中创建文件夹和文件。

在某些方面,库类似于文件夹。例如,打开库时将看到一个或多个文件。但与文件夹不同的是,库可以收集存储在多个位置中的文件。这是一个细微但重要的差异。库实际上不存储项目。它们监视包含项目的文件夹,并允许用户以不同的方式访问和排列这些项目。例如,如果在硬盘和外部驱动器上的文件夹中有音乐文件,则可以使用音乐库同时访问所有音乐文件。

Windows 7 中具有 4 个默认库:文档、音乐、图片和视频,如图 2-34 所示。用户也可以新建库。一个库最多可以包含 50 个文件夹。如图 2-35 所示,默认库"文档"包含两个文件夹,其中第一个是默认库文件保存位置的文件夹,即往库中(非库所包含文件夹中)添加文件或创建文件夹时,这些直接创建的文件或文件夹将存放在默认库文件夹中。

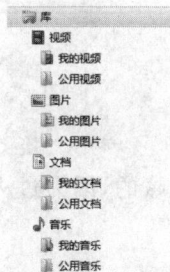

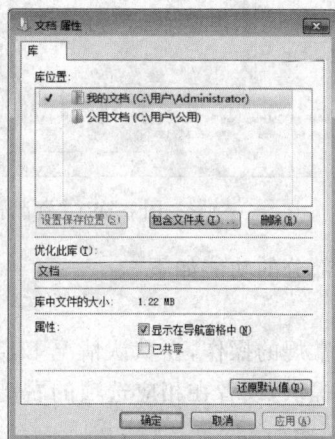

图 2-34　默认库　　　　　　图 2-35　文档"库"属性

可以针对特定文件类型(如音乐或图片)优化每个库,以更改可用于排列文件的选项。

如果删除库,会将库自身移动到"回收站"。可在该库中访问的文件和文件夹存储在其他位置,因此不会被删除。如果意外删除 4 个默认库(文档、音乐、图片或视频)中的一个,可以在导航窗格中将其还原为原始状态,方法是:右键单击"库",然后单击"还原默认库"。

如果从库中删除文件或文件夹,会同时从原始位置将其删除。如果要从库中删除项目,但不要从存储位置将其删除,则应删除包含该项目的文件夹。

2.5.4　资源管理器

1. 资源管理器界面

通过 Windows 7 系统提供的"资源管理器"可实现对系统软、硬件资源的管理。同时,"资源管理器"也是一个功能强大的文件管理工具。在"资源管理器"中,可以方便地浏览硬盘和光盘等设备上的文件夹和文件,可以进行文件夹和文件的建立、打开、复制、移动、删除、重命名等操作。资源管理器界面如图 2-36 所示。

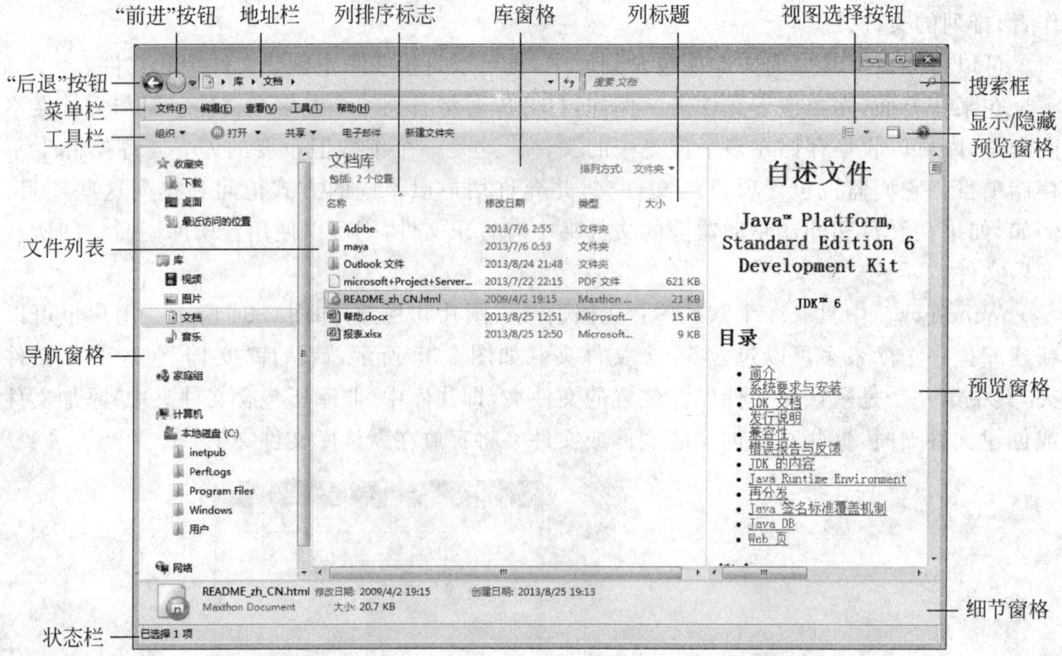

图 2-36　"资源管理器"窗口

资源管理器各部分的功能如下。

1) 菜单栏

菜单栏提供了常规的操作,在默认情况下,菜单栏是隐藏的,因为过去通过菜单执行的任务如今由工具栏提供,或者在相应选项的右键属性里。

2) 导航窗格

导航窗格中有收藏夹、库、计算机、网络、家庭组 5 种顶级资源。使用导航窗格可以访问库、文件夹、保存的搜索结果,甚至可以访问整个硬盘。使用"收藏夹"部分可以打开最常用的文件夹和搜索;使用"库"部分可以访问库,还可以使用"计算机"文件夹浏览文件夹和子文件夹。

当焦点在导航窗格中时,导航目录树上的项目左侧显示图标 ▷ ,表示该项目还有子项目没有打开,当显示图标◢表示已打开其子项目,如果没有图标,表示没有子项目。

3)"后退"和"前进"按钮

使用"后退"按钮◎和"前进"按钮◎可以导航至已打开的其他文件夹或库,而无须关闭当前窗口。这些按钮可与地址栏一起使用;例如,使用地址栏更改文件夹后,可以使用"后退"按钮返回到上一文件夹。

4)工具栏

使用工具栏可以执行一些常见任务,如更改文件和文件夹的外观、将文件刻录到 CD 或启动数字图片的幻灯片放映。除了"组织"、"视图选择"、"显示/隐藏预览窗格"和"帮助"按钮外,工具栏上的其他的按钮与当前选中的对象有关。例如,如果单击图片文件,则工具栏显示的按钮与单击音乐文件时不同。通过选择"组织"按钮下的"布局",可以设置菜单栏和其余 4 个窗格是否显示。

5)地址栏

使用地址栏可以导航至不同的文件夹或库,或返回上一文件夹或库。可以通过单击某个链接或输入位置路径来导航到其他位置,可以单击链接右侧的箭头▶,直接显示所包含的下级项目并做选择。

6)库窗格

仅当在某个库(例如文档库)中时,库窗格才会出现。使用库窗格可自定义库或按不同的属性排列文件。

7)列标题

使用列标题可以更改文件列表中文件的整理方式。例如,可以单击列标题的左侧以更改显示文件和文件夹的顺序,也可以单击右侧▼以采用不同的方法筛选文件。(注意,只有在"详细信息"视图中才有列标题。)

8)文件列表

此为显示当前文件夹或库内容的位置。如果通过在搜索框中输入内容来查找文件,则仅显示与当前视图相匹配的文件(包括子文件夹中的文件)。

9)搜索框

在搜索框中输入词或短语可查找当前文件夹或库中的项。一开始输入内容,搜索就开始了。因此,例如,当输入"B"时,所有名称以字母 B 开头的文件都将显示在文件列表中。

10)细节窗格

使用细节窗格可以查看与选定文件关联的最常见属性。文件属性是关于文件的信息,如作者、上一次更改文件的日期,以及可能已添加到文件的所有描述性标记。

11)预览窗格

使用预览窗格可以查看大多数文件的内容。例如,如果选择电子邮件、文本文件或图片,则无须在程序中打开即可查看其内容。如果看不到预览窗格,可以单击工具栏中的"预览窗格"按钮▦打开预览窗格。

2. 资源管理器的使用

1)创建一个新的文件夹

用户可以在磁盘的根目录上直接创建一个新的文件夹,或者在其他的文件夹上创建一

个新的文件夹。其操作步骤为:

在"资源管理器"中,打开要在其中创建新文件夹的驱动器或文件夹或库。在"文件"菜单上,指向"新建",然后单击"文件夹"。窗口中出现用临时的名称显示新文件夹。输入新文件夹的名称,然后按 Enter 键。

2)组织文件和文件夹

(1)选定一个文件或文件夹

当在"资源管理器"的导航窗格中选定一个文件夹时,在右侧列表区中则将显示该文件夹中的所有文件及文件夹。在右窗格中,用户可以用鼠标来选定一个文件夹:先用鼠标指向那个文件夹,再单击它即可。

可直接用鼠标单击要选定的文件或文件夹,被选定的文件或文件夹呈反白显示,如图 2-37 所示。

图 2-37　index.html 文件被选中

(2)选定多个相邻文件或文件夹

拖动鼠标,将要选定的文件包含在一个矩形框内,或先单击第一个文件或文件夹,再按住 Shift 键并单击想要选定的最后一个文件或文件夹。

(3)选定多个不相邻文件或文件夹

在文件夹窗口中,按住 Ctrl 键,然后单击要选定的文件或文件夹。

(4)选定窗口中的所有文件和文件夹

单击"编辑"菜单,然后单击"全选"命令。

(5)取消选择

取消单一选择的文件或文件夹,可按住 Ctrl 键再单击鼠标,则当前所指的文件或文件夹即被取消选择,用同样的方法,可以取消多个选择。

(6)移动文件和文件夹

在"资源管理器"中,选中要移动的文件或文件夹。在"编辑"菜单或快捷菜单中单击"剪切"命令。打开要存放文件或文件夹的文件夹。在"编辑"菜单或快捷菜单中单击"粘贴"命令即可移动文件或文件夹。

当移动前的位置和移动后的位置位于同一磁盘分区时,直接选中要移动的文件或文件夹拖到相应的位置即可;当位于不同的磁盘分区时拖动操作将保留原来位置的对象。

（7）复制文件或文件夹

方法一：在"资源管理器"中，选中要复制的文件或文件夹，在"编辑"菜单或快捷菜单中单击"复制"命令；打开要存放副本的文件夹或磁盘，在"编辑"菜单或快捷菜单中单击"粘贴"命令。

方法二：在"资源管理器"中，选中要复制的文件或文件夹，按住鼠标将其拖到另一磁盘的目标文件夹中即完成文件的复制；如果将其复制到同一磁盘的不同文件夹中，在拖动时应按住 Ctrl 键，否则只能完成文件或文件夹的移动。

方法三：如果要复制到的位置是移动磁盘或事先已设置好的可发送位置，可以选中要复制的文件文件夹，在"文件"菜单或快捷菜单中，指向"发送到"，然后单击目标位置。

（8）删除文件或文件夹

在"资源管理器"中，选中要删除的文件或文件夹。在"文件"菜单或快捷菜单中单击"删除"命令，这时出现"确认文件删除"对话框，选择"否"则放弃删除；选择"是"，则文件或文件夹被删除。此时删除的文件或文件夹还未真正被删除，而是保存在回收站中，如果不想删除还可从回收站中恢复，只有当从回收站删除后，文件或文件夹才真正被删除。

只有固定磁盘（硬盘）中的文件被删除时，才会进入回收站，对移动磁盘如 U 盘中的文件和文件夹进行删除操作，被删的内容直接删除而不会进入回收站。

（9）更改文件或文件夹名

在"资源管理器"中，选中要重命名的文件或文件夹。在"文件"菜单或快捷菜单中单击"重命名"命令，输入新名称，然后按 Enter 键即可。

（10）设置文件或文件夹属性

设置文件或文件夹属性的操作方法为：先选定文件或文件夹，再单击鼠标的右键，在弹出的快捷菜单中单击"属性"命令，即可打开该文件或文件夹的"属性"对话框，如图 2-38 所示，选定所要设置的属性，最后单击"确定"按钮。

文件属性包括以下内容。

① 只读：显示此文件或文件夹是否为只读属性。含有此属性的文件通常不会被误删除。只有去掉了只读属性才能修改或删除文件。

② 隐藏：显示此文件或文件夹是否含隐藏属性。设置了隐藏属性的文件是否能够看到，取决于系统中的一个设置。

（11）设置文件夹选项

单击"组织"→"文件夹和搜索选项"或"工具"→"文件夹选项"，打开"文件夹选项"对话框，其中有三个选项卡，分别设置文件夹的打开方式、显示方式、搜索过滤方式。

"常规"选项卡中可以设置浏览文件夹的方式：在同一窗口中打开每个文件夹、在不同窗口中打开不同的文件。当希望同时查出两个以上文件夹中的内容时可以使用后者。还可以设定项目的打开方式：通过单击打开项目、通过双击打开项目。

"查看"选项卡中，如图 2-39 所示，在"隐藏文件和文件夹"项目中有两项选择，若选中"不显示隐藏的文件、文件夹或驱动器"，则磁盘上所有设置了隐藏属性的文件，都是不可见的。若选中"显示隐藏的文件、文件夹和驱动器"，则隐藏文件图标可见，但为浅色显示。还有一个选项可以设置是否显示已知类型的文件的扩展名，勾选"隐藏已知文件类型的扩展名"复选框，则系统不会显示已知类型的文件名中的扩展名。

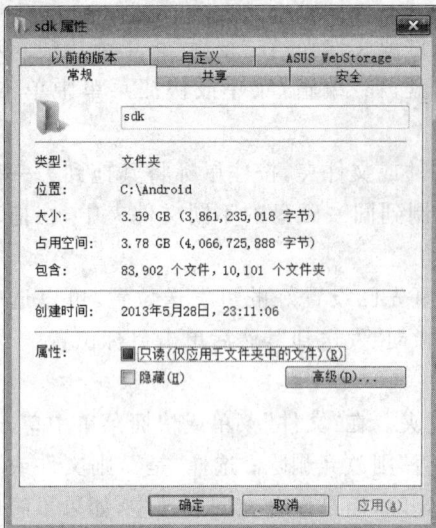

图 2-38　设置文件或文件夹属性　　　　图 2-39　文件夹选项的"查看"选项卡

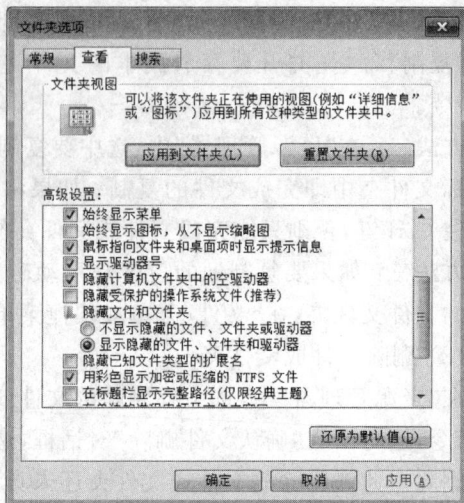

"搜索"选项卡中,可以设置搜索内容的策略:"在有索引的位置搜索文件名和内容,在没有索引的位置只搜索文件名"、"始终搜索文件名和内容"。可以设置搜索方式:是否搜索子文件夹、是否只做部分匹配、是否使用自然语言搜索、是否使用索引。可以设置在搜索没有索引的位置是否包括系统目录、是否包括压缩文件。

（12）设置文件关联

在 Windows 中,单击一个已知类型的文档,系统会选择与之对应的应用程序打开它,但若系统不能识别文件的类型,那么也就无法打开文件。

如果用户知道这个文件的类型,或知道应该用什么程序打开这个文件,那么为了让系统能自动打开这个文件,可以将一个程序与这个类型的文件进行关联,关联后,系统便可以用关联的程序打开这类文件。

这时单击未知类型的文件时,会弹出"打开方式"对话框,如图 2-40 所示,如果选择"使用 Web 服务查找正确的程序",那么会通过网络查找改用什么程序来打开,如果选择"从已安装程序列表中选择程序",会弹出如图 2-41 所示的对话框,用户可在列表中选择一个已安装的程序,如果软件已安装但没有出现在列表中,可以单击"浏览"按钮找到该程序,再勾选"始终使用选择的程序打开这种文件"复选框,确定后,系统便可以用指定的程序打开文件了。

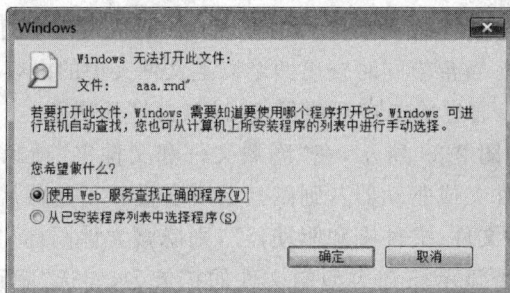

图 2-40　未知类型文件的打开

图 2-41 "打开方式"对话框

（13）自定义文件夹

① 文件夹图片

在资源管理器中，默认情况下文件夹显示的图标为 📁，当视图模式设为中等图标、大图标、超大图标时，系统会根据文件夹中的内容，将代表其中文件类型的图片或直接将其中的图片加入到图片中。如图 2-42 所示，Apk 文件夹中有 Excel 和 Word 文档，wpcache 文件夹中有多种照片。

图 2-42 不同内容的文件夹在各种视图模式下显示效果

通过自定义文件夹图片可以设置中、大、特大图标模式下文件夹图标中的图片。在如图 2-43 所示对话框中单击选择文件，选择相应图片即可。图 2-44 是上述两个文件夹各设置一个图片之后的效果。

② 文件夹图标

可以通过设置文件夹图标，更改文件夹的图标，比如可以将默认的图标 📁 更改成 ⚙，使用自定义的文件夹图标后，在各种视图模式下都显示同样的图标。

③ 文件夹的别名

通常情况下，在导航窗格和内容窗格中显示文件夹时，显示的是文件夹真实的全部名称。为了用户的方便，可以为文件取一个更恰当的别名。方法是在文件夹下创建一个 desktop.ini 文件（在创建之前，在文件夹选项中把勾选"隐藏已知文件类型的扩展名"取消），其中加入下面的两行文本，其中 ABC 就是文件夹的别名。

```
[.ShellClassInfo]
LocalizedResourceName = ABC
```

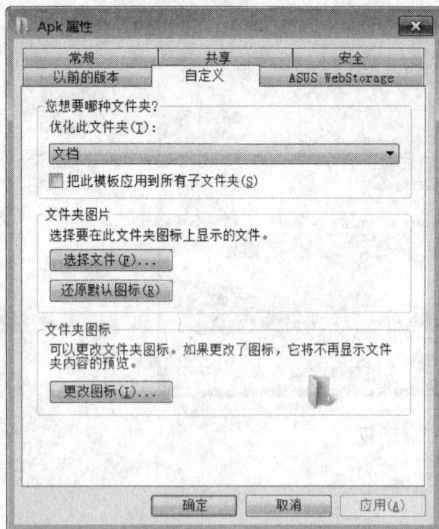

图 2-43　自定义文件夹

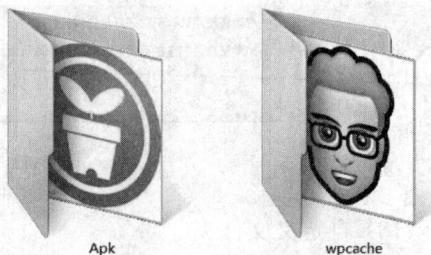

图 2-44　设置了文件夹图片后在特大图标
视图模式下的效果

3. 启动应用程序

从"资源管理器"启动应用程序,只需将鼠标指向包含该程序的文件夹,双击该程序图标即可启动,或选中应用程序后,单击"文件"菜单中的"打开"命令,也可启动应用程序。

还可使用"资源管理器"将文件图标添加到桌面上、锁定到任务栏、附加到"开始"菜单,以便更加快速地启动,方法是:在"资源管理器"中,在程序图标的快捷方式中选择"发送到"→"桌面快捷方式"、"锁定到任务栏"、"附加到「开始」菜单"。

为了保护系统的安全,Windows 7 的 UAC(用户账户控制)使得在一般情况下用户是以标准用户的权限运行程序的。而某些程序需要进行要求管理员权限的操作,标准用户的权限是不能进行的,即使当前用户是管理员身份。需要在程序的快捷菜单中选择"以管理员身份运行"。

4. 搜索

1) 简单查找

(1) 使用"开始"菜单上的搜索框

可以使用"开始"菜单上的搜索框来查找存储在计算机上的文件、文件夹、程序和电子邮件。单击"开始"按钮,然后在搜索框中输入字词或字词的一部分。与所输入文本相匹配的项将出现在"开始"菜单上。搜索结果基于文件名中的文本、文件中的文本、标记以及其他文件属性。

(2) 使用文件夹或库中的搜索框

通常要查找的文件位于某个特定文件夹或库中,例如文档或图片文件夹/库。浏览文件可能意味着查看数百个文件和子文件夹。为了节省时间和精力,可使用已打开窗口顶部的搜索框。

搜索框基于所输入文本筛选当前视图。搜索将查找文件名和内容中的文本,以及标记等文件属性中的文本。在库中,搜索包括库中包含的所有文件夹及这些文件夹中的子文件夹。

2）高级搜索

在 Windows 7 中进行搜索可以简单到只需在搜索框中输入几个字母,但也有一些高级搜索技术以供使用。

（1）添加运算符

细化搜索的一种方法是使用运算符 AND、OR 和 NOT,如表 2-4 所示。当使用这些运算符时,需要以全大写字母输入。

表 2-4　搜索运算符

运算符	示　　例	用　　途
AND	tropical AND island	查找同时包含"tropical"和"island"这两个单词（即使这两个单词位于文件中的不同位置）的文件。如果只进行简单的文本搜索,这种方式与输入"tropical island"所得到的结果相同
NOT	tropical NOT island	查找包含"tropical"但不包含"island"单词的文件
OR	tropical OR island	查找包含"tropical"或"island"单词的文件

（2）添加搜索筛选器

搜索筛选器是 Windows 7 中的一项新功能,通过它可以更轻松地按文件属性（例如,按作者或按文件大小）搜索文件。搜索器的种类有：种类、修改日期、类型、大小、名称、标记、拍摄日期、艺术家、唱片集、流派、长度、年、分级、标题、文件夹路径等。搜索位置的类型不同,可用的筛选器的种类也不同。

在一次搜索中可添加多个搜索筛选器,甚至也可将搜索筛选器与常规搜索词一起混合使用,以进一步细化搜索。例如,"IMG 标记:旅游 大小：大 修改日期:这个月的早些时候"是搜索文件名以 IMG 开头,有"旅游"标记,大小在 1～16MB 之间,本月修改的文件。

搜索词示例见表 2-5。

表 2-5　搜索词

搜索词示例	用　　途
System. FileName:～<"notes"	名称以"notes"开头的文件。～< 表示"开头"
System. FileName:="quarterly report"	名为"quarterly report"的文件。= 表示"完全匹配"
System. FileName:～="pro"	文件名包含单词"pro"或包含作为其他单词（例如"process"或"procedure"）一部分的字符 pro。～= 表示"包含"
System. Kind:<>picture	不是图片的文件。<> 表示"不是"
System. DateModified:05/25/2010	在该日期修改的文件。也可以输入"System. DateModified:2010"以查找在这一年中任何时间更改的文件
System. Author:～!"herb"	创建者的名字中不含"herb"的文件。～! 表示"不包含"
System. Keywords:"sunset"	标记了"sunset"一词的文件
System. Size:<1mb	小于 1MB 大小的文件
System. Size:>1mb	大于 1MB 大小的文件

（3）使用关键字细化搜索

如果希望在单击搜索框时按照没有显示的属性进行筛选,则可以使用特殊关键字。这通常需要输入一个属性名称后加一个冒号,有时加一个运算符,然后输入一个值。关键字不区分大小写。

（4）使用自然语言搜索

可启用自然语言搜索以便用更简单的方法执行搜索,这样就无须使用冒号,也不用输入大写的 AND 和 OR。例如,比较这两种搜索如表 2-6 所示。

表 2-6　不使用自然语言与使用自然语言对比

不使用自然语言	使用自然语言
System. Music. Artist：(Beethoven OR Mozart)	音乐 Beethoven 或 Mozart
System. Kind：document System. Author：(Charlie AND Herb)	文档 Charlie 和 Herb

3）使用索引

使用索引提高 Windows 搜索速度,索引可以使得对计算机上的大多数常见文件执行非常快速的搜索。默认情况下,计算机上最常见的文件都可以进行索引。索引位置包括库中包含的所有文件夹(例如,文档库中的任何内容)、电子邮件和脱机文件。未建立索引的文件包括程序文件和系统文件,这是因为大多数用户很少需要搜索这些文件。

向索引中添加内容的最容易的方法是,将文件夹包括到库中。执行此操作时,将为该文件夹中的内容自动建立索引。不使用库的情况下,也可以向索引中添加内容。若要添加或删除索引位置,执行下列操作。

（1）单击打开“索引选项”对话框,如图 2-45 所示,可以查看目前已建索引的位置。

（2）单击“修改”按钮。

（3）若要添加或删除位置,请在“更改所选位置”列表中选中或清除其复选框,如图 2-46 所示,然后单击“确定”按钮。

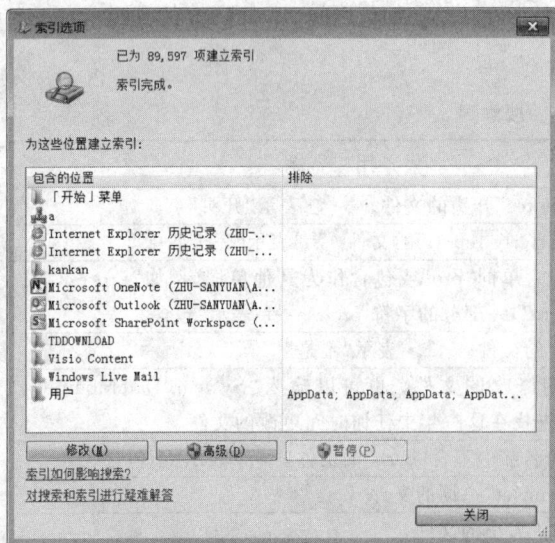

图 2-45　“索引选项”对话框　　　　图 2-46　“索引位置”对话框

如果在列表中没有看到计算机上的所有位置,请单击"显示所有位置"(如果列出了所有位置,则"显示所有位置"将不可用。)。如果系统提示输入管理员密码或进行确认,请输入该密码或提供确认。

如果希望包括某个文件夹但不包括其全部子文件夹,请单击该文件夹,然后清除不希望建立索引的任何子文件夹旁边的复选框。所清除的文件夹将出现在"所选位置的摘要"列表的"排除"列中。

2.6 控 制 面 板

"控制面板"是 Windows 7 用来管理系统软、硬件,显示当前系统情况,设置屏幕显示效果,修改日期、时间的工具,它包含有关 Windows 外观和工作方式的所有设置,用户可以使用它们对 Windows 进行设置,使其适合自己的需要。

单击"开始"按钮,再单击"控制面板"命令即可打开"控制面板"窗口,如图 2-47 所示。

可以使用两种方法查找"控制面板"项目:

(1)使用搜索。若要查找感兴趣的设置或要执行的任务,请在搜索框中输入单词或短语。例如,输入"声音"可查找声卡、系统声音以及任务栏上音量图标的特定设置。

(2)浏览。可以通过单击不同的类别并查看每个类别下列出的常用任务来浏览"控制面板",如图 2-47 所示。或者在"查看方式"下,单击"大图标"或"小图标"以查看所有"控制面板"项目的列表,如图 2-48 所示。类别总共有 8 类:系统和安全、网络和 Internet、硬件和声音、程序、用户账户和家庭安全、外观和个性化、时钟语言和区域、轻松访问。

图 2-47 "控制面板"窗口

在图 2-47 和图 2-48 中按类别显示的控制面板项目中,前面带 🛡 图标的项目是需要管理员权限才能操作的。

图 2-48 按类别浏览的"控制面板"窗口

2.6.1 系统和安全

系统和安全类别包含下面的 8 个默认的子类别,用户安装的其他软件可能在此子类别中加入与系统相关的控制项目。

如图 2-49 所示为小图标浏览方式的"控制面板"窗口。

图 2-49 小图标浏览方式的"控制面板"窗口

（1）操作中心。操作中心是一个查看警报和执行操作的中心位置，它可帮助保持 Windows 稳定运行。操作中心列出有关需要用户注意的安全和维护设置的重要消息。其中的红色项目标记为"重要"，表明应快速解决的重要问题，例如需要更新的已过期的防病毒程序。黄色项目是一些应考虑面对的建议执行的任务，例如所建议的维护任务。在其中的"更改操作中心设置"可以打开或关闭消息，如图 2-50 所示。通过将鼠标放在任务栏最右侧的通知区域中的"操作中心"图标 上，可快速查看操作中心中是否有新消息，单击 图标查看详细信息，然后单击某消息可查看消息，再采取相应的方法解决问题。

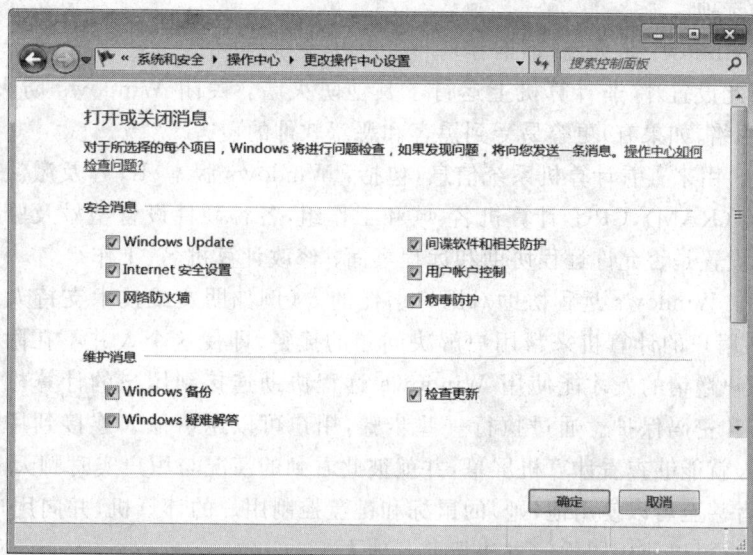

图 2-50 更改操作中心设置

（2）Windows 防火墙。防火墙可以是软件，也可以是硬件，它能够检查来自 Internet 或网络的信息，然后根据防火墙设置阻止或允许这些信息通过计算机。防火墙并不等同于防病毒程序。为了帮助保护计算机，需要同时使用防火墙以及防病毒和反恶意软件程序。

防火墙有助于防止黑客或恶意软件（如蠕虫）通过网络或 Internet 访问计算机。防火墙还有助于阻止计算机向其他计算机发送恶意软件。图 2-51 显示了防火墙的工作原理。

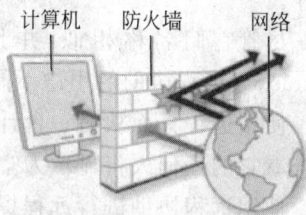

图 2-51 防火墙

Windows 防火墙中为每种类型的网络位置自定义 4 个设置。

① 打开 Windows 防火墙。

默认情况下已选中该设置。当 Windows 防火墙处于打开状态时，大部分程序都被阻止通过防火墙进行通信。如果要允许某个程序通过防火墙进行通信，可以将其添加到允许的程序列表中。例如，在将即时消息程序添加至允许的程序列表之前，可能无法使用即时消息发送照片。

② 阻止所有传入连接，包括位于允许程序列表中的程序。

此设置将阻止所有主动连接本计算机的尝试。当需要为计算机提供最大程度的保护时

（例如，当连接到旅馆或机场的公用网络时，或者当计算机蠕虫正在 Internet 上扩散时），可以使用该设置。使用此设置，Windows 防火墙在阻止程序时不会通知用户，并且将会忽略允许的程序列表中的程序。

如果阻止所有接入连接，仍然可以查看大多数网页，发送和接收电子邮件，以及发送和接收即时消息。

③ Windows 防火墙阻止新程序时通知我。

如果选中此复选框，当 Windows 防火墙阻止新程序时会通知用户，并为以后提供解除阻止此程序的选项。

④ 关闭 Windows 防火墙（不推荐）。

避免使用此设置，除非计算机上运行了其他防火墙。关闭 Windows 防火墙可能会使计算机（以及网络，如果有）更容易受到黑客和恶意软件的侵害。

（3）系统。用来查看计算机系统信息，包括：Windows 版本、ID 号及激活状态，计算机的制造商，内存（RAM），CPU，计算机名、域和工作组，各种硬件设备型号及驱动程序，系统的体检指数；设置是否允许远程协助和远程桌面；修改计算机名、工作组名。

远程协助。Windows 远程协助对用户信任的人（例如朋友或技术支持人员）而言是一种通过连接到用户的计算机来帮用户解决问题的捷径，即使这个人并不在附近也能实现。为确保只有用户邀请的人才能使用 Windows 远程协助连接到用户的计算机，所有的会话都要进行加密和密码保护。通过执行一些步骤，用户可以邀请他人连接到用户的计算机。连接后，这个人就能够查看计算机屏幕，并就彼此看到的情况与用户实时聊天。得到用户的允许后，帮助者甚至可以使用他（她）的鼠标和键盘控制用户的计算机，并向用户演示如何解决问题。用户也可以使用同样的方法帮助其他人。

远程桌面。使用远程桌面连接，可以从一台运行 Windows 的计算机访问另一台运行 Windows 的计算机，条件是两台计算机连接到相同网络或连接到 Internet。例如，可以在家中的计算机使用工作单位的计算机的程序、文件及网络资源，就像坐在工作场所的计算机前一样。

尽管它们名称相似，并且都涉及与远程计算机进行连接，但是远程桌面连接和 Windows 远程协助的用途不同。

使用远程桌面从另一台计算机远程访问某台计算机时，远程计算机屏幕对于在远程位置查看它的任何人将显示为空白，也就是远程的计算机只供远程操作者使用。

使用远程协助进行远程提供协助或接受协助的情况下，远程操作者和本地操作者都能看到同一计算机屏幕。如果本地操作者决定与远程操作者共享对计算机的控制，则他们二者均可以控制鼠标指针。

（4）Windows Update（Windows 自动更新）。Windows 可以自动检查本操作系统的最新更新并可以自动下载和安装。控制面板中可以控制是否自动检查、下载和安装，也可以手动操作。

（5）电源选项。包括创建电源计划、选择电源按钮的功能、选择关闭显示器的时间、设置唤醒时是否需要输入密码等，如果是笔记本，还有选择关闭盖子等其他的功能。

（6）备份和还原：可以创建系统映像，其中包含 Windows 的副本以及程序、系统设置和文件的副本。该系统映像将被保存在与原始程序、设置和文件不同的位置。如果硬盘或整个计算机无法工作,则可以使用此映像来还原计算机的内容。默认情况下,该系统映像将仅包括 Windows 运行所需的驱动器。默认情况下,该系统映像将仅包括 Windows 运行所需的驱动器中的内容。若要在系统映像中包括其他驱动器,可手动创建系统映像。

(7) BitLocker 驱动器加密。BitLocker 帮助保护安装了 Windows 的驱动器(操作系统驱动器)上的所有个人文件和系统文件安全,以防止计算机被盗或未经授权的用户试图访问计算机。可以使用 BitLocker 对固定数据驱动器(如内部硬盘驱动器)上的所有文件进行加密,使用 BitLocker To Go 对可移动数据驱动器(如外部硬盘驱动器或 USB 闪存驱动器)上的文件进行加密。解密方式有密码、智能卡和自动解密。

(8) 管理工具。包含用于系统管理员和高级用户的工具。该文件夹中的工具因用户使用的 Windows 版本而异。常用的管理工具有以下几个:

① 组件服务。配置和管理组件对象模型(COM)组件。组件服务是专门为开发人员和管理员使用而设计的。

② 计算机管理。通过使用单个综合的桌面工具管理本地或远程计算机。使用"计算机管理",用户可以执行很多任务,如监视系统事件、配置硬盘以及管理系统性能。

③ 数据源(ODBC)。使用开放式数据库连接(ODBC)将数据从一种类型的数据库("数据源")移动到其他类型的数据库。

④ 事件查看器。查看有关事件日志中记录的重要事件(如程序启动、停止或安全错误)的信息。

⑤ iSCSI 发起程序。配置网络上存储设备之间的高级连接。

⑥ 本地安全策略。查看和编辑组策略安全设置。

⑦ 性能监视器。查看有关中央处理器(CPU)、内存、硬盘和网络性能的高级系统信息。

⑧ 打印管理。管理打印机和网络上的打印服务器以及执行其他管理任务。

⑨ 服务。管理计算机的后台中运行的各种服务。

⑩ 系统配置。识别可能阻止 Windows 正确运行的问题。

⑪ 任务计划程序。计划要自动运行的程序或其他任务。

⑫ 具有高级安全的 Windows 防火墙。在该计算机以及网络上的远程计算机上配置高级防火墙设置。

⑬ Windows 内存诊断。检查用户的计算机内存以查看是否正常运行。

2.6.2 网络和 Internet

(1) 网络和共享中心:查看和设置网络连接,更改网络设置,更改(启用、禁用、诊断、重命名)网络适配器,查看局域网计算机和设备,设置无线设备。

(2) 家庭组:可以为局域网中的几台计算机建立一个家庭组,使用家庭组,可轻松在家庭网络上共享文件和打印机。可以与家庭组中的其他人共享图片、音乐、视频、文档以及打印机。其他人无法更改这些共享的文件,除非授予他们执行此操作的权限。

如果家庭网络上不存在家庭组,则在设置运行此版本的 Windows 的计算机时,会自动创建一个家庭组。如果已存在一个家庭组,则可以加入该家庭组。创建或加入家庭组后,可以选择要共享的库。用户可以阻止共享特定文件或文件夹,也可以在以后共享其他库。可以使用密码帮助保护家庭组,可以随时更改该密码。

必须是运行 Windows 7 的计算机才能加入家庭组。所有版本的 Windows 7 都可使用家庭组。在 Windows 7 简易版和 Windows 7 家庭普通版中,可以加入家庭组,但无法创建家庭组。家庭组仅适用于家庭网络。

使用家庭组是一种共享家庭网络上的文件和打印机的最简便的方法,但也可使用其他方法来实现此操作。

(3) Internet 选项:设置 IE 浏览器的有关选项,比如设置主页、删除浏览的历史记录和 Cookie、设置安全级别等。

2.6.3 硬件和声音

1. 设备和打印机

可以通过添加设备将无线电话、键盘、鼠标、Bluetooth、无线网络(WiFi)、网络设备(如启用网络的打印机、存储设备或媒体扩展器)或其他设备连接到计算机。

将打印机连接到计算机的方式有几种。选择哪种方式取决于设备本身,以及用户是在家中还是在办公室。

1) 本地打印机

安装打印机最常见的方式是将其直接连接到计算机。这称为"本地打印机"。如果打印机是通用串行总线(USB)型号,在插入后,Windows 将自动检测并安装此打印机。如果打印机为使用串行或并行端口连接的较旧型号,可能需要手动安装。安装(添加)本地打印机的步骤如下:

(1) 单击打开"设备和打印机"。

(2) 单击"添加打印机"。

(3) 在"添加打印机向导"中,单击"添加本地打印机",如图 2-52 所示。

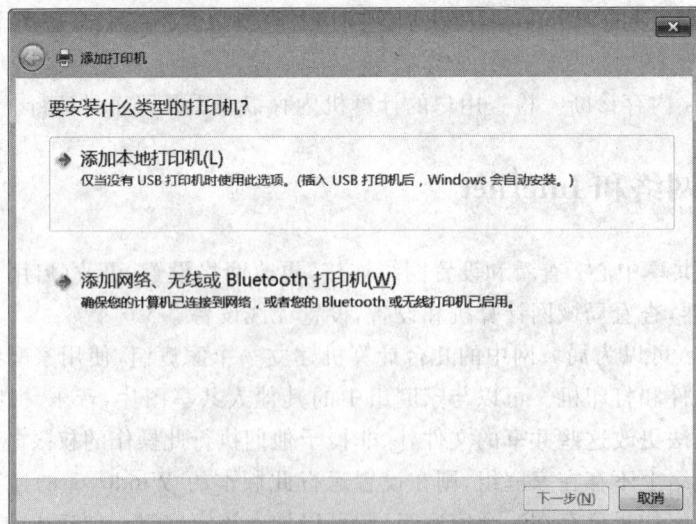

图 2-52　选择打印机类型

（4）在"选择打印机端口"页上，请确保选择"使用现有端口"单选按钮和建议的打印机端口，然后单击"下一步"按钮，如图 2-53 所示。

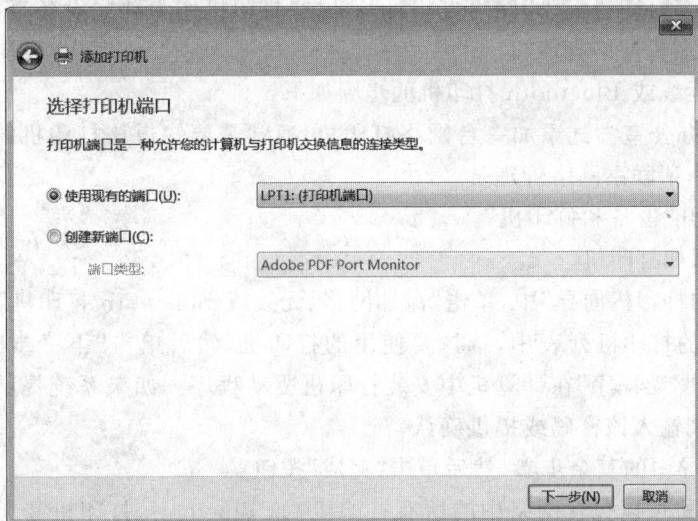

图 2-53　选择打印机端口

（5）在"安装打印机驱动程序"页上，选择打印机制造商和型号，然后单击"下一步"按钮，如图 2-54 所示。如果未列出打印机，请单击 Windows Update 按钮，然后等待 Windows 检查其他驱动程序。如果未提供驱动程序，但用户有安装 CD，请单击"从磁盘安装"按钮，然后浏览到打印机驱动程序所在的文件夹。

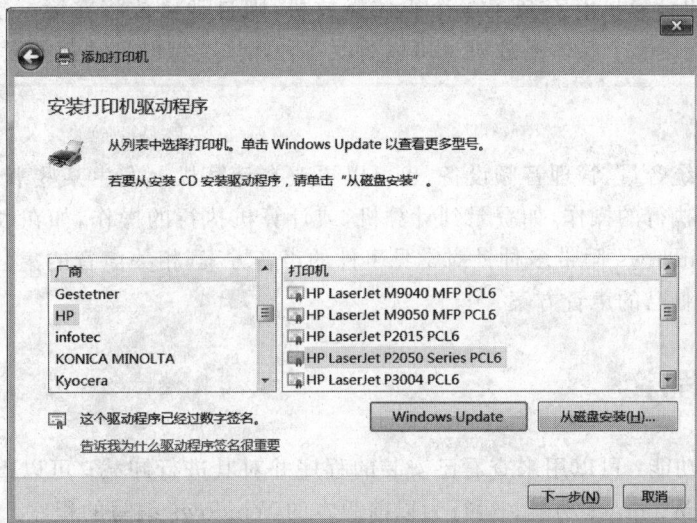

图 2-54　安装打印机驱动程序

（6）完成向导中的其余步骤，然后单击"完成"按钮。

用户可以打印一份测试页以确保打印机工作正常。

如果安装了打印机，但打印机无法正常工作，请访问制造商的网站，获取疑难解答信息或驱动程序更新。

2）网络打印机

工作区中许多打印机都为"网络打印机"。这些打印机作为独立设备直接连接到网络。还有一些家用的廉价网络打印机。

安装网络、无线或 Bluetooth 打印机的步骤如下：

（1）如果在办公室尝试添加一台网络打印机，通常需要知道该打印机的名称。如果不知道打印机名称，请联系网络管理员。

（2）单击打开"设备和打印机"。

（3）单击"添加打印机"。

（4）在"添加打印机向导"中，单击"添加网络、无线或 Bluetooth 打印机"。

（5）在可用的打印机列表中，选择要使用的打印机，然后单击"下一步"按钮。如有提示，请单击"安装驱动程序"在计算机中安装打印机驱动程序。如果系统提示输入管理员密码或进行确认，请输入该密码或提供确认。

（6）完成向导中的其余步骤，然后单击"完成"按钮。

可用的打印机可以包含网络中的所有打印机，如 Bluetooth 打印机和无线打印机或插入到另一台计算机以及在网络中共享的打印机。用户可能需要具有权限才能安装某些打印机。可以通过打印测试页面来确定打印机是否可以工作。

如果不再使用打印机，可以从"设备和打印机"文件夹中删除该打印机。

2．自动播放

允许用户选择使用哪个程序来启动各种媒体，例如音乐 CD 或包含照片的 CD 或 DVD。例如，如果计算机上安装了多个媒体播放机，则自动播放将在第一次播放音乐 CD 时，询问用户要使用哪个媒体播放机。可以更改每种媒体类型的自动播放设置。

3．声音

可以调整系统音量，管理音频设备，也可以更改在计算机上发生某些事件时播放声音。事件可以是用户执行的操作，如登录到计算机，或计算机执行的操作，如在收到新电子邮件时发出警报。Windows 附带多种针对常见事件的声音方案（相关声音的集合）。此外，某些桌面主题有它们自己的声音方案。

2.6.4　程序

（1）程序和功能：可以用来查看已安装的程序并对其进行卸载；可以查看已安装的更新；打开或关闭 Windows 功能；运行为以前版本的 Windows 编写的程序。

Windows 附带的某些程序和功能（如 Internet 信息服务）在系统安装时是没有启用的，必须打开才能使用。某些其他功能默认情况下是打开的，但可以在不使用它们时将其关闭。在 Windows 7 中，无论是否打开，这些功能都存储在硬盘上，以便可以在需要时重新打开它们。关闭某个功能不会将其卸载，也不会减少 Windows 功能使用的硬盘空间量。

若要打开或关闭 Windows 功能，请按照下列步骤操作。

依次单击"开始"按钮 ，"控制面板"、"程序"和"打开或关闭 Windows 功能"。如果系统提示输入管理员密码或进行确认，请输入该密码或提供确认。

若要打开某个 Windows 功能，请选择该功能旁边的复选框。若要关闭某个 Windows 功能，请清除该复选框，如图 2-55 所示。单击"确定"按钮。

（2）默认程序：默认程序是打开某种特殊类型的文件（例如音乐文件、图像或网页）时 Windows 所使用的程序。例如，如果在计算机上安装了多个 Web 浏览器，则可以选择其中之一作为默认浏览器。项目"始终使用指定的程序打开此文件类型"是从文件类型出发设置其打开程序，项目"设置默认程序"是从程序出发，将其设置为其可以打开的文件类型的默认打开程序。

图 2-55　打开或关闭 Windows 功能

2.6.5　用户账户和家庭安全

（1）用户账户：用户账户是通知 Windows 使用者可以访问哪些文件和文件夹，可以对计算机和个人首选项（如桌面背景或屏幕保护程序）进行哪些更改的信息集合。通过用户账户，用户可以在拥有自己的文件和设置的情况下与多个人共享计算机。每个人都可以使用用户名和密码访问其用户账户。Windows 7 有三种类型的账户，每种类型为用户提供不同的计算机控制级别。

① 标准账户适用于日常操作。

② 管理员账户可以对计算机进行最高级别的控制，但应该只在必要时才使用。

③ 来宾账户主要针对需要临时使用计算机的用户。

标准账户可以更改自己的密码、删除密码、更改账户图片，管理员账户还可以创建账户、对其他账户可以修改账户名称、更改密码、删除密码、更改密码、更改账户类型、删除账户、设置家长控制。

（2）家长控制：可以使用家长控制对儿童使用计算机的方式进行协助管理。例如，可以限制儿童使用计算机的时段、可以玩的游戏类型以及可以运行的程序。当家长控制阻止了对某个游戏或程序的访问时，将显示一个通知声明已阻止该程序。孩子可以单击通知中的链接，以请求获得该游戏或程序的访问权限。可以通过输入账户信息来允许其访问。

若要为孩子设置家长控制，用户需要有一个自己的管理员用户账户。在开始设置之前，确保要为其设置家长控制的每个孩子都有一个标准的用户账户。家长控制只能应用于标准用户账户。

2.6.6　外观和个性化

主题包括桌面背景、屏幕保护程序、窗口边框颜色和声音，有时还包括图标和鼠标指针。

可以通过更改计算机的主题、颜色、声音、桌面背景、屏幕保护程序、字体大小和用户账户图片来向计算机添加个性化设置。还可以为桌面选择特定的小工具。

1. 个性化

修改主题的各个组成部分,界面如图 2-56 所示。

图 2-56　主题

1) 更改桌面图标

可以选择在桌面上显示常用的 Windows 功能,如"计算机"、"网络"和"回收站"。还可以修改这些功能的图标,如图 2-57 所示。

还可以显示、隐藏桌面图标,或调整桌面图标的大小,方法是:在桌面的右键快捷菜单中的"查看"切换"显示桌面图标"、选择"大图标"、"中等图标"或"小图标"。

2) 更改鼠标指针(自定义鼠标)

可以更改鼠标设置以适应个人喜好。例如,可更改鼠标指针在屏幕上移动的速度,或更改指针的外观,或更改鼠标滚轮的工作方式。如果惯用左手,则可将主键切换到右键。更改指针外观的如图 2-58 所示。

3) 更改账户图片

4) 更改桌面背景(壁纸)

桌面背景(也称为壁纸)可以是个人收集的数字图片、Windows 提供的图片、纯色或带有颜色框架的图片。可以选择一个图像作为桌面背景,也可以显示幻灯片图片。选择对图片进行裁剪以使其全屏显示、使图片适合屏幕大小、拉伸图片以适合屏幕大小、平铺图片或是使图片在屏幕上居中显示。如果选择自适合或居中的图片作为桌面背景,还可以为该图片设置颜色背景。在"图片位置"下,单击"适应"或"居中"。单击"更改背景颜色",单击某种颜色,然后单击"确定"按钮,如图 2-59 所示。当选择了多张图片,可以设置更换图片的间隔秒数,设置在使用电池供电时暂停更换。

图 2-57　桌面图标设置

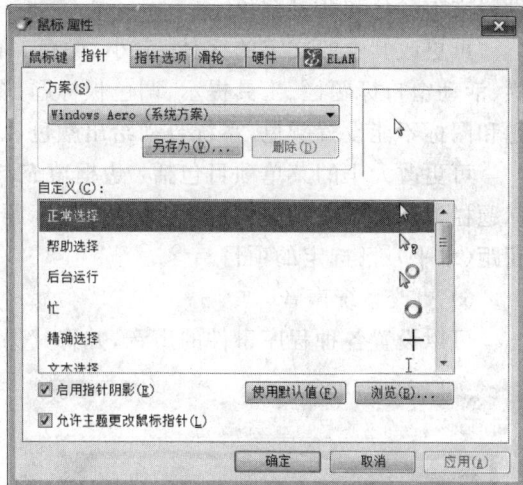

图 2-58　鼠标属性设置

图 2-59　更改桌面背景

　　若要使存储在计算机上的任何图片(或当前查看的图片)作为桌面背景,请右键单击该图片,然后单击"设置为桌面背景"。

　　5)更改窗口颜色和外观

　　更改窗口颜色和外观的界面如图 2-60 所示。

　　可更改颜色的窗口项目包括:菜单、超链接、窗口、非活动窗口边框、工具提示、非活动窗口标题栏、活动窗口边框、活动窗口标题栏、三维物体、已禁用的项目、已选定的项目、应用程序背景、桌面,其中活动窗口标题栏和非活动窗口标题栏可以设置渐变的双色,窗口可以设置文本颜色和背景颜色。

可更改其中的文字的字体、大小、颜色、样式的窗口项目包括：菜单、非活动窗口标题栏、活动窗口标题栏、工具提示、调色板标题、图标、消息框、已选定的项目。其中的调色板标题和图标不能设置颜色，系统自动给出颜色。

可更改大小的菜单项目包括：边框填充、标题按钮、菜单、非活动窗口边框、非活动窗口标题栏、滚动条、活动窗口边框、活动窗口标题栏、调色板标题、图标、图标间距（垂直）、图标间距（水平）、已选定的项目。

6）更改系统声音

可以设置各种程序事件的声音，并将其保存为声音方案，如图 2-61 所示。

图 2-60　"窗口颜色和外观"对话框　　　　图 2-61　"声音"对话框

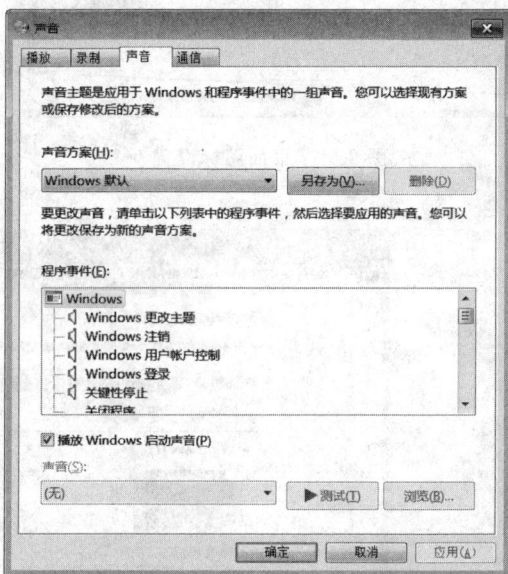

7）设置屏幕保护程序

当在指定的一段时间内没有使用鼠标或键盘后，屏幕保护程序就会出现在计算机的屏幕上，此程序为移动的图片或图案。屏幕保护程序最初用于保护较旧的单色显示器免遭损坏，但现在它们主要是个性化计算机或通过提供密码保护来增强计算机安全性的一种方式。屏幕保护程序一般是一种后缀名为 SCR 的文件，默认存放于 C:\windows\system32（32 位系统）或 C:\windows\sysWOW64（64 位系统）。可以选择并预览已安装的屏幕保护程序，设置等待时间间隔和是否在唤醒时显示登录屏幕，如图 2-62 所示。

2. 显示

1）更改显示器设置/调整分辨率

Windows 根据监视器（显示器）选择最佳的显示设置，包括屏幕分辨率、刷新频率和颜色。这些设置根据所用的监视器是 LCD 或 CRT 而有所不同。

屏幕分辨率指的是屏幕上显示的文本和图像的清晰度。分辨率越高（如 1600×1200 像素），项目越清楚。同时屏幕上的项目越小，因此屏幕可以容纳越多的项目。分辨率越低（例

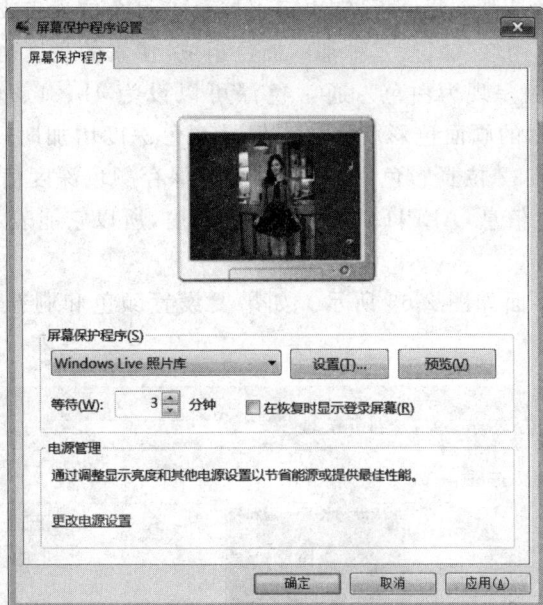

图 2-62 "屏幕保护程序设置"对话框

如 800×600 像素),在屏幕上显示的项目越少,但尺寸越大。

可以使用的分辨率取决于监视器支持的分辨率。CRT 监视器通常显示 800×600 或 1024×768 像素的分辨率。LCD 监视器(也称为平面监视器)和笔记本屏幕通常支持更高的分辨率,并在某一特定分辨率效果最佳。

监视器越大,通常所支持的分辨率越高。是否能够增加屏幕分辨率取决于监视器的大小和功能及视频卡的类型。

LCD 监视器(包括笔记本屏幕)通常使用其"原始分辨率"运行最佳。可不必将监视器设置为以此分辨率运行,但通常建议用户这样做,目的是为了确保尽可能看到最清晰的文本和图像。LCD 监视器通常采用两种形状:一种是标准比例,即宽度和高度之比为 $4:3$,另一种是宽屏幕比率,即 $16:9$ 或 $16:10$。与标准比率监视器相比,宽屏幕监视器具有较宽的形状和分辨率。

一些常用屏幕大小的典型分辨率如下。

19 英寸屏幕(标准比率):1280×1024 像素

20 英寸屏幕(标准比率):1600×1200 像素

22 英寸屏幕(宽屏幕):1680×1050 像素

24 英寸屏幕(宽屏幕):1900×1200 像素

刷新频率就是屏幕每秒画面被刷新的次数,它的单位是赫兹(Hz)。刷新频率越高,屏幕上图像闪烁感就越小,稳定性也就越高,换言之对视力的保护也越好。一般来说人的眼睛不容易察觉 75 Hz 以上刷新频率带来的闪烁感,因此最好能将显示卡刷新频率调到 75 Hz 以上。要注意的是,并不是所有的显示卡都能够在最大分辨率下达到 70 Hz 以上的刷新频率(这个性能取决于显示卡上 RAMDAC 的速度),而且显示器也可能因为带宽不够而不能达到要求。因为 LCD 监视器不会产生闪烁,因此不需要为其设置较高的刷新频率。

颜色深度可以看做是一个调色板,它决定了屏幕上每个像素点支持多少种颜色。由于显示器中每一个像素都用红、绿、蓝三种基本颜色组成,像素的亮度也由它们控制(比如,三种颜色都为最大值时,就呈现为白色),通常色深可以设为 4b、8b、16b、24b。色深位数越高,颜色就越多,所显示的画面色彩就逼真。但是颜色深度增加时,它也加大了图形加速卡所要处理的数据量。32 位真彩色中的 24 位用来保存颜色深度信息(R8G8B8),另外的 8 位用来保存 ALPHA 信息,ALPHA 属性就是透明度,所以它能表示的颜色超过 16.7 百万色。

显示器外观设置界面如图 2-63 所示。如果要设置颜色和刷新频率,需要单击"高级设置"。

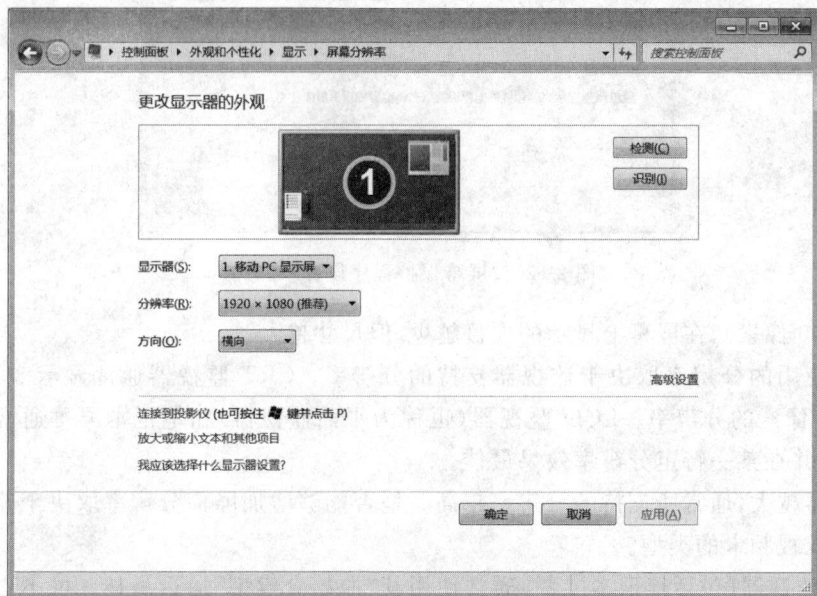

图 2-63　更改显示器外观

2)校准颜色

由于设备老化或设置异常等原因,显示器颜色可能不正常。显示颜色校准功能允许用户更改不同的颜色设置,从而能够改进显示颜色效果。使用"显示颜色校准"调整不同的颜色设置后,用户将拥有一个包含新颜色设置的新校准。新的校准将与屏幕显示关联,并由颜色管理程序使用。

哪些颜色设置可以更改,如何更改这些颜色设置,这些取决于显示器的显示情况及其功能。并不是所有的显示器都有相同的颜色功能和设置,因此在使用"显示颜色校准"时,可能无法更改所有不同的颜色设置。

3)自定义文本大小

可以使屏幕上的文本或其他项目(如图标)变得更大,而更易于查看。无须更改监视器或笔记本屏幕的屏幕分辨率即可实现该操作。这样便允许用户在保持监视器或笔记本设置为其最佳分辨率的同时增加或减小屏幕上文本和其他项目的大小。Windows 一般设置为 96DPI(每英寸点数),可以加大到 120、144、192 等,如图 2-64 所示。

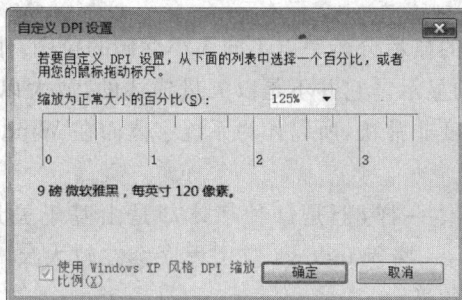

图 2-64　自定义文本大小

4）连接到投影仪（仅笔记本）

可以将计算机连接到投影仪以在大屏幕上进行演示。连接方式有以下几种。

"仅计算机"：这会仅在计算机屏幕上显示桌面。

"复制"：这会在计算机屏幕和投影仪上均显示桌面。

"扩展"：这会将桌面从计算机屏幕扩展到投影仪。

"仅投影仪"：这会仅在投影仪上显示桌面。

也可以用快捷键 Windows＋P 来进行切换，界面如图 2-65 所示。

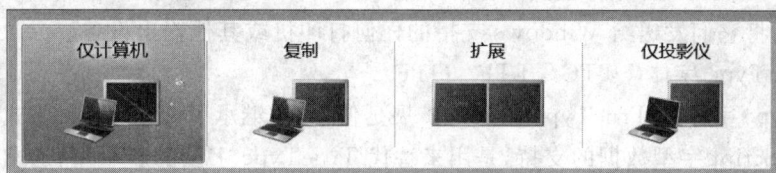

图 2-65　设置连接到投影仪

3. 桌面小工具

Windows 中包含称为"小工具"的小程序，这些小程序可以提供即时信息以及可轻松访问常用工具的途径。例如，可以使用小工具显示图片幻灯片或查看不断更新的标题。Windows 7 随附的一些小工具包括日历、时钟、天气、源标题、幻灯片放映和图片拼图板。由于安全原因，微软公司已不再在新版 Windows 中提供该功能。

4. 任务栏和"开始"菜单

2.3.10 节和 2.4 节已阐述。

5. 文件夹选项

2.5.4 节已阐述。

6. 字体

字体描述了特定的字样和其他特性，如大小、间距和跨度。平时常见的字体格式主要有以下几种。

1) 光栅字体(.FON)

这种字体是针对特定的显示分辨率以不同大小存储的位图,用于 Windows 系统中屏幕上的菜单、按钮等处文字的显示。它并不是以矢量描述的,放大以后会出现锯齿,只适合屏幕描述。不过它的显示速度非常快,所以作为系统字体而在 Windows 中使用。

2) 矢量字体(.FON)

虽然扩展名和光栅字体一样,但是这种字体却是由基于矢量的数学模型定义的,是 Windows 系统字体的一类,一些 Windows 应用程序会在较大尺寸的屏幕显示中自动使用矢量字体来代替光栅字体的显示。

3) PostScript 字体(.PFM)

这种字体基于另一种矢量语言(Adobe PostScript)的描述,该字体线条平滑、细节突出,是一种高质量的字体,它设计用于 PostScript 设备的输出,例如 PostScript 打印机,不过 Windows 并不直接支持这类字体,要在 Windows 中使用这类字体需要安装 Adobe Type Manger(ATM)软件来进行协调。

4) TrueType 字体(.TTF)

这是日常操作中接触最多的一种类型的字体,其最大的特点就是它是由一种数学模式来进行定义的基于轮廓技术的字体,这使得它们比基于矢量的字体更容易处理,保证了屏幕与打印输出的一致性。同时,这类字体和矢量字体一样可以随意缩放、旋转而不必担心会出现锯齿,可以将它们发送给 Windows 支持的任何打印机或其他输出设备。

5) OpenType 字体(.TTC/.TTF/.OTF)

OpenType 字体是 TrueType 格式的扩展延伸,它在继承了 TrueType 格式的基础上增加了对 PostScript 字型数据的支持,是用来替代 TrueType 字型的新字型,通常包括更大的基本字符集扩展,如小型大写字母、老式数字及更复杂的形状(如"字形"和"连字")。OpenType 字体在任意大小下仍清晰可读,并且可以发送到 Windows 支持的任何打印机或其他输出设备。

一些字体类型设计者免费提供他们的字体,但大多数字体类型设计者和集体(称为造字公司)对其设计制造的字体收费。

(1) 预览、删除或显示和隐藏计算机上安装的字体

在字体窗口中选中某一个字体,即可进行预览、删除或显示和隐藏,如图 2-66 所示。

(2) 字体安装

打开字体文件,将显示字体信息对话框,单击"安装"按钮即可。或直接将字体文件复制到字体文件夹中(默认是 c:\windows\fonts)。

(3) 使用特殊字符(字符映射表)

特殊字符是键盘上找不到的字符。可以使用字符映射表或键盘上的组合键来插入特殊字符。使用字符映射表可以查看所选字体中可用的字符,可将单个字符或字符组复制到剪贴板中,然后将其粘贴到可以显示它们的任何程序中,如图 2-67 所示。

(4) 专用字符

专用字符是使用 TrueType 造字程序创建的唯一字母或徽标字符。使用 TrueType 造字程序,可以创建新字符、编辑现有字符、保存字符、查看和浏览字符库。

创建的新字符可以用字符映射表来进行输入。

图 2-66 字体窗口

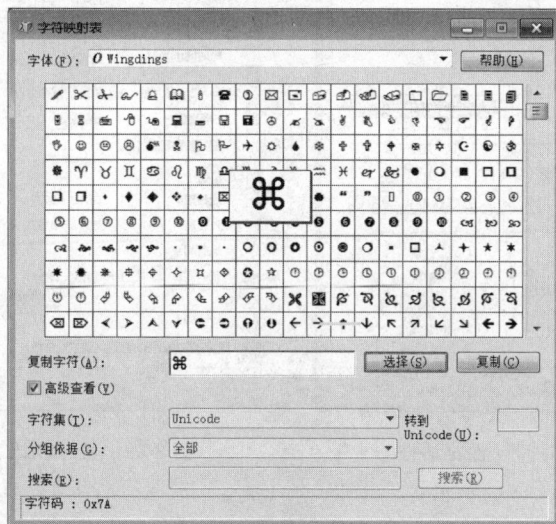

图 2-67 字符映射表

2.6.7 时钟、语言和区域

1. 日期和时间

Windows 7 可以显示最多三种时钟：第一种是本地时间，另外两种是其他时区时间，称为附加时钟。设置其他时钟之后，可以通过单击或指向任务栏时钟来查看。

可以使计算机时钟与 Internet 时间服务器同步。这意味着可以更新计算机上的时钟，以与时间服务器上的时钟匹配，这有助于确保计算机上的时钟是准确的。时钟通常每周更新一次，而如要进行同步，必须将计算机连接到 Internet，并选择一个时间服务器。日期和时间设置界面如图 2-68 所示。

2. 区域和语言

"格式"选项卡中可以更改 Windows 用于显示信息（如日期、时间、货币和度量）的格式，以便使其匹配用户所在的国家或地区使用的标准或语言，如图 2-69 所示。例如，如果使用法语文档，则可以将此格式更改为法语，这样就可以将货币显示为欧元，或以日/月/年格式显示日期。在"位置"选项卡中可以设置使用者所处的地理位置；在"键盘和语言"选项卡中设置键盘布局和输入法；在"管理"选项卡中可以将当前所做的区域和语言的选择情况显示在登录界面上、复制给系统账户和新建账户。

图 2-68　日期和时间设置对话框　　　图 2-69　区域和语言之"格式"选项卡

1）格式

系统提供了世界上主要的格式供用户选择，当选择了一种格式以后，与其相关的数字、货币、时间日期、排序等按默认的格式随之设置完毕。但是也可以通过单击"其他设置"按钮来进一步自定义。

数字格式：可以设置小数点的符号、默认的小数位数、数字分组符号、负号、零起始显示、列表分隔符、度量衡系统、标准数字、是否使用当地数字等。

货币格式：可以设置货币符号、货币正数格式、货币负数格式、小数点的符号、默认的小数位数、数字分组符号、数字分组方式等。

时间格式：可以设置短时间、长时间格式。

日期格式：可以设置短日期、长日期格式，设置一周中的第一天。

排序方式：可以设置对字符、单词、文件和文件夹的排序方式。例如"中文"格式下有"拼音"和"笔画"两种排序方式。

2）位置

有些软件（包括 Windows）可以为用户提供特定地理位置的信息，比如新闻、天气等当地信息。

3）键盘和语言

键盘：有些国家为了输入自己的文字方便设计了一些非美式布局的键盘。可以通过更改键盘布局为某种特定语言或格式自定义键盘。按下键盘上的按键时，布局会控制哪些字符将出现在屏幕上。部分输入语言有多种键盘布局，而其他语言只有一种。更改布局后，如果没有实际更换对应的键盘，那么屏幕上的字符（输入的字符）可能与键盘按键上的字符不相符。

输入语言：系统包含多种输入语言，但一般默认只安装一种语言，例如，简体中文版的Windows 7 系统安装的是"中文（简体，中国）"。

在如图 2-70 所示的"键盘和语言"选项卡中单击"更改键盘"按钮可以打开"文字服务和输入语言"对话框，设置键盘、语言及其输入法。在如图 2-71 所示的"常规"选项卡中，单击"添加"按钮即可选择输入语言，设置其键盘和启用其对应的输入法。除系统自带的输入法外，其他的输入法需另行安装才能通过此方法进行设置。

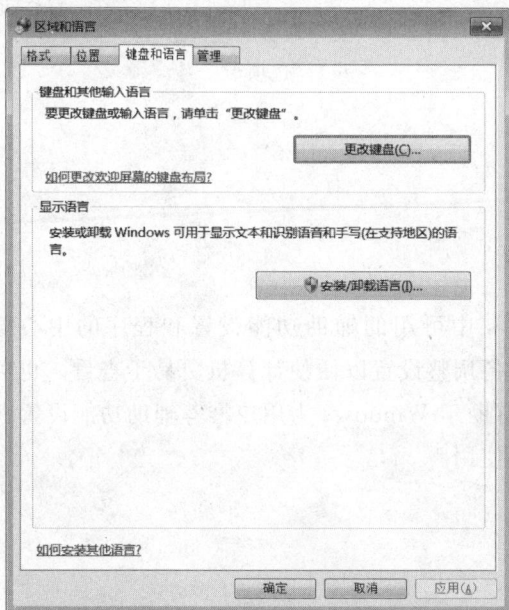

图 2-70　区域和语言之"键盘和语言"选项卡　　　图 2-71　文字服务与输入语言之"常规"选项卡

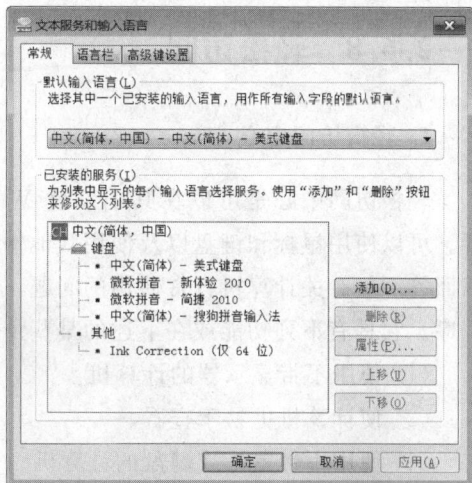

当设置了多个输入语言或输入语言有超过一个的键盘布局或输入法时，就可以设置其中的一个键盘布局或输入法作为默认的输入语言，用做所有输入字段的默认语言。例如，如果把"中文（简体，中国）-中文（简体）- 美式键盘"作为默认语言，那么默认情况下，输入的是

英文字符,如果把"中文(简体,中国)-微软拼音-新体验 2010"作为默认语言,那么在不需要切换的情况下就能输入中文。

在"语言栏"选项卡中,可以设置语言栏的显示效果,如悬浮在桌面上、停靠于任务栏还是隐藏,如图 2-72 所示。

在"高级键设置"选项卡中,可以设置与输入法相关的热键,比如,输入法切换、全/半角切换、中/英标点符号切换、激活某个特定输入法等,如图 2-73 所示。

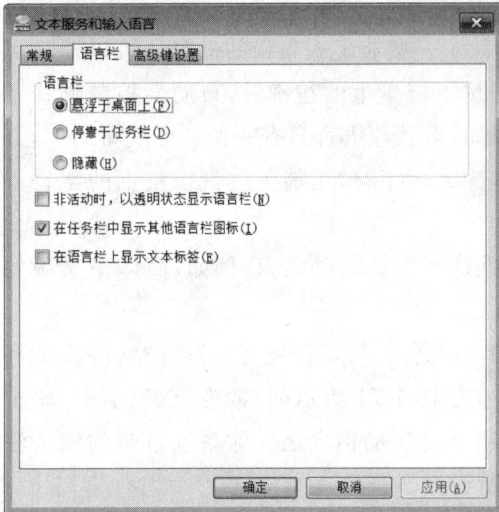

图 2-72　文字服务与输入语言之"语言栏"选项卡　　　　图 2-73　文字服务与输入语言之"高级键设置"选项卡

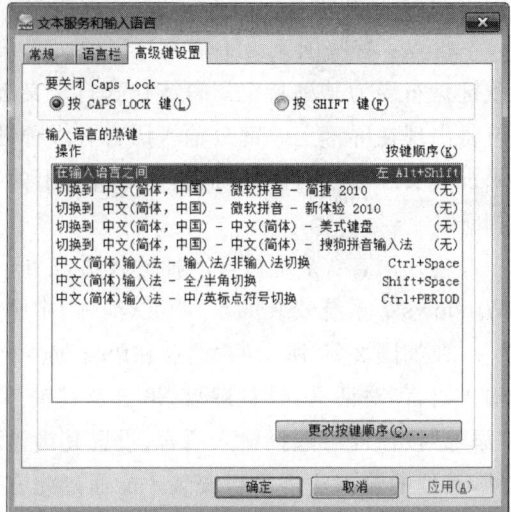

2.6.8　轻松访问

1. 轻松访问中心

轻松访问中心是可以在其中修改 Windows 中可用的辅助功能设置和程序的中心位置。可以使用鼠标和键盘以及使用其他输入设备调整设置以便使计算机更易于查看。也可以回答一些有关计算机日常使用的问题,这将有助于 Windows 为用户推荐辅助功能设置和程序。它具有下列功能或在下述的某些情况下使用。

(1) 使用不带显示器的计算机。

(2) 使计算机更易于查看。

(3) 使用不带鼠标或键盘的计算机。

(4) 使鼠标更易于使用。

(5) 使键盘更易于使用。

(6) 使用文本或视频替代声音。

(7) 使其更易于集中于任务。

2. 语音识别

可以使用声音控制计算机。可以说出计算机响应的命令,并且可以将文本听写到计算机。在开始使用语音识别之前,将需要对计算机设置 Windows 语音识别。设置语音识别有三个步骤:设置麦克风、了解如何与计算机进行交谈以及训练计算机使其理解语音。

在开始之前,需要确保已将麦克风连接到计算机。

2.7 常用附件

"附件"是 Windows 7 操作系统自带的一个工具程序集,Windows 7 包含许多功能强大的附件程序,本节主要介绍其中最常用部分的功能。

2.7.1 写字板

写字板(WordPad)是 Windows 7 所附带的一个小型字处理程序,它可以创建普通格式文本文档或带有简单格式的文档,可以链接或嵌入对象(如图片或其他文档)。它还可以打开、保存多种格式的文档,它常用来写信函、备忘录等基于文本的简单格式文档。其主界面如图 2-74 所示。

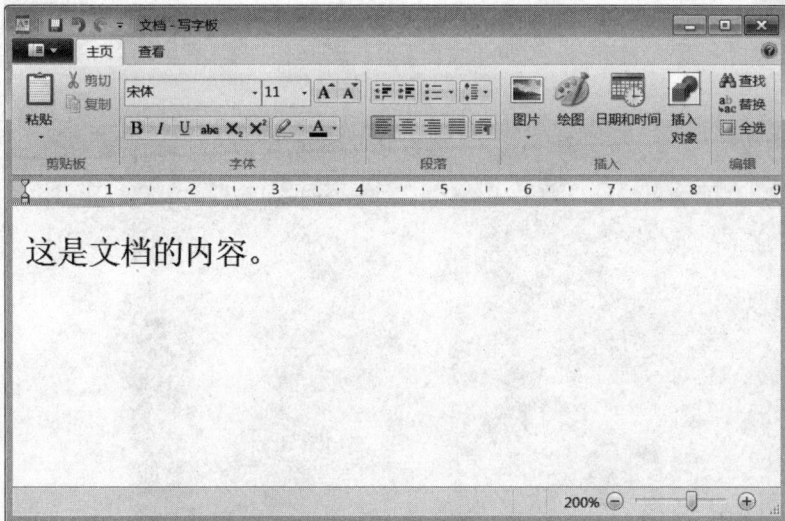

图 2-74 写字板界面

但是,写字板并不具备 Word 那样的高级功能。它对于写信和便条以及从不同的应用程序中组合信息,如图片、图像和数字数据等是非常有用的。比许多高级字处理程序占据系统资源要少得多,所以如果用户的系统资源有限,选择"写字板"作为日常文档处理的工具是非常合适的。

2.7.2　记事本

　　附件中的记事本是一个纯粹用来进行文本文件编辑的程序。文本文件是一种最简单的文档,它只有基本的显示字符,不含有任何打印、排版、图形等格式文件信息,这种文件也是任何字处理软件所认同的。"记事本"所编辑的文字可以在任何其他场合使用,但它不包含排版及各种打印方式特殊控制符。

　　记事本常用来编辑批处理文件、源程序文件和其他文本文件。

2.7.3　画图

　　画图是 Windows 中的一项功能,使用该功能可以绘制、编辑图片以及为图片着色。可以像使用数字画板那样使用画图来绘制简单图片、有创意的设计,或者将文本和设计图案添加到其他图片,如那些用数字照相机拍摄的照片。

　　画图程序提供了一整套画图的工具,可以调整各种图案模式、线条的粗细、各种不同的颜色以及修饰所需的笔和笔刷,并且还可以在图形中打上文字,而文字的字形可以随心所欲地根据需要设定。画图附件还提供了橡皮擦,以便进行局部擦拭和修改。其主界面如图 2-75 所示。

图 2-75　画图窗口

2.7.4　多媒体播放机

Windows 7 内置的多媒体播放机是 Windows Media Player 12,提供了一个直观易用的界面,能够播放数字媒体文件,整理数字媒体收藏集,刻录音乐的 CD,翻录 CD 上的音乐,同步数字媒体文件到便携设备,以及从在线商店购买数字媒体内容。

除了常规的媒体外,它还支持可以播放更多流行的音频和视频格式,包括新增了对 3GP、AAC、AVCHD、DivX、MOV 和 Xvid 的支持。全新播放到功能可将音乐和视频传输到其他运行 Windows 7 的计算机以及家中的兼容设备上,例如 Xbox 360。甚至可以通过 Internet 从一台计算机向另外一台计算机传输音乐库。其主界面如图 2-76 所示。

图 2-76　Windows Media Player 窗口

2.7.5　数学输入面板

数学输入面板使用内置于 Windows 7 的数学识别器来识别手写的数学表达式。然后可以将识别的数学表达式插入字处理程序或计算程序。数学输入面板在设计上与 Tablet PC 的触笔一起使用,但也可以将其用于任何输入设备,如触摸屏、外部数字化器甚至鼠标。

数学输入面板可识别高中和大学级别的数学,包括数字和字母、算术、微积分、函数、集合、集合论、代数、组合数学、概率与统计、几何、向量和三维解析几何、数理逻辑、公理、定理和定义、应用数学等内容。

如果手写数学表达式被错误识别,则可以通过单击"选择和更正"按钮,在可选的表达式中进行选择,或清除后再重新书写来更正它。其操作界面如图 2-77 所示。

历史记录   预览区域   书写区域   操作按钮

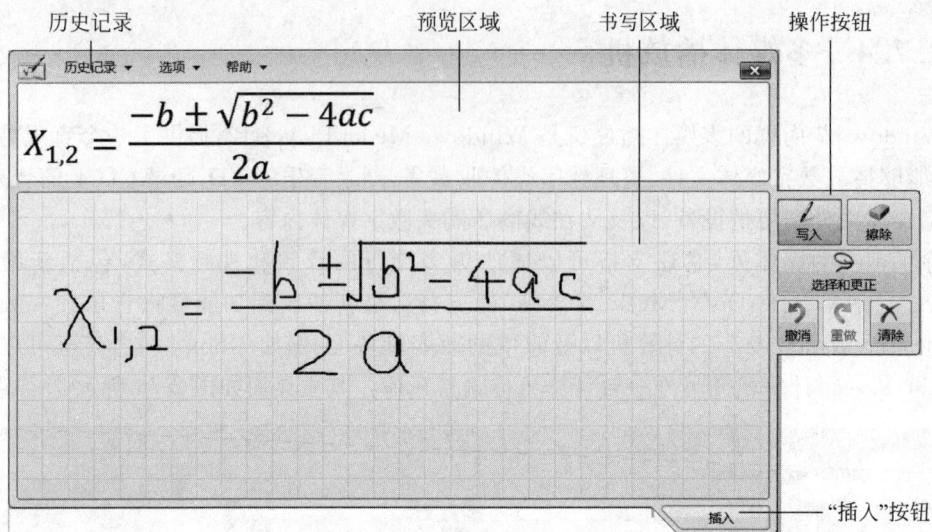

图 2-77 数学输入面板

第 3 章　计算机网络

20 世纪 90 年代,微型计算机逐步普及,推动着网络的发展与应用,尤其是国际互联网的诞生与发展,使人类社会进入网络时代,网络已经改变并且正在进一步改变人们的工作、生活方式甚至生存状态。三十多年来,网络从早期的军事实验网发展到商业主干网,又进一步发展成公众普及网,目前,国际互联网已覆盖一百八十多个国家和地区,容纳了几十万个网络,连入互联网的主机已超过数千万台,上网人数已逾一亿五千万,六百多个大型图书馆、九百多种新闻报纸汇入因特网的信息洪流中。互联网用超越时空的无形之手,将不同国家地区、不同种族信仰和不同文化背景的人们紧紧联系在一起。国际互联网被称为 20 世纪最重大的发明。

3.1　计算机网络基础知识

3.1.1　计算机网络的定义

将多台地理位置不同的具有独立功能的计算机通过通信设备和传输介质连接起来,在网络操作系统的管理和网络协议的支持下,实现网络资源共享及信息通信,这样的复杂的系统称为计算机网络。

前述网络的概念中强调 4 个方面,"独立功能"是指即使没有网络,这些计算机也可以独立工作,所以网络与它之前的终端-主机模式的多用户系统有区别。传输介质是信息传输的媒介,传输介质总体分为有线介质和无线介质,包括电缆、光缆、公共通信线路、专用线路、微波、卫星,通信设备包括集线器、交换机、路由器和防火墙等。网络软件中最重要的是网络协议,它规定网络传输的过程。信息通信和资源共享是网络的目的,共享的资源包括硬件资源、软件资源和数据资源。

3.1.2　资源子网与通信子网

计算机网络首先是一个通信网络,各计算机之间通过通信媒体、通信设备连接并进行通信,在此基础上各计算机可以通过网络软件共享其他计算机上的硬件资源、软件资源和数据资源。从计算机网络各组成部件的功能来看,各部件主要完成两种功能,即网络通信和资源共享。把计算机网络中实现网络通信功能的设备及其软件的集合称为网络的通信子网,而把网络中实现资源共享功能的设备及其软件的集合称为资源子网,如图 3-1 所示。

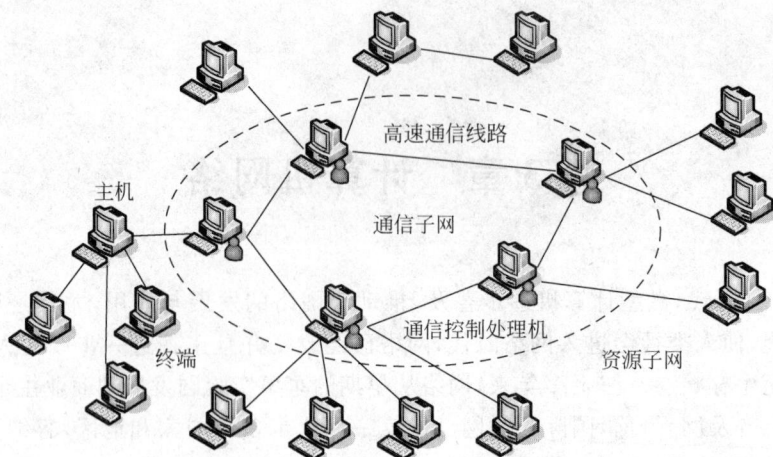

图 3-1　资源子网与通信子网

　　资源子网的主体为网络中提供和使用资源的设备,包括:用户计算机(也称工作站)、网络存储系统、网络打印机、独立运行的网络数据设备、网络终端、服务器、各种软件资源和数据资源等。

　　通信子网是指网络中实现网络通信功能的设备及其软件的集合,通信设备、网络通信协议、通信控制软件等属于通信子网,是网络的内层,负责信息的传输,主要为用户提供数据的传输、转接、加工、变换等。通信子网主要包括中继器、集线器、网桥、路由器、网关等硬件设备。

3.1.3　计算机网络的分类

　　计算机网络有许多种分类方法,其中最常用的是按三种依据的分类方法,即按网络的传输技术、网络的规模和网络的拓扑结构进行分类。

1. 按网络传输技术分类

1) 广播网络

广播网络的通信信道是共享介质,即网络上的所有计算机都共享它们的传输通道。这类网络以局域网为主,如以太网、令牌环网、令牌总线网、光纤分布数字接口(Fiber Distribute Digital Interface,FDDI)网等。

2) 点到点网络

点到点网络也称为分组交换网,点到点网络使得发送者和接收者之间有许多条连接通道,分组要通过路由器,而且每一个分组所经历的路径是不确定的。点到点网络主要用在广域网中,如分组交换数据网 X.25、帧中继、异步传输方式(Asynchronous Transfer Mode,ATM)等。

2. 按网络的规模分类

计算机网络按照网络的覆盖范围,可以分为局域网、城域网和广域网三类。

1) 局域网

一般局域网络(Local Area Network,LAN)建立在某个机构所属的一个建筑群内,如大学的校园网、智能大楼,也可以是办公室或实验室所属几台计算机连成的小型局域网络。局域网连接这些用户的微型计算机及网络上作为资源共享的设备(如打印机等)进行信息交换,另外通过路由器和广域网或城域网相连接实现信息的远程访问和通信。LAN 是当前计算机网络的发展中最活跃的分支。局域网的核心设备为以太网交换机。

2) 广域网

广域网(Wide Area Network,WAN)规模十分庞大而复杂,可以是一个国家或一个洲际网络,广域网一般作为不同地理位置局域网之间连接的通信网络。广域网的核心设备为广域网交换机;不同广域网之间通过路由器相互连接。

3) 城域网

城域网(Metropolitan Area Network,MAN)采用类似于 WAN 的技术,但规模比WAN 小,地理分布范围介于 LAN 和 WAN 之间,一般覆盖一个城市或地区。城域网一般作为城市或地区各单位局域网之间连接的通信线路。

3. 按网络的拓扑结构分类

网络中各个节点相互连接的方法和形式称为网络拓扑。网络的拓扑结构主要分为:总线状、星状、环状、树状、全互联型、网格型和不规则型。按照网络的拓扑结构,可把网络分成:总线型网络、星状网络、环状网络、树状网络、网状网络、混合型和不规则型网络。

4. 其他的网络分类方法

按网络控制方式的不同,可把网络分为分布式和集中式两种网络。
按信息交换方式,网络分为分组交换网、报文交换网、线路交换网和综合业务数字网等。
按网络环境的不同,可把网络分成企业网、部门网和校园网等。
按传输介质的不同,可把网络分成有线网络和无线网络。

3.1.4 计算机网络的拓扑结构

计算机网络的拓扑结构反映网络中的通信线路和节点间的几何关系,并用以标识网络的整体结构外貌,同时也反映了各组成模块之间的结构关系。它影响整个网络的设计、功能、可靠性、通信费用等,是计算机网络研究的主要内容之一。拓扑结构主要有环状、星状、树状、总线型、网状和任意型等。

1. 星状拓扑结构

星状结构由一个中心通信节点和一些与它相连的计算机组成,如图 3-2 所示。星状结构中心通信节点可以使用集线器或交换机。星状结构的优点是：维护管理容易；重新配置灵活；故障隔离和检测容易；网络延迟时间较短。但其网络共享能力较差，通信线路利用率低，中心节点负荷太重。

2. 总线型拓扑结构

总线结构采用公共总线作为传输介质，各节点都通过相应的硬件接口直接连向总线，信号沿介质进行广播式传送，如图 3-3 所示。

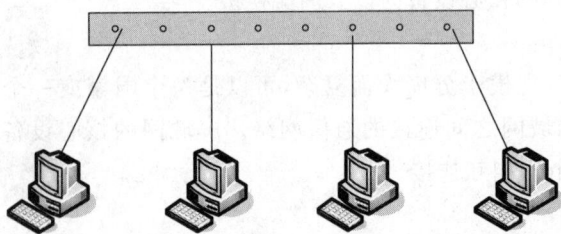

图 3-2　星状拓扑结构　　　　　图 3-3　总线型拓扑结构

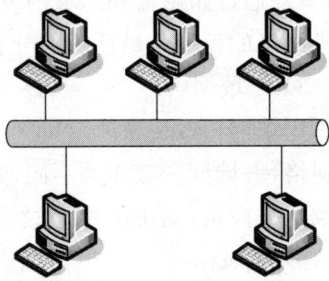

总线结构的特点是：结构简单灵活，非常便于扩充；可靠性高，网络响应速度快，设备量少，价格低，安装使用方便，共享资源能力强，便于广播工作，即一个节点发送，所有节点都可接收，但其故障诊断和隔离比较困难。

3. 环状拓扑结构

环状结构为一封闭环型，各节点通过中继器连入网内，各中继器间由点到点链路首尾连接，信息单向沿环路逐点传送，如图 3-4 所示。

环状网的特点是：信息在网络中沿固定方向流动，两个节点间仅有唯一通路，大大简化了路径选择的控制。某个节点发生故障时，可以自动旁路，可靠性较高；由于信息是串行穿过多个节点环路接口，当节点过多时，影响传输效率，使网络响应时间变长。但当网络确定时，其延时固定，另外由于环路封闭，故扩充不方便。

4. 树状拓扑结构

树状结构是从总线结构演变过来的，形状像一棵倒置的树，顶端有一个带分支的根，每个分支还可延伸出子分支。当节点发送时，根接收信号，然后再重新广播发送到全网，如图 3-5 所示。其特点是综合了总线型与星状的优缺点。

5. 网状拓扑结构

网状又称为分布式结构，其无严格的布点规定和构形，节点之间有多条线路可供选择，如图 3-6 所示。这种网络中，当某一线路或节点故障时不会影响整个网络的工作，具有较高的可靠性，而且资源共享方便。由于各个节点通常和另外多个节点相连，故各个节点都应具有选路和流量控制的功能，所以网络管理软件比较复杂，硬件成本较高。

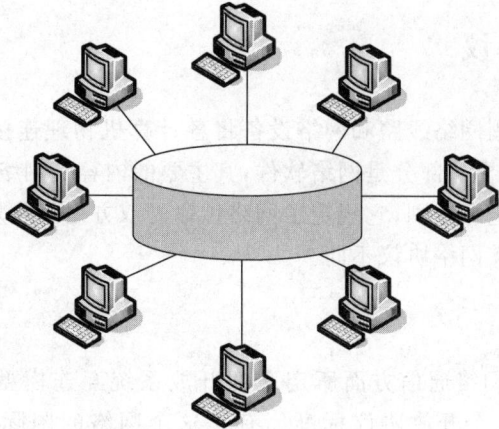

图 3-4　环状拓扑结构

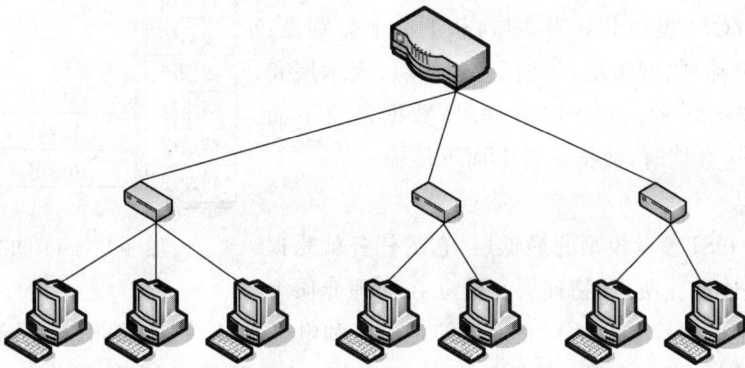

图 3-5　树状拓扑结构

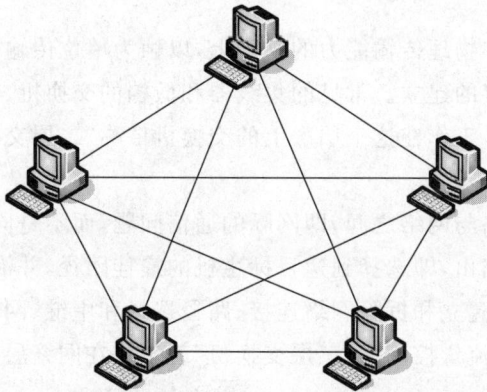

图 3-6　网状拓扑结构

6. 混合状拓扑结构

由于卫星和微波通信是采用无线电波传输的，因此就无所谓网络的构形，也可以看做是一种任意形和无约束的网状结构的混合结构。

3.1.5 网络协议

计算机网络如果仅用网络线路和网络设备将各计算机物理连接,这只是网络的硬件条件,网络系统的另一个重要的部分是网络软件,其主要的内容是网络协议。网络协议是网络通信各方共同遵守的约定和规则,它规定了网络传输的双方之间收发约定,包括时序、电平、起止符等。不同的网络其网络协议不同。

1. ISO/OSI 模型

ISO/OSI 是 ISO 在网络通信方面所定义的开放系统互连模型,1978 年,ISO(国际标准化组织)定义了这样一个开放协议标准。有了这个网络的国际标准,各网络设备厂商就可以遵照共同的标准来开发网络产品,最终实现彼此兼容。

整个 ISO/OSI 模型共分为 7 层,从下往上分别是:物理层、数据链路层、网络层、传输层、会话层、表示层和应用层,如图 3-7 所示。当接收数据时,数据是自下而上传输;当发送数据时,数据是自上而下传输。

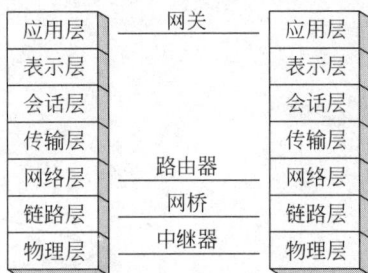

图 3-7　ISO/OSI 模型

1) 物理层

这是整个 OSI 参考模型的最低层,它的任务就是提供网络的物理连接。所以,物理层是建立在物理介质上(而不是逻辑上的协议和会话),它提供的是机械和电气接口。主要包括电缆、物理端口和附属设备,如双绞线、同轴电缆、接线设备(如网卡等)、RJ-45 接口、串口和并口等在网络中都是工作在这个层次的。

2) 数据链路层

数据链路层是建立在物理传输能力的基础上,以帧为单位传输数据,它的主要任务就是进行数据封装和数据链接的建立。常见的集线器和低档的交换机、Modem 之类的拨号设备都是工作在这个层次上。工作在这个层次上的交换机俗称“二层交换机”。

3) 网络层

网络层解决的是网络与网络之间,即网际的通信问题,而不是同一网段内部的事情。网络层的主要功能是提供路由,即选择到达目标主机的最佳路径,并沿该路径传送数据包。除此之外,网络层还要能够建立和拆除网络连接、路径选择和中继、网络连接多路复用、分段和组块、服务选择和传输和流量控制。“三层交换机”就工作在网络层。

4) 传输层

传输层解决的是数据在网络之间的传输质量问题,传输层用于提高网络层服务质量,提供可靠的端到端的数据传输,如在计算机中常见的 QoS 就是这一层的主要服务。

5) 会话层

会话层利用传输层来提供会话服务,会话可能是一个用户通过网络登录到一个主机,或一个正在建立的用于传输文件的会话。

6）表示层

表示层用于数据的表示方式，如用于文本文件的 ASCII 或 EBCDIC，用于表示数字的单符号或双符号补码表示形式。如果通信双方用不同的数据表示方法，他们就不能互相理解。

7）应用层

这是 OSI 参考模型的最高层，它解决的也是最高层次，即程序应用过程中的问题，它直接面对用户的具体应用。应用层包含用户应用程序执行通信任务所需要的协议和功能，如电子邮件和文件传输等，在这一层中 TCP/IP 协议族中的 FTP、SMTP、POP 等协议得到了充分应用。

2. TCP/IP 基础

TCP/IP 是非常重要的协议，因为它是国际互联网采用的协议，每台与国际互联网相连的计算机都必须使用此协议。TCP/IP 包括两个子协议：一个是 TCP（Transmission Control Protocol，传输控制协议），另一个是 IP（Internet Protocol，互联网协议），它起源于 20 世纪 60 年代末。

TCP 在 IP 之上提供了一个可靠的、连接方式的协议。TCP 能保证数据包的传输以及正确的传输顺序，并且它可以确认包头和包内数据的准确性。如果在传输期间出现丢包或错包的情况，TCP 负责重新传输出错的包，这样的可靠性使得 TCP/IP 在会话式传输中得到充分应用。IP 协议为 TCP/IP 集中的其他所有协议提供"包传输"功能，IP 协议为计算机上的数据提供一个最有效的无连接传输系统，也就是说 IP 包不能保证到达目的地，接收方也不能保证按顺序收到 IP 包，它仅能确认 IP 包头的完整性。最终确认包是否到达目的地，还要依靠 TCP，因为 TCP 是有连接服务。

IP 协议的功能是把数据报在互联的网络上传送，通过将数据报在一个个 IP 协议模块间传送，直到目的模块。网络中每个计算机和网关上都有 IP 协议模块。数据报在一个个模块间通过路由处理网络地址传送到目的地址，因此搜寻网络地址对于 IP 协议是十分重要的功能。

TCP/IP 只实现了 ISO/OSI 模型中的 4 层，ISO/OSI 协议以及 TCP/IP 各子协议的对应关系如图 3-8 所示。

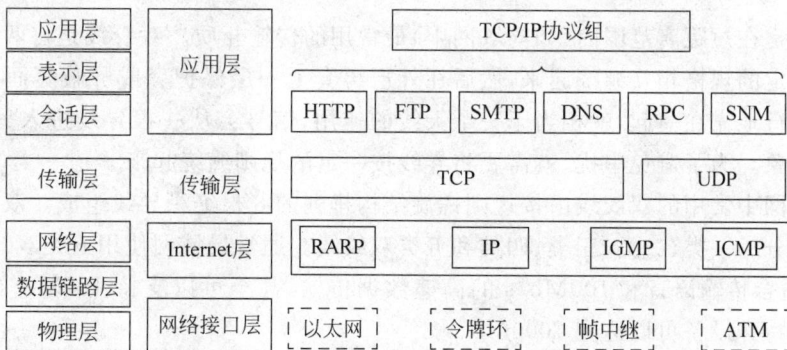

应用层		TCP/IP协议组					
表示层	应用层						
会话层		HTTP	FTP	SMTP	DNS	RPC	SNM
传输层	传输层		TCP			UDP	
网络层	Internet层	RARP		IP	IGMP	ICMP	
数据链路层							
物理层	网络接口层	以太网		令牌环	帧中继	ATM	

图 3-8　ISO/OS 与 TCP/IPI 模型

建立在 TCP/IP 基础上的各高层协议为网络用户提供各方面的应用。

1）远程登录协议

Telnet 协议用来登录到远程计算机上，让远程计算为本地计算机工作，本地机则仅起到输入输出作用。

2）文件传输协议

FTP 既可以把文件进行上传，也可从网上得到许多应用程序和信息（下载），有许多软件站点就是通过 FTP 来为用户提供下载任务的，俗称"FTP 服务器"。

3）电子邮件服务

电子邮件服务（E-mail）是目前最常见、应用最广泛的一种网络服务。通过电子邮件，可以与 Internet 上的任何人交换信息。电子邮件因快速、高效、方便以及价廉，得到了越来越广泛的应用，目前，全球平均每天约有几千万封电子邮件在网上传输。

4）WWW 服务

WWW 服务（3W 服务）也是目前应用最广的一种基本互联网应用，也就是信息浏览。由于 WWW 服务使用的是超文本链接（HTML），所以可以很方便地从一个信息页转换到另一个信息页。它不仅能查看文字，还可以欣赏图片、音乐、动画。

3.2 局域网

局域网是将较小地理区域内的各种数据通信设备连接在一起组成的通信网络。从硬件的角度看，一个局域网是由计算机、网卡、传输介质及其他连接设备组成的集合体；从软件的角度看，局域网在网络操作系统的统一调度下给网络用户提供文件、打印和通信等软硬件资源共享服务功能。

3.2.1 传输介质

通常用于局域网连接的传输介质有双绞线和光缆、无线介质等。

1. 双绞线

双绞线是在短距离范围内（如局域网中）最常用的传输介质。双绞线是将两根相互绝缘的导线按一定的规格相互缠绕起来，然后在外层再套上一层保护套或屏蔽套而构成的。如果两根线平行地靠在一起，就相当于一个天线的作用，信号会从一根导线进入另一根导线，成为串扰现象。为了避免串扰，就需要将导线按一定的规则缠绕起来。

在局域网中常用的双绞线由按规则螺旋结构排列的 8 根绝缘导线组成。双绞线根据传输特性可以分为一类、二类、三类、四类和五类双绞线。通常局域网使用五类双绞线，带宽为 100Mb/s，适合传输语音和 100Mb/s 的高速数据传输，甚至可以支持 155Mb/s 的传输，而借助于一些特殊设备可以达到 1000Mb/s。

双绞线分为非屏蔽双绞线 UTP（如图 3-9 所示）和屏蔽双绞线 STP（如图 3-10 所示）。通常在通过强电磁场的时候，要使用屏蔽双绞线。

图 3-9　非屏蔽双绞线　　　　　　　　图 3-10　屏蔽双绞线

2. 光缆

随着光电子技术的发展和成熟,利用光导纤维(简称"光纤")来传输信号的光纤通信,已经成为一个重要的通信技术领域。光纤主要由纤芯和包层构成双层同心圆柱体,纤芯通常由非常透明的石英玻璃拉成细丝而成。光纤的核心就在于其中间的玻璃纤维,它是光波的通道。如图 3-11 所示为光缆的结构图。

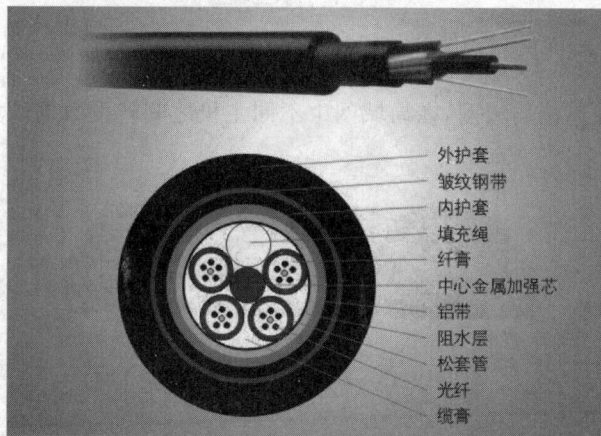

图 3-11　光缆结构图

光纤是使用光的全反射原理将光线在纤芯中不断反射,从而使光线从一端传输到另外一端。光纤分为单模光纤和多模光纤两类(所谓"模"是指以一定的角度进入光纤的一束光)。单模光纤发光源为注入式激光,传输距离比较远,通常用于远距离传输。而多模光纤的发光源为发光二极管,传输距离比较近,通常用于楼宇之间或室内。

正是由于光纤的数据传输率高(目前已达到几 Gb/s),传输距离远(无中继传输距离达几十至上百千米)的特点,所以在计算机网络布线中得到了广泛的应用。目前光缆主要是用于交换机之间、集线器之间的连接,但随着千兆位局域网络应用的不断广泛和光纤产品及其设备价格的不断下降,光纤连接到桌面也将成为网络发展的一个趋势。

3.2.2　网络设备

1. 网卡

网卡(Network Interface Card,NIC),也称网络适配器,是主机与计算机网络相互连接的设备。无论是普通主机还是高端服务器，只要连接到计算机网络，就都需要安装一块网卡。如果有必要，一台主机也可以同时安装两块或多块网卡。如图 3-12 所示为 PCI 网卡、USB 无线网卡和内置无线网卡。

图 3-12　PCI 网卡、USB 无线网卡和内置无线网卡

网卡在制作过程中，厂家会在它的 EPROM 里面烧录上一组数字，这组数字，每张网卡都各不相同，这就是网卡的 MAC（物理）地址。由于 MAC 地址的唯一性，因此它是用来识别网络中用户的身份。MAC 地址是由 48 位二进制组成，通常表示成十六进制，例如 AC-DE-48-00-00-80。

2. 交换机

交换机通常用来连接局域网，在局域网中不同主机之间转发数据。如图 3-13 所示为 24 口以太网交换机。

图 3-13　24 口以太网交换机

交换机的每个端口都直接与一个独立主机或另外一个交换机相连，并且几乎都工作在全双工方式。当主机通信之前，交换机的每个端口都是关闭的。而在主机需要通信时，交换机能同时连通多对端口，使每一对相互通信的主机独占通信媒介，进行无冲突地传输数据。通信完成后就断开连接。对于共享式局域网来说，每个主机平分着总带宽。在使用交换机的局域网中，一个用户在通信时是独占带宽，因此，每个端口的拥有带宽都与总带宽一致。这正是交换机最大的优点。

交换机处理收到的数据帧和建立转发表的算法和网桥很相似。如图 3-14 所示，交换机连接 4 台主机，其物理地址分别为 MAC1、MAC2、MAC3 和 MAC4。这 4 台主机分别接在 1 号端口、2 号端口、3 号端口和 4 号端口。由于各独立的主机分别接在不同的端口，因此当不同主机要传输数据时都需要交换机的转发（无冲突传输数据）。例如，当主机 MAC1 要向 MAC3 发送数据，由于交换机在通信之前，所有端口都是关闭的，因此，当数据从 1 号端口进入交换机时，首先打开端口 1，交换机查看转发表，首先检查 MAC1 是否在转发表中，如果不在，就登记 MAC1 对应端口 1 的数据。找到目的物理地址 MAC3 所对应端口 3 号端口。交换机临时打开 3 号端口，并将 1 号端口和 3 号端口建立连接并传输数据，两主机进行通信时独占带宽，通信完成后就断开连接。在 MAC1 与 MAC3 进行通信的同时，其他端口连接的主机可以同时传输数据。如果要发送的目标物理地址不在转发表中,交换机会向除发送端口外的所有端口进行广播该数据,以便查找目标主机。

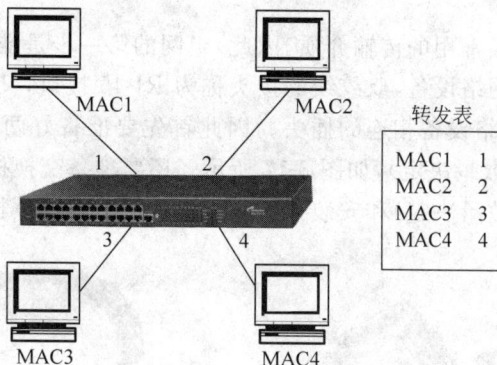

图 3-14 交换机工作过程

3. 无线接入点 AP

无线 AP(Access Point)即无线接入点,它是用于无线网络的无线交换机,也是无线网络的核心。无线 AP 是移动计算机用户进入有线网络的接入点,主要用于宽带家庭、大楼内部以及园区内部,典型距离覆盖几十米至上百米,目前主要技术为 802.11 系列。大多数无线 AP 还带有接入点客户端模式(AP client),可以和其他 AP 进行无线连接,延展网络的覆盖范围,如图 3-15 所示。

在网络接入中,常用到一种叫做无线路由器的设备,无线路由器在无线 AP 基础上加入了路由器的功能,在组建无线局域网的同时,可以使用无线路由器将整个无线局域网接入 Internet,如图 3-15 所示。

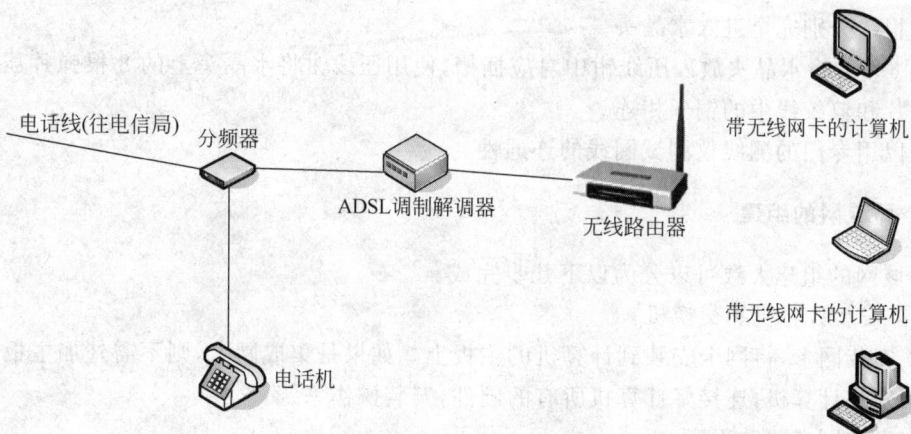

图 3-15 无线路由器接入 Internet

3.2.3　局域网的组建与应用

根据需求制定好网络的拓扑结构,根据网络的拓扑结构选择网络设备和传输介质。下面以交换机和双绞线组建局域网为例说明局域网的组建过程。

1. 局域网组建前的准备

双绞线是局域网中最常用的传输介质,因此,组网的第一步是准备双绞线。双绞线两端通过接头接入计算机和网络设备,双绞线的接头称为 RJ-45 接口,又名水晶头,如图 3-16 所示,是将网线和网卡或网络设备相连的插头。因此首先要准备好两边做好水晶头的双绞线若干根(根据连接计算机数量决定),如图 3-17 所示。还要准备交换机(接口类型也为 RJ-45,接口数量也是由计算机数量决定)和安装 RJ-45 接口的网卡的计算机若干台。

图 3-16 水晶头   图 3-17 两边做好水晶头的网线

用专用的压线钳制作网线,步骤如下。

第 1 步:用压线钳剥除网线两端的外皮 1cm 左右。

第 2 步:抽出外套层,露出 4 对电缆,按照白橙、橙、白绿、蓝、白蓝、绿、白棕、棕颜色的顺序将网线排好。

第 3 步:将 8 根弯曲的电缆分别拉直,排列整齐。

第 4 步:在最前端将不整齐的网线剪整齐。

第 5 步:将剪整齐的网线顺着水晶头中的通道进入水晶头,直到在水晶头最前面清楚看见 8 根线分别完全进入水晶头。

第 6 步:将水晶头放入压线钳中对应插槽,使用压线钳将水晶头上的 8 根弹片压下去,使得弹片和双绞线中的铜丝相连。

可以用专门的测线仪测试网线的连通性。

2. 局域网的组建

局域网的组建大致可以分为以下几步完成。

(1) 安装计算机和交换机。

① 安装网卡,将网卡安装到计算机的主板上。如果是集成网卡,则不需外加主板。

② 安装计算机,连接好计算机所有的硬件,安装操作系统。

③ 安装网卡驱动程序。

(2) 用制作好水晶头的双绞线分别将计算机和交换机的某个端口相连。

(3) 接通交换机电源,开启交换机,计算机便连入局域网。

3. 局域网的配置

安装 Windows 7 的计算机如需联入网络并访问 Internet,除必须确保计算机与网络物理连接之外,还必须进行正确的网络参数设置,这些参数包括本机 IP 地址、子网掩码、网关与域名服务器,这些参数是由网络服务供应商(或本单位局域网管理机构)提供的。

右击桌面上的网络图标启动快捷菜单时选择"属性"命令,或单击屏幕右下角的网络图标,如图 3-18 所示。

图 3-18　网络属性配置

在打开的窗口中再单击"打开网络和共享中心"菜单,启动"网络和共享中心"窗口,单击"本地连接"项,如图 3-19 所示。

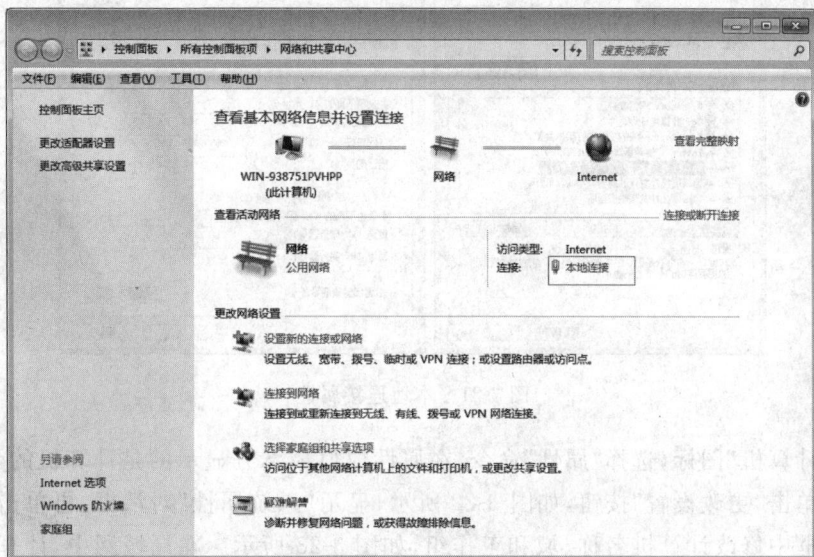

图 3-19　打开本地连接

显示"本地连接状态"对话框。单击"详细信息"按钮,在"网络连接详细信息"对话框中显示了本机的全部网络参数,如图 3-20 所示。其中"描述"项指明机器所用网卡的类型与型号;物理地址即 MAC 地址,是机器上配置的网卡的一个编号,这个编号在网卡出厂时即已确定,而且在世界范围内每张网卡的地址都是唯一的。IPv4 地址是本机的 IPv4 地址,以下几个参数依次是本机上设置的子网掩码、默认网关和域名服务器(DNS 服务器)地址。下方显示的 IPv6 地址显示的是在 IPv6 地址系统中的参数。

如果以上参数未设置,或已设置但需要修改,可单击图 3-20 中的"属性"按钮。

显示"本地连接属性"对话框,选择"Internet 协议版本 4(TCP/IP4)"复选框后单击"属性"按钮,就可以在对话框中输入或更改网络参数了。具体操作如图 3-21 所示。

为了在局域网中与其他机器通信,本机还必须设置计算机名以及所属的工作组。右击

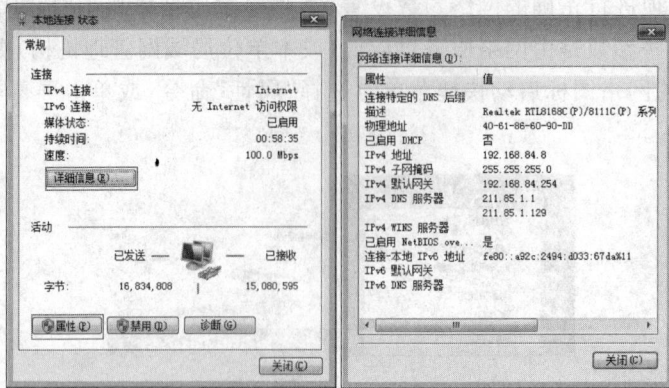

图 3-20　本地连接状态

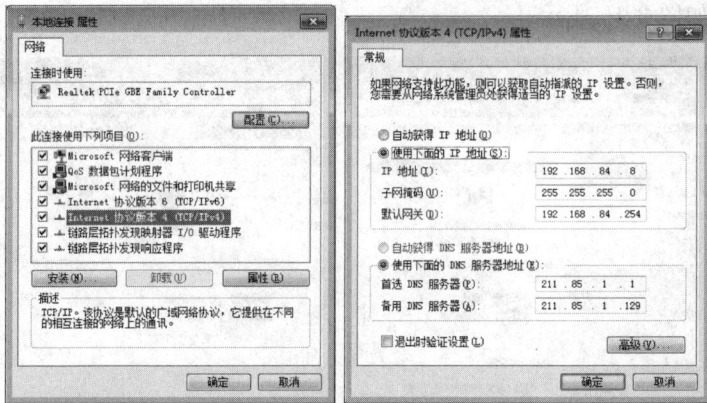

图 3-21　本地连接属性

桌面上的"计算机"图标,选择"属性"命令,在属性窗口最下方显示的是计算机的名称、域和工作组名,单击"更改设置"按钮,如图 3-22 所示,显示"系统属性"对话框,再单击"更改"按钮,在对话框中修改计算机名称、域和工作组,如图 3-23 所示。在局域网中,计算机名与机器的 IP 地址可在寻址计算机上有相同的作用。

　　组建局域网的目的就是要实现资源的共享。如何管理这些在不同机器上的资源呢?首先就是尽快地能在局域网里寻址这些主机,域和工作组就是在这样的环境中产生的两种不同的网络资源管理模式,局域网里的计算机可以选取这两种管理方式之一。

　　工作组(Work Group)就是将不同的计算机按功能分别列入不同的组中,以方便管理和显示。如果已知局域网里存在某个工作组,那么在图 3-23 中的"工作组"文本框中输入工作组名后单击"确定"按钮,就可以加入该项工作组,打开网络图标后,就可以看到同一工作组中的其他计算机,如果要访问其他工作组的成员,需要双击"整个网络",然后才会看到网络上其他的工作组,双击其他工作组的名称,这样才可以看到里面的成员,与之实现资源交换。

　　域模式下,网络中至少有一台服务器负责每一台联入网络的计算机和用户的验证工作,这就是"域控制器(Domain Controller,DC)"。域控制器中包含由这个域的账户、密码、属于这个域的计算机等信息构成的数据库。当计算机联入网络时,域控制器首先要鉴别这台计

图 3-22　更改设置

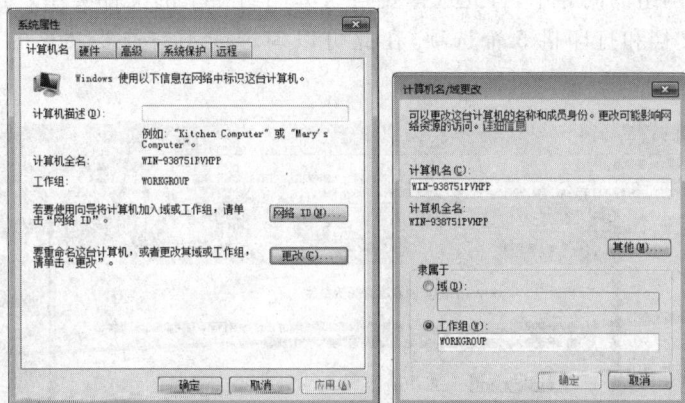

图 3-23　系统属性更改

算机是否是属于这个域的,用户使用的登录账号是否存在、密码是否正确。如果以上信息有一样不正确,那么域控制器就会拒绝这个用户从这台计算机登录。不能登录,用户就不能访问服务器上有权限保护的资源,他只能以对等网用户的方式访问 Windows 共享出来的资源,这样就在一定程度上保护了网络上的资源。

4. 局域网的应用

1) 创建家庭组

在 Windows 7 中,之前版本的桌面上的"网上邻居"图标被"网络"图标代替,局域网的操作就在"网络"窗口中操作。在局域网中,一台计算机可以访问其他相邻机器中的资源,这是通过家庭网络和工作组来实现的。

首先打开 Windows 7 资源管理器,在左侧的列表中单击"家庭网组",这时就可以在右侧的界面中看到家庭网组的设置区域。如果当前家庭网络中没有其他已创建的家庭网组存在,那么就可以看到一个"创建家庭组"按钮,单击它即可开始创建家庭组,如图 3-24 所示。

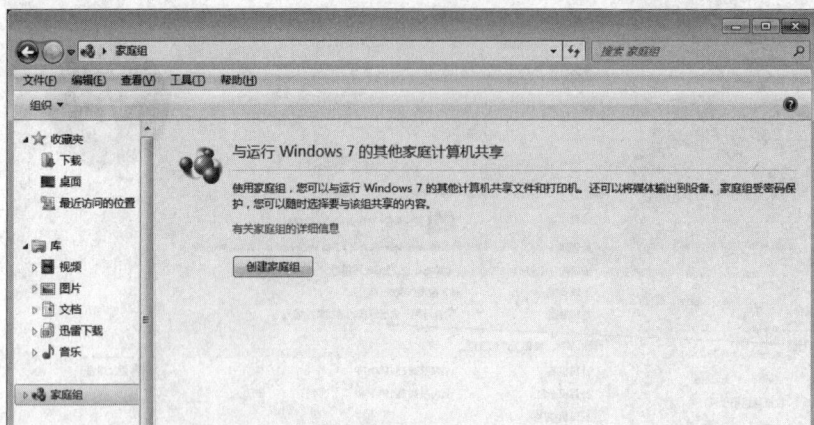

图 3-24　创建家庭组

在创建家庭网组的向导中,首先选择要与家庭网组共享的文件类型。这里默认包括图片、音乐、视频、文档和打印机 5 个选项,在此可以勾选或不勾选要共享的内容,如图 3-25 所示。

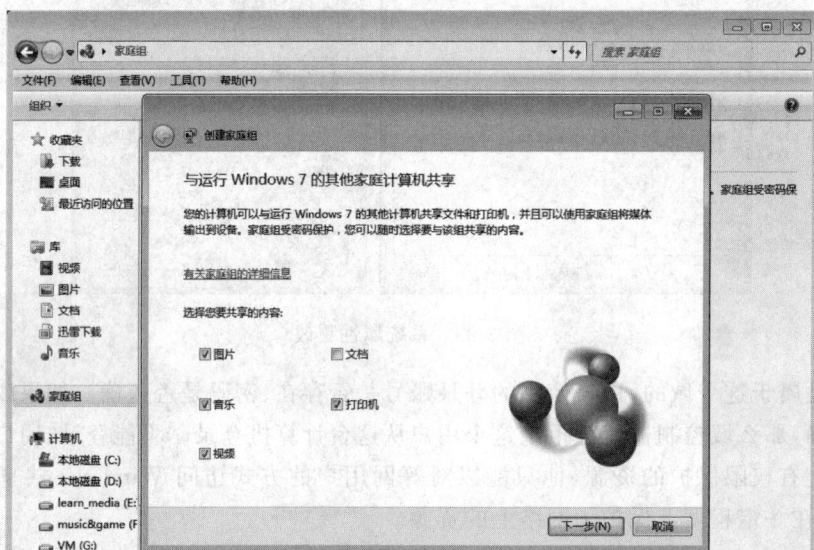

图 3-25　选定要共享的内容

单击"下一步"按钮,家庭网组创建向导会自动生成一串密码,当家庭中其他计算机添加到该网组时必须输入这串密码,如图 3-26 所示,密码是自动生成且无法手动更改的,当然,以后也可以设置一个容易记忆的密码。

单击"完成"按钮,便完成了家庭网组的创建。

创建家庭网组后,自动创建默认 WORKGROUP 工作组,并可以看到同一工作组中的

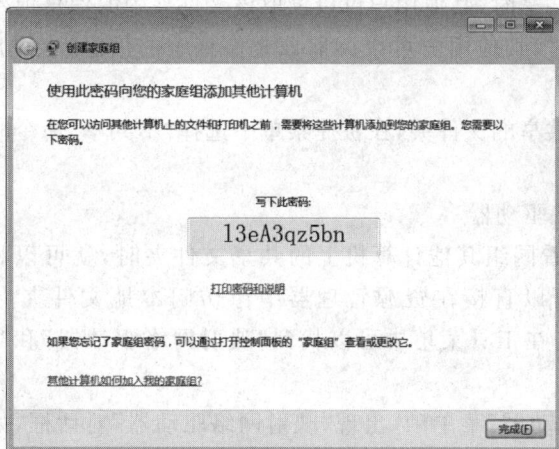

图 3-26　家庭组密码

其他计算机。

2）文件共享

如果在网络中能看到其他计算机，要访问该计算机上的资源（比如文件夹、打印机），条件是该计算机上的资源设置为可共享。同样，本计算机上的资源要让其他同组用户共享时，也必须设置共享。共享文件夹的操作如下。

选中一个文件夹，如图 3-27 所示，选定名为 46 的文件夹，右击打开快捷菜单选择"共享"命令，再选它下一级的"家庭组（读取）"或"家庭组（读取/写入）"命令，便可设置该文件夹为家庭组共享。

图 3-27　设置文件夹共享

如图 3-28 所示为计算机 WIN-JJL 上设置了 46 文件夹共享后在"网络"中看到的共享情况，这样就可以在资源管理器中访问其中的文件了。注意，在 Windows 7 中设置了某文件夹共享后，在本机上观察该文件夹，不会像 Windows XP 中那样显示用手托起文件夹的共享标志，共享的文件夹与非共享的文件夹外观上没有什么不同。

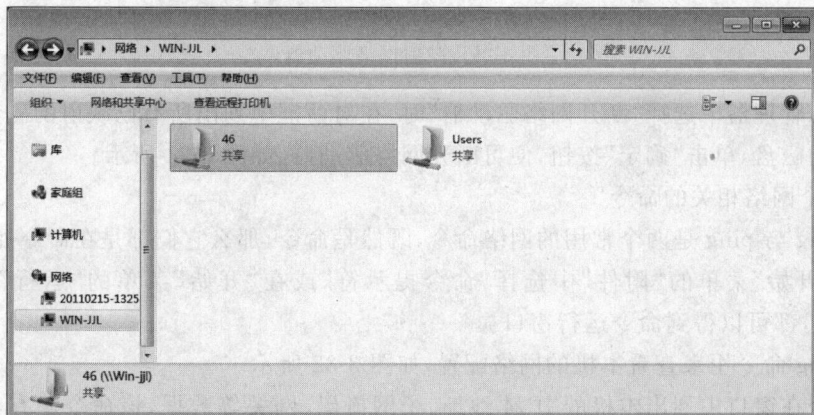

图 3-28　已共享的文件夹

"家庭组(读取)"共享时,其他用户可以读取该文件夹中的信息但不能写入文件;"家庭组(读取/写入)"共享时,其他用户可以读取该文件夹中的信息,也可以向该文件夹中写入信息。

选中一个已设为共享的文件夹,在快捷菜单中选择"不共享"命令时,可以取消文件夹的共享。

3) 映射/断开网络驱动器

在网络中能够查看同组其他计算机上的共享文件夹时,就可以将文件夹映射为本机上的一个磁盘,以便可以直接在资源管理器中像访问本地文件夹一样地访问共享文件夹。打开资源管理器,在工具菜单中可以找到"映射网络驱动器"和"断开网络驱动器"菜单项。

单击"映射网络驱动器"菜单项,出现"映射网络驱动器"对话框,如图 3-29 所示,在"驱动器"下拉列表中选中驱动器名,如 Z 盘;单击"浏览"按钮,在对话框中选定一个其他计算机中上已共享的文件夹(如 Win-jjl 机器上的 46 文件夹),也可直接在文本框中输入"\\WIN-jjl\46"(其中 WIN-jjl 是机器名,它也可以用该机的 IP 地址代替),然后单击"确定"按钮,Win-jjl 机器上的 46 文件夹便映射为本机器上的 Z 盘,如图 3-30 所示,这样,就可以像操作本地磁盘一样操作其他机器上的共享文件夹。

图 3-29　映射网络驱动器

在资源管理器中选择"断开网络驱动器"时,在对话框中列出所有已映射的磁盘,选中其中要断开的磁盘,单击"确定"按钮,便可断开网络驱动器,如图 3-31 所示。

4) 两个网络相关的命令

ipconfig 与 ping 是两个常用的网络命令,既然是命令,那么它们都是在命令提示符下运行的。在"开始"菜单的"附件"中选择"命令提示符"或在"开始"菜单的"运行"框中输入"cmd"命令,都可以得到命令运行窗口。

ipconfig 命令用来查看本机的网络配置,如图 3-32 所示。

该命令在窗口中列出本机的 IPv4 地址、子网掩码、网关等数据,该命令还有一种格式:ipconfig /all,还可列出本机网卡的 MAC 地址、DNS 服务器等更多信息。

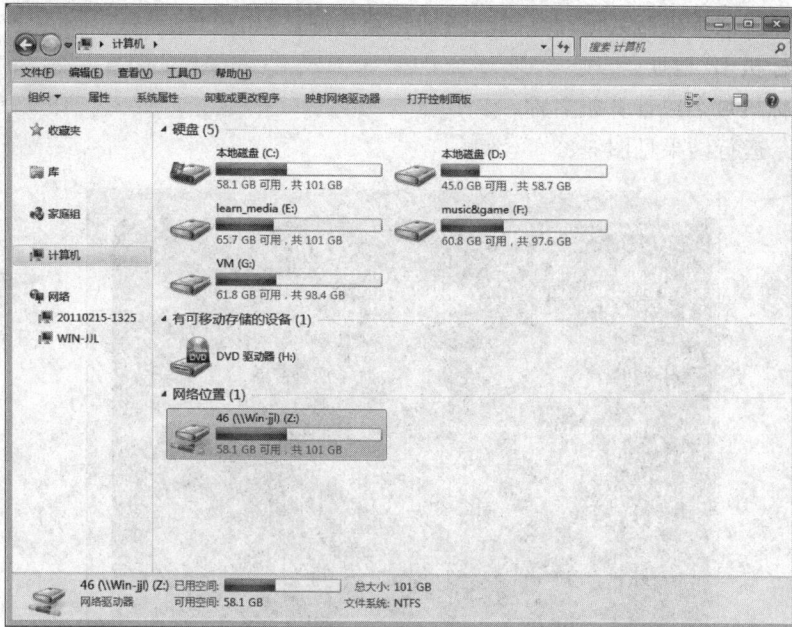

图 3-30　映射后的网络驱动器

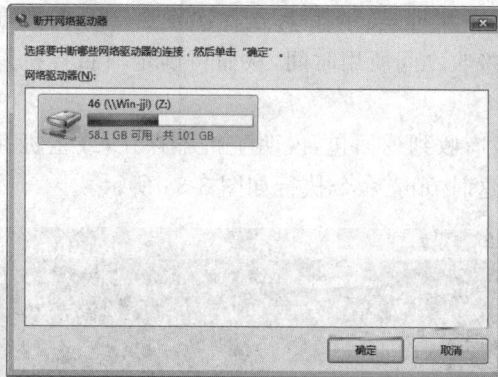

图 3-31　断开网络驱动器

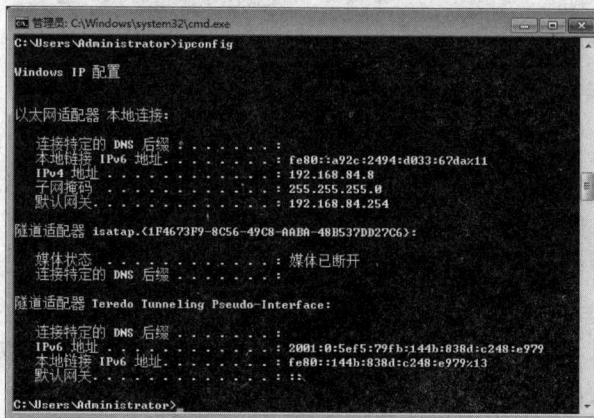

图 3-32　ipconfig 运行结果

ping 可以测试本机与其他计算机之间的物理连通性,用法是:

ping 目标机 IP 地址

ping 目标机域名或计算机名称

ping 命令运行结果见图 3-33。

图 3-33　与目标机连接的 ping 运行结果

　　ping 命令测试连通性的原理是:向目标机 4 次发送 32B 的数据包,再接收从目标机返回的数据包,列出发送和接收之间所用时间,从而可确定与目标机是否物理连通,图中时间越小,说明连通性越好。

　　如果 4 次发送包都没有收到返回包,说明主机不存在,或主机存在未开机,或与该主机之间没有网络线路连接,这时 ping 命令执行如图 3-34 所示。

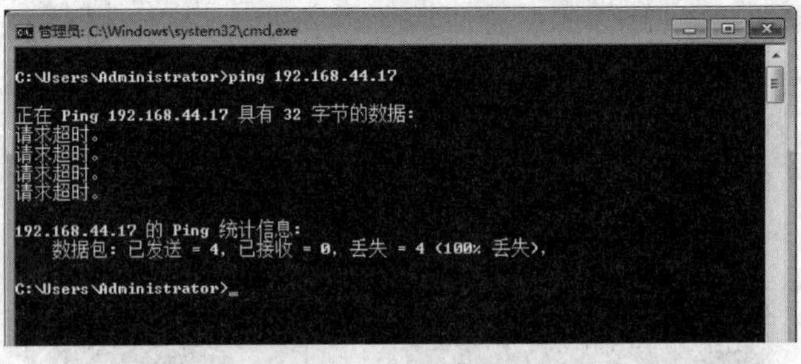

图 3-34　与目标机未连接的 ping 运行结果

　　命令结果显示信息中的 TTL 值是一个与生存时间相关的值,就是说这个 ping 的数据包能在网络上存在多少时间。向目标机进行一次 ping 操作的时候,数据包经过一定数量的路由器传送到目的主机,但是由于很多原因,一些数据包不能正常传送到目的主机,那如果不给这些数据包一个生存时间,这些数据包会一直在网络上传送,导致网络开销的增大。TTL 初值设为 128,当数据包传送到一个路由器之后,TTL 就自动减 1,如果减到 0 了还是没有传送到目的主机,那么就自动丢失。所以最后 TTL 值越大,说明数据包经过较少的路由器节点到达目的机,反之亦然。

3.3 Internet 基础及应用

因特网(Internet)是世界上最大、覆盖面最广的计算机互联网。Internet 使用 TCP/IP，将全世界不同国家、不同地区、不同部门和结构的不同类型的计算机、国家主干网、广域网、局域网，通过网络互连设备"永久"地高速互联，因此是一个"计算机网络的网络"。

人们经常把 Internet 称做"信息高速公路"，但实际上它只是一个多重网络的先驱者，它的功能类似于洲际高速公路，它是一个网络的网络，连接全世界各大洲的地区型网络，它将各种各样的网络连在一起，而不论其网络规格的大小、主机数量的多少、地理位置的异同。把网络互联起来，也就是把网络的资源组合起来，这就是 Internet 的重要意义。

3.3.1 Internet 接入方式

Internet 接入是通过特定的信息采集与共享的传输信道，利用各种传输技术完成用户与 Internet 的高带宽、高速度的物理连接。Internet 接入方式有多种。

（1）电话线拨号(PSTN)接入方式是普遍的窄带接入方式。即通过电话线，利用当地运营商提供的接入号码，拨号接入 Internet，速率不超过 56kb/s。特点是使用方便，只需有效的电话线及安装调制解调器(Modem)的 PC 就可完成接入。

（2）ISDN 接入方式，俗称"一线通"。它采用数字传输和数字交换技术，将电话、传真、数据、图像等多种业务综合在一个统一的数字网络中进行传输和处理。用户利用一条 ISDN 用户线路，可以在上网的同时拨打电话、收发传真，就像两条电话线一样。

（3）HFC(Cable Modem)接入方式，是一种基于有线电视网络铜线资源的接入方式。具有专线上网的连接特点，允许用户通过有线电视网实现高速接入互联网。适用于拥有有线电视网的家庭、个人或中小团体。特点是速率较高，接入方式方便（通过有线电缆传输数据，不需要布线），可实现各类视频服务、高速下载等。缺点在于基于有线电视网络的架构是属于网络资源分享型的，当用户激增时，速率就会下降且不稳定，扩展性不够。

（4）光纤宽带接入方式，通过光纤接入到小区节点或楼道，再由网线连接到各个共享点上（一般不超过 100m），提供一定区域的高速互联接入。特点是速率高，抗干扰能力强，适用于家庭、个人或各类企事业团体，可以实现各类高速率的互联网应用（视频服务、高速数据传输、远程交互等），缺点是一次性布线成本较高。

（5）无源光网络(PON)，是一种点对多点的光纤传输和接入技术，局端（供终端接入的一方）到用户端最大距离为 20km，接入系统总的传输容量为上行和下行各 155/622/1000Mb/s，由各用户共享，每个用户使用的带宽可以以 64kb/s 步进划分。特点是接入速率高，可以实现各类高速率的互联网应用（视频服务、高速数据传输、远程交互等），缺点是一次性投入较大。

（6）无线网络方式，是一种有线接入的延伸技术，使用无线射频(RF)技术无线收发数据，因此无线网络系统既可达到建设计算机网络系统的目的，又可让设备自由安排和移动。在公共开放的场所或者企业内部，无线网络一般会作为已存在有线网络的一个补充方式，装有无线网卡的计算机通过无线手段方便接入 Internet。

（7）xDSL 接入方式，主要是以 ADSL/ADSL2 接入方式为主，是目前运用最广泛的铜线接入方式。ADSL 可直接利用现有的电话线路，通过 ADSL Modem 进行数字信息传输。理论速率可达到 8Mb/s 的下行和 1Mb/s 的上行，传输距离可达 4～5km。ADSL2＋速率可达 24Mb/s 下行和 1Mb/s 上行。另外，最新的 VDSL2 技术可以达到上下行各 100Mb/s 的速率。特点是速率稳定、带宽独享、语音数据不干扰等。适用于家庭、个人等用户的大多数网络应用需求，满足一些宽带业务包括 IPTV、视频点播（VOD）、远程教学、可视电话、多媒体检索、LAN 互联、Internet 接入等。

3.3.2　Internet 基本概念

Internet 是一种计算机网络的集合，以 TCP/IP 进行数据通信，把世界各地的计算机网络连接在一起，进行信息交换和资源共享。

Internet 是全球最大的、开放的、由众多网络互联而成的计算机互联网。Internet 可以连接各种各样的计算机系统和计算机网络，不论是微型计算机还是大/中型计算机，不论是局域网还是广域网，不管它们在世界上什么地方，只要共同遵循 TCP/IP，就可以接入 Internet。Internet 提供了包罗万象的信息资源，成为人们获取信息的一种方便、快捷、有效的手段，成为信息社会的重要支柱。

下面对 Internet 相关的名词或术语进行简单的解释。

万维网（World Wide Web，WWW），也称环球网，是基于超文本的、方便用户在 Internet 上搜索和浏览信息的信息服务系统。

超文本（Hypertext），一种全局性的信息结构，它将文档中的不同部分通过关键字建立连接，使信息得以用交互方式搜索。它是超级文本的简称。

超媒体（Hypermedia），是超文本和多媒体在信息浏览环境下的结合，是超级媒体的简称。

主页（HomePage），通过万维网进行信息查询时的起始信息页，即常说的网络站点的 WWW 首页。

浏览器（Browser），万维网服务的客户端浏览程序，可以向万维网服务器发送各种请求，并对服务器发来的、由 HTML 定义的超文本信息和各种多媒体数据格式进行解释、显示和播放。

防火墙（Firewall），用于将 Internet 的子网和 Internet 的其他部分相隔离，以达到网络安全和信息安全效果的软件和硬件设施。

Internet 服务提供者（Internet Services Provider，ISP），向用户提供 Internet 服务的公司或机构。其中，大公司在许多城市都设有访问站点，小公司则只提供本地或地区性的 Internet 服务。一些 Internet 服务提供者在提供 Internet 的 TCP/IP 连接的同时，也提供他们自己各具特色的信息资源。

地址，是到达文件、文档、对象、网页或者其他目的地的路径。地址可以是 URL（Internet 节点地址，简称网址）或 UNC（局域网文件地址）网络路径。

UNC，是 Universal Naming Convention 的缩写，意为通用命名约定，它对应于局域网服务器中的目标文件的地址,常用来表示局域网地址。这种地址分为绝对 UNC 地址和相对 UNC 地址。绝对 UNC 地址包括服务器共享名称和文件的完整路径。如果使用了映射驱动器号,则称之为相对 UNC 地址。

URL,是 Uniform Resource Locator 的缩写,称为"统一资源定位地址",它是一个指定因特网(Internet)上或内联网(Intranet)服务器中一个资源的符号串,完整的 URL 由三部分构成:

协议://服务器地址或域名/文件夹和文件名

如:

http://dept.hbeu.cn/jike/jike/portal.php

协议指明以何种方式使用资源,如 HTTP、FTP 都是合法的协议。当本机与 URL 中指明的服务器可连通、服务器上的由文件夹和文件指明的资源存在,并且协议正确时,才能正确地访问资源。

HTTP,是 Hypertext Transmission Protocol 的缩写,是一种通过全球广域网,即 Internet 来传递信息的协议,常用来表示互联网地址。利用该协议,可以使客户程序输入 URL 并从 Web 服务器检索文本、图形、声音以及其他数字信息。

3.3.3 Internet 地址

在以 TCP/IP 为通信协议的网络上,每一台与网络连接的计算机、设备都可称为"主机"(Host)。在 Internet 上,这些主机也被称为"节点"。而每一台主机都有一个固定的地址名称,该名称用以表示网络中主机的 IP 地址(或域名地址)。该 IP 地址不但可以用来标识各个主机,而且也隐含着网络间的路径信息。在 TCP/IP 网络上的每一台计算机,都必须有一个唯一的 IP 地址。

1. 基本的地址格式

IP 地址共有 32 位,即 4B(8 位构成 1B),由类别、标识网络的 ID 和标识主机的 ID 三部分组成:

类别	网络 ID(NETID)	主机 ID(HOSTID)

为了简化记忆,实际使用 IP 地址时,几乎都将组成 IP 地址的二进制数记为 4 个十进制数(0~255),每相邻两个字节的对应十进制数间以英文句点分隔。通常表示为 mmm.ddd.ddd.ddd。例如,将二进制 IP 地址 11001010 01100011 01100000 01001100 写成十进制数 202.99.96.76 就可以表示网络中某台主机的 IP 地址。计算机很容易将十进制地址转换为对应的二进制 IP 地址,再供网络互连设备识别。

2. IP 地址分类

最初设计互联网时,为了便于寻址以及层次化构造网络,每个 IP 地址包括两个标识码(ID),即网络 ID 和主机 ID。同一个物理网络上的所有主机都使用同一个网络 ID,网络上的一个主机(包括网络上工作站、服务器和路由器等)有一个主机 ID 与其对应。IP 地址根据网络 ID 的不同分为 5 种类型：A 类地址、B 类地址、C 类地址、D 类地址和 E 类地址，如图 3-35 所示。

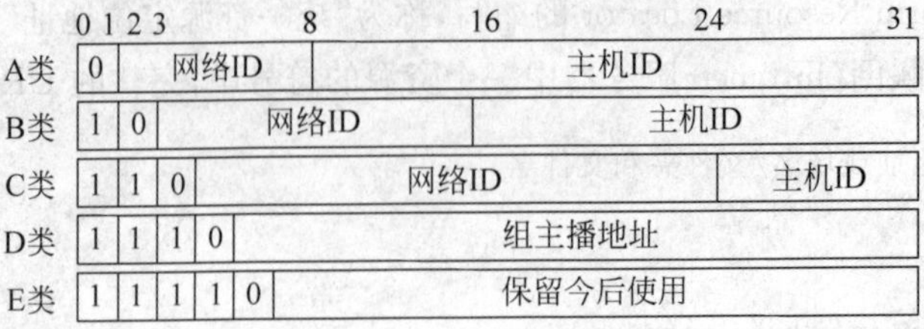

图 3-35　IP 地址的分类

(1) A 类 IP 地址。一个 A 类 IP 地址由 1B 的网络地址和 3B 主机地址组成，网络地址的最高位必须是"0"，地址范围从 1.0.0.0 到 126.0.0.0。可用的 A 类网络有 126 个，每个网络能容纳一亿多个主机。

(2) B 类 IP 地址。一个 B 类 IP 地址由 2B 的网络地址和 2B 的主机地址组成，网络地址的最高位必须是"10"，地址范围从 128.0.0.0 到 191.255.255.255。可用的 B 类网络有 16 382 个，每个网络能容纳六万多个主机。

(3) C 类 IP 地址。一个 C 类 IP 地址由 3B 的网络地址和 1B 的主机地址组成，网络地址的最高位必须是"110"，范围从 192.0.0.0 到 223.255.255.255。C 类网络可达 209 万余个，每个网络能容纳 254 个主机。

(4) D 类 IP 地址。D 类 IP 地址用于多点广播(Multicast)。一个 D 类 IP 地址第一个字节以"1110"开始，它是一个专门保留的地址，并不指向特定的网络。目前这一类地址被用在多点广播中。多点广播地址用来一次寻址一组计算机，它标识共享同一协议的一组计算机。

(5) E 类 IP 地址。以"11110"开始，为将来使用保留。

全零("0.0.0.0")地址对应于当前主机；全"1"的 IP 地址("255.255.255.255")是当前子网的广播地址。

在 IP 地址的三种主要类型里，各保留了三个区域作为私有地址，范围如下。

A 类地址：10.0.0.0～10.255.255.255

B 类地址：172.16.0.0～172.31.255.255

C 类地址：192.168.0.0～192.168.255.255

目前正在使用的 IP 协议是第 4 版的，称为"IPv4"，新版本的 IP 协议 IPv6 正在完善过程中，IPv6 所要解决的主要是 IPv4 协议中 IP 地址严重不足的状况。IPv4 所采用的是 32 位，而 IPv6 则是 128 位，IPv6 所提供的 IP 地址数已可算是天文数字了，据专家们分析，这个数字的 IP 地址可以使全球的每一个人都可拥有 10 个以上的 IP 地址，这么多的 IP 地址相信再也不会出现 IPv4 那样除了美国外，各国都出现 IP 地址短缺现象，为将来实现移动上网打下了坚实的基础。

3. IP 地址的寻址规则

(1) 网络寻址规则。网络寻址规则包括：

① 网络地址必须唯一。

② 网络标识不能以数字 127 开头。在 A 类地址中,数字 127 保留给内部回送函数 (127.1.1.1 用于回路测试)。

③ 网络标识的第一个字节不能为 255(数字 255 作为广播地址)。

④ 网络标识的第一个字节不能为 0(0 表示该地址是本地主机,不能传送)。

(2)主机寻址规则。主机寻址规则包括:

① 主机标识在同一网络内必须是唯一的。

② 主机标识的各个位不能都为"1"。如果所有位都为"1",则该机地址是广播地址,而非主机的地址。

③ 主机标识的各个位不能都为"0"。如果各个位都为"0",则表示"只有这个网络",而这个网络上没有任何主机。

4. 子网和子网掩码

1)子网

在计算机网络规划中,通过子网技术将单个大网划分为多个子网,并由路由器等网络互连设备连接。它的优点在于融合不同的网络技术,通过重定向路由来达到减轻网络拥挤(由于路由器的定向功能,子网内部的计算机通信就不会对子网外部的网络增加负载)、提高网络性能的目的。

2)子网掩码

确定哪部分是子网地址,哪部分是主机地址,需要采用所谓子网掩码(Subnet Mask)的方式进行识别,即通过子网掩码来告诉本网是如何进行子网划分的。子网掩码是一个与 IP 地址结构相同的 32 位二进制数字标识,也可以像 IP 地址一样用点分十进制来表示,作用是屏蔽 IP 地址的一部分,以区分网络地址和主机地址。其表示方式是:

(1)凡是 IP 地址的网络和子网标识部分,用二进制数 1 表示;

(2)凡是 IP 地址的主机标识部分,用二进制数 0 表示;

(3)用点分十进制书写。

子网掩码拓宽了 IP 地址的网络标识部分的表示范围,主要用于:

(1)屏蔽 IP 地址的一部分,以区分网络标识和主机标识;

(2)说明 IP 地址是在本地局域网上,还是在远程网上。

如下例所示,通过子网掩码,可以算出计算机所在子网的网络地址。

例 1:设 IP 地址为 192.168.10.2,子网掩码为 255.255.255.240。

将十进制转换成二进制:

```
       IP 地址:   11000000  10101000  00001010  00000010
       子网掩码: 11111111  11111111  11111111  11110000
       "与"运算: ─────────────────────────────────────────
                   11000000  10101000  00001010  00000000
```

则可得其网络标识为 192.168.10.0,主机标识为 2。

例 2:设 IP 地址为 192.168.10.5,子网掩码为 255.255.255.240。

将十进制转换成二进制:

IP 地址： 11000000　10101000　00001010　00000101

子网掩码：11111111　11111111　11111111　11110000

"与"运算： --

11000000　10101000　00001010　00000000

则可得其网络标识为 192.168.10.0,主机标识为 5。

3.3.4　域名

直接使用 IP 地址就可以访问 Internet 上的主机,但是 IP 地址不宜记忆。为了便于记忆,在 Internet 上用一串字符来表示主机地址,这串字符就被称为域名。例如,IP 地址 202.112.0.36 指向中国教育科研网网控中心主机,同样,域名 www.edu.cn 也指向中国教育科研网网控中心主机。域名相当于一个人的名字,IP 地址相当于身份证号,一个域名对应一个 IP 地址。用户在访问网上的某台计算机时,可以在地址栏中输入 IP 地址,也可以输入域名。如果输入的是 IP 地址,计算机可以直接找到目的主机。如果输入的是域名,则需要通过域名系统(Domain Name system,DNS)将域名转换成 IP 地址,再去找目的主机。

1. 域名结构

DNS 域名系统是一个以分级的、基于域的命名机制为核心的分布式命名数据库系统。DNS 将整个 Internet 视为一个域名空间(Name Space),域名空间是由不同层次的域(Domain)组成的集合。在 DNS 中,一个域代表该网络中要命名资源的管理集合。这些资源通常代表工作站、PC、路由器等,但理论上可以标识任何东西。不同的域由不同的域名服务器来管理,域名服务器负责管理存放主机名和 IP 地址的数据库文件,以及域中的主机名和 IP 地址映射。每个域名服务器只负责整个域名数据库中的一部分信息,而所有域名服务器中的数据库文件中的主机和 IP 地址集合组成 DNS 域名空间。域名服务器分布在不同的地方,它们之间通过特定的方式进行联络,这样可以保证用户通过本地的域名服务器查找到 Internet 上所有的域名信息。

DNS 的域名空间是由树状结构组织的分层域名组成的集合(见图 3-36)。

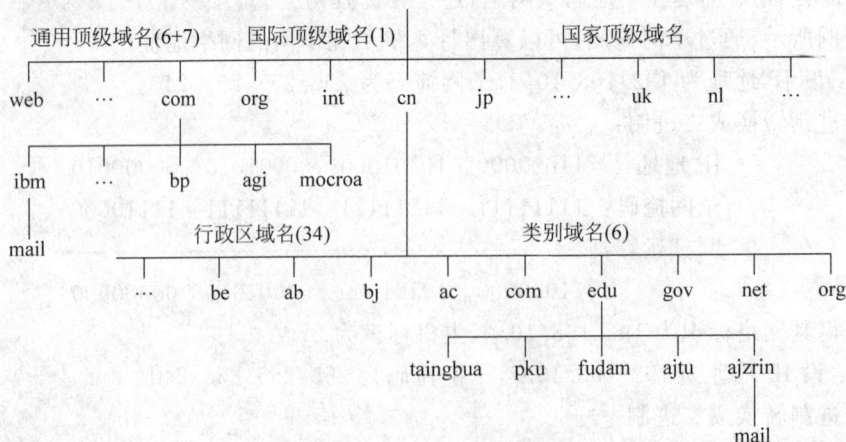

图 3-36　DNS 域名空间

　　DNS 采用层次化的分布式的名字系统,是一个树状结构。整个树状结构称为域名空间,其中的节点称为域。任何一个主机的域名都是唯一的。

　　树状的最顶端是一个根域"root",根域没有名字,用"."表示;然后是顶级域,如 com、org、edu、cn 等。在 Internet 中,顶级域由 InterNIC 负责管理和维护。部分顶级域名及含义如表 3-1 所示。

表 3-1　顶级域名及含义

域　名	含　　义	域　名	含　　义
com	商业组织	gov	政府机构
edu	教育、学术机构	rail	军事机构
net	网络服务机构	ma	中国澳门特别行政区
org	非营利性组织、机构	tw	中国台湾
int	国际组织	uk	英国
cn	中国	us	美国
hk	中国香港特别行政区	au	澳大利亚

　　再下面是二级域,表示顶级域中的一个特定的组织名称。在 Internet 中,各国的网络信息中心 NIC 负责对二级域名进行管理和维护,以保证二级域名的唯一性。在我国,这项工作由 CNNIC 负责。

　　在二级域下面创建的域称为子域,它一般由各个组织根据自己的要求进行创建和维护。域名空间最下面一层是主机,它被称为完全合格的域名。在 Windows 2000 下,可以利用 HOSTNAME 命令在命令提示符下查看该主机的主机名。

2. 区域

　　区域是域名空间树状结构的一部分,它将域名空间根据用户的需要划分为较小的区域,以便于管理。这样,就可以将网络管理工作分散开来,所以,区域是 DNS 系统管理的基本单位。

　　Internct 上的域名服务器系统是按照区域来安排的,每个域名服务器都只对域名体系中的一部分进行管辖。

3.4　IE 浏览器

　　浏览器有很多种,从早期的 Netscape 公司开发的 Navigate 浏览器,到 Microsoft 的 Internet Explorer(简称 IE),国内较常用的有 360、腾讯公司的浏览器和火狐浏览器。IE 浏览器是一款性能优异、操作方便的浏览工具。它除了信息浏览之外,一些文件传输、电子邮件以及其他操作也可以在浏览器上进行,所以它是上网时使用最多的软件。各种浏览器从外观到功能上都大同小异,现在以 IE8 为例,讨论浏览器的使用方法。

3.4.1 使用 IE 浏览器浏览网页

1. 打开 IE 浏览器

选择"开始"→"程序"→Internet Explorer 命令,即可启动 Internet Explorer,打开其工作窗口,如图 3-37 所示。

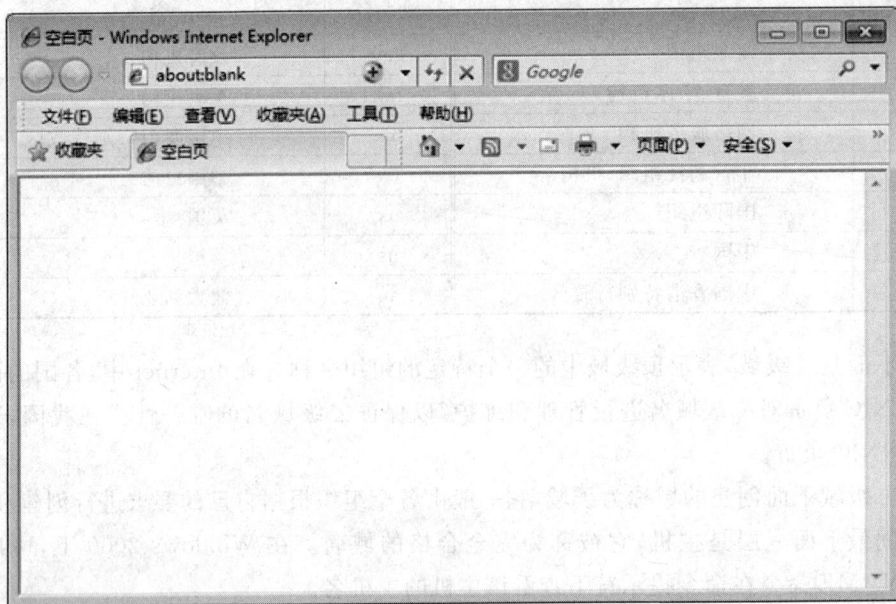

图 3-37 IE8 浏览器

IE 的工作窗口与 Windows 其他工作窗口基本相同,下面将对窗口中常用的工具按钮的功能进行简单介绍。

(1)"后退"按钮 ：单击该按钮,可依次返回之前浏览过的网页。

(2)"前进"按钮 ：当用"后退"按钮返回之前的网页后,单击该按钮,可以前进到之前浏览过的网页。

(3)"停止"按钮 ：单击该按钮,可停止对当前网页的数据传输,也就是停止显示正在浏览该网页。

(4)"刷新"按钮 ：单击该按钮,可刷新当前网页中的数据,也就是再次浏览该网页。

(5)"主页"按钮 ：单击该按钮,可进入 IE 浏览器指定的主页。

(6)"搜索"按钮 ：单击该按钮,可打开 IE 默认的搜索引擎的网页。

(7)"查看"按钮 ：单击该按钮,可以查看收藏夹、源和历史记录。

(8)"工具"按钮 ：单击该按钮,可以启动一些浏览工具。

(9)地址栏:用户可以在地址栏中输入要访问网页的地址,按回车键后可浏览该网页。如果单击其右侧的下拉按钮 ▼ 弹出下拉列表,该列表中列出了最近访问过的网址,选择任意一个链接,即可打开其对应的网页。

2．打开网页

将 IE 打开以后，用户可以使用以下 5 种方法打开网页。

（1）直接在地址栏中输入所要打开网页的网址，按回车键即可将该网页打开。

（2）在地址栏下拉列表中选择之前浏览过的网页，单击鼠标即可将其打开。

（3）在历史栏中选择曾经使用过的网址，单击鼠标即可将其打开。

（4）在收藏夹中选择已经收藏的网页，单击鼠标即可将其打开。

（5）将从其他地方复制的网址直接粘贴到地址栏中，按回车键即可将其打开。

3．使用超链接

超链接就是存在于网页中的一段文字或图像，它们添加了对另一个网页或本网页中的另一个位置的链接，单击这一段文字或图像，可以跳转到它链接的地方。超链接广泛地应用在网页中，提供了方便、快捷的访问手段。当用户将光标停留在带有超链接的文字或图像上时，光标会变成手形状，单击即可进入链接目标。

4．使用主页

在 IE 中，主页是指每次打开浏览器时所看到的起始页面，IE 初装时其默认的主页是

http://www.microsoft.com/china/，用户可根据需要重新设置经常要使用的网页为主页，具体操作步骤如下。

（1）打开 IE 浏览器，选择"工具"→"Internet 选项"命令，弹出"Internet 选项"对话框，如图 3-38 所示。

（2）在"主页"选项区中的地址文本框中输入要设置成主页的网页地址，则在下次打开 IE 时即可打开该网页。

（3）单击 使用默认页(D) 按钮，则使用微软的主页作为用户 IE 的主页。

（4）单击 使用空白页(B) 按钮，则使用一个空白网页作为用户 IE 的主页。

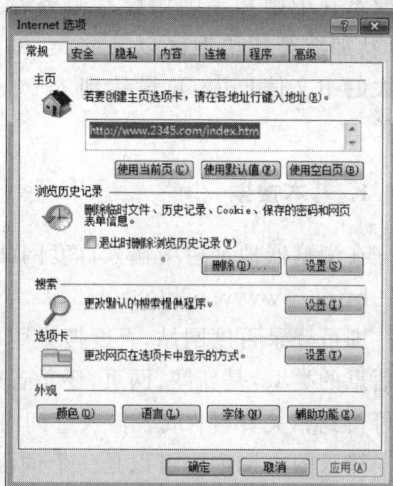

图 3-38　"Internet 选项"对话框
"常规"选项卡

5．保存网页信息

浏览网页时，发现很多有用的信息，用户可以将它们保存在本地磁盘上，在需要的时候随时进行查看，这种浏览方式叫离线浏览。保存网页的操作步骤如下：

（1）使用 IE 打开要保存的网页，选择"文件"→"另存为"命令，弹出"保存网页"对话框。

（2）在"文件名"下拉列表框中输入网页的名称，在"保存类型"下拉列表框中选择要保存网页的类型。用户可以将网页保存为以下 4 种类型。

① 网页，全部（＊.htm；＊.html）。该类型可以保存网页包含的所有信息。

② Web 档案，单一文件（＊.mht）。该类型只保存网页中的可视信息。

③ 网页,仅 HTML(∗.HTM;∗.HTML)。该类型只保存当前网页中的文字、表格、颜色、链接等信息,而不保存图像、声音或其他文件。

④ 文本文件(∗.txt)。该类型可将网页保存为本文文件。

文件保存后,会在指定文件夹中形成两个文档,一个是以网页标题为名称,扩展名为 htm 或 html 的网页文件,另一个是同名的文件夹,其中存放着网页中的一些图片、格式文件等伴随文件。

如果只想保存网页上的部分文字,可以用鼠标选中后复制到剪贴板,再粘贴到本机的文档中保存;保存网页上的图片,可用鼠标指向图片后,右击,在快捷菜单选择"复制"命令,再粘贴到本机的某文档中,或选择快捷菜单中的"图片另存为"命令,将图片文件保存到本地磁盘。

3.4.2 搜索引擎

互联网信息浩如烟海,要从海量信息中找到自己需要的信息就需要用到搜索引擎,目前主流的搜索引擎是百度和谷歌。以下用百度的使用方法为例说明搜索引擎的使用方法,谷歌搜索引擎的使用方法与百度基本相同。

百度搜索使用了高性能的"网络蜘蛛"程序(Spider)自动地在互联网中搜索信息,百度搜索在中国和美国均设有服务器,搜索范围涵盖了中国大陆、中国香港、中国台湾、澳门、新加坡等华语地区以及北美、欧洲的部分站点。百度搜索引擎目前已经拥有世界上最大的中文信息库,总量达到 6000 万页以上,并且还在以每天超过 30 万页的速度不断增长。

1. 基本搜索

在浏览器地址栏中输入百度网站地址

http://www.baidu.com

即可登录百度网站,百度搜索引擎界面如图 3-39 所示,搜索信息时首先确定需要搜索的信息的类型,是新闻、网页,还是音乐或图片,然后在输入框中输入查询内容后按回车键,即可得到相关资料;或者输入查询内容后,单击"百度一下"按钮,也可得到相关资料。

输入的查询内容可以是一个词语、多个词语、一句话,输入多个词语搜索(不同字词之间用一个空格隔开),例如,可以输入[mp3 下载]、[蓦然回首,那人却在,灯火阑珊处。](中括号是为了界定输入内容,搜索时不需输入)。

Bai 百度

新闻 **网页** 贴吧 知道 音乐 图片 视频 地图

百度一下

百科 文库 hao123 | 更多>>

图 3-39 百度搜索引擎

给出的搜索条件越具体,搜索引擎返回的结果也会越精确。比如想查找有关计算机冒险游戏方面的资料,输入[game]或[游戏]是无济于事的。[computer game]范围就小一些,当然最好是输入[computer adventure game],返回的结果会精确得多。此外一些功能词汇和太常用的名词,如对英文中的"and"、"how"、"what"、"web"、"homepage"和中文中的"的"、"地"、"和"等搜索引擎是不支持的。这些词被称为停用词(Stop Words)或过滤词(Filter Words),在搜索时这些词都将被搜索引擎忽略。

2. 搜索逻辑命令

搜索引擎基本上都支持附加逻辑命令查询,常用的是"+"号和"−"号,或与之相对应的布尔(Boolean)逻辑命令 AND、OR 和 NOT。用好这些命令符号可以大幅提高搜索精度。

3. 精确匹配搜索

给要查询的关键词加上双引号(半角,以下可加的其他符号也必须是半角),可以实现精确的查询,这种方法要求查询结果要精确匹配,不包括演变形式。例如,在搜索引擎的文字框中输入"电传",它就会返回网页中有"电传"这个关键字的网址,而不会返回诸如"电话传真"之类的网页。

4. 并行搜索

使用"A|B"来搜索"或者包含词语 A,或者包含词语 B"的网页。

例如,要查询"图片"或"风光"相关资料,无须分两次查询,只要输入 [图片|风光] 搜索即可。百度会提供与"|"前后任何字词相关的资料,并把最相关的网页排在前列。

5. 使用减号(一)

在关键词的前面使用减号,也就意味着在查询结果中不能出现该关键词,例如,在搜索引擎中输入"电视台-中央电视台",它就表示最后的查询结果中一定不包含"中央电视台"。

6. 使用通配符(＊和?)

通配符包括星号(＊)和问号(?),前者表示匹配的数量不受限制,后者匹配的字符数要受到限制,主要用在英文搜索引擎中。例如,输入"computer＊",就可以找到"computer、computers、computerised、computerized"等单词,而输入"comp? ter",则只能找到"computer、compater、competer"等单词。

7. 特殊搜索命令

1) 标题搜索

多数搜索引擎都支持针对网页标题的搜索,命令是"title:",在进行标题搜索时,前面提到的逻辑符号和精确匹配原则同样适用。

2) 网站搜索

针对网站进行的搜索,命令是"site:"(Google)、"host:"(AltaVista)、"url:"(Infoseek)或"domain:"(HotBot)。

3) 链接搜索

可通过"link:"命令来查找某网站的外部导入链接(inbound links)。

8. 相关检索

如果无法确定输入什么词语才能找到满意的资料,可以使用百度相关检索。先输入一个简单词语搜索,然后,百度搜索引擎会提供"其他用户搜索过的相关搜索词语"作参考。单击其中一个相关搜索词,都能得到那个相关搜索词的搜索结果。

9. 百度快照

百度搜索引擎已先预览各网站,拍下网页的快照,为用户储存大量的网页,单击每条搜索结果后的"百度快照",可查看该网页的快照内容,百度快照不仅下载速度极快,而且搜索用的词语均已用不同颜色在网页中标明。如图 3-40 所示是当输入搜索词[七条底线]后列出的搜索结果中的一条快照。

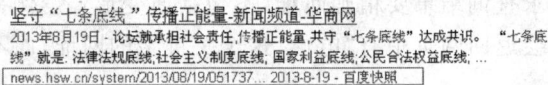

坚守"七条底线"传播正能量-新闻频道-华商网
2013年8月19日 - 论坛就承担社会责任,传播正能量,共守"七条底线"达成共识。"七条底线"就是:法律法规底线,社会主义制度底线,国家利益底线,公民合法权益底线,...
news.hsw.cn/system/2013/08/19/051737... 2013-8-19 - 百度快照

图 3-40　百度快照

3.4.3　收藏夹

浏览网页时,可以将喜欢的网页链接用收藏夹收藏起来,以后再需浏览该网页时,只需单击收藏夹中的链接即可。

1. 收藏网页

使用收藏夹收藏网页的具体操作步骤如下。

(1) 使用 IE 打开要收藏的网页。

(2) 单击"收藏夹"菜单,或单击 ⭐ 按钮选择"收藏夹"选项卡,即可打开"收藏夹"面板。单击"添加"按钮,弹出"添加收藏"对话框,如图 3-41 所示。

(3) 在"名称"文本框中输入网页的名称,不输入名称时,采用网页标题作为名称。

(4) 直接单击"添加"按钮,可以将页面链接添加到收藏夹;如果选定收藏夹中的某文件夹再单击"添加"按钮,该链接将添加到该文件夹中。

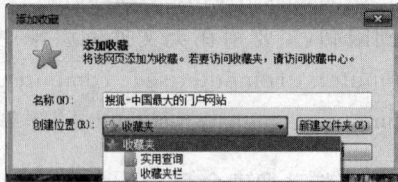

图 3-41　"添加收藏"对话框

2. 整理收藏夹

在 IE 中,如果用户收藏了多个网页,就需要对收藏夹进行整理,以便于用户进行快速查找。整理收藏夹的具体操作步骤如下:

(1) 在"收藏夹"菜单中单击"整理收藏夹"菜单项,弹出"整理收藏夹"对话框,如图 3-42

所示。

（2）单击 新建文件夹(N) 按钮，创建一个文件夹，并为其命名。

（3）在网页列表框中选择需要移动的网页对应的图标，单击 移动(M)... 按钮，弹出"浏览文件夹"对话框，如图 3-43 所示。在文件夹列表中选择合适的文件夹，单击"确定"按钮，即可将选中的网页移至该文件夹中。

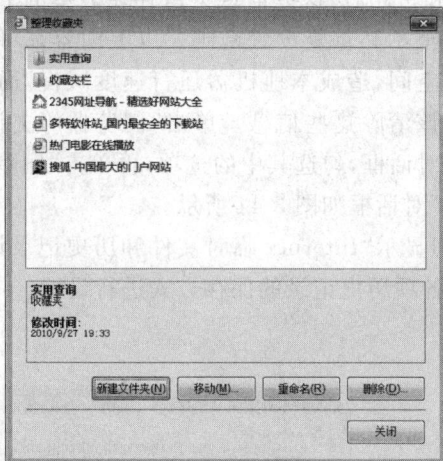

图 3-42 "整理收藏夹"对话框　　　　图 3-43 "浏览文件夹"对话框

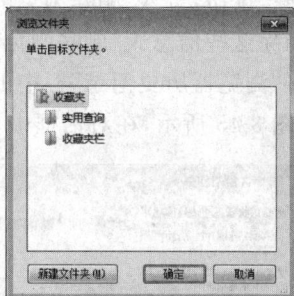

（4）如果要删除收藏夹中的某网页或文件夹，在图 3-42 中选中网页或文件夹，单击"删除"按钮即可。

（5）在图 3-42 中选定网页或文件夹，单击"重命名"按钮，可以将网页或文件夹重新命名。

3.4.4　设置浏览器选项

在浏览器窗口的"工具"菜单项目中单击"Internet 选项"命令，即可打开"Internet Explorer 选项"对话框；单击控制面板中的 Internet 图标也可以打开该对话框；最为快捷的方式是直接在桌面的 IE 图标上右击鼠标，然后在弹出菜单项中，单击"属性"，也可以打开该对话框。Internet 属性对话框是 IE 的控制中心，所有 IE 的行为都是在这里设置的，以下就常见的设置项的功能和设置方法进行讨论。

1. "常规"选项卡设置

"常规"选项卡用于进行 IE 的常规属性的设置，用户可借此建立自己喜欢的浏览器风格。其中包括"主页"栏、"浏览器历史记录"栏、"搜索"栏、"选项卡"、"外观"按钮等内容。

"主页"项用于设置和更改主页。所谓主页，是指浏览器启动时默认打开的 Web 网页，以及在浏览器中单击工具栏的"主页"按钮所打开的网页。用浏览器登录欲设为主页的网页后，单击"主页"中的"使用当前页"按钮，即可将当前页面设为主页。主页常常是用户喜欢和常用的网页，也有很多用户喜欢将类似"hao123"的导航网页作为主页。

"浏览器历史记录"栏用于管理 Internet 的临时文件、历史记录、Cookie、密码和网页表单信息。浏览器将用户查看过的网页内容保存在本地硬盘的 Internet 临时文件夹中，用户需要回溯看过的网页时，只要在硬盘中调用而不必再从网上传输，这样就可以大大提高浏览速度；同样，用户浏览过的网页地址也会保存在本地，以方便再次登录这些页面，这就是历史记录；用户登录一些页面时，有些网站还会在本地记录一些相关信息，这些信息以文本文件的形式保存在特定的文件夹中，目的也是为了方便再次登录这些网站，这些信息称为Cookie；在有些网页上，当从表单上输入信息和密码后，这些信息会留存在表单的下拉列表中，以便再次登录时不必重复设置这些信息甚至不必重复设置密码。以上内容都可以给我们带来方便，但是这些信息却会占用本地磁盘空间，造成本地机器运行速度减慢，而且可能会泄漏用户的私密信息，所以每隔一段时间应该清除这些信息。单击"浏览器历史记录"栏中的"删除"按钮，进入"删除浏览的历史记录"对话框，勾选其中的选项，再单击"删除"按钮，就可以删除这些信息。"删除浏览的历史记录"对话框如图 3-44 所示。

单击"浏览器历史记录"栏中的"设置"按钮显示"Internet 临时文件和历史记录设置"对话框，如图 3-45 所示，在对话框中可以对以上各项历史记录的保存方式进行设置。

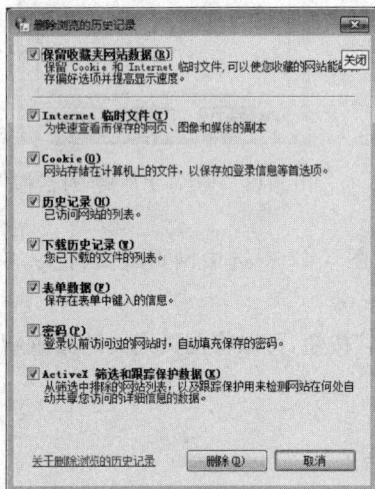

图 3-44　删除浏览的历史记录　　　　　图 3-45　临时文件和历史记录设置

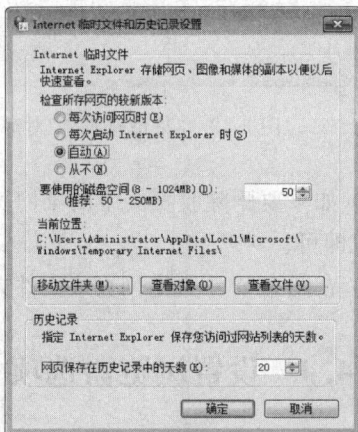

在该对话框中，用户可以确定所存网页内容的更新方式。选中"每次访问网页时"项时，当每次回溯查看网页时，浏览器都将检查网页是否已经更新，这种方式以降低浏览速度为代价来确保网页的内容的时效性；选中"每次启动 Internet Explorer 时"项时，浏览器仅在启动时检查网页的更新情况，其他时间查看网页时不再检查，这种方式综合了时效性和速度；选中"从不"项时，可以获得最大的回溯浏览速度，但损失了内容的时效性；选中"自动"项，在回溯时，不检查网页是否已经更新，只有当返回以前使用 IE 查看过或几天前查看过的网页时才检查网页是否已经更新。无论选中了何种网页更新方式，用户均可在浏览过程中单击工具栏的"刷新"按钮来更新网页的内容。

在"要使用的磁盘空间"后的列表框中可以调节分配给临时文件的硬盘空间大小。用户可以根据自己的硬盘剩余空间情况来确定临时文件夹的大小，一般在 50MB 左右比较适中。

"历史记录"栏用于设定"历史记录"列表中已访问过的网页保留的天数，保留天数与磁盘空间大小有关，默认值为 20 天。

回到"Internet 属性"对话框,"颜色"按钮用于设置网页中的文字和背景颜色,"字体"按钮用于设置浏览器的字体,"语言"按钮用于选择所使用的语言,"辅助功能"按钮用于确定是否使用网页指定的颜色、字体样式和大小。

2. "安全"选项卡设置

"安全"选项卡如图 3-46 所示,上面列出了 4 种不同的区域。Internet 区域:该区域中包含所有未放置在其他区域中的 Web 站点;"本地 Intranet"区域:包括公司企业网上的所有站点;"受信任的站点"区域:包括用户确认不会损坏计算机和数据的 Web 站点;"受限制的站点"区域:包含可能会损坏计算机和数据的 Web 站点。用户选定一个分区后,便可为该区域指定安全级别,然后将 Web 站点添加到具有所需安全级别的分区域中。

安全级别有如下 4 种:"高",当站点中有安全问题时警告用户,用户不可下载和查看有潜在安全问题的站点的内容;"中",当站点有潜在安全问题时警告用户,但用户可以选择是否下载和查看有潜在安全问题的站点的内容;"中低",该级与"中"级的安全性类似,但不提示用户;"低",当站点有潜在安全问题时不警告用户,站点内容的下载无须用户确认。

"自定义级别"按钮适合于高级用户选择使用。用户自己定义安全设置。

3. "内容"选项卡设置

"内容"选项卡中包括"分级审查"、"证书"和"个人信息"三栏内容。"分级审查"栏用以控制从因特网上收看的内容,以防止儿童接触因特网上不适合的内容。"证书"用于确认用户个人、发证机构和发行商。"个人信息"栏用于管理用户姓名、地址和其他信息。

4. "连接"选项卡设置

"连接"的选项卡的功能包括建立 Internet 连接、拨号和虚拟专用网络设置、局域网(LAN)设置等,如图 3-47 所示。

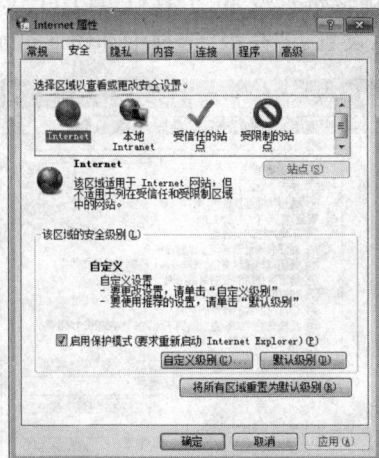

图 3-46 "安全"选项卡设置　　　　图 3-47 "连接"选项卡设置

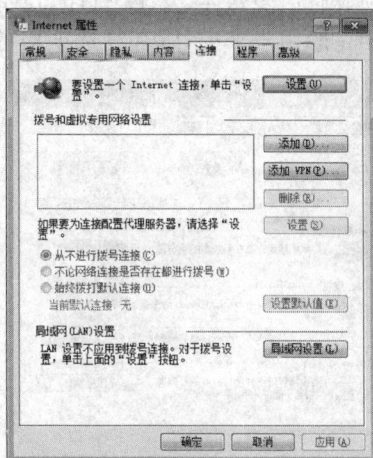

单击"设置"按钮,即可进入 Internet 连接向导,只有与 Internet 建立了连接,才能访问Internet。

在单击"局域网设置"按钮后,会打开"局域网(LAN)设置"对话框,如图 3-48 所示。上面包含"自动配置"、"代理服务器"两栏内容,使用"自动配置"选项时,会覆盖手工设置,为了确保手工设置生效,就不要选择使用自动设置。

"代理服务器"栏用于设置通过代理服务器使用因特网。应用代理服务器一般有两种情况:一种情况是本企业利用仅有的一个 IP 地址,建立代理服务器,使企业内其他计算机通过代理服务器连接到因特网;另一种情况是因特网上存在的免费代理服务商,进入因特网的用户可以选择合适的代理服务器作为中转站,用于加快传输速度或访问某些从本地网无法访问到的站点。如果

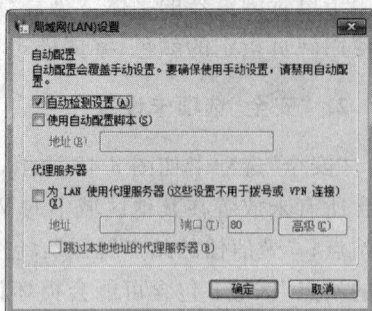

图 3-48 "局域网(LAN)设置"对话框

选择"使用代理服务器",则需在地址和端口栏内输入代理服务器的地址和端口号。单击"高级"按钮,将打开"代理服务器设置"对话框,用于设置不同协议类型的代理服务器地址和端口号。此外,还可以进行例外地址的设置,在例外地址栏中添加的地址将不使用代理服务器。

5. "程序"选项卡设置

"程序"选项卡中包括"默认的 Web 浏览器"栏、"管理加载项"栏、"HTML 编辑"栏和"Internet 程序"栏,如图 3-49 所示。

检查 Internet Explorer 是否为默认的浏览器的检查项,选中复选框后,每次 Internet Explorer 启动时都将检查此项设置。如果其他程序注册为默认浏览器,Internet Explorer 将询问是否将 Internet Explorer 还原为默认的浏览器。

6. "高级"选项卡设置

"高级"选项卡由许多复选项组成,用以指定浏览器的各项深层次的细节问题,内容包括辅助选项、浏览、多媒体、安全、打印、Java VM(Java 虚拟机)、搜索、工具栏、HTTP 1.1 设置等。对于一般用户来说,所有复选项均可采用其默认设置。"高级"选项卡如图 3-50 所示。

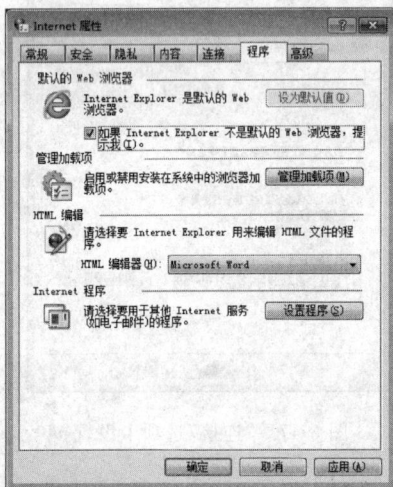

图 3-49 "程序"选项卡设置

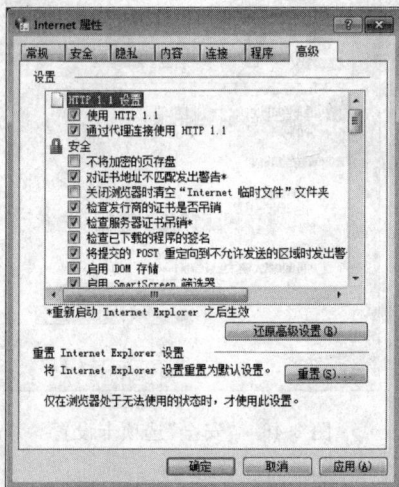

图 3-50 Internet"高级"选项卡

单击"重置"按钮,可以重置用于主页和搜索页的 Internet Explorer 的默认值。

3.5 收发电子邮件

3.5.1 电子邮件概述

电子邮件(E-mail)简单地说就是通过 Internet 来邮寄的信件。电子邮件的成本比邮寄普通信件低得多;而且投递快速,不管多远,最多只要几分钟;另外,它使用起来也很方便,无论何时何地,只要能上网,就可以通过 Internet 发电子邮件,或者打开自己的信箱阅读别人发来的邮件。

使用电子邮件前,要获得一个 E-mail 账户,需要到提供该服务的机构或网站进行登记注册(有些机构还需要付费)。登记注册后可得到服务器地址、与用户对应的 ID 和密码。

如申请到一个电子邮件地址,如 lucy@163.com。符号@是电子邮件地址的专用标识符,它前面的部分是信箱(用户名),后面的部分是信箱所在的服务器,这就好比信箱 lucy 放在"邮局"163.com 里。当然这里的邮局是 Internet 上的一台用来收信的计算机,当收信人取信时,就把自己的计算机连接到这个"邮局",打开自己的信箱,取走(读取)自己的信件。

对电子邮件的使用可以分为两种方式:WWW 浏览和客户端软件。

WWW 浏览方式:指使用 WWW 浏览器软件访问电子邮件服务商的电子邮件系统网址,在该电子邮件系统网页中,输入用户的用户名和密码,进入用户的电子邮件信箱,然后处理用户的电子邮件。这样,用户无须特别准备设备或软件,只要有机会浏览互联网,即可享受到免费电子邮件服务商提供的较多先进电子邮件功能。在这种方式下,各种类型的邮件(发件、收件、草稿、垃圾邮件等)均保存在服务提供商的服务器上。

客户端软件方式:指用户使用一些安装在个人计算机上的支持电子邮件基本协议的软件产品,来使用电子邮件功能。这些软件产品往往融合了最先进、全面的电子邮件功能,例如 Microsoft Outlook Express 和 Foxmail 等。利用这些客户端软件可以进行远程电子邮件操作、可以同时处理多个电子邮件账号。在这种方式下,可以将各种邮件保存在客户自己的计算机上,即使不能连接 Internet,也能查看过去的各类邮件。

3.5.2 WWW 浏览方式电子邮件操作

要以 WWW 浏览方式进行电子邮件操作,首先必须登录提供电子邮件服务的网站首页,比如搜狐、新浪等网站,有些导航网站也可以提供其他电子邮件的入口。如图 3-51 所示是搜狐网站的邮箱入口。

图 3-51 sohu 网页邮箱入口

输入注册好的邮箱名和密码,单击"登录"按钮后,即可进入邮件界面,如图 3-52 所示。

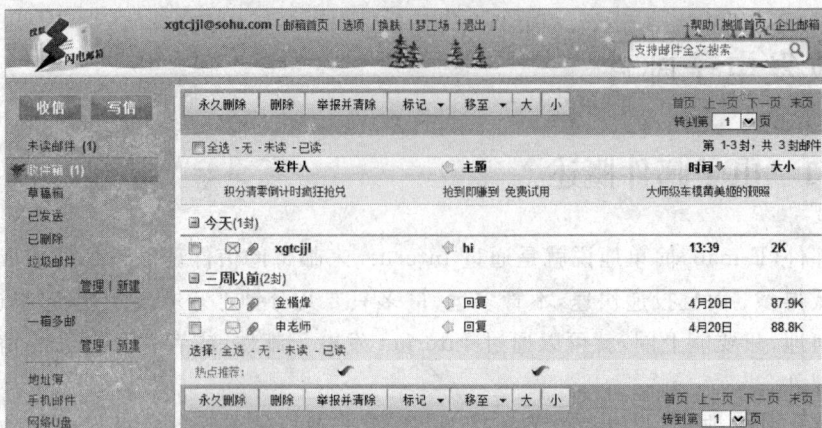

图 3-52 sohu 网页邮箱界面

不同的网页邮箱界面功能和布局大同小异,左边为文件夹区,包括未读邮件、收件箱、草稿箱、已发送、已删除和垃圾邮件等文件夹,右边是各文件夹中的邮件列表。

未读邮件中列出的是收到但未阅读的邮件。

收件箱中列出的是所有已读和未读的邮件,也就是全部邮件信息。

草稿箱中是已撰写但尚未发送的邮件。

已发送文件夹中列出的是已经发送的邮件。

在某文件夹中勾选一些文件后,单击"删除"按钮,邮件会进入"已删除"文件夹中,它相当于是一个邮件回收站,进入该文件夹后,可以将这些邮件彻底删除。在勾选邮件后单击"永久删除"按钮,邮件直接删除,不会进入"已删除"文件夹。

垃圾邮件是邮件系统按一定的算法确定的无用邮件,比如广告等。由于算法的局限性,也可能将有用的邮件确定为垃圾邮件。

每封邮件在列表中列出发件人、主题、时间和大小。未读邮件的文字部分以加粗字体显示,并以 ✉ 图标标识,已读邮件的文字用正常字体显示,并以 ✉ 图标标识。邮件上标以回形针 📎 图标,说明该邮件带有附件。

单击一封邮件便可以阅读邮件,如图 3-53 所示。

图 3-53 阅读邮件

单击附件后,可以将附件下载到本地计算机。

单击"写信"按钮,可以撰写并发送邮件,如图 3-54 所示。

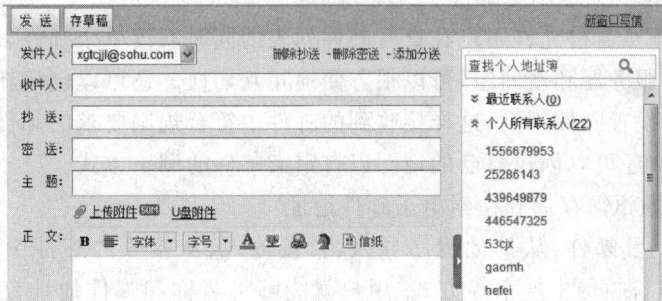

图 3-54　新建并发送邮件

首先填写一个收件人电子邮箱,如果一封同样的信件要发送给多人,可以把这些人的电子邮箱填入抄送栏,各邮箱之间用分号隔开,这样,各收件人之间可以看到这封邮件发送到哪些电子邮箱中;同样,也可以将多个电子信箱填入密送(暗送)栏中,这时接收邮件的人将看不到这些邮件还发送到了哪些信箱中。所有的地址都可以在右侧的个人地址簿中用鼠标选取。

主题是邮件内容的概括,主题会显示在邮件列表中。

正文部分撰写邮件的内容。HTML 格式的邮件允许为正文设置字体字号、对齐方式,还可以插入图片、添加超链接等。文本格式的邮件,只能输入文字,不能添加格式。

单击"上传附件"可以打开文件选择窗口选择文件作为附件,一封电子邮件可以添加多个附件,通常对添加附件的个数、单个附件的大小和附件的总大小会有限制。

邮件准备完成后,可以单击"发送"按钮立即发送,也可以单击"存草稿"存入草稿箱,以后再发送。

3.5.3　Microsoft Outlook

1. Microsoft Outlook 简介

Microsoft Outlook 是随 Office 办工套件一起发售的一款功能强大的、使用方便的电子邮件客户端软件,可以帮助用户收发电子邮件。早期的 Windows 操作系统也自带了电子邮件客户端软件,两款软件的功能和使用方法基本相同。

Outlook 主要功能和特点如下。

1) 支持 POP3 邮件、HTTP 邮件和 IMAP 邮件

POP3 邮件是使用最广泛的电子邮件系统,为用户提供了访问 POP3 邮件的最佳支持。如果用户的邮件接收服务使用 HTTP 或 IMAP,则该软件支持在服务器的文件夹中阅读、存储和组织邮件,而不需要将邮件下载到用户的计算机上。

2) 管理多个邮件账号和新闻账号

如果用户拥有多个邮件或新闻账号,则可以在同一个窗口中使用它们。用户还可为同一台计算机创建多个用户或标识,每个标识都有自己的邮件文件夹和通讯簿。创建多个账号和标识的功能将使用户可以轻松地区分工作邮件与个人邮件,并使各种邮件互不干扰。

3）让用户轻松快捷地浏览邮件

邮件列表和预览窗格允许用户在查看邮件列表的同时阅读单个邮件。文件夹列表包括邮件文件夹、新闻服务器和新闻组，可以很方便地相互切换。还可以创建新文件夹以组织和排序邮件，然后可设置邮件规则，这样接收到的邮件中符合规则要求的邮件会自动放在指定的文件夹里。用户还可以创建自己的视图以自定义邮件的浏览方式。

4）支持使用通讯簿存储和检索电子邮件地址

简单地通过回复邮件、从其他程序导入、直接输入、从接收的邮件中添加或在流行的Internet 目录服务（白页）中搜索等方式，用户就能够将名称和邮件地址自动保存在通讯簿中。通讯簿支持轻量级目录服务访问协议（LDAP），因此用户可以访问 Internet 目录服务。

5）支持在邮件中添加个人签名或信纸

用户可以将重要的信息作为个人签名的一部分插入到发送的邮件中，而且可以创建多个签名以用于不同的目的。如果需要提供更为详细的信息，用户也可以在其中加入一张名片。为了使邮件更加美观，还可以添加信纸图案和背景，或改变文字的颜色和样式。

6）支持发送和接收安全邮件

可使用数字标识对邮件进行数字签名和加密。对邮件进行数字签名可以使收件人确认邮件确实是某用户发送的，可防止其他用户盗用某用户的名义进行欺骗，而加密邮件则保证只有用户期望的收件人才能解密并阅读该邮件，防止通信秘密泄漏。

2. Microsoft Outlook 的界面组成

要启动 Microsoft Outlook，可以通过以下操作步骤之一来实现。

打开"开始"菜单中的 Microsoft Office 菜单，单击 Microsoft Outlook 2010 菜单项，打开 Outlook 窗口。

位于窗口左侧的是文件夹窗格，其中列出了用户的所有邮箱文件夹，单击窗格右上角的叉型按钮可隐藏该窗格。

窗口的右部是邮件列表窗格，其中列出了当前选中的邮箱文件夹中的邮件。

3. 设置邮件账号

在发送和接收消息之前，首先必须配置 Outlook，并建立 Internet 可访问账号，因为电子邮件是通过 Internet 发送的。本例是以电子邮箱地址为 xgtcjjl@sohu.com（免费电子邮箱）设置邮件账号。

为电子邮件功能配置 Outlook Express 的操作步骤如下。

（1）在 Outlook 窗口中选择"文件"选项卡，在账户信息栏中单击"添加账户"按钮。在如图 3-55 所示的"添加新账户"对话框中选定"电子邮件账户"，单击"下一步"按钮。

（2）在下一对话框中的"电子邮件账户"栏中分别填入姓名（昵称）、电子邮件地址，再两次输入电子邮箱密码，完成后单击"下一步"按钮，如图 3-56 所示。

这时 Outlook 将会自动搜寻邮件网站的服务器，如各参数正常时，便可顺利连接到邮箱，并显示邮箱中的邮件，如图 3-57 所示。

如 Outlook 无法自动搜索服务器，那么只能选图 3-56 中最下面的选项手动输入服务器地址，服务器地址通常可以通过网页方式登录邮箱，在帮助信息中找到。

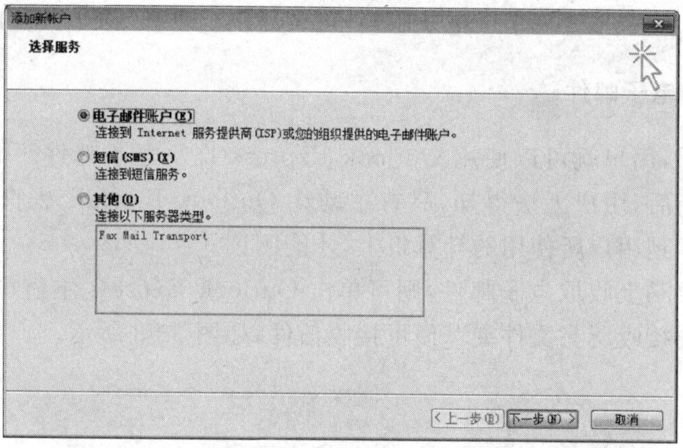

图 3-55 "添加新账户"对话框

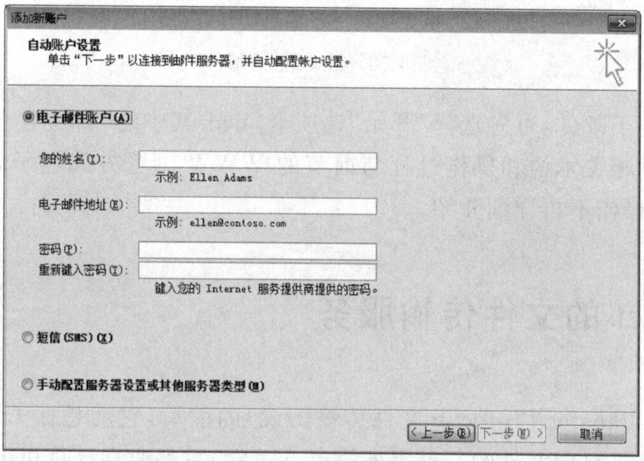

图 3-56 电子邮件账户设置

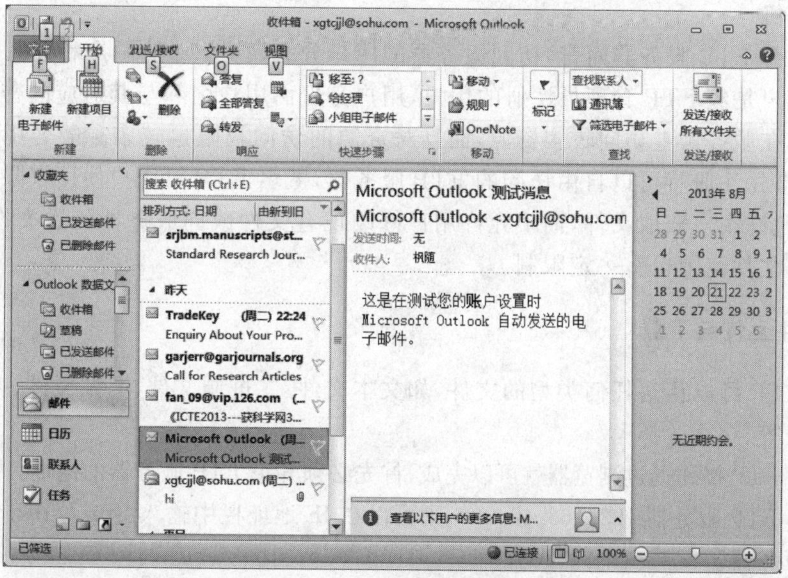

图 3-57 Microsoft Outlook 成功添加账户

如果需要用 Outlook 管理多个电子邮箱,可重复以上步骤,添加其他的账号。

4. 接收/发送电子邮件

设置好账号后,用户就可以使用 Outlook Express 收发电子邮件。他人发送邮件到达了用户的电子邮箱后,用户无法得知,只有主动让 Outlook Express 去查看有无邮件到达,再收取到达的邮件到用户所使用的计算机上,才能阅读。

如果用户需要马上收取电子邮件,则可单击 Outlook Express 主窗口中的"发送/接收"选项卡中的"发送/接收所有文件夹",便可接收信件,如图 3-58 所示。

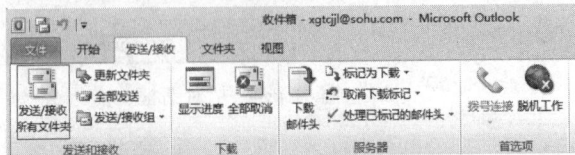

图 3-58　收取电子邮件

新建并发送电子邮件,可先选择"开始"选项卡,单击其中的"新建电子邮件"按钮。新建和发送电子邮件时相关术语和操作过程与前节的 WWW 浏览方式电子邮件操作过程基本相同,因此这部分操作不再详细介绍。

3.6　Internet 的文件传输服务

FTP 是 File Transfer Protocol(文件传输协议)的缩写,它就是在 Internet 上从一台计算机往另一台计算机复制文件的一种服务协议。通常,只需要在计算机上运行一个 FTP 客户程序,借助于它连接到特定的 FTP 服务器上,就可以很容易地从 FTP 服务器上复制文件到本地计算机。

对于一台 FTP 服务器而言,访问服务器的用户分为两类:注册用户和匿名用户。

注册用户是经 FTP 管理员注册的用户,用户身份由用户名和与其对应的密码确定。注册用户可以在服务器上访问较多资源,而且对资源的访问权限也较多。匿名用户是未注册用户,无须事先注册就可以自由访问的 FTP 服务器,匿名 FTP 对用户使用权限会有一定限制,比如仅允许用户获取文件,而不允许用户修改现有文件或向服务器传送文件,对于用户可以获取的文件范围也有一定限制。

1. 文件上传与下载

使用 FTP 可以传送任何类型的文件,如文本文件、二进制文件、图像文件、声音文件、数据压缩文件等。

简单的 FTP 操作通过浏览器就可以完成,首先必须知道 FTP 服务器的地址。例如,在局域网中有一个 FTP 服务器 192.168.40.200,则可以在 IE 地址栏中输入"ftp://192.168.40.200"匿名登录服务器。

但是,在浏览器中无法直接进行文件操作,必须在浏览器的工具栏中的"页面"菜单中选择"在 Windows 资源管理器中打开 FTP 站点"命令,用资源管理器操作 FTP 服务器上的资源,如图 3-59 所示。

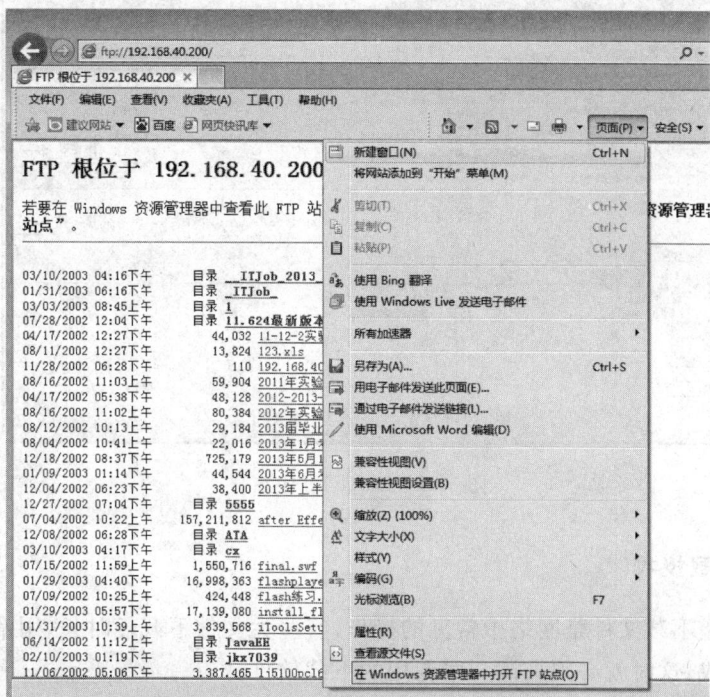

图 3-59　用资源管理器操作 FTP 资源

如果用户在服务器上已经注册,可以在如图 3-60 所示窗口中选登录命令,并在弹出的对话框中输入用户名和密码,从而以注册用户访问服务器资源,如果不登录,则以匿名用户身份访问服务器资源。

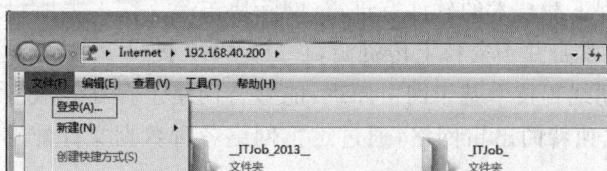

图 3-60　FTP 登录

访问 FTP 资源的操作与资源管理器操作相同,在远程窗口与本地窗口之间通过剪贴板进行操作。将本地文件复制后,粘贴到 FTP 窗口,完成文件上传;将 FTP 窗口中的文件复制,再粘贴到本地窗口,完成文件下载。

也可以通过专用 FTP 客户端软件更方便地访问 FTP 服务器资源,如 CuteFTP。在 CuteFTP 软件的对应输入框中输入远程 FTP 服务器地址、用户名和密码登录服务器,登录成功后,在子窗口中显示本地与远程服务器上的文件,只需要用鼠标拖放,就可以完成文件的上传和下载。CuteFTP 不仅可以进行下载和上传文件,也支持下载或上传整个目录。CuteFTP 主窗口如图 3-61 所示。

登录用户名　登录密码

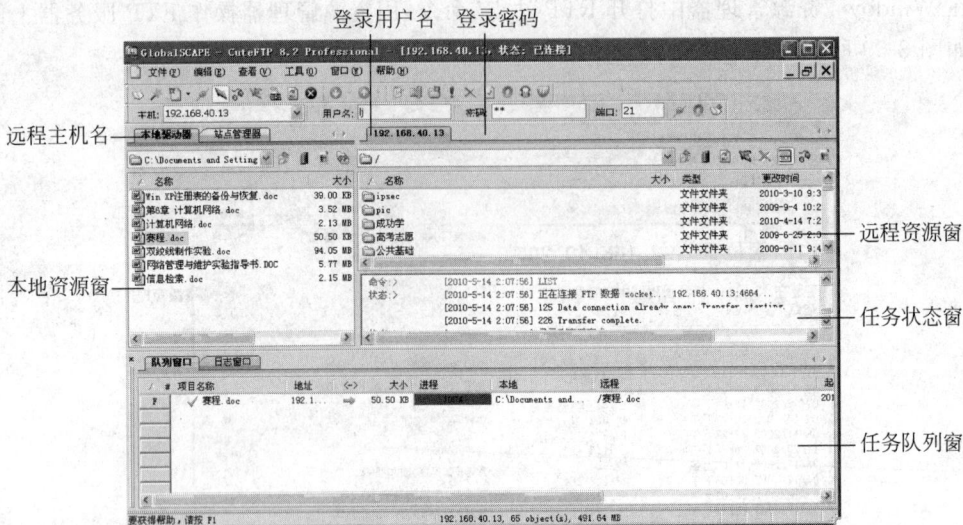

远程主机名

本地资源窗

远程资源窗

任务状态窗

任务队列窗

图 3-61　CuteFTP 主窗口

2. 高速下载技术

在互联网上下载文件是网络中常见的操作,有些大文件下载耗时长,用常规的方式下载基本不可能完成,这时就必须采用一些专用的下载软件。

1) 多线程下载软件

基于网页的软件下载方式是单线程的,也就是通过一条线路下载整个文件,因此下载速度受到这条线路的制约。多线程下载技术是将一个文件分割为若干段,采用多条线路同时独立地分别完成各段下载,在本地再组合成完整的文件,所以特别适合大文件下载,下载速度也比单线程下载的速度高,这类软件也可以同时进行多个下载任务,并有断点续传功能。支持多任务和多线程下载技术的软件有迅雷、网际快车等。

迅雷(Thunder)本身并不支持上传资源,它只是一个提供下载和自主上传的工具软件。迅雷使用的多资源超线程技术基于网格原理,能够将网络上存在的服务器和计算机资源进行有效的整合,构成独特的迅雷网络,通过迅雷网络各种数据文件能够以最快的速度进行传递。

网际快车(FlashGet)最多可把一个软件分成 10 个部分同时下载,而且最多可以设定 8个下载任务。通过多线程、断点续传、镜像等技术最大限度地提高下载速度。

2) 点到点(P2P)传送

点到点(P2P)是 Peer to Peer 的意思,在点到点系统中不存在主机与客户的概念,网络中的每台计算机地位是平等的,任何一台机器都可以作为主机进行信息发送,也可作为客户接收信息,因此,点到点传送中每一个用户在成为下载客户的同时,也变成了服务器,对于某一个用户而言,原本一点对一点的传输方式,也就因此变成了一点对多点的传输方式。现在有许多软件都支持 P2P 模式,比较典型的是电驴(eMule,也有人译为电骡)和 BT(Bit Torrent)下载,前面提到的迅雷和网际快车的高级版本也支持点到点下载。

由于点到点传送的特殊工作方式,点到点下载文件的速度更快,下载文件时,首先必须在网络上找到资源，这种最初的资源叫"种子"，它其实是最初的服务器，而某计算机一旦开始下载，哪怕还没有下载完成，它所下载的部分又可以成为其他计算机下载的"种子"，这样，下载的人越多，下载的速度越快。这种下载方式秉承"人人为我，我为人人"的理念，它号召那些已经下载完成的用户不必关机而成为服务器供其他用户下载。这种理念一方面体现出一种互助的网络精神，但同时也暴露出网络的无序性，严重占用网络带宽，影响他人网速，因此常常遭到人们在网络伦理的角度的诟病，世界上有些国家和地区甚至抵制使用 BT 软件。

3.7　网络应用新技术

3.7.1　移动互联网

移动互联网，就是将移动通信和互联网二者结合起来，成为一体，如图 3-62 所示。移动互联网的优势决定于其用户数量庞大，目前，全球移动互联网用户已超过 15 亿，随着宽带无线接入技术和移动终端技术的飞速发展，人们迫切希望能够随时随地乃至在移动过程中都能方便地从互联网获取信息和服务，移动互联网应运而生并迅猛发展。以安卓开放平台为主的移动市场已经形成了一条完整严密的产业链，并急速膨胀扩张。

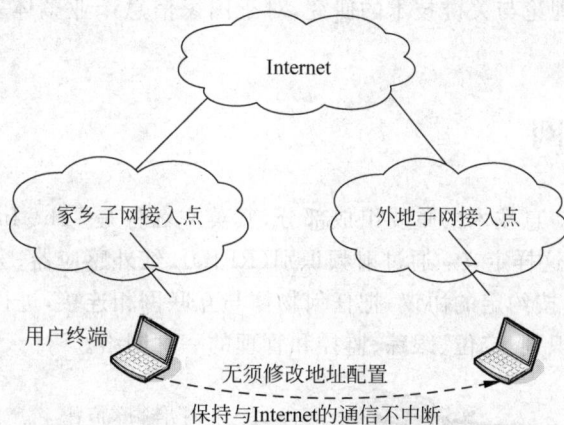

图 3-62　移动互联网

当今社会，手机已成为人手一部的通信、娱乐、工作甚至经营的必备工具，它是移动互联网的主角，所有的移动互联网实现机制、协议、硬件、软件以及管理都是以手机为中心的。

移动互联网业务模式可以分成以下 10 部分：

（1）移动社交将成为客户数字化生存的平台。在移动网络虚拟世界里，服务社区化将成为焦点。

（2）移动广告将是移动互联网的主要盈利来源。手机广告是一项具有前瞻性的业务形态，可能成为下一代移动互联网繁荣发展的动力因素。

（3）手机游戏将成为娱乐化先锋。随着产业技术的进步，移动设备终端上会发生一些革命性的质变，不难预见，手机游戏作为移动互联网的顶级盈利模式，无疑将掀起移动互联网商业模式的全新变革。

（4）手机电视将成为时尚人士新宠。手机电视用户主要集中在积极尝试新事物、个性化需求较高的年轻群体,这样的群体在未来将逐渐扩大。

（5）移动电子阅读填补闲暇时间。因为手机功能扩展、屏幕更大更清晰、容量提升、用户身份易于确认、付款方便等诸多优势,移动电子阅读正在成为一种流行趋势迅速传播开来。

（6）移动定位服务提供个性化信息。随着随身电子产品日益普及,人们的移动性在日益增强,对位置信息的需求也日益高涨,市场对移动定位服务需求将快速增加。

（7）手机搜索将成为移动互联网发展的助推器。手机搜索引擎整合搜索概念、智能搜索、语义互联网等概念,综合了多种搜索方法,可以提供范围更宽广的垂直和水平搜索体验,更加注重提升用户的使用体验。

（8）手机内容共享服务将成为新的亮点。手机图片、音频、视频共享被认为是未来3G、4G手机业务的重要应用。

（9）移动支付蕴藏巨大商机。支付手段的电子化和移动化是不可避免的必然趋势,移动支付业务发展预示着移动行业与金融行业融合的深入。

（10）移动电子商务的春天即将到来。移动电子商务可以为用户随时随地提供所需的服务、应用、信息和娱乐,利用手机终端可以方便便捷地选择及购买商品和服务。

然而,移动互联网在移动终端、接入网络、应用服务、安全与隐私保护等方面还面临着一系列的挑战。其基础理论与关键技术的研究,对于国家信息产业整体发展具有重要的现实意义。

3.7.2 物联网

物联网是新一代信息技术的重要组成部分,其英文名称是"The Internet of things",如图3-63所示。它可以这样定义:通过射频识别(RFID)、红外感应器、全球定位系统、激光扫描器等信息传感设备,按约定的协议,把任何物体与互联网相连接,进行信息交换和通信,以实现对物体的智能化识别、定位、跟踪、监控和管理的一种网络。

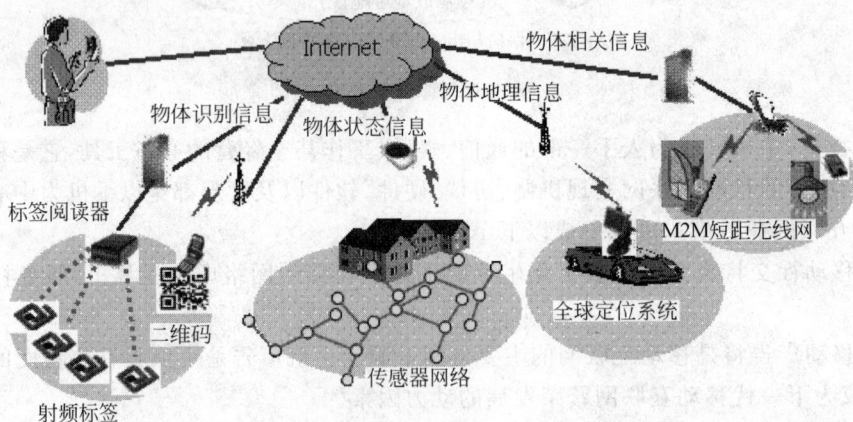

图3-63 物联网

通俗地说,就是任何人在任何地方,能同任何人进行任何方式的联系通信,并能对他所关心的物体的信息随时查询。目前蓬勃兴起的快递业务,在一定程度上具有了物联网的特点。

物联网通过智能感知、识别等技术的融合应用,被称为继计算机、互联网之后世界信息产业发展的第三次浪潮。物联网是互联网的应用拓展,与其说物联网是网络,不如说物联网是业务和应用。因此,应用创新是物联网发展的核心,以用户体验为核心的创新是物联网发展的灵魂。

物联网架构可分为三层:感知层、网络层和应用层。

感知层由各种传感器构成,包括温湿度传感器、二维码标签、RFID 标签和读写器、摄像头、红外线、GPS 等感知终端。感知层是物联网识别物体、采集信息的来源。

网络层由各种网络,包括互联网、广电网、网络管理系统和云计算平台等组成,是整个物联网的中枢,负责传递和处理感知层获取的信息。

应用层是物联网和用户的接口,它与行业需求结合,实现物联网的智能应用。

在物联网应用中有以下三项关键技术。

(1)传感器技术,这也是计算机应用中的关键技术。到目前为止,绝大部分计算机处理的都是数字信号,自从有计算机以来就需要传感器把模拟信号转换成数字信号计算机才能处理。

(2)RFID 标签也是一种传感器技术,RFID 技术是融合了无线射频技术和嵌入式技术为一体的综合技术,RFID 在自动识别、物品物流管理有着广阔的应用前景。

(3)嵌入式系统技术是综合了计算机软硬件、传感器技术、集成电路技术、电子应用技术为一体的复杂技术。经过几十年的演变,以嵌入式系统为特征的智能终端产品随处可见;小到人们身边的 MP3,大到航天航空的卫星系统。

如果把物联网用人体做一个简单比喻,传感器相当于人的眼睛、鼻子、皮肤等感官,网络就是神经系统用来传递信息,嵌入式系统则是人的大脑,在接收到信息后要进行分类处理。这个例子很形象地描述了传感器、嵌入式系统在物联网中的位置与作用。

物联网相关技术已经广泛应用于交通、物流、工业、农业、医疗、卫生、安防、家居、旅游、军事等二十多个领域,在未来几年内中国物联网产业将在智能电网、智能家居、数字城市、智能医疗、车用传感器等领域率先普及,预计将实现三万亿的总产值,因此,"物联网"被称为是下一个万亿级的通信业务。

3.7.3 "云"技术

目前,以"云计算"为主要内容的"云"技术,在互联网领域蓬勃发展。

"云计算"(Cloud Computing)是分布式处理(Distributed Computing)、并行处理(Parallel Computing)和网格计算(Grid Computing)的发展,或者说是这些计算机科学概念的商业实现,如图 3-64 所示。许多跨国信息技术行业的公司如 IBM、Yahoo 和 Google 等正在使用云计算的概念兜

图 3-64　云计算

售自己的产品和服务。云计算这个名词可能是借用了量子物理中的"电子云"(Electron Cloud),强调说明计算的弥漫性、无所不在的分布性和社会性特征。

云计算是分布式计算技术的一种,其最基本的概念,是透过网络将庞大的计算处理程序自动分拆成无数个较小的子程序,再交由多部服务器所组成的庞大系统经搜寻、计算分析之后将处理结果回传给用户。透过这项技术,网络服务提供者可以在数秒之内,达成处理数以千万计甚至亿计的信息,达到和"超级计算机"同样强大效能的网络服务。

云计算的基本原理是,通过使计算分布在大量的分布式计算机上,而非本地计算机或远程服务器中,企业数据中心的运行与互联网相似。这使得企业能够将资源切换到需要的应用上,根据需求访问计算机和存储系统。

最简单的云计算技术在网络服务中已经随处可见,例如搜索引擎、网络信箱等,使用者只要输入简单指令即能得到大量信息。

稍早之前的大规模分布式计算技术、网格技术等,即为"云计算"的概念起源,不远的将来,手机、GPS 等行动装置都可以透过云计算技术,发展出更多的应用服务。进一步的云计算不仅只有资料搜寻、分析的功能,未来如分析 DNA 结构、基因图定序、解析癌症细胞等,都可以透过这项技术轻易达成。

目前正在使用的最著名的云计算的例子是亚马逊的 EC2 网格。《纽约时报》最近租用了这个网格创建了数据容量达 4TB 的 PDF 文件库,包含从 1851 年至 1920 年之间纽约时报发表的 1100 万篇文章。据《纽约时报》的 Derek Gottfrid 说,他使用了 100 个亚马逊的 EC2 实例和一个 Hadoop 应用程序在不到 24 个小时的时间里就编排完成了全部的 1100 万篇文章,并且生成了另外 1.5TB 数据,累计用了 240 美元。可见,即使云计算没有作为一项主流的服务应用,仅仅是充分利用它提供这种难得的处理能力也是一件让人惊喜的事情。

"云存储"是在云计算概念上延伸和发展出来的一个新的概念,是指通过集群应用、网格技术或分布式文件系统等功能,将网络中大量各种不同类型的存储设备通过应用软件集合起来协同工作,共同对外提供数据存储和业务访问功能的一个系统,如图 3-65 所示。当云计算系统运算和处理的核心是大量数据的存储和管理时,云计算系统中就需要配置大量的存储设备,那么云计算系统就转变成为一个云存储系统,所以云存储是一个以数据存储和管理为核心的云计算系统。

很多商家提供的"云盘",就是云存储的实例。

"云电视"是应用云计算、云存储技术的电视产品,是云设备的一种。通俗地讲,就是用户不需要单独再为自家的电视配备所有互联网功能或内容,将电视连上网络,就可以随时从外界调取自己需要的资源或信息,比如说,可以在云电视里安装使用各种即时通信软件,在看电视的同时,进行社交、办公等。

"云教育"是在云技术平台的开发及其在教育培训领域的应用,如图 3-66 所示。云教育打破了传统的教育信息化边界,推出了全新的教育信息化概念,集教学、管理、学习、娱乐、分享、互动交流于一体,让教育部门、学校、教师、学生、家长及其他教育工作者,这些不同身份的人群,可以在同一个平台上,根据权限去完成不同的工作。

云教育包含云培训中的教育培训管理信息系统、远程教育培训系统和培训机构网站,属于大型教育平台涉及技术领域。在这个覆盖世界的教育平台上,可共享教育资源,分享教育成果,教育中的教育者和受教育者可进行互动。

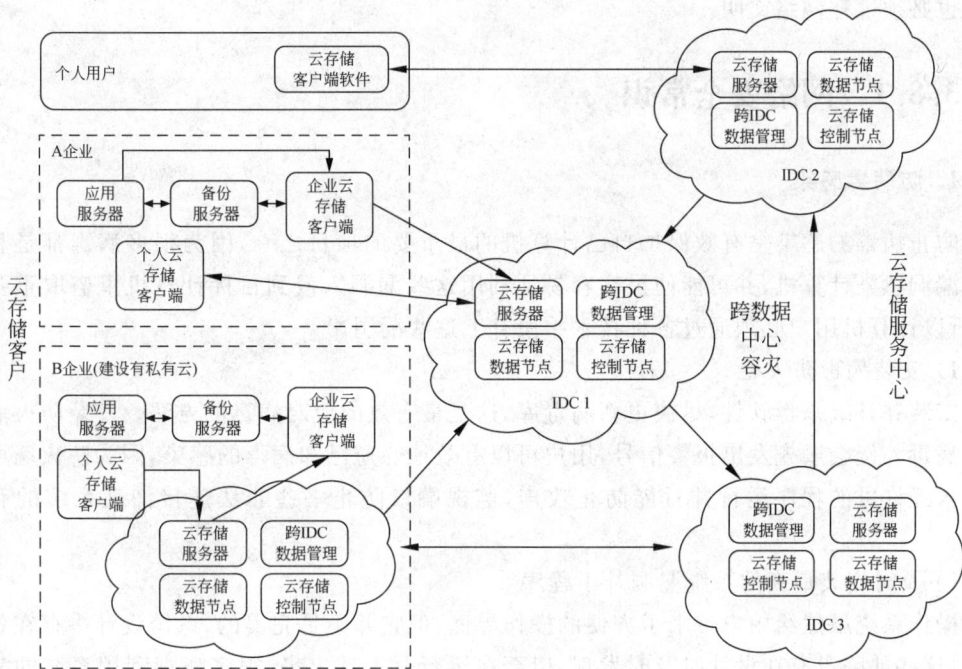

图 3-65 云存储

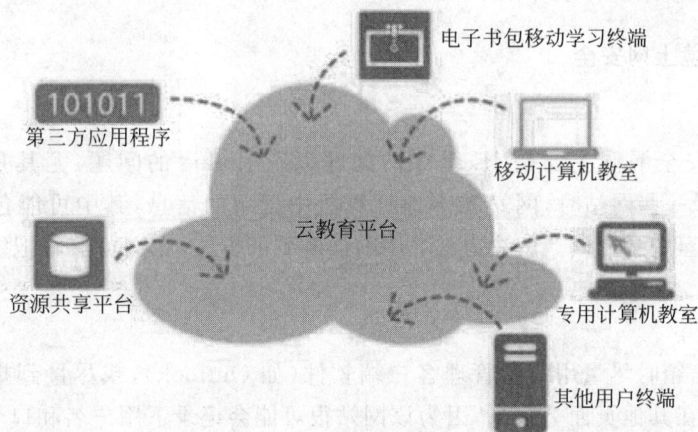

图 3-66 云教育

云教育的内容包括：建设大规模共享教育资源库、构建新型图书馆、打造教学科研"云"
环境、创建网络学习平台以及实现网络写作办公等方面。

3.8 网络安全常识与网络文明

网络是一个精彩的世界，人们可以尽情徜徉于其中，学习、交友、娱乐和创业，但在这个
虚拟的世界里，也充满了危险和不和谐，所以每个互联网用户必须有自我防范意识和能力，

同时也必须遵守网络文明。

3.8.1 网络安全常识

1. 防病毒感染

防止病毒的感染是有效保护自己计算机的最重要的项目之一,因为很多病毒都是利用系统漏洞感染计算机,并可能使黑客容易地利用这些漏洞入侵到目标计算机里盗取重要信息,所以计算机用户必须通过各种技术手段补上这些漏洞。

1) 安装病毒防火墙

安装并升级杀毒软件,尽快更新病毒库,这是最有效的应对病毒的方法。安装防火墙后遇到病毒入侵会事先发出报警信号,用户可以有效地躲避已知病毒的感染,因为防火墙可以阻止未经许可的程序运行并且能防止攻击,监视端口防止一些非法连接消耗系统的有限资源。

2) 及时安装最新的系统漏洞补丁程序

操作系统虽然给用户带来了方便的操作界面,但它并不是完美的,系统设计中存在各种缺陷,这些缺陷没有在设计时及时发现,以至在运行时表现出来,很多病毒利用系统的漏洞来加以传播并进行破坏,所以,一个训练有素的计算机用户应该关注一些安全公告,尽早获得安全信息和安装系统补丁。

2. 公共环境上网安全

1) 浏览器

浏览器的安全漏洞主要是 IE 缓存的问题以及 cookie 的问题,尤其是 cookie。所谓 cookie 是在登录一些网站时,网站在本地计算机中记录的信息,其中可能包含登录网站名称、登录时间甚至登录密码。解决办法:用前面学到的方法,在浏览器中把缓存信息彻底删除掉。

2) 使用邮箱

登录免费信箱时尽量用信箱管理客户端软件(如 Outlook),或尽量到指定的官方网站上去登录,不要在其他页面上登录,因为该网站很可能会记录下用户名和口令。浏览器也可能记下用户在页面表单中输入的身份认证信息,在公共环境上网后应该及时清除,方法是启动"Internet 选项"对话框,在"内容"选项卡中的"自动完成"中进行设置,如图 3-67 所示。

删除自动完成历史记录,并确保不选中"表单"、"表单上的用户名和密码"这些多选项,在以后上网时,浏览器就不再记录登录信息了。

3) 复制与粘贴

用户有时候会大量地使用复制粘贴功能来复制文件和文字。当离开机器的时候最好把剪贴板清空,尤其要注意是否使用了某些剪贴板增强工具,这些工具通常会自动记录复制的文件数量和内容,即便是非正常关机都不会消失。

4) 不要太好奇

好奇心并非总是好事,"黑客"为了使普通用户去掉戒备之心,总是利用人们最常见或者

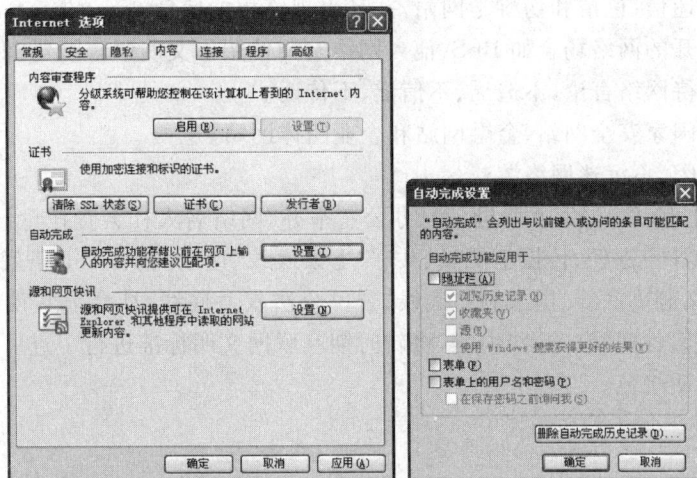

图 3-67　自动完成设置

喜好的东西来骗人上当,一个图标是 WINZIP 的文件实际上却可能是一个木马,一款漂亮的 Flash 动画背后可能隐藏了许多不为人所知的"勾当"。同理,不要随意打开来历不明的邮件及附件,不要随意接收他人传入的文档,不要随便打开他人传来的网页链接。

5) 密码

在网络上,很多应用都涉及密码,从电子信箱、论坛密码,到电子交易、网上银行,还有工作中使用的软件的密码,都是用于身份认证的重要的数据,密码一旦泄漏,会给用户造成巨大的损失。密码的确定和使用都应该注意不可(或尽可能困难地)被他人猜中或得知,因此密码的确定和使用应该遵守以下原则。

(1) 密码应该有一定的长度,并且应该用多种符号(如英文字母、数字甚至标点符号),不应该太有规律,以增加猜测和破解难度。如 123、abcd 等就是不好的密码。

(2) 不应选取与自己相关的数据作为密码,虽然这样的密码很便于记忆,但很容易被他人猜中。如个人身份证号、出生时间、电话号码等都不应该用做密码。

(3) 重要的密码是不应该抄写记录的,密码应该定期更换。

3.8.2　网络文明

早在 2001 年 11 月,团中央、教育部、文化部、国务院新闻办、全国青联、全国学联、全国少工委、中国青少年网络协会 8 家单位就已向社会发布《中华人民共和国全国青少年网络文明公约》,提倡"要善于网上学习,不浏览不良信息;要诚实友好交流,不辱骂欺诈他人;要增强自护意识,不随意约会网友;要维护网络安全,不破坏网络秩序;要有益身心健康,不沉溺虚拟时空;要树立良好榜样,不违反行为准则。"

综上所述,在互联网上,一个文明的网民应该做到以下几个方面。

(1) 不在网络上进行背叛祖国、反对社会主义制度的活动,维护祖国尊严。

(2) 不窃取他人网络密码和他人隐私,牟取利益。

(3) 不研发、销售、传播病毒程序。

（4）不架构迷信、色情和伪科学网站，并且不浏览相关信息。

（5）不在公开的网络场合如 BBS、他人网络空间使用不文明语言漫骂、侮辱、诋毁他人。

（6）理性对待网络言论，不造谣、不信谣、不传谣。

（7）不攻击国家安全网站、金融网站和企业团体网站。

（8）适度休闲，不沉迷网络游戏。

2013 年 8 月 10 日，国家互联网信息办公室举办"网络名人社会责任论坛"，参加论坛的与会者们就承担社会责任、传播正能量、共守"七条底线"达成共识。"七条底线"是：法律法规底线、社会主义制度底线、国家利益底线、公民合法权益底线、社会公共秩序底线、道德风尚底线和信息真实性底线。这些内容，将新时期互联网文明标准进行了进一步界定，是每个网民最基本的文明规范。

第 4 章　Word 2010

4.1　Word 2010 概述

4.1.1　Word 2010 的功能

Word 2010 是 Microsoft 公司开发的 Office 2010 办公组件之一,是一个功能强大的文字处理软件,它可以实现中英文文字的录入、编辑、排版和灵活的图文混排,还可以绘制各种表格,也可以方便地导入工作图表和 PowerPoint 的幻灯片和自带的各种图片。

4.1.2　启动

常用以下三种方法启动。
(1)"开始"→"程序"→Microsoft Office Word 2010。
(2)双击桌面上的快捷图标。
(3)通过打开已有的 Word 文件。

4.1.3　退出

(1)单击"文件"→"退出"命令。
(2)直接按 Alt＋F4 键。
(3)双击 Word 2010 工作窗口左上角的控制菜单框。
(4)单击 Word 2010 工作窗口右上角的"关闭"按钮。

4.1.4　Word 2010 窗口

Word 2010 窗口如图 4-1 所示,Word 窗口由标题栏、选项卡、功能区、文档编辑区和状态栏等部分组成。
(1)快速访问工具栏:位于工作界面的顶部,提供默认的按钮或用户添加的按钮,用于快速执行某些操作,相当于早期 Office 应用程序中的工具栏。
(2)标题栏:位于快速访问工具栏右侧,用于显示文档和程序的名称。

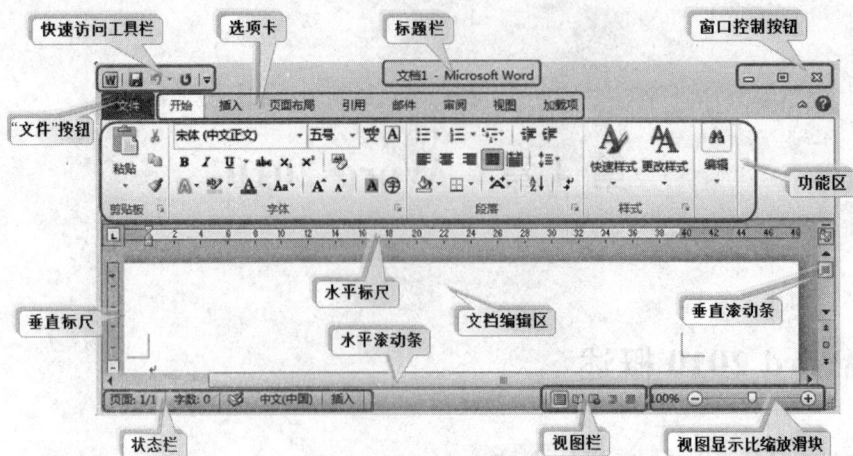

图 4-1　Word 2010 窗口

（3）窗口控制按钮：位于工作界面的右上角，单击窗口控制按钮，可以最小化、最大化、恢复或关闭程序窗口。

（4）"文件"按钮：位于快速访问工具栏下方，相当于早期 Office 版本中的"文件"菜单，执行与文档有关的基本操作（打开、保存、关闭等），打印任务也被整合到其中。

（5）选项卡和功能区：位于标题栏下方，几乎包括 Word 2010 所有的编辑功能，选择功能区上方的选项卡，下方显示与之对应的编辑工具。

（6）文档编辑区：用来输入和编辑文字的区域，不断闪烁地插入点光标"｜"表示用户当前的编辑位置。

（7）标尺：包括水平标尺和垂直标尺两种，标尺上有刻度，用于对文本位置进行定位。

（8）滚动条：可以对文档进行定位，文档窗口有水平滚动条和垂直滚动条。单击滚动条两端的三角按钮或用鼠标拖动滚动条可使文档上下滚动。

（9）状态栏：位于窗口左下角，用于显示文档页数、字数及校对信息等。

（10）视图栏和视图显示比缩放滑块：位于窗口右下角，用于切换视图的显示方式以及调整视图的显示比例。

4.1.5　设置快速访问工具栏

Word 2010 文档窗口中的"快速访问工具栏"用于放置命令按钮，使用户快速启动经常使用的命令。默认情况下，"快速访问工具栏"中只有数量较少的命令，用户可以根据需要添加多个自定义命令，操作步骤如下所述。

（1）打开 Word 2010 文档窗口，单击"文件"按钮，在弹出的列表中单击"选项"命令。

（2）在打开的"Word 选项"对话框中切换到"快速访问工具栏"选项卡，然后在"从下列位置选择命令"列表中单击需要添加的命令，并单击"添加"按钮即可。

（3）重复步骤（2）可以向 Word 2010 快速访问工具栏添加多个命令，依次单击"重置"→"仅重置快速访问工具栏"按钮可将快速访问工具栏恢复到原始状态。

4.1.6 功能区

Word 2010 取消了传统的菜单操作方式,而代之于各种功能区。在 Word 2010 窗口上方看起来像菜单的名称其实是功能区的名称,当单击这些名称时并不会打开菜单,而是切换到与之相对应的功能区面板。每个功能区根据功能的不同又分为若干个组,各功能区所拥有的功能如下所述。

"开始"功能区:包括剪贴板、字体、段落、样式和编辑 5 个组,主要用于帮助用户对 Word 2010 文档进行文字编辑和格式设置,是用户最常用的功能区。

"插入"功能区:包括页、表格、插图、链接、页眉和页脚、文本、符号和特殊符号几个组,主要用于在 Word 2010 文档中插入各种元素。

"页面布局"功能区:包括主题、页面设置、稿纸、页面背景、段落、排列几个组,用于帮助用户设置 Word 2010 文档页面样式。

"引用"功能区:包括目录、脚注、引文与书目、题注、索引和引文目录几个组,用于实现在 Word 2010 文档中插入目录等比较高级的功能。

"邮件"功能区:包括创建、开始邮件合并、编写和插入域、预览结果和完成几个组,该功能区的作用比较专一,专门用于在 Word 2010 文档中进行邮件合并方面的操作。

"审阅"功能区:包括校对、语言、中文简繁转换、批注、修订、更改、比较和保护几个组,主要用于对 Word 2010 文档进行校对和修订等操作,适用于多人协作处理 Word 2010 长文档。

"视图"功能区:包括文档视图、显示、显示比例、窗口和宏几个组,主要用于帮助用户设置 Word 2010 操作窗口的视图类型,以方便操作。

"加载项"功能区:包括菜单命令一个分组,加载项是可以为 Word 2010 安装的附加属性,如自定义的工具栏或其他命令扩展。"加载项"功能区则可以在 Word 2010 中添加或删除加载项。

4.2 文档的基本操作

应用 Word 2010 进行工作的过程中,Word 文档的基本操作是用户使用该程序的基础。本节将介绍新建文档、保存文档、打开和关闭文档的操作方法。

4.2.1 创建新文档

1. 新建空白文档

打开 Word 2010,单击"文件"按钮,选择"新建"项,打开"新建文档"对话框,在可用模板中单击"空白文档"按钮,单击右侧的"创建"按钮,就可以成功创建一个空白文档,如图 4-2 所示。

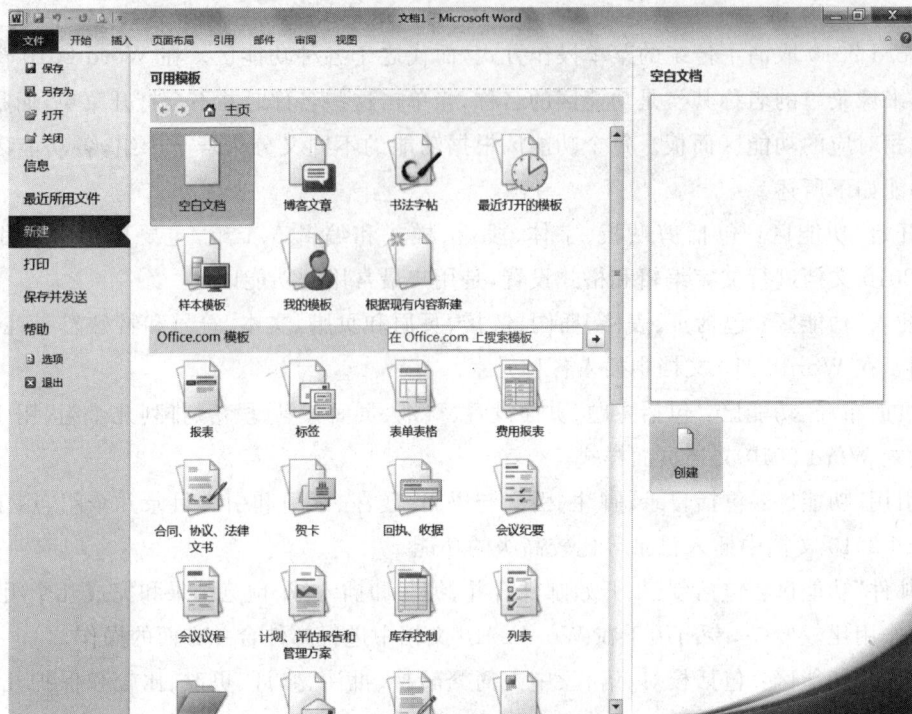

图 4-2　新建空白文档

2. 使用模板创建文档

在 Word 2010 中内置有多种用途的模板(例如书信模板、公文模板等),用户可以根据实际需要选择特定的模板新建 Word 文档。

打开 Word 2010,单击"文件"按钮,选择"新建"项,打开"新建文档"对话框,在"可用模板"列表中选择合适的模板,并单击"创建"按钮即可,如图 4-3 所示。

4.2.2　保存文档

完成文档的创建或编辑,并保存所做的工作后,即可关闭该文档。关闭文档但不退出 Word 应用程序的方法通常包括如下几种。

(1) 单击"文件"按钮,在弹出的列表中选择"关闭"命令。

(2) 直接单击文档右上方"关闭"按钮。

如果要在关闭当前文档的同时,退出 Word 2010 应用程序,通常可以通过如下几种方法来实现。

(1) 直接单击应用窗口右上方的"关闭"按钮。

(2) 单击"文件"按钮,在弹出的菜单中选择"退出"命令。

图 4-3　使用模板创建文档

（3）双击自定义快捷访问工具栏内的应用程序图标，即可关闭文档。

4.2.3　文本输入

1. 文本输入

（1）确定插入点。在指定的位置进入文字的插入、修改或删除等操作时，要先将插入点移到该位置，然后才能进行相应的操作。

（2）当输入完一段文档后，按 Enter 键分段。

（3）删除输入过程中错误的文字，将插入点定位到目的文本处，按 Delete 键可删除插入点右面的字符，按 Back Space 键可删除插入点左面的字符。

2. 文本的插入与改写

Word 2010 有插入和改写两种录入状态。在"插入"状态下，输入的文本将插入到当前光标所在位置，光标后面的文字将按顺序后移；而"改写"状态下，输入的文本将把光标后的文字替换掉，其余的文字位置不改变。

有三种方法可以切换"插入"和"改写"两种状态。

（1）单击"文件"按钮，选择"选项"项，打开"Word 选项"对话框，在其中可以选择"插入"和"改写"模式，如图 4-4 所示。

（2）打开 Word 2010 文档窗口，右键单击状态栏，在打开的菜单中勾选"改写"选项为

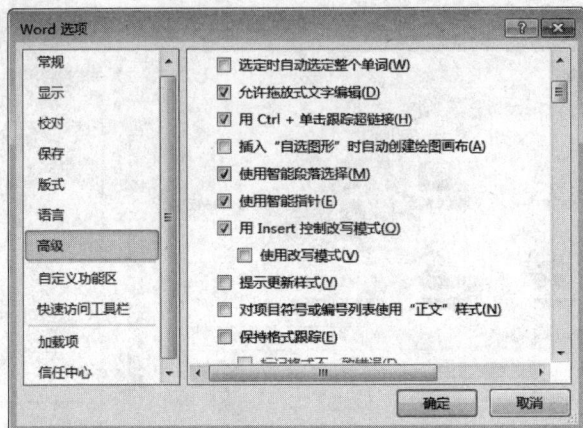

图 4-4　"Word 选项"对话框

"插入"状态,取消勾选则为"改写"状态。

（3）在 Word 2010 文档窗口状态栏将出现"插入"和"改写"模式切换键,单击该切换键在"插入"和"改写"两种模式之间进行切换。

3. 录入符号

选择"插入"选项卡,单击"符号"组中的"符号"按钮,出现如图 4-5(a)所示的界面;单击其下面的"其他符号"命令,出现如图 4-5(b)所示的对话框,在其中可以选择需要的符号插入。

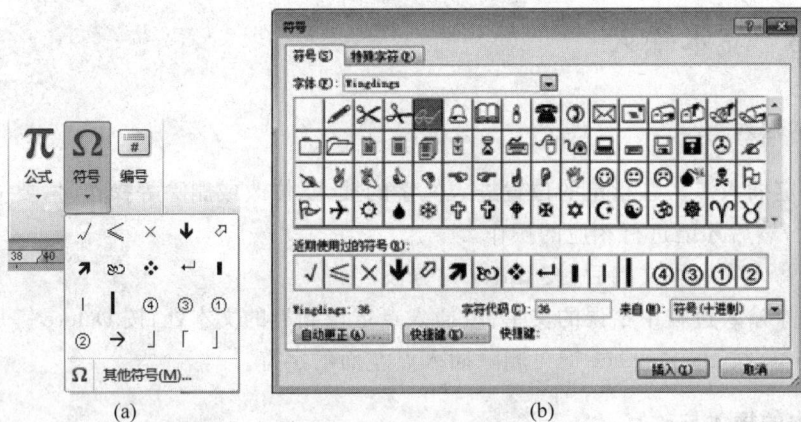

(a)　　　　　　　　　　　　(b)

图 4-5　插入符号

4.2.4　文本编辑

1. 选取文本

（1）选中英文单词或汉语词语：双击某个单词可选定该单词。

（2）选中一行：将鼠标移动到某行的左侧，当鼠标变成指向右边的箭头时，单击可以选定该行。

（3）选中多行：将鼠标移动到某行的左侧，当鼠标变成一个指向右边的箭头时，向上或向下拖动鼠标可选定多行。

（4）选中一句：按 Ctrl 键，然后单击某句文本的任意位置可选定该句文本。

（5）选中段落：可使用以下两种方法实现。

① 将鼠标移动到某段落的左侧，当鼠标变成指向右边的箭头时，双击可以选定该段。

② 在段落的任意位置三击（连续按三次左键）可选定整个段落。

2. 撤销、恢复和重复操作

（1）撤销功能可以撤销最近进行的操作，恢复到执行操作前的状态。

（2）恢复操作：还原用"撤销"命令撤销的操作。

（3）重复操作：可以重复上一步的操作。

3. 查找

（1）选择要查找的范围，如果不选择查找范围，则将对整个文档进行查找。

（2）单击"开始"选项卡下"编辑"组中的"查找"按钮，或用快捷键 Ctrl＋F。在导航窗格的搜索框中输入要查找的关键字，此时系统将自动在选中的文本中进行查找，并将找到的文本以高亮显示，同时，导航窗格包含搜索文本的标题也会高亮显示，如图 4-6 所示。

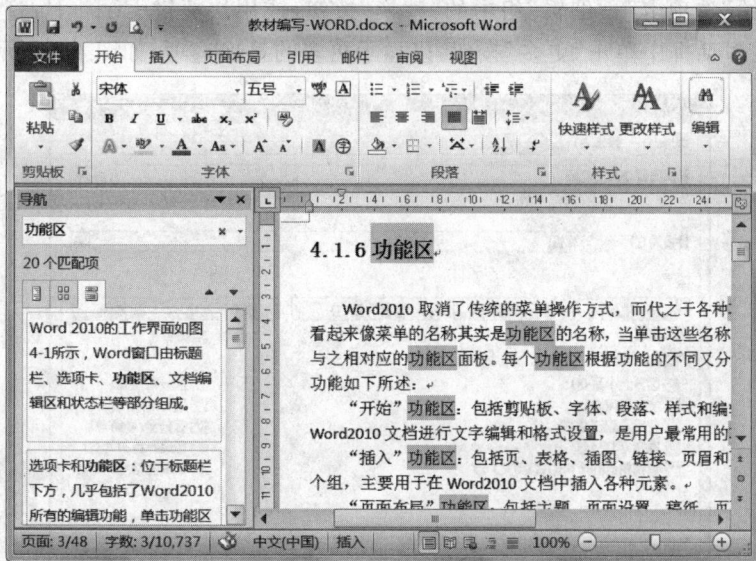

图 4-6　查找

（3）高级查找。单击"编辑"组的"查找"右侧的下三角按钮，在弹出的列表中选择"高级查找"命令，打开"查找和替换"对话框，在对话框中单击"更多"按钮，以显示更多的查找选项，如图 4-7 所示。

在"查找内容"编辑框中单击鼠标左键，使光标位于编辑框中，输入要查找的文本。如果

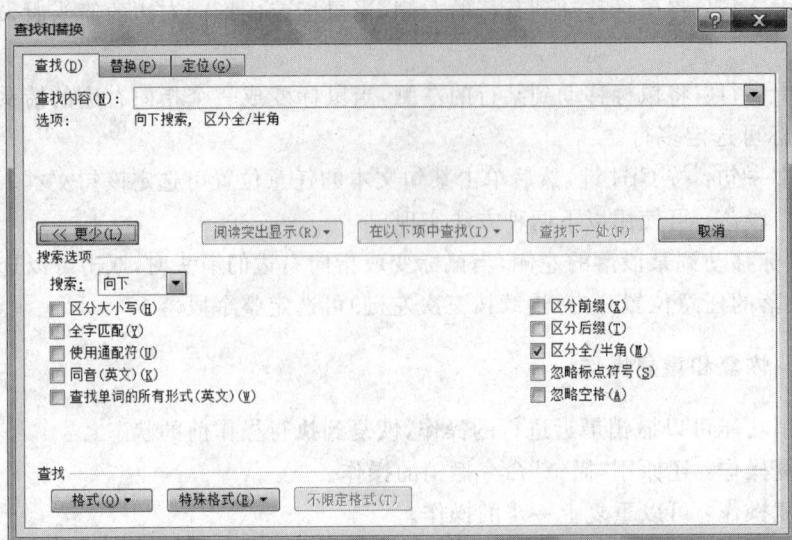

图 4-7 "查找和替换"对话框

查找的文本有格式方面的限定，可以单击"查找"区域中的"格式"按钮，在打开的"格式"菜单中单击相应的格式类型（例如"字体"、"段落"等）设置。

4. 替换

单击"开始"选项卡下"编辑"组中的"替换"按钮，或用快捷键 Ctrl＋H，打开"查找和替换"对话框，在对话框中单击"更多"按钮，以显示更多的替换选项，如图 4-8 所示。

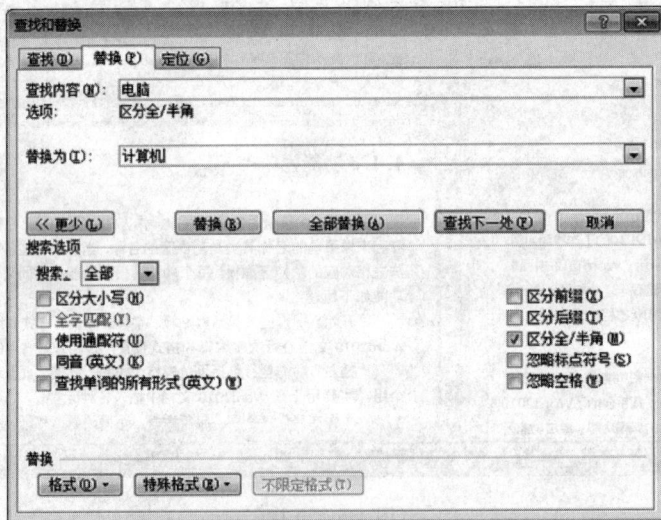

图 4-8 "替换"选项卡

在"查找内容"编辑框中单击鼠标左键，使光标位于编辑框中，输入要查找的文本。在"替换为"编辑框中单击鼠标左键，使光标位于编辑框中，输入要替换的文本。如果要替换的文本有格式方面的规定，可以单击"替换"区域的"格式"按钮，在打开的"格式"菜单中单击相应的格式类型(例如"字体"、"段落"等)设置。最后根据需要单击"替换"或"全部替换"按钮。

4.2.5 视图方式

选择"视图"选项卡,在"文档视图"组中单击需要的视图模式按钮,如图 4-9(a)所示,或分别单击视图栏视图快捷方式图标,即可选择相应的视图模式,如图 4-9(b)所示。

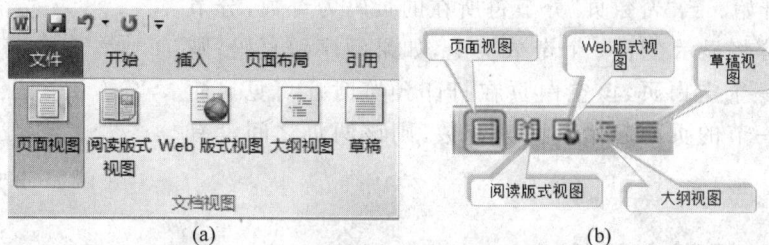

图 4-9 切换视图方式

(1)页面视图:按照文档的打印效果显示文档,具有"所见即所得"的效果,在页面视图中,可以直接看到文档的外观、图形、文字、页眉、页脚等在页面的位置,这样,在屏幕上就可以看到文档打印在纸上的样子,常用于对文本、段落、版面或者文档的外观进行修改。

(2)阅读版式视图:适合用户查阅文档,用模拟书本阅读的方式让人感觉在翻阅书籍。

(3)大纲视图:用于显示、修改或创建文档的大纲,它将所有的标题分级显示出来,层次分明,特别适合多层次文档,使得查看文档的结构变得很容易。

(4)Web 版式视图:以网页的形式来显示文档中内容。

(5)草稿视图:草稿视图类似之前的 Word 2003 或 2007 中的普通视图,该图只显示了字体、字号、字形、段落及行间距等最基本的格式,但是将页面的布局简化,适合于快速输入或编辑文字并编排文字的格式。

4.3 文档的排版

4.3.1 排版相关概念

段落:段落定义为由一个段落标记所引导的全部文本,文本的每个字符都属于段落的一部分。段落标记不仅用于标记一个段落的结束,它还保留着有关该段落的所有格式设置(如段落样式、对齐方式、缩进大小、制表位、行距、段落间距等)。

分页符:上一页结束以及下一页开始的位置。当文字或图形填满一页时,Word 会插入一个自动分页符,或者通过插入"手动"分页符在指定位置强制分页,并开始新的一页。

节:文档的一部分,可在其中设置某些页面格式选项。例如,若要更改文档中某一部分内容的页边距、页面的方向、行编号、列数或页眉和页脚等属性,需要为该部分创建一个新的节。

分节符：表示节的结尾插入的标记。分节符包含节的格式设置元素，例如页边距、页面的方向、页眉和页脚，以及页码的顺序。分节符有以下几种类型，如图4-10所示。

（1）下一页：插入一个分节符，新节从下一页开始，即分节符后面的内容将显示在新的一页上。

（2）连续：插入一个分节符，新节从同一页开始。

（3）奇数页或偶数页：插入一个分节符，新节从下一个奇数页或偶数页开始。当"奇数页"分节符所在的页码为奇数，分节符之后的内容将显示在下一个奇数页上，如果顺序编页码，则两页中间有一个空白页，该空白页在打印预览时才可见。而如果设置下一节的页面起始页面为奇数，则该两页之间没有空白页。

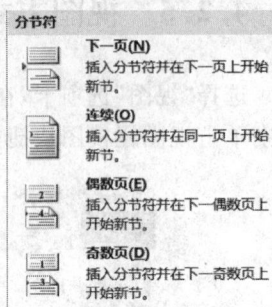

图4-10　分节符种类

4.3.2　设置字符格式

1. 设置字符格式

（1）使用"开始"选项卡的"字体"功能组设置字符格式，如图4-11所示。

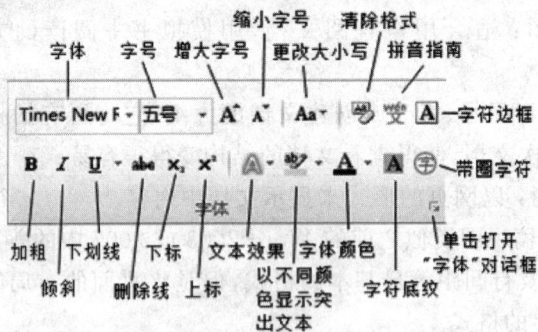

图4-11　"字体"组

（2）使用"格式设置"浮动工具栏设置字符格式，选定文字，在文字的右上方会出现"格式设置"浮动工具栏，如图4-12所示。

图4-12　"格式设置"浮动工具栏

（3）使用"字体"对话框进行设置，如图4-13所示。

2. 首字下沉

首字下沉是指将段落首行的第一个字符增大，使其占据两行或多行位置。选择"插入"

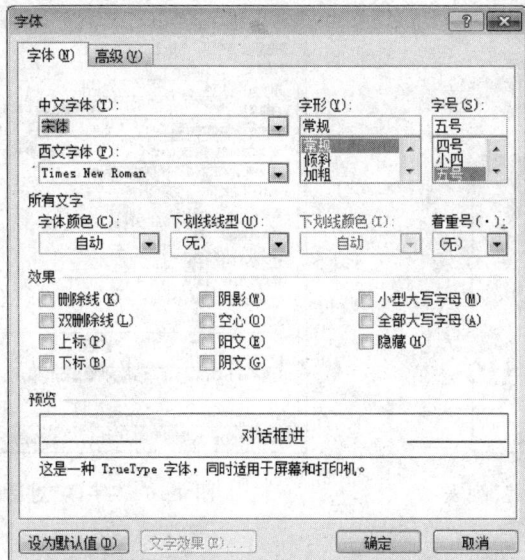

图 4-13 "字体"对话框

选项卡,在文本组中单击"首字下沉"按钮,根据需要选择"下沉"或"悬挂",如图 4-14(a)所示。如果需要进一步设置,可单击"首字下沉选项"命令,在如图 4-14(b)所示的对话框中对相关项目进行设置。

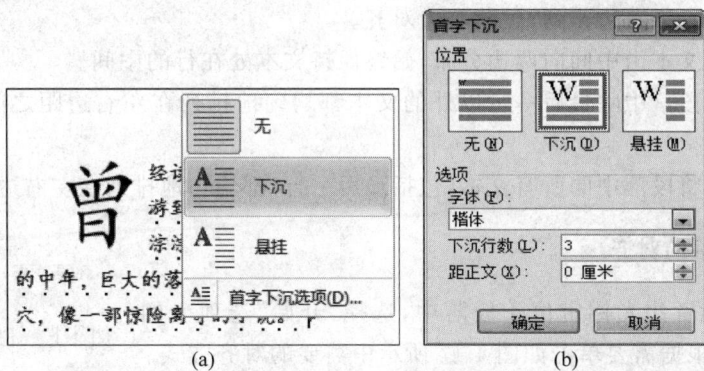

(a)   (b)

图 4-14   首字下沉

3. 分栏

选中文档中需要进行分栏的文本,选择"页面布局"选项卡,在"页面设置"功能组中单击"分栏"命令来实现,如图 4-15 所示。

4. 字符间距与字符缩放

字符间距是指相邻字符间的距离,字符缩放是指字符的宽高比例,以百分数来表示。选择"开始"选项卡,单击"字体"功能组右下方的按钮,打开"字体"对话框,在其中的"高级"选项卡中设置字符间距与字符缩放,如图 4-16 所示。

图 4-15 "分栏"列表

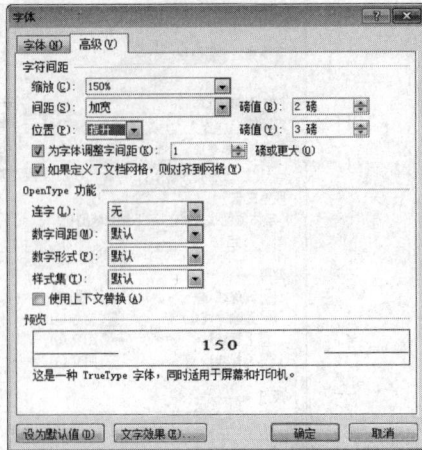

图 4-16 "字体"对话框

4.3.3 设置段落格式

1. 段落的对齐方式

左对齐：文本靠左边排列，段落左边对齐。

右对齐：文本靠右边排列，段落右边对齐。

居中对齐：文本由中间向两边分布，始终保持文本处在行的中间。

两端对齐：段落中除最后一行以外的文本都均匀地排列在左右边距之间，段落左右两边都对齐。

分散对齐：将段落中的所有文本（包括最后一行）都均匀地排列在左右边距之间。

2. 设置段落的对齐

选定段落或者让光标定位于段落中，选择"开始"选项卡的"段落"功能组，根据需要单击如图 4-17 所示中需要的对齐方式。

图 4-17 段落的对齐方式

3. "段落"对话框

选择"开始"选项卡，单击"段落"功能组右下方的按钮，打开"段落"对话框，如图 4-18 所示。

4. 段落的缩进

缩进是表示一个段落的首行、左边和右边距离页面左边和右边以及相互之间的距离关系。缩进有以下 4 种。

（1）左缩进：段落的左边距离页面左边距的距离。

（2）右缩进：段落的右边距离页面右边距的距离。

（3）首行缩进：段落第一行由左缩进位置向内缩进的距离，中文习惯首行缩进一般两个汉字宽度。

（4）悬挂缩进：段落中除第一行以外的其余各行由左缩进位置向内缩进的距离。

设置段落缩进可以在如图 4-18 所示的"段落"对话框中进行，此外还可用以下方法：选定要进行缩进的段落，然后左右拖动标尺上相对应的缩进滑标即可，缩进滑标如图 4-19 所示。如果用户在拖动的过程中按住 Alt 键，在标尺上将会出现缩进的准确数值。

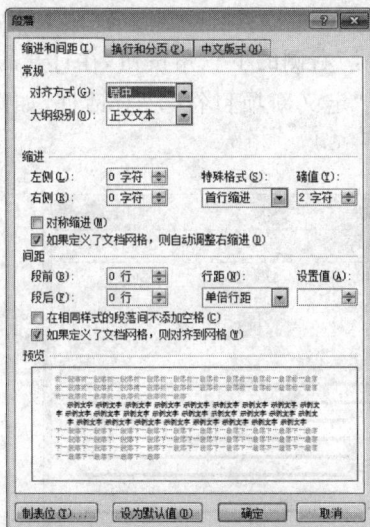

图 4-18 "段落"对话框

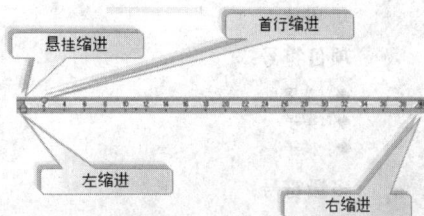

图 4-19 缩进滑标

5. 行间距与段间距

行间距是指段落中相邻两行间的间隔距离。段间距是指相邻两段间的间隔距离，段间距包括段前间距和段后间距两种。段前间距是指段落上方的间距量，段后间距是指段落下方的间距量，因此两段间的段间距应该是前一个段落的段后间距与后一个段落的段前间距之和。

选择"开始"选项卡，在"段落"功能组中单击"行和段落间距离"，如图 4-20 所示，在其下拉列表中可以设置行间距和段间距。此外还可在如图 4-18 所示的"段落"对话框中设置行间距和段间距。

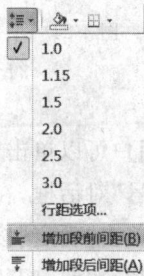

图 4-20 "行和段落间距离"列表

4.3.4 项目符号与编号

1. 项目符号、编号和多级符号

示例如图 4-21 所示。

2. 创建项目符号或编号

选择"开始"选项卡，单击"段落"功能组项目符号或编号、多级列表按钮，输入文本时将自动创建项目符号与段落编号。

或者选定要添加项目编号或项目符号的段落,在"段落"功能组中单击"编号"或"项目符号"按钮右边的箭头,在"项目符号"或"编号"对话框中选择项目符号或编号。

3. 自定义项目符号与编号

1) 自定义项目符号

在"开始"选项卡的"段落"功能组中单击"项目符号"右侧的下三角按钮,在打开的"项目符号"下拉列表中选择"定义新项目符号"选项。打开"定义新项目符号"对话框,如图 4-22 所示。

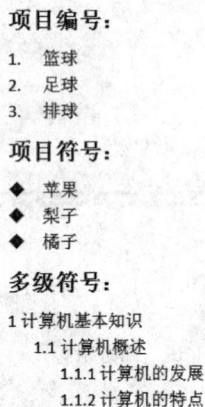

项目编号:

1. 篮球
2. 足球
3. 排球

项目符号:

◆ 苹果
◆ 梨子
◆ 橘子

多级符号:

1 计算机基本知识
  1.1 计算机概述
    1.1.1 计算机的发展
    1.1.2 计算机的特点

图 4-21　项目符号、编号和多级
符号示例

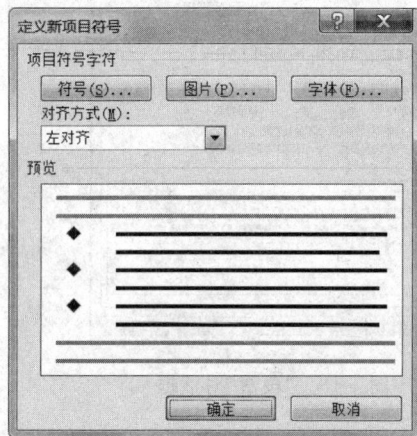

图 4-22　"定义新项目符号"对话框

用户可以单击"符号"按钮或"图片"按钮来选择项目符号的属性。单击"符号"按钮可打开"符号"对话框,在"字体"下拉列表中可以选择字符集,然后在字符列表中选择合适的字符,并单击"确定"按钮,返回"定义新项目符号"对话框。如果继续定义图片项目符号,则单击"图片"按钮打开"图片项目符号"对话框,在图片列表中含有多种适用于作项目符号的小图片,可以从中选择一种图片,并单击"确定"按钮,返回"定义新项目符号"对话框,可以根据需要设置对齐方式,最后单击"确定"按钮即可。

2) 自定义编号

在"开始"选项卡的"段落"功能组中单击"编号"右侧的下三角按钮,并在打开的下拉列表中选择"定义新编号格式"选项,打开"定义新编号格式"对话框,如图 4-23 所示。

在对话框中单击"编号样式"右侧的下三角按钮,在"编号样式"下拉列表中选择一种编号样式,并单击"字体"按钮,打开"字体"对话框,根据实际需要设置编号的字体、字号、字体颜色、下划线等项目(注意不要设置"效果"选项),并单击"确定"按钮,返回"定义新编号格式"对话框,在"编号格式"编辑框中保持灰色阴影编号代码不变,根据实际需要在代码前面或后面输入必要的字符。例如,在前面输入"第",在后面输入"项",然后在"对齐方式"下拉列表中选择合适的对齐方式,并单击"确定"按钮。

返回 Word 2010 文档窗口，在"开始"选项卡的"段落"功能组中单击"编号"右侧的下三角按钮，在打开的编号下拉列表中可以看到定义的新编号格式，如图 4-24 所示。

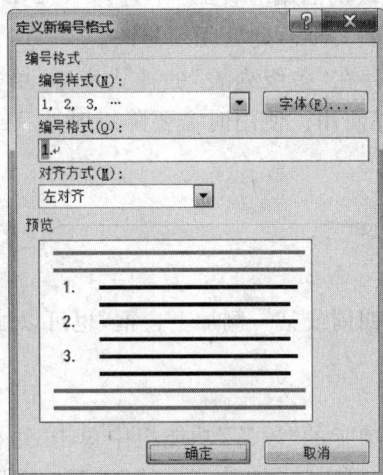

图 4-23　"定义新编号格式"对话框　　　　图 4-24　新编号格式

3）自定义多级列表

在"开始"选项卡的"段落"功能组中单击"多级列表"右侧的下三角按钮，并在打开的下拉列表中选择"定义新多级列表"选项，打开"定义新多级列表"对话框，如图 4-25 所示。

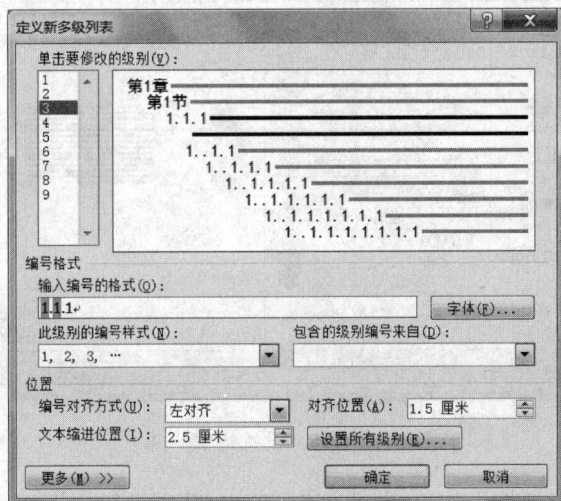

图 4-25　"定义新多级列表"对话框

假设要定义如图 4-25 所示的多级列表，操作步骤如下。

用鼠标单击"要修改的级别"中的"1"，在"此级别的编号样式"中选择"1,2,3,…"，此时会在"输入编号的格式"中出现"1."字样的灰底文字，在"1"前输入"第"字，删除英文句号并在"1"后输入"章"字。

用鼠标单击"要修改的级别"中的"2",在"此级别的编号样式"中选择"1,2,3,…",此时会在"输入编号的格式"中出现"1.1"字样的灰底文字,删除第一个"1"和所有英文句号,并在后一个"1"前输入"第"字,在最后输入"节"字。

用鼠标单击"要修改的级别"中的"3",在"此级别的编号样式"中选择"1,2,3,…",此时会在"输入编号的格式"中出现"1.1.1"字样的灰底文字。此处无须修改。

单击"确定"按钮。自定义的多级编号会保存在"多级列表"的样式库中,单击"多级列表"右侧的下三角按钮,在下拉菜单中即可看到并使用。使用时需要降级时按 Tab 键,需要升级时按 Shift+Tab 键。

4.3.5 边框和底纹

为了使文档醒目美观,可以给文本和段落的四周或某一侧加上边框,也可以加上底纹。

1. 设置边框

选中需要设置边框的段落文本,在"开始"选项卡的"段落"功能组中单击"边框"右侧的下三角按钮,在列表中选择符合需要的边框,例如可以选择"外侧框线"选项,使所选段落的周围均添加边框。

如果想进一步设置边框的格式,可以在"段落"功能组中单击"边框"右侧的下三角按钮,在列表中选择"边框和底纹"命令,打开"边框和底纹"对话框,如图 4-26 所示。

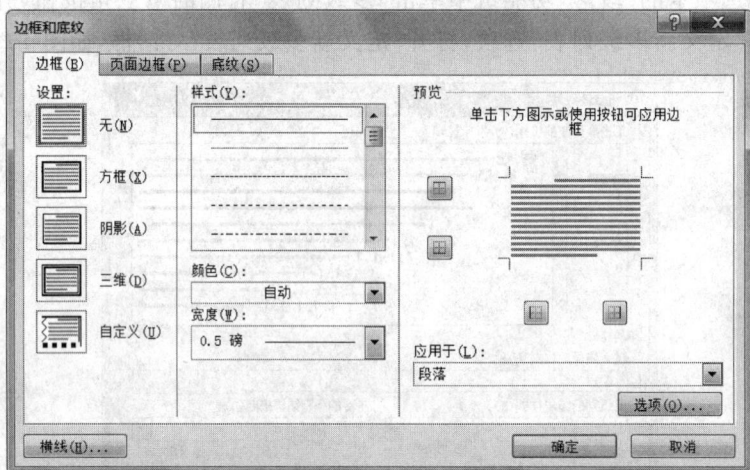

图 4-26　设置边框

在"边框和底纹"对话框中切换到"边框"选项卡,分别设置边框样式、边框颜色以及边框的宽度,然后单击"选项"按钮,打开"边框和底纹选项"对话框,在"距正文边距"区域设置边框与正文的边距数值,并单击"确定"按钮,返回"边框和底纹"对话框,再单击"确定"按钮,返回文档窗口,新设置的边框即可插入。

2. 设置底纹

选中需要设置底纹的段落文本,在"开始"选项卡的"段落"功能组中单击"底纹"右侧的下三角按钮,在列表中选择符合需要的底纹颜色。

如果想进一步设置底纹的格式,可以在"边框和底纹"对话框中切换到"底纹"选项卡,如图 4-27 所示。在"图案"区域分别选择图案样式和图案颜色,并单击"确定"按钮,返回文档窗口,可以看到设置了图案底纹的段落。

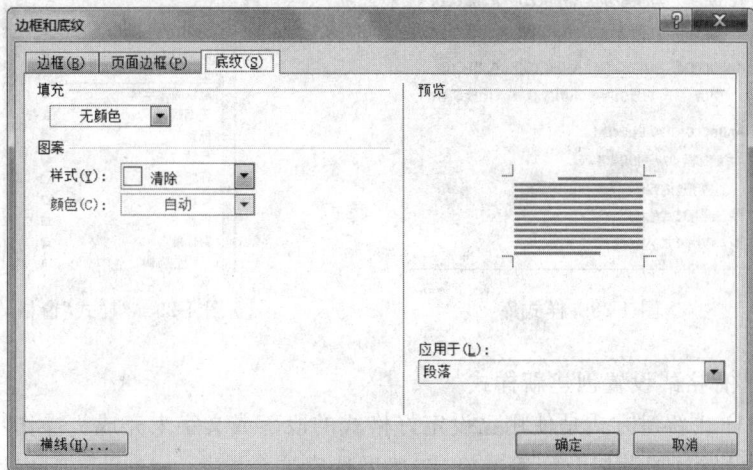

图 4-27　设置底纹

4.3.6　样式

样式功能是各种文本格式的一个综合应用,是各种文本属性的集合,可以包括有关文本的大部分字符属性和段落属性。Word 中的样式包括字符样式和段落样式两种。字符样式中定义了一套包括字体、字号、效果等字符属性的字符格式,用于字符格式的设置。段落样式中除各种字符属性外,还定义了缩进、对齐方式、行间距等段落属性,用于设置段落的格式。

1. 使用内置样式

在 Word 2010 中,提供了丰富的内置样式和样式集合,用户可直接调用这些内置样式。通过样式库和"样式"窗格都可以使用内置样式。

样式库放置在"开始"选项卡的"样式"功能组中,默认情况下只显示了三个内置样式,在选中文本后单击样式库右侧的下三角按钮,在弹出的下拉列表中单击需要的样式,即可为所选文本设置该样式,如图 4-28 所示。

为了操作的方便,常常需要打开"样式"窗格来使用样式。单击"样式"功能组右下角的"对话框启动器"按钮,将在编辑区的右侧显示"样式"窗格,拖动"样式"窗格到文档左(右)侧,窗格会自动嵌入到文档中。在该窗格中罗列了系统提供的样式,拖动滚动条可以进行查看。选中需要设置样式的文本,在"样式"窗格中单击需要的样式,即可为所选文本应用该样式,如图 4-29 所示。

2. 创建样式

若内置的样式不能满足文档格式的需要,则需要使用"样式"窗格来新建样式。

图 4-28 样式库

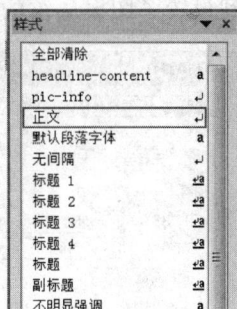

图 4-29 "样式"窗格

1）根据已有格式设置创建新样式

最快捷的样式新建方式是使用已设定好格式的段落或文字来完成。操作步骤如下。

（1）首先设置好段落以及字符的格式，然后选定这个段落。

（2）单击"样式"窗格下面的"新建样式"按钮，打开"根据格式设置创建新样式"对话框。

（3）在该对话框的"名称"框中输入新建样式的名字，系统默认为"样式 1"，如图 4-30 所示，单击"确定"按钮，新的样式就建立好了。返回到"样式"窗格中就可以看到新建的样式。

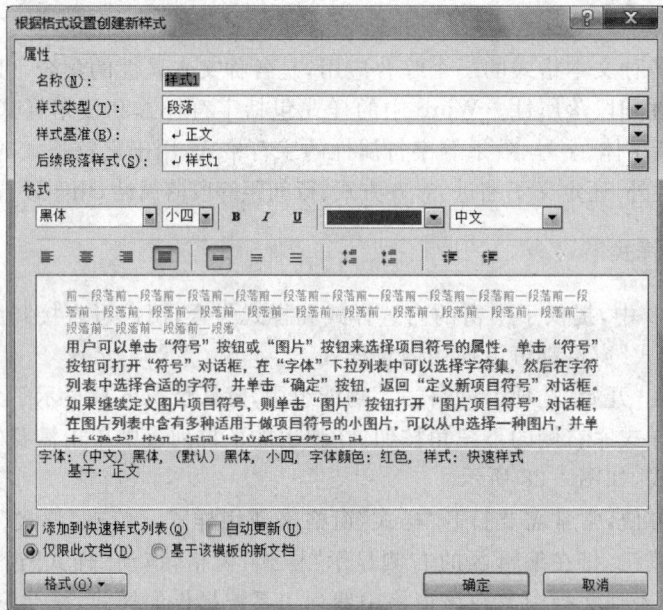

图 4-30 根据已有格式设置创建新样式

2）在对话框中定义新样式的格式

如果没有在文档中事先设置好格式，可以使用下面的步骤在对话框中定义新样式的字体、字号、颜色、段落格式等属性。

（1）打开"样式"窗格，单击"新建样式"按钮。

（2）弹出"根据格式设置创建新样式"对话框，在"名称"文本框内输入样式名称，在"样式类型"下拉列表中选择样式的类型，如"字符"，在"样式基准"下拉列表中选择基础样式，在"格式"栏中为新建的样式设置字体、字号、字形和颜色等格式。

（3）如果还需要更完善的设置，则单击对话框左下角的"格式"按钮，在弹出的菜单中选择需要设置的格式，此时会打开相应的对话框，在对话框中进行设置后，单击"确定"按钮返回到"根据格式设置创建新样式"对话框。

（4）若勾选"添加到快速样式列表"复选框，可将新建样式添加到样式库中；若勾选"自动更新"复选框，则当某个在文档中应用了该样式的段落格式发生变化时，该样式会自动进行更新。

（5）最后单击"确定"按钮，"样式"窗格中即可显示出新建样式，在遇到需要使用该种样式的文本段落时，只需要选中该段落，接着单击"样式"窗格中对应的样式即可。

3. 修改样式

如果要为内置样式或新建的样式更改或添加某些格式属性，可按如下步骤修改样式。

（1）在"样式"窗格中使用鼠标右键单击需修改的样式名，在弹出的快捷菜单中单击"修改"命令。

（2）打开如图 4-31 所示的"修改样式"对话框，在该对话框中修改样式的各种属性，方法与新建样式相同。

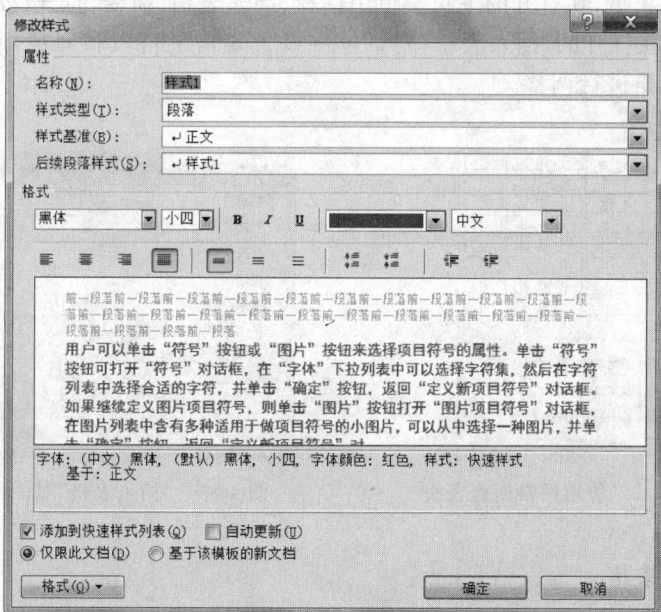

图 4-31　修改样式

（3）完成后单击"确定"按钮。

修改样式后，以前所有使用过该样式的文本属性都会随之改变。利用这一特性，用户可以很方便地管理文档中的文字样式与段落格式。

4. 清除和删除样式

清除样式：选定要清除样式的内容，单击"样式"窗格中的第一条命令"全部清除"。

删除样式：在"样式"窗格中使用鼠标右键单击需删除的样式名，在弹出的快捷菜单中选择"删除"命令，在弹出的提示框中单击"是"按钮。

删除样式后，Word首先对所有带有该样式的段落应用正文样式，然后从模板中取消此样式的定义。注意：系统提供的样式是不可删除的。

4.4　表格的使用

4.4.1　创建表格

1. 使用网格创建表格

将光标插入点插入表格的起始位置，选择"插入"选项卡，在"表格"功能组中单击"表格"按钮，打开其下拉菜单，在"插入表格"选项的网格中拖动鼠标选择所需的行数和列数之后，单击鼠标即可在光标插入点的位置自动插入相对应的表格，如图4-32所示。

2. 使用"插入表格"对话框创建表格

将光标插入点插入表格的起始位置，选择"插入"选项卡，在"表格"功能组中单击"表格"按钮，打开其下拉菜单，在打开的下拉菜单中选择"插入表格"命令，打开"插入表格"对话框，如图4-33所示。在打开的"插入表格"对话框中设置表格的行数和列数，通过"'自动调整'操作"选项区对表格进行调整。

图 4-32　使用网格创建表格　　　　图 4-33　"插入表格"对话框

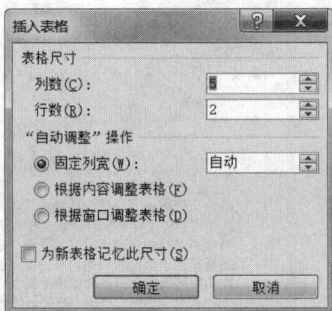

3. 手动绘制表格

选择"插入"选项卡，在"表格"功能组中单击"表格"按钮，打开其下拉菜单，在打开的下拉菜单中选择"绘制表格"命令，如图4-34所示，鼠标光标变为铅笔形状。

将笔形鼠标移动到插入表格的起始位置，按住鼠标左键，拖动笔形鼠标绘制表格的整个边框，此时绘制的是一个虚线的矩形框，直到满意后释放鼠标左键，绘制的虚线矩形框变为实线框，至此，整个表格的边框即可确定下来。

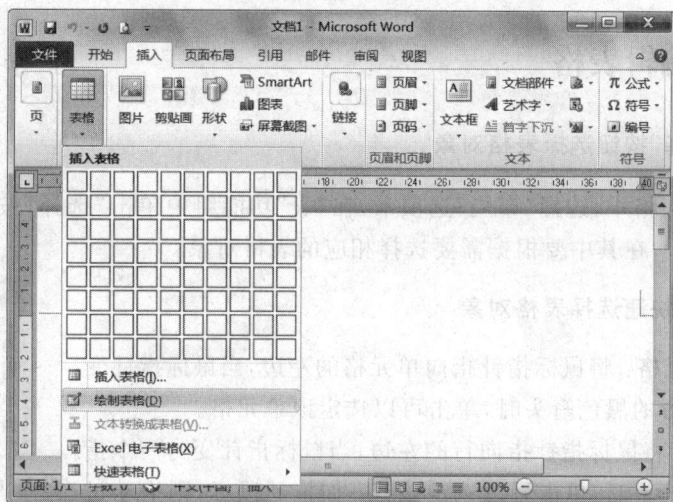

图 4-34　选择"绘制表格"命令

　　绘制好表格边框后,在表格的左边框任意处按住鼠标左键,拖动笔形鼠标向右移动,拖动到满意位置后,释放鼠标左键,即可看到表格中增加了一行。

　　在表格的上边框任意处按住鼠标左键,拖动笔形鼠标向下移动,拖动到满意位置后,释放鼠标左键,即可为表格中增加一列。

　　根据需要,在表格边框中绘制合适的行与列,即可将表格绘制完成。

4. 插入快速表格

　　将光标插入点插入表格的起始位置,选择"插入"选项卡"表格"功能组中的"表格"下拉按钮,在弹出的下拉面板中选择"快速表格"选项,在弹出的子选项中选择合适的表格,即可在文档中插入表格,如图 4-35 所示。

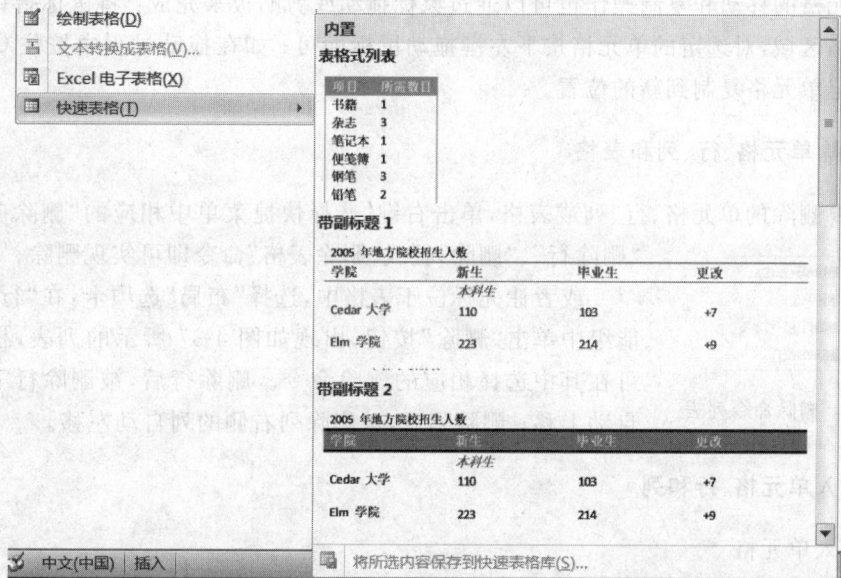

图 4-35　插入快速表格

4.4.2 编辑表格

1．使用"选择"按钮选择表格对象

让光标位于表格中,选择"布局"选项卡,在"表"功能组中单击"选择"按钮,弹出选择列表,如图 4-36 所示,在其中要根据需要选择相应的表格对象。

2．使用鼠标快速选择表格对象

（1）选择单元格：将鼠标指针指向单元格的左边,当鼠标指针变为一个指向右上方的黑色箭头时,单击可以选定该单元格。

（2）选择行：将鼠标指针指向行的左边,当鼠标指针变为一个指向右上方的白色箭头时,单击可以选定该行;如拖动鼠标,则拖动过的行被选中。

图 4-36　选择表格对象列表

（3）选择列：将鼠标指针指向列的上方,当鼠标指针变为一个指向下方的黑色箭头时,单击可以选定该列;如水平拖动鼠标,则拖动过的列被选中。

（4）选择连续单元格：在单元格上拖动鼠标,拖动的起始位置和终止位置间的单元格被选定;也可单击位于起始位置的单元格,然后按住 Shift 键单击位于终止位置的单元格,起始位置和终止位置间的单元格被选定。

（5）选择整个表格：单击表格左上角的表格移动控点可选择整个表格。

（6）选择不连续单元格：在按住 Ctrl 键同时拖动鼠标可以在不连续的区域中选择单元格。

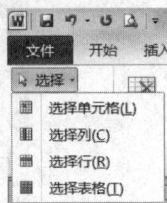

3．移动/复制单元格

对单元格的移动和复制操作也可以通过鼠标拖动或剪贴板来完成：将鼠标指针指向选定的单元格区域,对选定的单元格按下左键拖动鼠标即可;如在拖动过程中按住 Ctrl 键则可以将选定单元格复制到新的位置。

4．删除单元格、行、列和表格

选定要删除的单元格、行、列或表格,单击右键,选择快捷菜单中相应的"删除单元格"、"删除行"、"删除列"或"删除表格"命令即可实现删除。

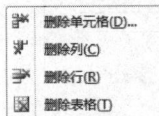

图 4-37　删除命令列表

或者让光标位于表格中,选择"布局"选项卡,在"行和列"功能组中单击"删除"按钮,出现如图 4-37 所示的列表,根据需要可在其中选择相应的删除命令。删除行后,被删除行下方的行自动上移;删除列后,被删除列右侧的列自动左移。

5．插入单元格、行和列

1）插入单元格

选定插入位置上的单元格,右击鼠标,在弹出的快捷菜单中选择"插入"→"插入单元格"选项,将打开"插入单元格"对话框,如图 4-38 所示。也可以选择"布局"选项卡中的"行和列"功能组右下角的扩展按钮,打开"插入单元格"对话框。

2)插入行和列

单击"布局"选项卡的"行和列"功能组中的"在上方插入"或"在下方插入"按钮,如图 4-39 所示。也可以在选定行后,右击鼠标,在弹出的快捷菜单中选择"插入"→"在上方插入行"或 "在下方插入行"选项。

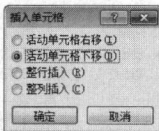

图 4-38 "插入单元格"对话框　　　　图 4-39 插入行和列

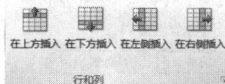

同理,可以用同样的方法在选定列的左侧或右侧插入与选定列数相同的列。

6. 合并和拆分单元格

1)合并单元格

(1)选定要合并的两个或多个单元格。

(2)单击"布局"选项卡的"合并"功能组中的"合并单元格"按钮;或右击鼠标,在弹出 的快捷菜单中选择"合并单元格"选项。

2)拆分单元格

(1)选定要拆分的一个或多个单元格。

(2)单击"布局"选项卡的"合并"功能组中的"拆分单元格"按 钮;或右击鼠标,在弹出的快捷菜单中选择"拆分单元格"选项,打 开如图 4-40 所示的对话框。

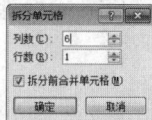

图 4-40 "拆分单元格" 对话框

7. 拆分表格

(1)选定要拆分处的行。

(2)单击"布局"选项卡的"合并"功能组中的"拆分表格"按钮,一个表格就从光标处分 成两个表格。

8. 表格与文字相互转换

1)表格转换为文字

Word 可以将文档中的表格内容转换为以逗号、制表符、段落标记或其他指定字符分隔 的普通文本,操作步骤如下:光标定位在表格中,选择"布局"选项卡,在"数据"功能组中单 击"转换为文本"按钮,在弹出的如图 4-41 所示的"表格转换成文本"对话框中设置要当作文 本分隔符的符号。

2)文字转换为表格

如果要把文字转换成表格,文字之间必须用分隔符分开,分隔符可以是段落标记、逗号、 制表符或其他特定字符,操作步骤如下:选定要转换为表格的正文,选择"插入"选项卡,在 "表格"功能组中单击"表格"按钮,在弹出的下拉列表中选择"文本转换成表格"命令,打开

"将文字转换成表格"对话框,如图 4-42 所示,在其中设置相应的选项即可。

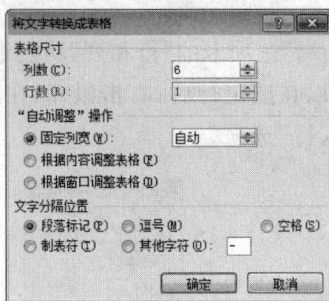

图 4-41 "表格转换成文本"对话框　　　图 4-42 "将文字转换成表格"对话框

4.4.3　表格格式化

1. 移动和缩放表格

移动表格,可将鼠标指针指向左上角的移动标记,然后按下左键拖动鼠标,拖动过程中会有一个虚线框跟着移动,当虚线框到达需要的位置后,松开左键即可将表格移动到指定位置;缩放表格,可将鼠标指针指向右下角的缩放标记,然后按下左键拖动鼠标,拖动过程中也有一个虚线框表示缩放尺寸,当虚线框尺寸符合需要后,松开左键即可将表格缩放为需要的尺寸,如图 4-43 所示。

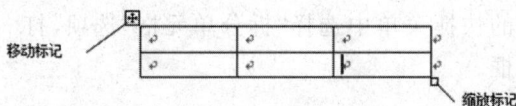

图 4-43　移动和缩放标记

2. 改变行高和列宽

将鼠标指针指向需移动的行线,当指针变为 ÷ 状时,按下左键拖动鼠标可移动行线。

将鼠标指针指向需移动的列线,当指针变为 ╫ 状时,按下左键拖动鼠标可移动列线。

若要准确地指定表格大小、行高和列宽,则可以在"表格属性"对话框中设置,如图 4-44 所示。

3. 平均分布行列

如果需要表格的大部分行列的行高或列宽相等,则可以使用平均分布行列的功能。该功能可以使选择的每一行或每一列都使用平

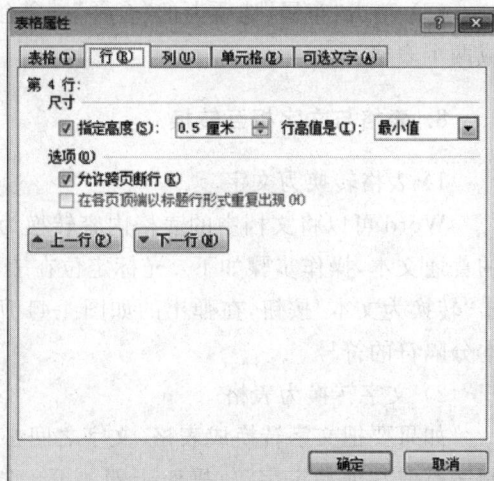

图 4-44　"表格属性"对话框

均值作为行高或列宽。

让光标位于表格中,选择"布局"选项卡,在"单元格大小"功能组中单击"分布行"或"分布列"按钮,可平均分布行列。或者选定要平均分布的行或列,单击右键,在快捷菜单中选择"平均分布各行"或"平均分布各列"命令,也可平均分布行列。

4. 绘制斜线表头

斜线表头是指使用斜线将一个单元格分隔成多个区域,然后在每一个区域中输入不同的内容。在 Word 2010 中,没有绘制斜线表头的选项。要想绘制斜线表头,可以插入一条斜线,然后在斜线的两侧插入文本框,再输入表头文字。

插入一条斜线有以下几种方法。

(1)在框线下拉列表中选择"斜下框线"。

(2)在"边框与底纹"对话框中选择"斜下框线"。

(3)单击"绘制表格"按钮,当鼠标光标变为铅笔形状时绘制斜线。

5. 标题行重复

如果表格很长,分排在好几页上,则可以指定表格中作为标题的行,被指定的行会自动显示在每一页的开始部分,以方便阅读。

指定标题行的方法是:选定作为标题的行(必须包括表格的第一行),选择"布局"选项卡,在"数据"功能组中单击"重复标题行"按钮。

6. 格式化表格

(1)设置字符格式:使用"开始"选项卡的"字体"功能组,或使用"格式设置"浮动工具栏,或使用"字体"对话框设置。

(2)单元格对齐方式:选择"布局"选项卡,根据需要在"对齐方式"功能组中选择相应的对齐方式,如图 4-45 所示。

(3)设置文字方向:选定文本,在图 4-45 中单击"文字方向"按钮即可设置文字方向。

(4)设置表格对齐方式:

选定表格,选择"布局"选项卡,在"表"功能组中单击"属性"按钮,打开"表格属性"对话框,在其中可设置表格对齐方式,如图 4-46 所示。

图 4-45 单元格对齐方式

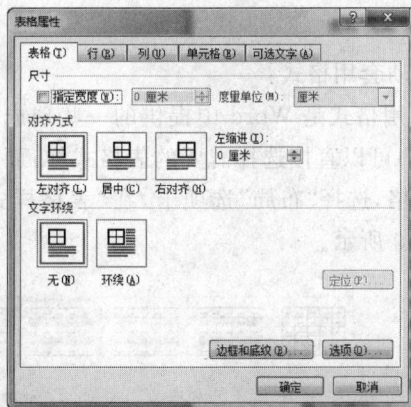

图 4-46 "表格属性"对话框

（5）表格的边框和底纹：

选定表格，选择"设计"选项卡，单击"绘图边框"右下方的按钮，打开"边框和底纹"对话框，在"边框"选项卡下可根据需要设置表格的边框，如图 4-47 所示。

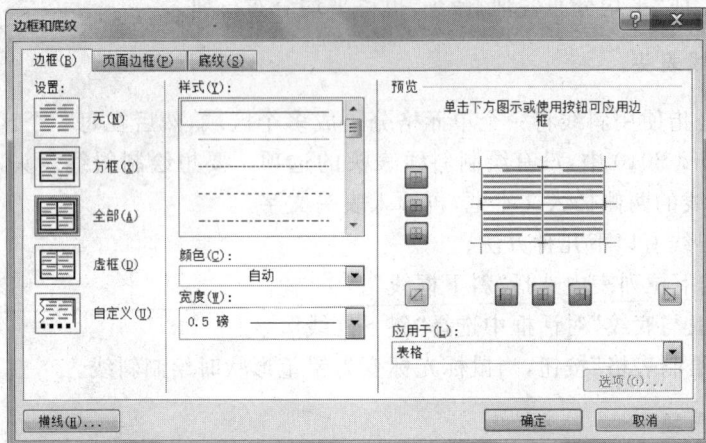

图 4-47　设置表格的边框

切换到"底纹"选项卡，可根据需要设置表格的底纹，如图 4-48 所示。

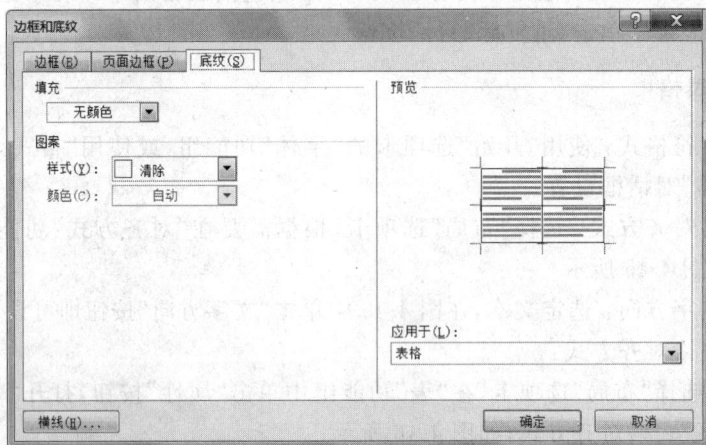

图 4-48　设置表格的底纹

（6）自动套用格式：

自动套用格式是 Word 中提供的一些现成的表格式样，其中已经定义好了表格中的各种格式，用户可以直接选择需要的表格式样，而不必逐个设置表格的各种格式。使用方法如下：选定表格，选择"布局"选项卡，在"表格样式"功能组中可根据需要套用不同的表格样式，如图 4-49 所示。

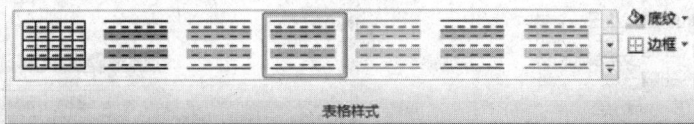

图 4-49　表格样式

4.4.4 计算和排序

1. 表格的计算

（1）单击要存入计算结果的单元格。

（2）选择"布局"选项卡，单击"数据"功能组中的"公式"按钮，打开"公式"对话框，如图 4-50 所示。

（3）在"粘贴函数"下拉列表中选择所需的计算公式。如 SUM，用来求和，则在"公式"文本框内出现"＝SUM()"。

（4）在公式中输入"＝SUM(LEFT)"可以自动求出所有单元格横向数字单元格的和，输入"＝SUM(ABOVE)"可以自动求出纵向数字单元格的和。

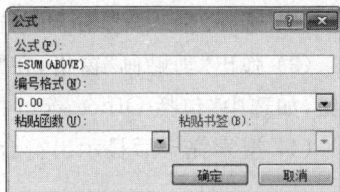

图 4-50 "公式"对话框

2. 表格排序

Word 提供了对表格数据进行自动排序的功能，可以对表格数据按数字顺序、日期顺序、拼音顺序、笔画顺序进行排序。在排序时，首先选择要排序的单元格区域，然后选择"布局"选项卡，单击"数据"功能组中的"排序"按钮，弹出"排序"对话框。在对话框中，可以任意指定排序列，并可对表格进行多重排序，如图 4-51 所示。

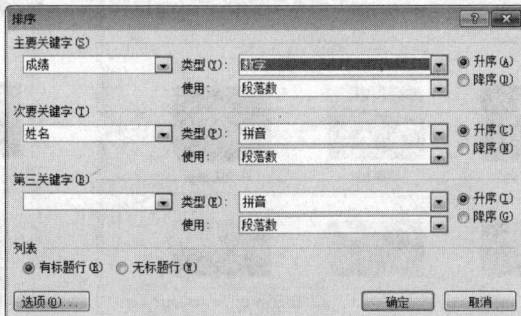

图 4-51 "排序"对话框

4.5 图文混排

4.5.1 插入图片和剪贴画

1. 插入图片

用户可以插入多种格式的图片文档，如 .bmp、.jpg、.png、.gif 等。插入图片的步骤如下。

（1）把插入点定位到要插入的图片位置。

（2）选择"插入"选项卡，单击"插图"功能组中的"图片"按钮。

（3）在弹出的"插入图片"对话框中，找到需要插入的图片，单击"插入"按钮或单击"插入"按钮旁边的下拉按钮，在打开的下拉列表中选择一种插入图片的方式，如图 4-52 所示。

2. 插入剪贴画

Word 的剪贴画存放在剪辑库中，用户可以由剪辑库中选取图片插入到文档中。插入剪贴画的步骤如下：

（1）把插入点定位到要插入剪贴画的位置。

（2）选择"插入"选项卡，单击"插图"组中的"剪贴画"按钮。

（3）弹出"剪贴画"窗格，在"搜索文字"文本框中输入要搜索的图片关键字，单击"搜索"按钮，如选中"包括 Office.com 内容"复选框，可以搜索网站提供的剪贴画，如图 4-53 所示。

（4）搜索完毕后显示出符合条件的剪贴画，单击需要插入的剪贴画即可完成插入。

图 4-52 "插入图片"对话框　　　　　　图 4-53 "剪贴画"窗格

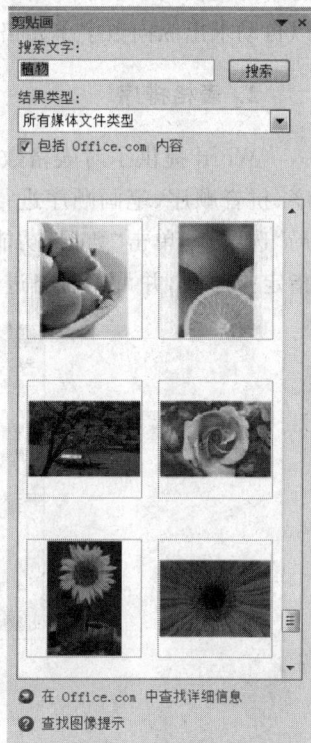

3. 截取屏幕图片

用户除了可以插入计算机中的图片或剪贴画外，还可以随时截取屏幕的内容，然后作为图片插入到文档中，截屏操作如下：

（1）把插入点定位到要插入屏幕图片的位置。

（2）选择"插入"选项卡，单击"插图"功能组中的"屏幕截图"按钮。

（3）在展开的下拉面板中选择需要的屏幕窗口，即可将截取的屏幕窗口插入到文档中。

如图 4-54 所示。

（4）如果想截取计算机屏幕上的部分区域，可以在"屏幕截图"下拉面板中选择"屏幕剪辑"选项，这时当前正在编辑的文档窗口自行隐藏，进入截屏状态，拖动鼠标，选取需要截取的图片区域，松开鼠标后，系统将自动重返文档编辑窗口，并将截取的图片插入到文档中。

图 4-54 "屏幕截图"下拉面板

4.5.2 图片的编辑和格式设置

1. 选定图片

对图片操作前，首先要选定图片，选中图片后图片四边出现 4 个小方块，对角上出现 4 个小圆点，这些小方块或小圆点称为尺寸控点，可以用来调整图片的大小，图片上方有一个绿色的旋转控制点，可以用来旋转图片，如图 4-55 所示。

2. 设置文字环绕

环绕是指图片与文本的关系，图片一共有 7 种文字环绕方式，分别为嵌入型、四周型、紧密型、穿越型、上下型、衬于文字下方和浮于文字上方。

设置文字环绕时单击"格式"选项卡下"排列"功能组中的"自动换行"按钮，在弹出的"文字环绕方式"下拉列表中选择一种适合的文字环绕方式即可，如图 4-56 所示。

图 4-55 图片的尺寸控点和旋转控制点　　　　图 4-56 文字环绕方式

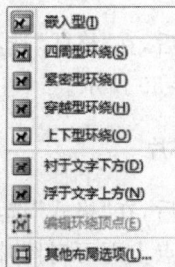

下拉列表也可以通过选中图片,右击鼠标,在快捷菜单中选择"自动换行"选项打开。单击"其他布局选项",打开"布局"对话框的"文字环绕"选项卡也可以设置文字环绕方式,如图 4-57 所示。

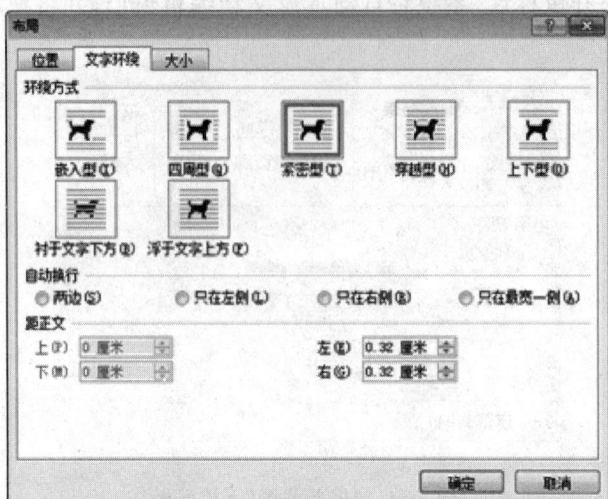

图 4-57　通过"布局"对话框设置文字环绕

3. 调整图片的大小和位置

图片选中后,将鼠标移到所选图片,当鼠标指针变成四向箭头形状时拖动鼠标,可以移动所选图片的位置,移动鼠标到图片的某个尺寸控点上,当鼠标变成双向箭头形状时,拖动鼠标可以改变图片的形状。

若要精确调整图片大小,操作步骤如下:

在需要调整大小的图片中单击鼠标右键,从弹出的快捷菜单中选择"大小和位置"命令,弹出"布局"对话框,打开"大小"选项卡,如图 4-58 所示。在该选项卡中设置图片的高度、宽度和旋转角度;在"缩放"选区中设置图片高度和宽度的比例。选中"锁定纵横比"复选框,可使图片的高度和宽度保持相同的尺寸比例;选中"相对原始图片大小"复选框,可使图片的大小相对于图片的原始大小进行调整。

此外还可以选定图片,在"格式"选项卡的"大小"功能区中精确设置图片大小。

4. 设置图片的样式

选中图片后,在"格式"选项卡中的"图片样式"功能组中单击相应的选项,即可设置图片的形状,如图 4-59 所示。

5. 裁剪图片

选中图片后,在"格式"选项卡中的"大小"功能组中选择"裁剪"选项,此时将鼠标指针移至图片的控制点上即可对图片进行裁剪,效果如图 4-60 所示。

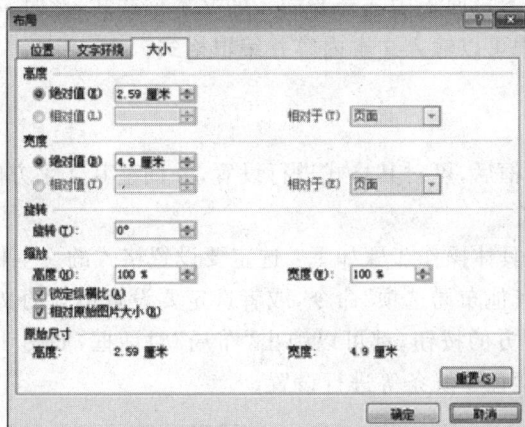

图 4-58　通过"布局"对话框调整图片大小

图 4-59　图片样式

图 4-60　裁剪图片

6. 旋转图片

在需要旋转的图片上单击鼠标右键,从弹出的快捷菜单中选择"大小和位置"命令,弹出"布局"对话框,打开"大小"选项卡。在该选项卡的"旋转"选区中的"旋转"框中输入旋转的角度,单击"确定"按钮即可旋转图片。

也可在需要旋转的图片上单击鼠标右键,从弹出的快捷菜单中单击"旋转"按钮,弹出如图 4-61 所示的旋转列表,从中根据需要选择相应的选项设置旋转,或者将鼠标移到旋转控制点上,此时鼠标变成旋转形状,按下鼠标左键,拖动即可旋转图片。

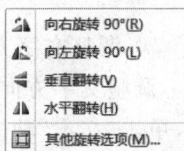

图 4-61　旋转列表

4.5.3　文本框

文本框是储存文本的图形框,文本框中的文本可以像页面文本一样进行各种编辑和格式设置操作,而同时对整个文本框又可以像图形、图片等对象一样在页面上进行移动、复制、缩放等操作,并可以建立文本框之间的链接关系。

1. 插入文本框

将光标定位到要插入文本框的位置,选择"插入"选项卡,单击"文本"功能组中的"文本框"下拉按钮,在弹出的下拉面板中选择要插入的文本框样式,此时,在文档中已经插入该样式的文本框,在文本框中可以输入文本内容并编辑格式。

2. 编辑文本框

在文档中插入文本框后,可对其格式进行设置,并调整其文字方向。

1) 设置文本框格式

设置文本框格式的具体操作步骤如下:选定要设置格式的文本框,单击鼠标右键,从弹出的快捷菜单中选择"其他布局选项"命令,或者选定要设置格式的文本框,单击"格式"选项卡下"大小"功能组右下方的按钮,都可以弹出"布局"对话框,如图 4-62 所示。在该选项卡中可对文本框的大小、颜色与线条等进行设置。

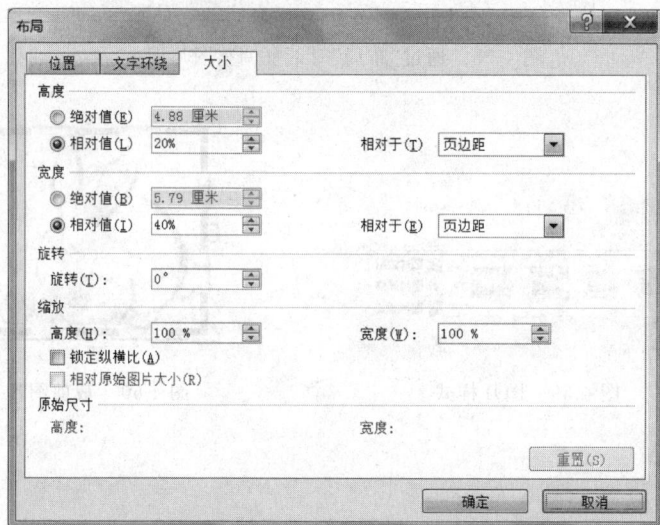

图 4-62　设置文本框格式

2) 调整文字方向

调整文字方向的具体操作步骤如下:选定要调整文字方向的文本框,在"格式"选项卡中,单击"文本"功能组中的"文字方向"按钮,即可改变文本框中文字的方向。

3. 链接文本框

如果一个文本框显示不了过多的内容,可以在文档中创建多个文本框,然后将它们链接在一起,链接后的文本框中的内容是连续的,一篇连续的文章可以依链接顺序排在多个文本框中;在某一个文本框中对文章进行插入、删除等操作时,文章会在各文本框间流动,保持文章的完整性。

创建文本框链接的具体操作步骤如下:

(1) 在文档中需要创建链接文本框的位置创建多个空白文本框。

(2) 选中第一个文本框,在"格式"选项卡中的"文本"功能组中单击"创建链接"按钮,此时鼠标指针变为 形状。

(3) 将鼠标指针移至需要链接的下一个文本框中,此时鼠标指针变为 形状,单击鼠标左键,即可将两个文本框链接起来。

(4) 选定后边的文本框,重复以上操作,直到将所有需要链接的文本框链接起来。

(5) 将光标定位在第一个文本框中,输入文本,当第一个文本框排满后,光标将自动排在后边的文本框中,效果如图 4-63 所示。

用户也可以断开文本框之间的链接。步骤如下:选定要断开链接的文本框,在"格式"选项卡中的"文本"功能组中单击"断开链接"按钮。断开文本框链接后,文字将在位于断点前的最后一个文本框截止,不再向下排列,所有后续链接文本框都将为空。

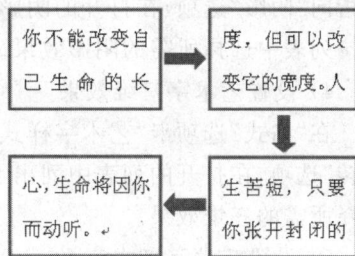

图 4-63　文本框链接

4.5.4　艺术字

艺术字是指将一般文字经过各种特殊的着色、变形处理得到的艺术化的文字。在 Word 中可以创建出漂亮的艺术字,并可作为一个对象插入到文档中。Word 2010 将艺术字作为文本框插入,用户可以任意编辑文字。

1. 插入艺术字

在文档中插入艺术字的具体操作步骤如下:

(1) 将光标定位在需要插入艺术字的位置。

(2) 在"插入"选项卡中的"文本"功能组中选择"艺术字"选项,弹出其下拉列表,如图 4-64 所示。

(3) 在该下拉列表中选择一种艺术字样式,弹出有"请在此放置您的文字"提示的文本框,在该文本框中输入需要插入的艺术字即可。

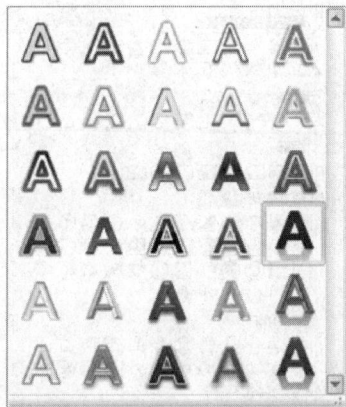

图 4-64　艺术字列表

2. 编辑艺术字

在文档中插入艺术字后,用户可以根据需要对其进行各种修饰和编辑。与 Word 2007 和 Word 2003 不同的是,在 Word 2010 中修改艺术文字非常简单,不需要打开"编辑艺术字文字"对话框,只需要单击艺术字即可进入编辑状态。

1) 设置艺术字形状

在"格式"选项卡"艺术字样式"功能组中单击"文本效果"按钮,在下拉列表中指向"转换"选项,在打开的转换列表中列出了多种形状可供选择,在其中单击任意形状,艺术字形状将随之改变。

2) 设置文字环绕

在"格式"选项卡"排列"功能组中单击"位置"按钮,用户可根据需要在下拉列表中选择所需的文字环绕方式。

3）设置艺术字阴影效果

选定艺术字，在"格式"选项卡"艺术字样式"功能组中单击"文本效果"按钮，在下拉列表中指向"阴影"选项，在打开的阴影列表中列出了多种阴影效果可供选择，用户可根据需要在下拉列表中选择所需的阴影效果。

4）设置艺术字三维效果

在"格式"选项卡"艺术字样式"功能组中单击"文本效果"按钮，在下拉列表中指向"三维旋转"选项，在打开的列表中列出了多种三维效果可供选择，用户可根据需要在下拉列表中选择所需的三维效果。

5）设置艺术字格式

选中需要设置格式的艺术字，并切换到"开始"选项卡，在"字体"功能组即可对艺术字分别进行字体、字号、颜色等格式设置。

4.5.5　插入形状

Word 提供了绘制图形的功能，可以在文档中绘制各种线条、基本图形、箭头、流程图、星、旗帜、标注等。对绘制出来的图形还可以设置线型、线条颜色、文字颜色、图形或文本的填充效果、阴影效果、三维效果线条端点风格。

1. 绘制形状

在 Word 文档中，用户可以插入现成的形状，例如矩形、圆、箭头、线条、流程图等符号和标注。在"插入"选项卡"插图"功能组中单击"形状"按钮，弹出其下拉菜单，如图 4-65 所示。在该下拉列表中选择需要绘制的形状，此时光标变为十形状，按住鼠标左键在绘图画布上拖动到适当的位置释放鼠标，即可绘制相应的形状。

2. 编辑形状

在文档中绘制好自选图形后，就可以对其进行各种编辑操作。

1）为图形添加文本

在插入的图形上单击鼠标右键，从弹出的快捷菜单中选择"添加文字"命令，即可输入要添加的文本。

2）组合图形

对于绘制的图形，用户还可以对其进行组合。组合可以将不同的部分合成为一个整体，便于图形的移动和其他操作。选中需要组合的全部图形，单击鼠标右键，从弹出的快捷菜单中选择"组合"→"组合"命令，即可将图形组合成一个整体。

3）设置填充效果

用户可以用纯色、渐变、纹理、图片等对图形进行填充，

图 4-65　形状列表

具体操作步骤如下。

选定需要进行填充的图形,单击"格式"选项卡"形状样式"功能组中的"形状填充"按钮,打开形状填充面板,在"主题颜色"和"标准色"区域可以设置文本框的填充颜色。单击"其他填充颜色"按钮可以在打开的"颜色"对话框中选择更多的填充颜色。

如果希望为图形填充渐变颜色,可以在形状填充面板中将鼠标指向"渐变"选项,并在打开的下一级菜单中选择"其他渐变"命令,打开"设置形状格式"对话框,并自动切换到"填充"选项卡,如图 4-66 所示。选中"渐变填充"单选框,用户可以选择"预设颜色"、渐变类型、渐变方向和渐变角度,并且用户还可以自定义渐变颜色。设置完毕单击"关闭"按钮即可。

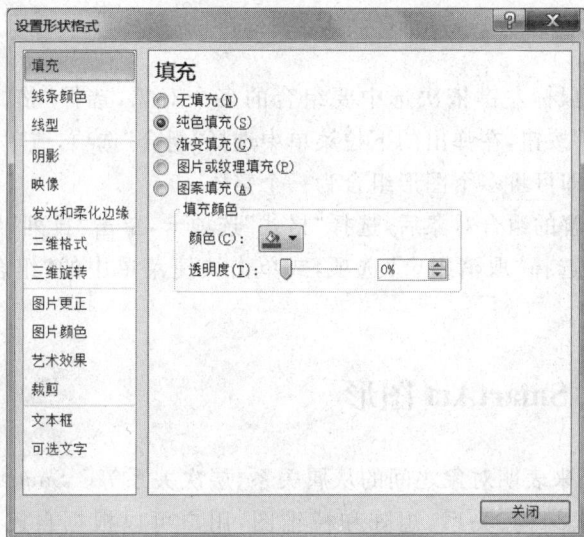

图 4-66 "设置形状格式"对话框

如果用户希望为图形设置纹理填充,可以在"填充"选项卡中选中"图片或纹理填充"单选框。然后单击"纹理"下拉三角按钮,在纹理列表中选择合适的纹理,设置完毕单击"关闭"按钮。

如果用户希望为图形设置图案填充,可以在"填充"选项卡中选中"图案填充"单选框,在图案列表中选择合适的图案样式。用户可以为图案分别设置前景色和背景色,设置完毕单击"关闭"按钮。

4)设置阴影效果

给图形设置阴影效果,可以使图形对象更具深度和立体感。并且可以调整阴影的位置和颜色,而不影响图形本身。

设置阴影效果的具体操作步骤如下:选定需要进行设置阴影效果的图形,单击"格式"选项卡"形状样式"功能组中的"形状效果"按钮,在下拉列表中指向"阴影"选项,在打开的阴影列表中列出了多种阴影效果可供选择,用户可根据需要在下拉列表中选择所需的阴影效果。

5)设置三维效果

选定需要进行设置三维效果的图形,单击"格式"选项卡"形状样式"功能组中的"形状效果"按钮,在下拉列表中指向"三维旋转"选项,在打开的列表中列出了多种三维效果可供选择,用户可根据需要在下拉列表中选择所需的三维效果。

6)设置叠放次序

当绘制的图形与其他图形位置重叠时,就会遮盖图片的某些重要内容,此时必须调整叠放次序,具体操作步骤如下。

选定需要调整叠放次序的图片,单击鼠标右键,从弹出的快捷菜单中选择"置于顶层"或"置于底层"命令,弹出其子菜单,在该子菜单中根据需要选择相应的命令。

选择"格式"选项卡,单击"排列"功能组的"上移一层"或"下移一层"按钮右侧的下拉按钮,在弹出的子菜单中根据需要选择相应的命令也可设置叠放次序。

3. 对象组合与分解

按住 Shift 键,用鼠标左键依次选中要组合的多个对象,选择"格式"选项卡,单击"排列"功能组中的"组合"按钮,在弹出的下拉菜单中选择"组合"选项,或单击快捷菜单中的"组合"下的"组合"选项,即可将多个图形组合为一个整体。

分解时选中需分解的组合对象后,选择"格式"选项卡,单击"排列"组中的"组合"按钮,在弹出的下拉菜单中选择"取消组合"选项,或单击快捷菜单中的"组合"下的"取消组合"选项。

4.5.6 插入 SmartArt 图形

SmartArt 图形用来表明对象之间的从属关系、层次关系等。SmartArt 图形分为 7 类:列表、流程、循环、层次结构、关系、矩阵和棱锥图,用户可以根据自己的需要创建不同的图形。

1. 创建 SmartArt 图形

将光标定位在需要插入 SmartArt 图形的位置。在"插入"选项卡"插图"功能组中单击 SmartArt 按钮,弹出"选择 SmartArt 图形"对话框,如图 4-67 所示。

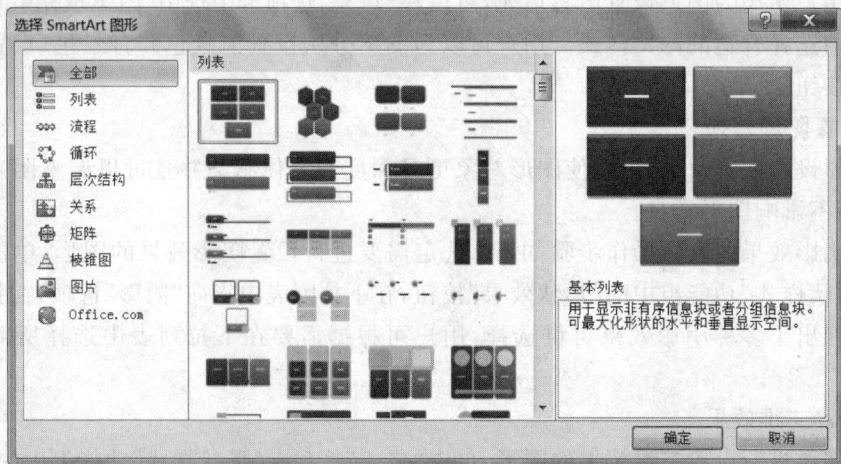

图 4-67 "选择 SmartArt 图形"对话框

在该对话框左侧的列表框中选择 SmartArt 图形的类型；在中间的"列表"列表框中选择子类型；在右侧将显示 SmartArt 图形的预览效果。设置完成后，单击"确定"按钮，即可在文档中插入 SmartArt 图形。创建 SmartArt 图形过程中，在"创建图形"功能组，用户可根据需要添加形状、为项目升级或者降级、将项目上移或下移等。

如果需要输入文字，可在写有"文本"字样处单击鼠标左键，即可输入文字。选中输入的文字，即可像普通文本一样进行格式化编辑。

2. 编辑 SmartArt 图形

在 Word 文档中插入 SmartArt 图形后，还可以对其进行编辑操作。在"设计"选项卡中可对 SmartArt 图形的布局、颜色、样式等进行设置，如图 4-68 所示。

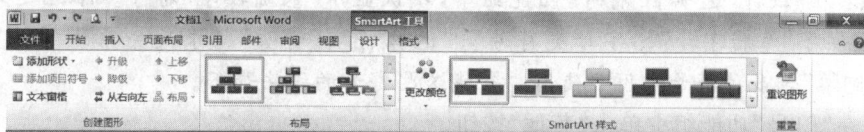

图 4-68　SmartArt"设计"选项卡

4.6　插入公式

Word 2010 包括编写和编辑公式的内置支持，可以方便地输入复杂的数学公式、化学方程式等。

4.6.1　插入内置公式

Word 2010 提供了多种常用的公式供用户直接插入到 Word 2010 文档中，用户可以根据需要直接插入这些内置公式，以提高工作效率，操作步骤如下。

（1）光标定位到需要插入公式的地方，切换到"插入"选项卡。

（2）在"符号"功能组中单击"公式"右侧的下三角按钮，在打开的内置公式列表中选择需要的公式（如"二次公式"）即可，如图 4-69 所示。

4.6.2　创建公式

Word 2010 提供有创建空白公式对象的功能，用户可以根据实际需要在文档中灵活地创建公式，操作步骤如下所述。

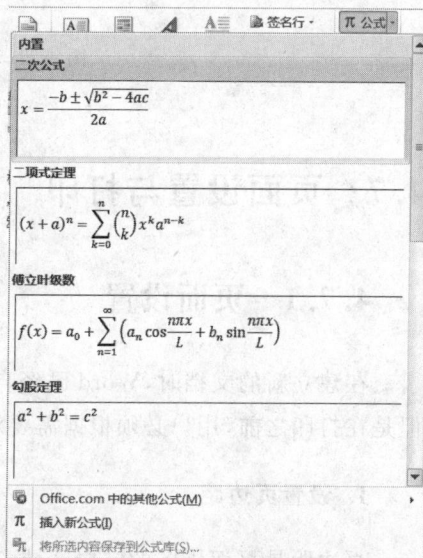

内置

二次公式

$$x = \frac{-b \pm \sqrt{b^2 - 4ac}}{2a}$$

二项式定理

$$(x+a)^n = \sum_{k=0}^{n} \binom{n}{k} x^k a^{n-k}$$

傅立叶级数

$$f(x) = a_0 + \sum_{n=1}^{\infty} \left(a_n \cos\frac{n\pi x}{L} + b_n \sin\frac{n\pi x}{L} \right)$$

勾股定理

$$a^2 + b^2 = c^2$$

Office.com 中的其他公式(M)

插入新公式(I)

将所选内容保存到公式库(S)...

图 4-69　插入内置公式

（1）光标定位到需要插入公式的地方，切换到"插入"选项卡。

（2）在"符号"功能组中单击"公式"按钮（非"公式"右侧的下三角按钮）。

（3）在文档中将创建一个空白公式框架，然后通过键盘或"设计"选项卡"符号"功能组输入公式内容，如图4-70所示。

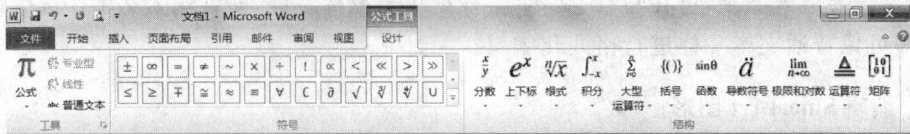

图4-70 "公式工具"面板

注意：在"设计"选项卡"符号"功能组中，默认显示"基础数学"符号。除此之外，Word 2010还提供了"希腊字母"、"字母类符号"、"运算符"、"箭头"、"求反关系运算符"、"手写体"、"几何学"等多种符号供用户使用。查找这些符号的方法如下。

（4）在"符号"功能组中单击"其他"按钮。

（5）打开符号面板，单击顶部的下拉三角按钮，可以看到Word 2010提供的符号类别，如图4-71所示。选择需要的类别即可将其显示在符号面板中。

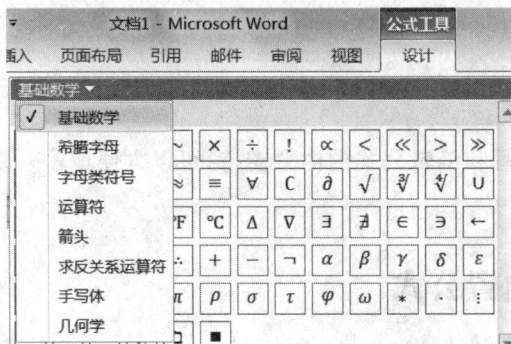

图4-71 Word 2010提供的符号类别

4.7 页面设置与打印

4.7.1 页面设置

在建立新的文档时，Word已经自动设置默认的页边距、纸型、纸张的方向等页面属性。但是在打印之前，用户必须根据需要对页面属性进行设置。

1．设置页边距

页边距是页面周围的空白区域。设置页边距能够控制文本的宽度和长度，还可以留出装订边。用户可以使用标尺快速设置页边距，也可以使用对话框来设置页边距。

1）使用标尺设置页边距

在页面视图中，用户可以通过拖动水平标尺和垂直标尺上的页边距线来设置页边距。具体操作步骤如下。

在页面视图中，将鼠标指针指向垂直标尺的页边距线，此时鼠标指针变为↕形状。按住鼠标左键并拖动，出现的虚线表明改变后的页边距位置，将鼠标拖动到需要的位置后释放鼠标左键即可设置上下页边距。

将鼠标指针指向水平标尺的页边距线，此时鼠标指针变为↔形状时，用同样的方法可设置左右页边距。

2）使用对话框设置页边距

如果需要精确设置页边距，或者需要添加装订线等，就必须使用对话框来进行设置。具体操作步骤如下。

在"页面布局"选项卡"页面设置"功能组中的"页边距"下拉列表中选择"自定义边距"选项，弹出"页面设置"对话框，打开"页边距"选项卡，如图 4-72 所示。

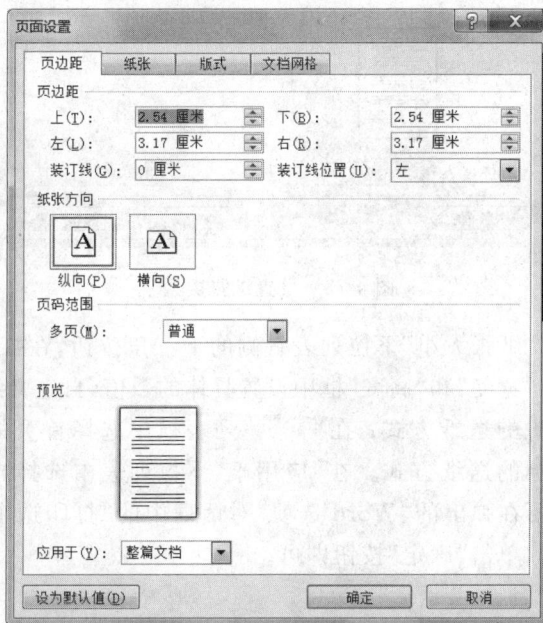

图 4-72　使用对话框设置页边距

在该选项卡"页边距"选区中的"上"、"下"、"左"、"右"框中分别输入页边距的数值；在"装订线"框中输入装订线的宽度值；在"装订线位置"下拉列表中选择"左"或"上"选项。在"方向"选区中选择"纵向"或"横向"选项来设置文档在页面中的方向。在"页码范围"选区中单击"多页"下拉列表右侧的下三角按钮，在弹出的下拉列表中选择相应的选项，可设置页码范围类型。在"预览"选区中的"应用于"下拉列表中选择要应用新页边距设置的文档范围。设置完成后，单击"确定"按钮即可。

2. 设置纸张类型

Word 2010 默认的打印纸张为 A4，其宽度为 21cm，高度为 29.7cm，且页面方向为纵向。如果实际需要的纸型与默认设置不一致，就会造成分页错误，此时就必须重新设置纸张类型。设置纸张类型的具体操作步骤如下。

在"页面布局"选项卡"页面设置"功能组中的"纸张大小"下拉列表中选择"其他页面大小"选项，弹出"页面设置"对话框，打开"纸张"选项卡，如图4-73所示。

图4-73　设置纸张类型

在该选项卡中单击"纸张大小"下拉列表右侧的下三角按钮，在打开的下拉列表中选择一种纸型。用户还可在"宽度"和"高度"框中设置具体的数值，自定义纸张的大小。在"纸张来源"选区中设置打印机的送纸方式；在"首页"列表框中选择首页的送纸方式；在"其他页"列表框中设置其他页的送纸方式。在"应用于"下拉列表中选择当前设置的应用范围。单击"打印选项"按钮，可在弹出的"Word选项"对话框中的"打印选项"选区中进一步设置打印属性。设置完成后，单击"确定"按钮即可。

3. 设置版式

Word 2010提供了设置版式的功能，可以设置有关页眉和页脚、页面垂直对齐方式以及行号等特殊的版式选项。设置版式的具体操作步骤如下。

在"页面布局"选项卡的"页面设置"功能组中单击右下角的"对话框启动器"按钮，弹出"页面设置"对话框，打开"版式"选项卡，如图4-74所示。

在该选项卡中的"节的起始位置"下拉列表中选择节的起始位置，用于对文档分节。在"页眉和页脚"选区中可确定页眉和页脚的显示方式。如果需要奇数页和偶数页不同，可选中"奇偶页不同"复选框；如果需要首页不同，可选中"首页不同"复选框。在"页眉"和"页脚"框中可设置页眉和页脚距边界的具体数值。在"垂直对齐方式"下拉列表中可设置页面的一种对齐方式。页面垂直对齐方式有如下几种。

(1) 顶端对齐：该对齐方式为系统默认方式，指正文的第一行与上页边距对齐。

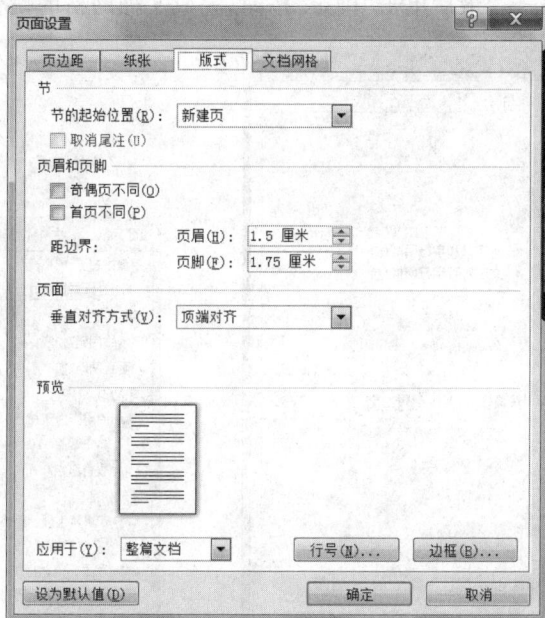

图 4-74　设置版式

（2）居中对齐：指正文的上页边距与下页边距之间居中对齐。

（3）两端对齐：增大段间距，使得第一行与上页边距对齐，最后一行与下页边距对齐。

（4）底端对齐：指正文的最后一行与下页边距对齐。

在"预览"选区中单击"行号"按钮，弹出"行号"对话框，选中"添加行号"复选框，如图 4-75 所示。

在该对话框中可进行以下操作。

图 4-75　"行号"对话框

在"起始编号"框中设置起始编号；在"距正文"框中设置行号与正文之间的距离；在"行号间隔"框中设置每几行添加一个行号。"编号方式"选区中有"每页重新编号"、"每节重新编号"和"连续编号"三个单选按钮，用户根据需要对其进行设置。单击"确定"按钮，即可看到添加行号的效果。

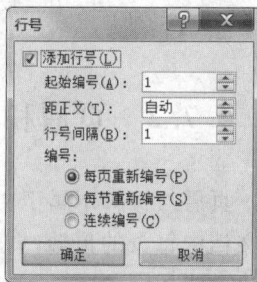

4. 设置文档网格

设置文档网格的具体操作步骤如下：

在"页面布局"选项卡的"页面设置"功能组中单击右下角的"对话框启动器"按钮，弹出"页面设置"对话框，打开"文档网格"选项卡，如图 4-76 所示。

在该选项卡中的"文字排列"选区中设置文字排列的方向和栏数。在"网格"选区中可设置不同的网格类型。在"字符数"和"行数"选区中分别设置每行的字符数和每页的行数。在"预览"选区中单击"绘图网格"按钮，弹出如图 4-77 所示的"绘图网格"对话框，在该对话框中设置网格格式，例如，选中"在屏幕上显示网格线"复选框，单击"确定"按钮后，即可看到屏幕上显示的网格线。在"预览"选区中单击"字体设置"按钮，弹出"字体"对话框，在该对话框中设置页面中的字体格式。最后单击"确定"按钮,完成文档网格的设置。

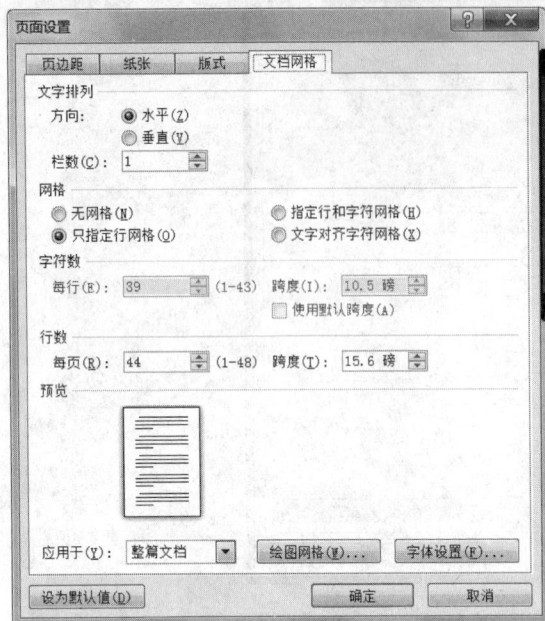

图 4-76 设置文档网格   图 4-77 "绘图网格"对话框

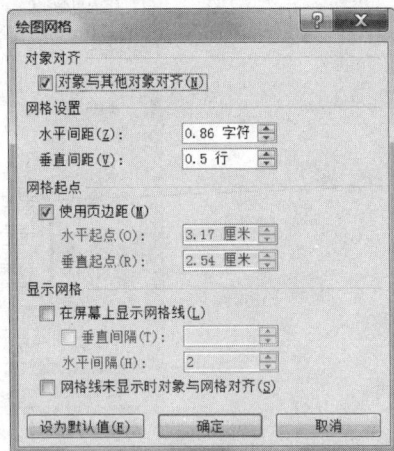

4.7.2 页眉和页脚

页眉与页脚不属于文档的文本内容,它们可用来显示标题、页码、日期等信息。页眉位于文档中每页的顶端,页脚位于文档中每页的底端。页眉和页脚的格式化与文档内容的格式化方法相同。

1. 插入页眉和页脚

用户可在文档中插入不同格式的页眉和页脚,例如可插入与首页不同的页眉和页脚,或者插入奇偶页不同的页眉和页脚。插入页眉和页脚的具体操作步骤如下。

在"插入"选项卡"页眉和页脚"功能组中单击"页眉"按钮,在弹出的下拉列表中选择一种页眉样式,进入页眉编辑区,并打开"页眉和页脚工具",如图 4-78 所示。

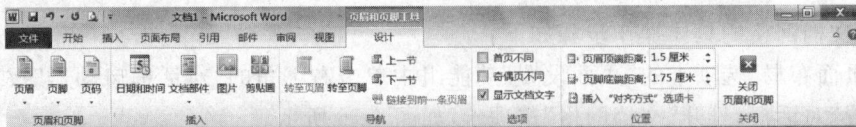

图 4-78 页眉和页脚工具

在页眉编辑区中输入页眉内容,并编辑页眉格式。在"页眉和页脚工具"中选择"转至页脚"选项,切换到页脚编辑区。在页脚编辑区输入页脚内容,并编辑页脚格式。设置完成后,选择"关闭页眉和页脚"选项,返回文档编辑窗口。

说明：在页眉或页脚处双击鼠标左键，即可进入页眉或页脚编辑区；在页眉或页脚外的其他地方双击鼠标左键，即可返回文档编辑窗口。

2. 插入页眉线

在默认状态下，页眉的底端有一条单线，即页眉线。用户可以对页眉线进行设置、修改和删除。插入页眉线的具体操作步骤如下。

将光标定位在页眉编辑区的任意位置。在"开始"选项卡的"段落"功能组中单击"边框和底纹"右侧的下三角按钮，在弹出的下拉列表中选择"边框和底纹"选项，弹出"边框和底纹"对话框。在该对话框中单击"横线"按钮，弹出"横线"对话框，在该对话框中选择一种横线，单击"确定"按钮，即可在页眉编辑区中插入一条特殊的页眉线。设置完成后，选择"关闭页眉和页脚"选项返回文档编辑窗口。

要想删除页眉线，可按如下步骤操作。

双击页眉，选中整个页眉段落，注意一定要选择段落标记。选择"开始"选项卡，在"段落"功能组中单击边框线右侧的下三角按钮，在边框线列表中选择"无框线"选项，双击文档正文部分取消页眉编辑状态。

3. 插入页码

在文档中插入页码的具体操作步骤如下。

在"插入"选项卡的"页眉和页脚"功能组中单击"页码"按钮，在下拉列表中选择"设置页码格式"选项，弹出"页码格式"对话框，如图 4-79 所示。在该对话框中可设置所插入页码的格式。设置完成后，单击"确定"按钮，即可在文档中插入页码。

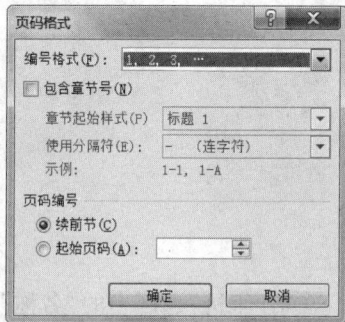

图 4-79 "页码格式"对话框

4.7.3 打印输出

创建、编辑和排版文档的最终目的是将其打印出来，Word 2010 具有强大的打印功能，在打印前用户可以使用 Word 中的"打印预览"功能在屏幕上观看即将打印的效果，如果不满意还可以对文档进行修改。

1. 打印预览

在打印文档之前，必须对文档进行预览，查看是否有错误或不足之处，以免造成不可挽回的错误。单击"文件"按钮，在弹出的菜单中选择"打印"命令，即可在弹出的界面右侧看到文档的预览窗口。

2. 打印文档

在打印文档之前，应该对打印机进行检查和设置，确保计算机已正确连接了打印机，并安装了相应的打印机驱动程序。所有设置检查完成后，即可打印文档。

打印文档的具体操作步骤如下。

单击"文件"按钮,在弹出的菜单中选择"打印"命令,即可弹出如图 4-80 所示的界面。

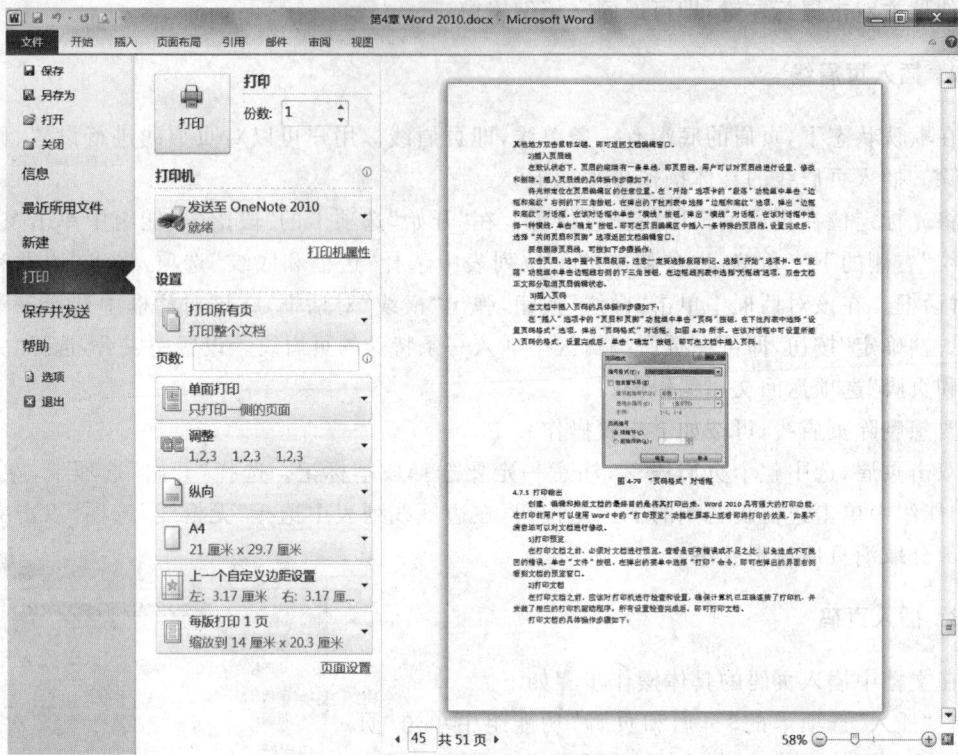

图 4-80 "打印"界面

在"打印机"选区中的"名称"下拉列表中可选择打印机的名称,并查看打印机的状态、类型、位置等信息。单击"打印机属性"按钮,弹出"打印机属性"对话框,在该对话框中可对选择的打印机的属性进行设置。在"份数"框中设置打印的份数;在"设置"和"页数"选区中设置打印文档的范围。设置完成后,单击"打印"按钮即可进行打印。

4.8 长文档排版

长文档(如毕业论文、营销报告、产品说明书、宣传手册、活动计划等)文档长,而且格式多,处理起来比普通文档要复杂得多,如为章节和正文等快速设置相应的格式、自动生成目录、为奇偶页添加不同的页眉、让页眉随文档标题改变等。

本节以毕业论文为例讲解长文档的排版技巧。

4.8.1 页面设置

(1)选择"页面布局"选项卡,在"页面设置"功能组中单击右下角的按钮,打开"页面设置"对话框。

(2)在"页边距"选项卡中,设置上边距 2.5cm;下边距 2.6cm;左边距 3.0cm;右边距

3.0cm；装订线 0.5cm。

（3）切换至"纸张"选项卡中，在"纸型"下拉列表框中选择 A4。

（4）切换至"版式"选项卡中，设置页眉 2.5cm，页脚 2cm。

4.8.2　对文档的不同部分分节

通过插入分节符，将文档的不同部分分成不同的节，这样就能分别针对不同的节进行设置。将光标定位到相应的文字前，选择"页面布局"选项卡，在"页面设置"功能组中单击"分隔符"按钮，弹出的下拉列表中有多种分隔符可供选择，选择"分节符"类型中的"下一页"，单击鼠标左键，就会在当前光标位置插入一个不可见的分节符，这个分节符不仅将光标位置后面的内容分为新的一节，还会使该节从新的一页开始，实现既分节又分页的功能。用此方法对文章分节，全文共分为 4 节：封面、中英文摘要、目录、正文。

4.8.3　利用样式创建纲目结构

1. 定义各级标题样式

在论文中，共有三级标题，而这些标题的格式与 Word 的内建标题样式不同，所以要修改以下三个内建标题样式和内建正文样式以及新建两个样式，如表 4-1 所示。

表 4-1　各级标题样式

	样 式 名	格 式
修改样式	标题 1	四号、黑体、加粗、左对齐
	标题 2	小四、黑体、加粗、左对齐
	标题 3	小四、宋体、加粗、左对齐
	正文	小四，宋体，1.5 倍行距
新建样式	参考文献	五号、黑体、加粗、居中
	谢辞	三号、黑体、加粗、居中，空两字符

2. 输入文档大纲结构

将计划好的大纲结构输入到文档中，如图 4-81 所示。

3. 调整大纲级别

选择"视图"选项卡，单击"文档视图"功能组中的"大纲视图"按钮，进入大纲视图。文档功能区会显示"大纲"工具栏，选中某个标题，在"大纲"工具栏中选择"大纲级别"下拉列表中的某个级别，例如"3 级"，则会把该标题设置成相应的级别，如图 4-82 所示。

设置完毕后的大纲结构如图 4-83 所示。

1 引　言
2 多媒体技术简介
2.1 媒体与多媒体
2.1.1 媒体
2.1.2 多媒体
2.2 多媒体技术
2.2.1 多媒体技术的含义
2.2.2 多媒体技术的特征
3 多媒体教学
3.1 多媒体教学的四个环节
3.1.1 多媒体教学设计
3.1.2 制作多媒体教学课件
3.1.3 组织实施多媒体教学
3.1.4 多媒体教学的评价与反馈
3.2 多媒体教学的作用
3.3 多媒体教学的优势
3.3.1 多媒体在教学中的优势
3.3.2 怎样才能发挥多媒体教学的优势
4 多媒体技术在课堂教学中存在的问题
4.1 多媒体课件存在的问题
4.2 多媒体教学方法的问题
5 结束语
参考文献
致　谢

图 4-81　输入的文档大纲

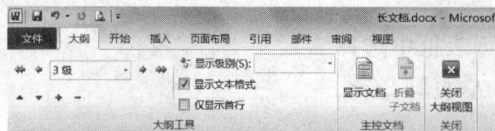

图 4-82　调整大纲级别

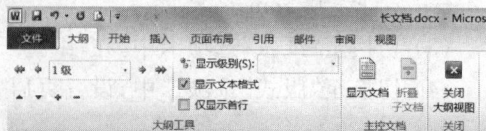

图 4-83　设置完毕后的大纲结构

4.8.4　输入文档内容

（1）输入封面内容。

（2）输入中英文摘要内容。

（3）输入正文内容。

① 表格一律用三线表，在表格上方标注表的名称，格式：表序分为两级，小四、宋体、加粗、居中。表格居中，表内文字：小四号、宋体、中部居中，如表 4-2 所示。

表 4-2　成绩表

姓名	数学	语文	英语
张山	85	86	83
李林	92	98	84
王明	87	84	82

② 正文中可以插入图片，在图片下方插入题注，题注格式：图序一级，依次标识，小四号、宋体、加黑、居中，如图 4-84 所示。

③ 公式。

在论文撰写中，需要输入各种复杂的公式，可以用公式编辑器完成。在公式右边写公式编号。公式格式：公式居中，公式编号右对齐，英文字母和数字为 Times New Roman 体，小四号字。

$$\frac{We + Pl}{a + b} \leqslant Q \leqslant \frac{W(e + b)}{a}$$

(1-1)

图 4-84　校徽

4.8.5 添加页码

论文要求封面节不添加页码,摘要节用大写罗马数字标注页码,目录节和正文部分用阿拉伯数字标注页码,页码为页脚标识,居中。

(1) 因为第 1 节(封面节)不需添加页码,所以跳过这页,将光标定位至第 2 节(摘要节),用鼠标左键双击页脚区,打开"页眉和页脚工具",如图 4-85 所示。

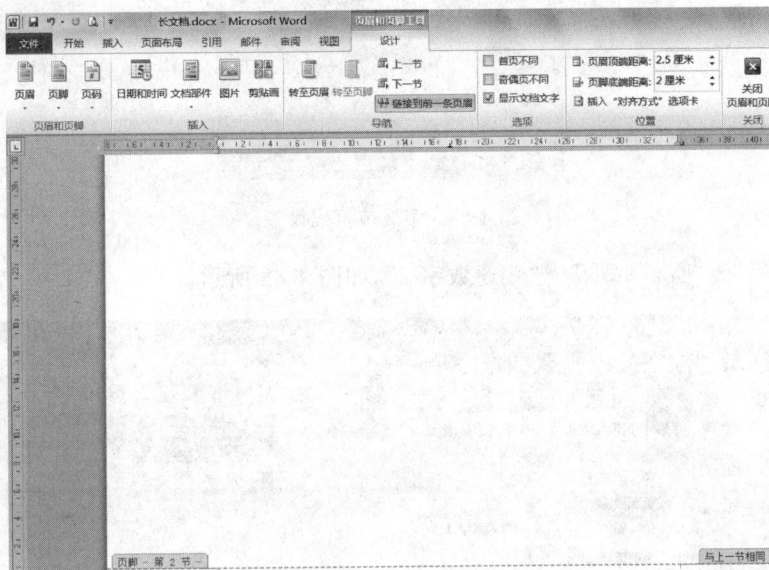

图 4-85 编辑页脚

在"设计"选项卡的"导航"功能组中关闭"链接到前一个页眉"(也就是关闭与前一个页面之间的链接关系),则取消了如图 4-85 所示的页脚右边显示的"与上一节相同",如图 4-86 所示。

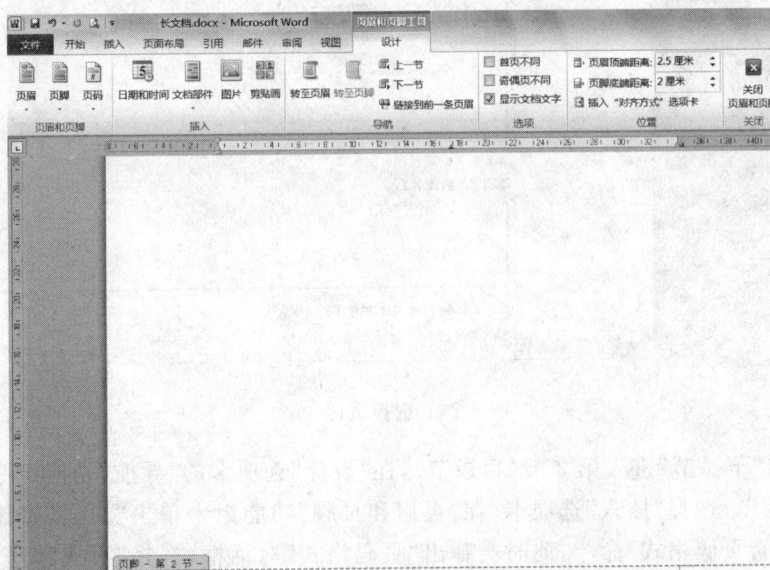

图 4-86 关闭与前一个页面之间的链接关系

选择"插入"选项卡,在"页眉和页脚"功能组中单击"页码"按钮,在下拉列表中选择"设置页码格式"命令,此时会弹出"页码格式"对话框,选择"页码编号"为"起始页码",之后在"编号格式"中选择大写罗马数字,然后确定,如图4-87所示。

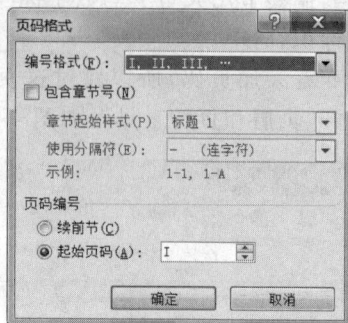

图 4-87　第2节页码设置

选择"页码"→"页面底端"→"普通数字2",如图4-88所示。

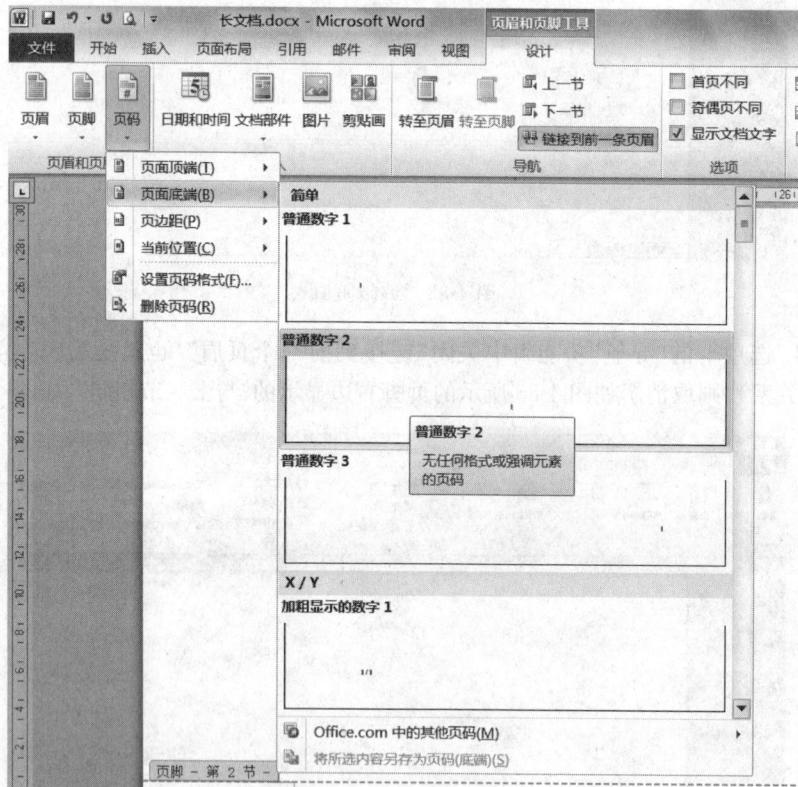

图 4-88　选择页码位置

（2）单击"下一节"进入第3节（目录节），在"设计"选项卡的"导航"功能组中关闭"链接到前一个页眉"。选择"插入"选项卡,在"页眉和页脚"功能组中单击"页码"按钮,在下拉列表中选择"设置页码格式"命令,此时会弹出"页码格式"对话框,选择"页码编号"为"起始页码",之后在"编号格式"中选择阿拉伯数字,然后确定,如图4-89所示。

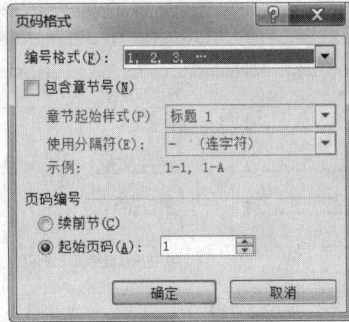

图 4-89　第 3 节页码设置

（3）重复步骤（2）可为第 4 节（正文节）设置页码。

（4）设置完成后，单击"关闭页眉和页脚"按钮，返回文档编辑窗口。

4.8.6　生成文档目录

1. 插入目录

将光标定位至第 3 节（目录节），选择"引用"选项卡，单击"目录"功能组中的"目录"按钮，打开目录列表，如图 4-90 所示。

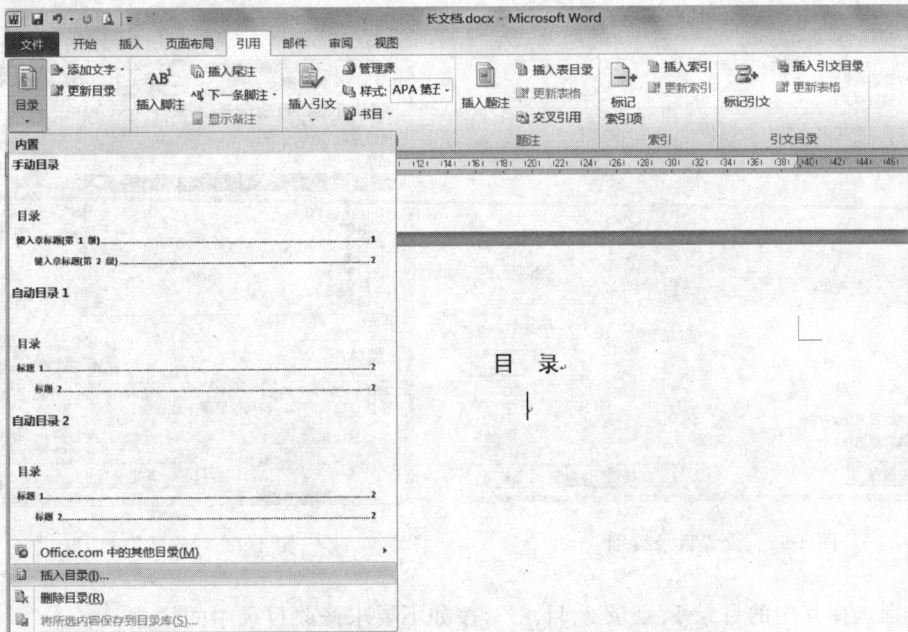

图 4-90　目录列表

单击列表中的"插入目录"命令，出现如图 4-91 所示的对话框。选中"显示页码"和"页码右对齐"复选框，在"制表符前导符"下拉列表中选择"小圆点"样式的前导符；在"常规"区域的"格式"下拉列表中选中"来自模板"，"显示级别"设置为 3。

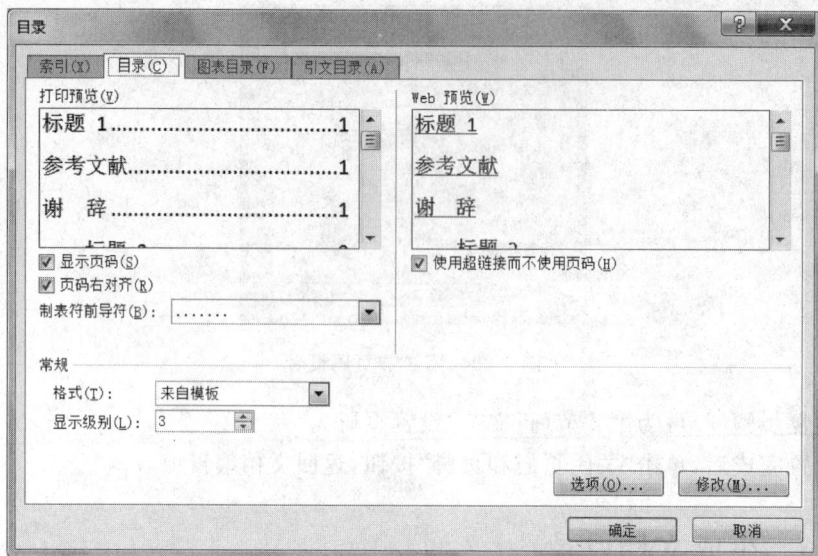

图 4-91 "目录"对话框

在"目录"对话框中单击"选项"按钮,在"有效样式"下查找应用于文档的标题样式,并在目录级别下输入相应大纲级别的数字,如图 4-92 所示。

在"目录"对话框中单击"修改"按钮,弹出"样式"对话框,如图 4-93 所示。

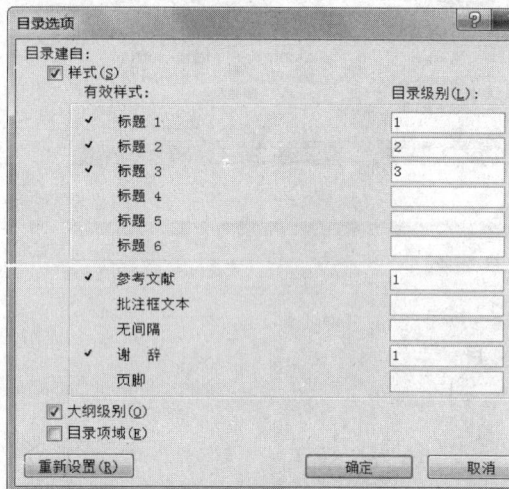

图 4-92 设置目录级别

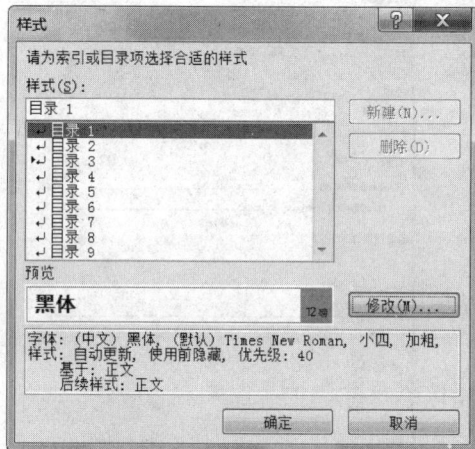

图 4-93 "样式"对话框

分别选择其中的目录 1、目录 2、目录 3,按如下要求修改目录中的样式。

(1) 目录 1:小四、黑体、加粗、左对齐。

(2) 目录 2:小四、宋体、加粗、左缩进 2 字符。

(3) 目录 3:小四、宋体、左缩进 4 字符。

修改完毕后,单击图中的"确定"按钮,生成的目录如图 4-94 所示。

目 录

图 4-94 生成的目录

2．更新目录

当文档中的内容或页码有变化时，可在目录中的任意位置单击右键，选择"更新域"命令，显示"更新目录"对话框，如图 4-95 所示。如果只是页码发生改变，可选择"只更新页码"。如果有标题内容的修改或增减，可选择"更新整个目录"。

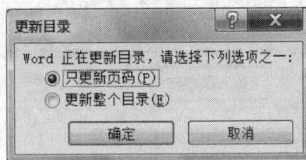

图 4-95 "更新目录"对话框

第 5 章　Excel 2010

5.1　Excel 2010 概述

Excel 2010 是微软公司推出的 Office 2010 办公系列软件的一个重要组成部分,主要用于电子表格处理,可以高效地完成各种表格和图的设计,进行复杂的数据计算和分析,广泛应用于财务、行政、金融、经济、统计和审计等众多领域,大大提高了数据处理的效率。

5.1.1　Excel 2010 工作界面

启动 Excel 2010 后,可以看到如图 5-1 所示的工作界面。

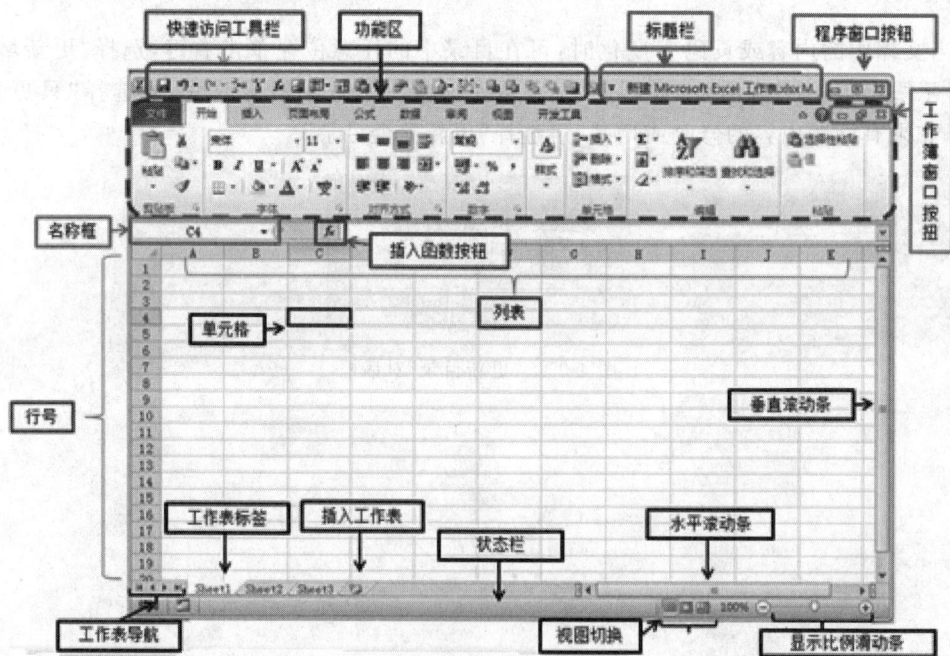

图 5-1　Excel 2010 工作界面

5.1.2 Excel 2010 的功能区

与旧版本的 Excel 2003 相比，Excel 2010 最明显的变化就是取消了传统的菜单操作方式，而代之于各种功能区。在 Excel 2010 窗口上方看起来像菜单的名称其实是功能区的名称，当单击这些名称时并不会打开菜单，而是切换到与之相对应的功能区。每个功能区根据功能的不同又分为若干个组，每个功能区所拥有的功能如下所述。

1. "开始"功能区

"开始"功能区中包括剪贴板、字体、对齐方式、数字、样式、单元格和编辑 7 个组，该功能区主要用于帮助用户对 Excel 表格进行文字编辑和单元格的格式设置，是用户最常用的功能区，如图 5-2 所示。

图 5-2 "开始"功能区

2. "插入"功能区

"插入"功能区包括表、插图、图表、迷你图、筛选器、链接、文本和符号几个组，主要用于在 Excel 表格中插入各种对象，如图 5-3 所示。

图 5-3 "插入"功能区

3. "页面布局"功能区

"页面布局"功能区包括主题、页面设置、调整为合适大小、工作表选项、排列几个组，用于帮助用户设置 Excel 表格页面样式，如图 5-4 所示。

4. "公式"功能区

"公式"功能区包括函数库、定义的名称、公式审核和计算几个组，用于实现在 Excel 表格中进行各种数据计算，如图 5-5 所示。

图 5-4 "页面布局"功能区

图 5-5 "公式"功能区

5. "数据"功能区

"数据"功能区包括获取外部数据、连接、排序和筛选、数据工具和分级显示几个组,主要用于在 Excel 表格中进行数据处理相关方面的操作,如图 5-6 所示。

图 5-6 "数据"功能区

6. "审阅"功能区

"审阅"功能区包括校对、中文简繁转换、语言、批注和更改 5 个组,主要用于对 Excel 表格进行校对和修订等操作,适用于多人协作处理 Excel 表格数据,如图 5-7 所示。

图 5-7 "审阅"功能区

7. "视图"功能区

"视图"功能区包括工作簿视图、显示、显示比例、窗口和宏几个组，主要用于帮助用户设置 Excel 表格窗口的视图类型，以方便操作，如图 5-8 所示。

图 5-8 "视图"功能区

5.1.3 基本概念

1. 工作簿

工作簿是指在 Excel 中用来存储并处理工作数据的文件，其扩展名是.xlsx。在 Excel 中，一个工作簿就类似一本书，其中包含许多工作表，工作表中可以存储不同类型的数据。通常所说的 Excel 文件指的就是工作簿文件。

当启动 Excel 时，系统会自动创建一个新的工作簿文件，名称为"工作簿 1"，以后创建工作簿的名称默认为"工作簿 2"、"工作簿 3"……

2. 工作表

也称电子表格，是工作簿里的一个表，是 Excel 用来存储和处理数据的地方。Excel 的一个工作簿默认有三个工作表，用户可以根据需要添加工作表，每一个工作簿最多可以包括 255 个工作表。在工作表的标签上显示了系统默认的前三个工作表名 Sheet1、Sheet2、Sheet3。工作表名可以自行修改。

在一个工作簿中，无论有多少个工作表，将其保存时，都将会保存在同一个工作簿文件中，而不是按照工作表的个数保存。

3. 单元格

工作表中行、列交汇处的区域称为单元格，它可以存放文字、数字、公式和声音等信息。在 Excel 中，单元格是存储数据的基本单位。

1）单元格的地址

在工作表中，每个单元格都有其固定的地址，一个地址也只表示一个单元格。单元格地址用"列标＋行号"表示，如 A3 就表示位于 A 列与第 3 行交汇处的单元格，Sheet1!A4 表示该单元格是工作表 Sheet1 中的单元格 A4。一张工作表共有 16 384 列（A…XFD）×1 048 576(1…1 048 576)行，相当于 17 179 869 184 单元格。

2）单元格区域

多个连续的单元格组成区域称为单元格区域。由单元格区域左上角和右上角单元格地址组成,中间用冒号分开,如 A5:C9 表示从单元格 A5 到单元格 C9 的整个区域。

3)活动单元格

活动单元格是指当前正在使用的单元格,在屏幕上用带黑色粗线的方框表示。活动单元格的位置会在名称框中显示出。此时输入的数据会被保存在该单元格中,每次只能有一个单元格是活动的。

5.1.4 工作簿的新建、保存和打开

1. 工作簿的新建

启动 Excel 时,就会顺带开启一份空白的工作簿。也可以单击"文件"按钮,选择"新建"命令来建立新的工作簿,如图 5-9 所示。开启的新工作簿,Excel 会依次以工作簿 1、工作簿 2…来命名,要重新替工作簿命名,可在存储文件时变更。

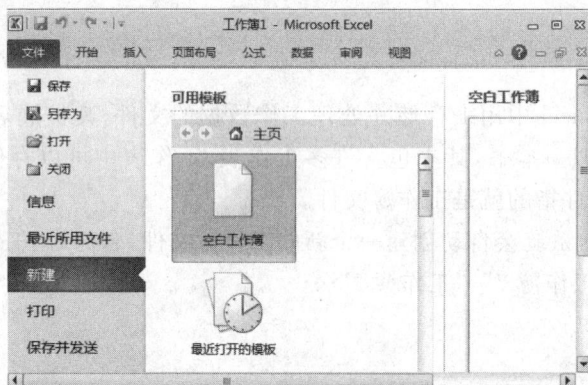

图 5-9 工作簿的新建

2. 工作簿的保存

要储存工作簿文件,请单击快速存取工具栏中的"保存文件"按钮,如果是第一次存盘,会开启"另存为"对话框,由用户指定工作簿保存的位置、文件名及文件类型。

当用户修改了工作簿的内容,而再次单击"保存文件"按钮时,就会将修改后的工作簿直接储存。若想要更换工作簿保存的位置、文件名或文件类型时,可单击"文件"按钮,在弹出的菜单中选择"另存为"命令。

3. 工作簿的打开

要重新打开之前储存的工作簿,可单击"文件"按钮,在弹出的菜单中选择"打开"命令,就会显示"打开"对话框让用户选择要打开的文件。

若想打开最近编辑过的工作簿文件,则可单击"文件"按钮,在弹出的菜单中选择"最近所用文件"命令,其中会列出最近编辑过的文件,若有想要打开的文件,单击文件名就会打开。

5.2 单元格编辑

5.2.1 输入数据

1. 输入文本

1）输入普通文本

启动 Excel 2010 程序，选中准备输入文本的单元格，直接向单元格中输入文本内容，按 Enter 键即可完成输入文本的操作。

或者选中准备输入文本的单元格，单击编辑栏，在光标处输入文本内容，单击编辑栏上的"√"按钮确认操作，这样也可输入普通文本。

2）超长文本的显示

选中准备调整显示样式的单元格，选择"开始"选项卡，在"字体"功能组中单击右下角的按钮。在弹出的"设置单元格格式"对话框中，选择"对齐"选项卡，在文本控制区域选择"自动换行"和"缩小字体填充"复选框，单击"确定"按钮。返回到工作表界面，较长的文字已经显示在一个单元格里了，这样即可显示超长文本。

3）数字作为文本输入

选中准备输入文本型数值的单元格，选择"开始"选项卡，在"单元格"功能组中单击"格式"按钮，弹出"单元格格式"菜单，在"保护"区域中单击选择"设置单元格格式"菜单项。弹出"设置单元格格式"对话框，选择"数字"选项卡，在"分类"列表框中选择"文本"列表项，单击"确定"按钮。

返回到表格编辑页面，在设置好的单元格中输入数字，单击编辑栏上的"√"按钮。所输入的数字默认为文本型左对齐显示，这样即可把数字作为文本输入。

2. 输入数值

1）输入整数

单击选中或使用鼠标左键双击准备输入的单元格，然后在该单元格中输入准备输入的数字，如"123"，按 Enter 键或单击其他任意单元格，即可完成输入整数数值的操作，默认输入完成的数字将以右对齐的方式显示。

2）输入分数

在单元格中输入数值，如输入"0.5"，选择"开始"选项卡，在"数字"功能组中单击"常规"下拉按钮，在弹出的下拉列表中选中"分数"列表项。可以看到单元格中的数值已经被改写为百分比形式"1/2"。这样即可输入分数。

3）输入百分数

在单元格中输入数值，如输入"1.5"，选择"开始"选项卡，在"数字"功能组中单击"百分比样式"按钮。单元格中的数值已经被改写为百分数形式"150％"，这样即可输入百分数。

3. 输入日期和时间

单击准备输入时间的单元格,在功能区中单击选择"开始"选项卡,在"数字"功能组中单击右下角的按钮。弹出"设置单元格格式"对话框,选择"数字"选项卡,在"分类"列表框中选择"数字"列表项,在"类型"列表框中选择准备使用的时间样式类型,确认操作后,单击"确定"按钮。

返回至工作表编辑页面,在选中的单元格中输入准备使用的时间数字,如输入"15"后按Enter键完成输入。表格中的数字已经自动显示为刚刚设定好的时间格式,这样即可输入日期和时间。

5.2.2 自动填充

1. 使用填充柄填充

(1) 在单元格中输入准备自动填充的内容,选中该单元格,将鼠标指针移向右下角直至鼠标指针自动变为实心黑十字形状。

(2) 拖动鼠标指针至准备填充的单元格行或列,可以看到准备填充的内容浮动显示在准备填充区域的右下角。

(3) 释放鼠标,可以看到准备填充的内容已经被填充至所需的行或列中,这样即可使用填充柄填充。

2. 自定义序列填充

(1) 在功能区中选择"文件"选项卡,在弹出的界面左侧单击"选项"命令按钮。

(2) 弹出"Excel 选项"对话框,选择"高级"选项卡,拖动垂直滑块至对话框底部,在"常规"区域中单击"编辑自定义列表"按钮。

(3) 弹出"自定义序列"对话框,在"自定义序列"列表框中,选择"新序列"列表项,在"输入序列"文本框中输入准备设置的序列(每个条目用回车键隔开),如输入"第一小组第二小组,第三小组,第四小组,第五小组",单击"添加"按钮。

(4) 可以看到刚刚输入的新序列被添加到"自定义序列"中,单击"确定"按钮。

(5) 自动返回到"Excel 选项"对话框,单击"确定"按钮。

(6) 返回到工作表编辑界面,在准备填充的单元格中输入自定义设置好的填充内容,如"第一小组"。

(7) 选中准备填充内容的单元格区域。并且将鼠标指针移动至填充柄上,拖动鼠标至准备填充的单元格位置。

(8) 释放鼠标,准备填充的内容已被填充至所需的行或列中,这样即可自定义序列填充,如图 5-10 所示。

图 5-10　自定义序列填充

5.2.3　选中单元格

1. 选中矩形区域的单元格

单击该区域中的第一个单元格,然后按下鼠标左键,拖至最后一个单元格再松开。或者单击该区域中的第一个单元格,然后在按住 Shift 键的同时单击该区域中的最后一个单元格。

2. 选中整行、整列或整个工作表

将鼠标移动到工作表左边的行号标题时,鼠标指针将显示为指向右方的箭头,这时单击鼠标左键,即可选取该行的所有单元格。

将鼠标移动到工作表上方的列标题时,鼠标指针将显示为指向下方的箭头,这时单击鼠标左键,即可选取该列的所有单元格。

单击行号和列号交汇处的全选按钮可选中整个工作表。

3. 选中不连续的单元格

按住 Ctrl 键,用鼠标左键单击所需选择的单元格,即可选中不连续的单元格。

5.2.4　移动复制单元格

1. 通过剪贴板移动复制

利用剪贴板可以同时移动或复制多个单元格,并可方便地在不同工作簿或工作表间移动复制。通过剪贴板移动复制的操作步骤如下。

(1) 选择要移动或复制的单元格或区域,在"开始"选项卡的"剪贴板"功能组中,执行下列操作之一。

若要移动单元格,请单击"剪切"按钮,也可以按 Ctrl＋X 键。

若要复制单元格,请单击"复制"按钮,也可以按 Ctrl＋C 键。

(2) 选择粘贴区域的左上角单元格。在"开始"选项卡的"剪贴板"功能组中,单击"粘贴"按钮,也可以按 Ctrl＋V 键。

2. 鼠标拖动

移动复制单元格的另一个比较简单且直观的方法是使用鼠标拖动,其操作步骤如下。

(1) 选中要复制或移动的单元格区域。

(2) 移动:单击选中部分的 4 个黑色边框中的任何一条,按住鼠标左键,将其拖动到目标位置。

(3) 复制:按住 Ctrl 键,单击选中部分的 4 个黑色边框中的任何一条,按住鼠标左键,将其拖动到目标位置。

5.2.5 插入单元格或行列

1. 插入单元格

选中一个单元格,在右击菜单中选中"插入"命令,打开单元格"插入"对话框,如图 5-11 所示。

在该对话框中可以选择以下几种插入方式。

(1) 活动单元格右移:表示在选中单元格的左侧插入一个单元格。

(2) 活动单元格下移:表示在选中单元格的上方插入一个单元格。

(3) 整行:表示在选中单元格的上方插入一行。

(4) 整列:表示在选中单元格的左侧插入一行。

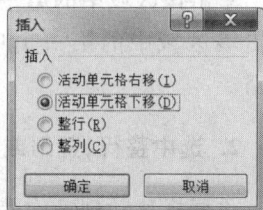

图 5-11 "插入"对话框

2. 插入行列

在工作表中选择一行或多行后,在"开始"选项卡的"单元格"功能组中,单击"插入"旁边的下三角按钮,然后单击"插入工作表行"命令,即可在选中行的上方插入空行,插入的空行数与选中的行数相同。

在工作表中选择一列或多列后,在"开始"选项卡的"单元格"功能组中,单击"插入"旁边的下三角按钮,然后单击"插入工作表列"命令,即可在选中列的左侧插入空列,插入的空列数与选中的列数相同。

插入空行后,原有选中行及其下方的行自动向下移;插入空列后,原有选中列及其右侧的列自动向右移。

5.2.6 为单元格添加批注

选中需要添加批注的单元格,然后选择"审阅"选项卡,在"批注"功能组中选择"新建批注",如图 5-12 所示。

在弹出的批注框中输入需要添加的批注,添加批注后的单元格右上角会出现一个红色小三角形,将鼠标移动到红色小三角形时,就会显示出一个批注框。当要删除批注时,可选

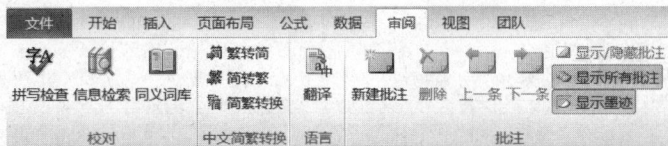

图 5-12 新建批注

定批注框，单击图 5-12 中的"删除"按钮，或者选定批注框，直接按 Delete 键也可删除批注。

5.2.7 清除与删除单元格

在 Excel 中，清除和删除是两个不同的概念。清除单元格是指清除单元格中的内容、格式、批注等内容；删除单元格则不但删除单元格中的数据、格式等内容，还将删除单元格本身。

1. 清除单元格

选中需清除的单元格，选择"开始"选项卡，在"编辑"功能组内单击"清除"按钮，单击其右边的下三角按钮，弹出的列表中还有"清除格式"、"清除批注"、"清除内容"、"清除超链接"等选项，具体选择哪个根据需要而定，如图 5-13 所示。

2. 删除单元格

1）删除选中的单元格

选中要删除的单元格，在"开始"选项卡的"单元格"功能组中，单击"删除"旁边的下三角按钮，然后在弹出的下拉列表中选择"删除单元格"命令，弹出"删除"单元格对话框，如图 5-14 所示。

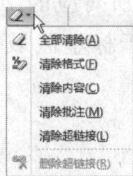

图 5-13 清除单元格

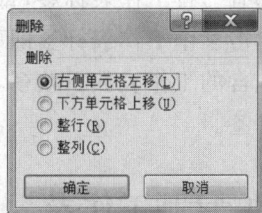

图 5-14 删除单元格

2）删除行/列

在工作表中选择要删除的行后，在"开始"选项卡的"单元格"功能组中单击"删除"旁边的下三角按钮，在弹出的下拉列表中选择"删除工作表行"命令，即可将选中的行删除。

在工作表中选择要删除的列后，在"开始"选项卡的"单元格"功能组中，单击"删除"旁边的下三角按钮，在弹出的下拉列表中选择"删除工作表列"命令，即可将选中的列删除。

删除行后，被删除行下方的行自动向上移以填补被删除行留下的空白位置；删除列后，被删除列右侧的列自动向左移以填补被删除列留下的空白位置。

5.3 工作表操作

5.3.1 工作表命名

在新建的工作簿中,Excel 会自动给每一个工作表取名为"Sheet1"、"Sheet2"、"Sheet3"……,工作表的名称会显示在工作表标签上。如果需要,也可以将工作表重新命名。方法是双击需重新命名的工作表的标签,然后输入新的名称即可。

5.3.2 选中工作表

(1) 单击某个工作表标签可选中单张工作表。

(2) 先单击第一张工作表的标签,然后按住 Shift 键再单击最后一张工作表的标签可选中两张以上相邻的工作表。

(3) 先单击第一张工作表的标签,然后按住 Ctrl 键再单击其他工作表的标签可选中两张以上不相邻的工作表标签。

(4) 右键单击工作表标签,然后单击快捷菜单中的"选定全部工作表"命令可选中工作簿中的所有工作表。

(5) 选中多张工作表后,按住 Ctrl 键单击选中的工作表标签可取消对该工作表的选中。

5.3.3 切换工作表

一个工作簿中一般包含多个工作表,但在一个工作簿窗口中同时只能显示一个工作表。在工作簿窗口的底部有一排工作表标签,每一个工作表都对应着一个工作表标签,标签上是该工作表的名称。单击某个工作表标签即可切换到该标签所对应的工作表。

如果工作簿中包含的工作表数目较多,则可以单击位于标签区域左侧的滚动按钮以显示出需要的工作表标签。

5.3.4 移动、复制工作表

(1) 打开移动或复制的源工作簿和目的工作簿。

(2) 在源工作簿中选中需移动或复制的工作表。

(3) 右键单击选中的工作表标签,并单击快捷菜单上的"移动或复制工作表"命令打开"移动或复制工作表"对话框。

(4) 在对话框的"工作簿"列表框中选择移动或复制的目标工作簿(该工作簿必须事先打开)。

(5) 在对话框的工作表列表中选择将移动或复制的工作表插入到目标工作簿的哪个工作表之前。

（6）选中对话框中的"建立副本"复选框将选中工作表复制到目的工作簿中，或是清除"建立副本"复选框选择将选中工作表移动到目的工作簿中。

（7）单击"确定"按钮。

5.3.5　插入、删除工作表

在工作簿窗口底部工作表标签位置单击"插入工作表"图标即可新建一张工作表。

也可右击当前工作表，在快捷菜单中选择"插入"命令，在对话框中选择"工作表"，然后单击"确定"按钮，也可以在活动工作表前插入一张空白工作表。

选中需删除的工作表后，单击快捷菜单上的"删除"命令即可将选中工作表删除。

5.3.6　隐藏操作

1. 隐藏工作簿

单击"视图"选项卡下的"隐藏"按钮可以将当前工作簿隐藏。单击"视图"选项卡下的"取消隐藏"按钮可以将隐藏的工作簿显示。

2. 隐藏工作表

选中需隐藏的工作表后，右击工作表标签，在快捷菜单中选择"隐藏"命令可以将选中的工作表隐藏起来。右击未隐藏的任一工作表标签，在快捷菜单中选择"取消隐藏"命令可以将隐藏的工作表显示。

5.3.7　窗口操作

1. 新建窗口

默认情况下，一个工作簿只有一个窗口，如果需要，可以为工作簿新建一个或多个窗口，然后在不同的窗口中显示不同的工作表。

新建窗口的方法是单击"视图"选项卡下的"新建窗口"按钮。新建窗口后，Excel 2010会给属于同一个工作簿的多个窗口冠以"工作簿 1：1"、"工作簿 1：2"……的名字，冒号前为工作簿名，冒号后为窗口序号。

2. 拆分工作表窗口

拆分工作表是指将工作表按水平或垂直方向分割成独立的窗格，每个窗格可以独立地显示并滚动工作表中的不同部分。拆分操作在制作的表格较大、不能完整地显示在窗口中的时候非常有用。

执行以下操作之一可以拆分工作表。

（1）选中拆分位置上的单元格，然后单击"视图"选项卡下的"拆分"按钮。

（2）拖动垂直滚动条顶端或水平滚动条右端的分割标记。

拆分工作表窗口后,可以随时拖动分隔条来调整分隔位置。如果要将工作表还原为正常显示,有以下两种方法可以取消拆分。

（1）单击"视图"选项卡下"窗口"功能组中的"拆分"按钮。

（2）双击分隔条。

3. 冻结窗格

在滚动浏览较大的表格时,需要固定显示表头标题行。冻结窗格使得当滚动工作表时始终保持可见的数据,且在滚动时保持行和列标志可见。

例如,假设需要固定显示的行列为 A、B 列及第一行,则可选中 C2 单元格作为当前活动单元格,单击"视图"选项卡下"窗口"功能组中的"冻结窗格"下拉按钮,选择"冻结拆分窗格"命令。还可以在下拉菜单中选择"冻结首行"或"冻结首列"命令,快速冻结表格首行或首列。

若要取消冻结状态,可再次单击"冻结窗格"下拉菜单,在扩展菜单中选择"取消冻结窗格"命令即可。

如果需变换冻结位置,需要先取消冻结,然后再执行一次冻结窗格操作。

5.4 格式化工作表

5.4.1 单元格格式设置

1. 设置字体、字号、字形和颜色

默认情况下,在单元格中输入数据时,字体为"宋体"、字号为"11"、颜色为黑色。为了使工作表中的某些数据醒目和突出,也为了使整个版面更为丰富,通常需要对不同的单元格设置不同的字体和字号等,常用设置方法如下。

1）利用"字体"功能组中的按钮

选中要改变字体和字号的单元格或单元格区域,单击"开始"选项卡"字体"功能组中的"字体"按钮,在"字体"下拉列表中选择一种字体；单击"字号"按钮,在"字号"下拉列表中选择一种字号,所选单元格区域的字体和字号已改变。

另外,利用"字体"组中的其他按钮还可以方便地增大字号、减小字号,设置字形和颜色等,如图 5-15 所示。

2）利用"设置单元格格式"对话框

选中要改变字体和字号的单元格或单元格区域。单击"开始"选项卡"字体"功能组右下角的"对话框启动器"按钮,打开"设置单元格格式"对话框,在其中设置字体、字形、字号和字体颜色,确定即可,如图 5-16 所示。

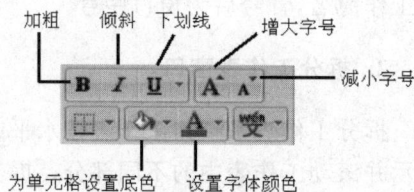

图 5-15 "字体"组中的其他按钮

2. 设置对齐方式

所谓对齐,是指单元格内容在显示时,相对单元格上下左右的位置。单元格内容的对齐

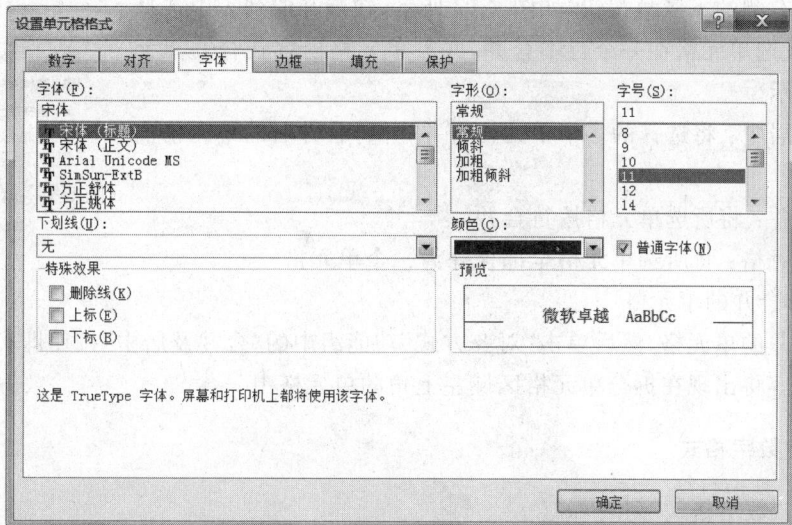

图 5-16　"设置单元格格式"对话框

方式通常有：顶端对齐、垂直居中、底端对齐，文本左对齐、水平居中和文本右对齐。这几种对齐方式在"开始"选项卡的"对齐方式"功能组中均有按钮表示。对齐按钮含义如表 5-1 所示。

表 5-1　对齐按钮含义

图　标	名　　称	功　　能
	顶端对齐	将单元格内容顶端对齐
	垂直居中	将单元格内容上下居中
	底端对齐	将单元格内容底端对齐
	文本左对齐	将单元格内容左对齐
	文本右对齐	将单元格内容右对齐
	居中	将单元格内容水平居中

通常情况下，输入到单元格中的文本为左对齐，数字为右对齐，逻辑值和错误值为居中对齐。通过设置单元格的对齐方式，使整个表格看起来整齐，设置方法如下。

（1）利用"对齐方式"功能组中的按钮：选中要设置对齐方式的单元格或单元格区域，在"开始"选项卡的"对齐方式"功能组中选择一种对齐方式，所选单元格区域的内容居中对齐。

（2）利用"设置单元格格式"对话框：对于较复杂的对齐操作，选定要设置对齐的单元格或单元格区域，单击"对齐方式"功能组右下角的对话框启动器按钮，打开"设置单元格格式"对话框，分别设置水平对齐、缩进量和垂直对齐，确定即可。

3. 单元格内容的合并及拆分

1）合并单元格

选中要合并的相邻单元格，单击"开始"选项卡"对齐方式"功能组中的"合并后居中"按

钮或单击其右侧的下三角按钮,如图 5-17 所示,在展开的列表中选择
某个选项,所选单元格在一个行中合并,并且单元格内容在合并单元
格中居中显示。

合并后居中:将选择的多个单元格合并,并将合并后的单元格内
容居中。

跨越合并:将所选单元格按行合并。

合并单元格:将所选单元格全部合并为一个单元格。

图 5-17 合并单元格
选项

2)拆分合并的单元格

选中合并的单元格,然后单击"对齐方式"功能组中的"合并及居中"按钮即可,此时合并
单元格的内容将出现在拆分单元格区域左上角的单元格中。

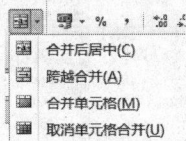

4.设置数字格式

1)利用"数字格式"列表

若想为单元格中的数据快速地设置会计数字格式、百分比样式或千位分隔样式等,可直
接单击"开始"选项卡"数字"功能组中的相应按钮。此外,还可单击"数字"功能组中"常规"
按钮右侧的下三角按钮,在展开的列表中选择所需数据类型。各数字格式的含义如表 5-2
所示。

表 5-2 各数字格式的含义

格 式	说 明
常规	默认数字格式,通常以数字输入的方式显示
数字	数字的一般表示形式,可以指定小数位数、千位分隔符、负数
货币	显示带有货币符号的数值,用来表示货币值
会计专用	也用于表示货币值,但它会对齐货币符号和小数点
日期	将日期和时间系列数值显示为日期值
时间	将日期和时间系列数值显示为时间值
百分比	以百分数形式显示单元格的值
分数	根据用户指定的分数类型以分数形式显示数据
科学记数	以指数表示法显示数字
文本	将单元格的内容视为文本,即便用户输入的是数字

例如,要将以短日期格式显示的数据以长日期格式显示,可按如下操作步骤进行:选中
要改变显示格式的单元格,单击"开始"选项卡上"数字"功能组中"常规"按钮右侧的下三角
按钮,在展开的列表中选择"长日期",所选单元格中的数据以长日期格式显示,如图 5-18
所示。

2)利用"设置单元格格式"对话框

除了上述方法可设置数字格式外,还可以单击"数字"功能组右下角的"对话框启动器"
按钮,打开"设置单元格格式"对话框,选择"数字"选项卡,在"分类"列表中选择数字类型,然
后根据需要在对话框右侧设置其他选项。

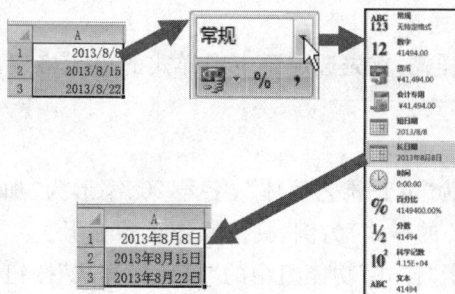

图 5-18 改变日期显示格式

5. 复制单元格格式

1) 利用"格式刷"按钮

选中设置好格式的单元格,单击"剪贴板"功能组中的"格式刷"按钮,移动鼠标指针到工作表,此时鼠标指针变为"刷子"形状,将鼠标指针移到某个单元格上然后单击,可将该格式复制到一个单元格中;若按下鼠标左键拖过某一单元格区域后释放鼠标,则可将该格式应用拖过的单元格区域。

2) 利用"选择性粘贴"命令

选定设置好格式的单元格,单击"剪贴板"功能组中的"复制"按钮,选中要应用该格式的单元格或单元格区域,单击"剪贴板"组中"粘贴"按钮下方的三角按钮,在展开的列表中选择"选择性粘贴"项,在打开的对话框中单击"格式"按钮,然后确定即可。

6. 套用单元格样式

Excel 2010 为用户预定义了一些内置单元格样式,共有 5 种类型:好、差和适中,数据和模型,标题,主题单元格样式和数字格式。单击"开始"选项卡"样式"功能组中的"单元格样式"按钮,在展开的单元格样式列表中即可看到这 5 种类型,如图 5-19 所示。

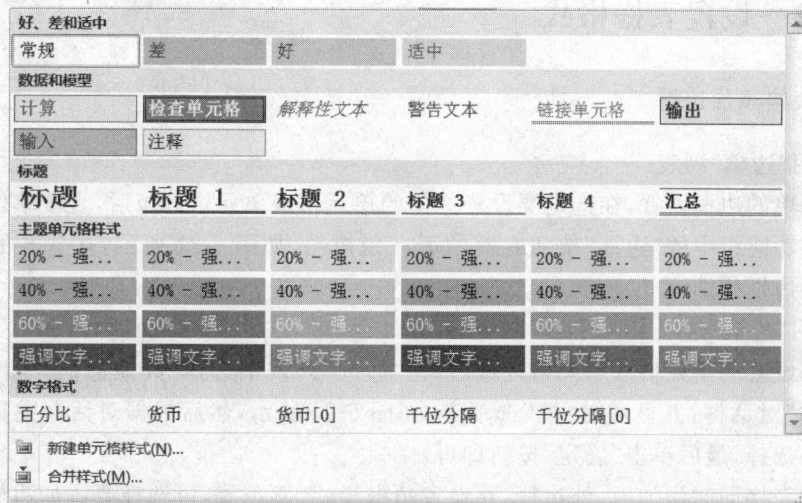

图 5-19 内置单元格样式

1）套用内置单元格样式

要应用内置的单元格样式，首先选定要应用样式的单元格或单元格区域，然后在"单元格样式"列表中单击所需样式。

2）自定义单元格样式

下面以创建一个字体为"方正稚艺简体"、字号 20、字形为"加粗 倾斜"、字体颜色为"绿色"的单元格样式——"YY 的样式"为例，具体操作步骤如下。

（1）单击"开始"选项卡"样式"功能组中的"单元格样式"按钮，在展开的列表中选择"新建单元格样式"项，打开"样式"对话框，输入样式名后单击"格式"按钮，打开"设置单元格格式"对话框，切换至"字体"选项卡，在其中设置字体、字形、字号和字体颜色，如图 5-20 所示。

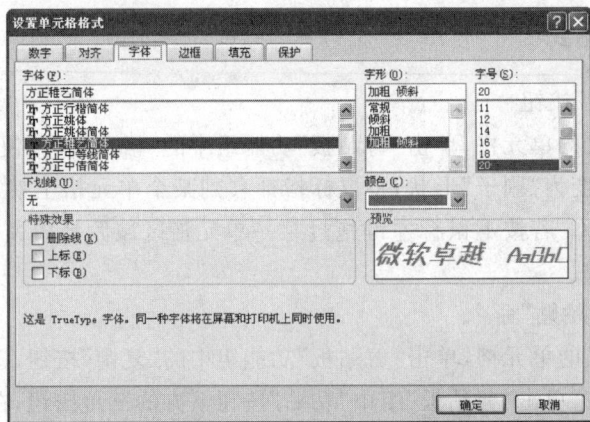

图 5-20　设置字体、字形、字号和字体颜色

（2）在"对齐"选项卡的"水平对齐"下拉列表中选择"居中"，然后单击"确定"按钮返回"样式"对话框，单击"确定"按钮，完成自定义单元格样式的操作。此时，单元格样式列表中会出现"YY 的样式"选项。

5.4.2　设置表格格式

1. 为表格添加边框

1）利用"边框"列表

对于简单的边框设置，在选定要设置边框的单元格或单元格区域后，直接单击"开始"选项卡"字体"功能组中的"边框"按钮右侧的下三角按钮，如图 5-21 所示，在展开的列表中单击所需要的边框线即可。

2）利用"边框"选项卡

选定要设置的单元格或单元格区域后，在"边框"列表中选择"其他边框"项，打开"设置单元格格式"对话框，并显示"边框"选项卡，如图 5-22 所示，然后根据对话框中提示的内容进行必要的选择，最后单击"确定"按钮即可。

若要为表格同时添加内、外边框，并设置边框样式、颜色等，可选择要添加边框的单元格区域，打开如图 5-22 所示的"设置单元格格式"对话框，选择"边框"选项卡，在其中分别设置

图 5-21 "边框"列表

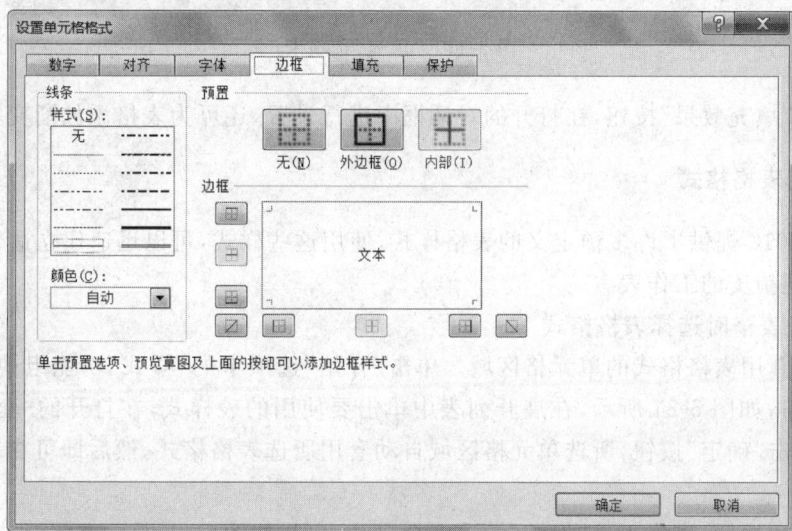

图 5-22 "边框"选项卡

外、内边框,最后确定即可。

2. 为表格添加底纹

1) 利用"填充颜色"按钮

对于简单的底纹填充,可在选中单元格或单元格区域后,单击"开始"选项卡"字体"功能组中的"填充颜色"按钮右侧的下三角按钮,在展开的颜色列表中选择自己喜欢的颜色,即可快速为所选单元格或单元格区域添加上底纹。

2) 利用"填充"选项卡

选中要进行填充的单元格或单元格区域,然后打开"设置单元格格式"对话框并切换到

"填充"选项卡,在"背景色"列表中选择一种背景颜色;在"图案颜色"下拉列表中选择一种图案颜色;在"图案样式"下拉列表中选择一种图案样式,确定即可,如图 5-23 所示。

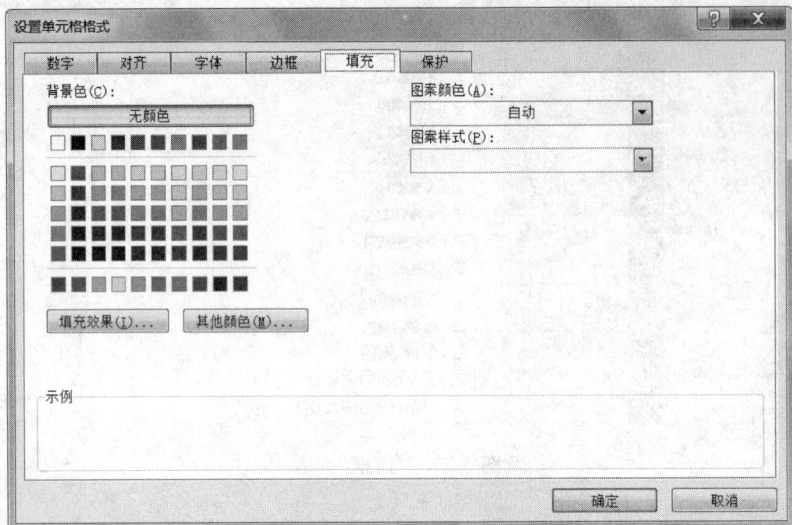

图 5-23 "填充"选项卡

若单击"填充效果"按钮,在打开的对话框中进行设置,还可为表格添加渐变填充效果。

3. 套用表格格式

Excel 2010 提供了许多预定义的表格样式,使用这些样式,可以迅速建立适合于不同专业需求、外观精美的工作表。

1)创建表格时选择表格格式

选中要套用表格格式的单元格区域。单击"开始"选项卡的"样式"功能组中的"套用表格格式"按钮,如图 5-24 所示,在展开列表中单击要使用的表样式,在打开的"套用表格式"对话框中单击"确定"按钮,所选单元格区域自动套用所选表格格式,然后即可在单元格中输入数据。

套用表样式后,表格工具"设计"选项卡会自动出现,如图 5-25 所示。

各复选框的含义如下。

(1)选中或清除"标题行"复选框,可打开或关闭标题行。标题行将为表的首行设置特殊格式。

(2)选中或清除"汇总行"复选框,可打开或关闭汇总行。汇总行位于表末尾,用于显示每一列的汇总。

(3)选中"第一列"复选框,可显示表的第一列的特殊格式。

(4)选中"最后一列"复选框,可显示表的最后一列的特殊格式。

(5)选中"镶边行"复选框,可以不同方式显示奇数行和偶数行以便于阅读。

(6)选中"镶边列"复选框,可以不同方式显示奇数列和偶数列以便于阅读。

2)为现有表格应用表格格式

选中要应用表格格式的单元格区域,单击"开始"选项卡的"样式"功能组中的"套用表格

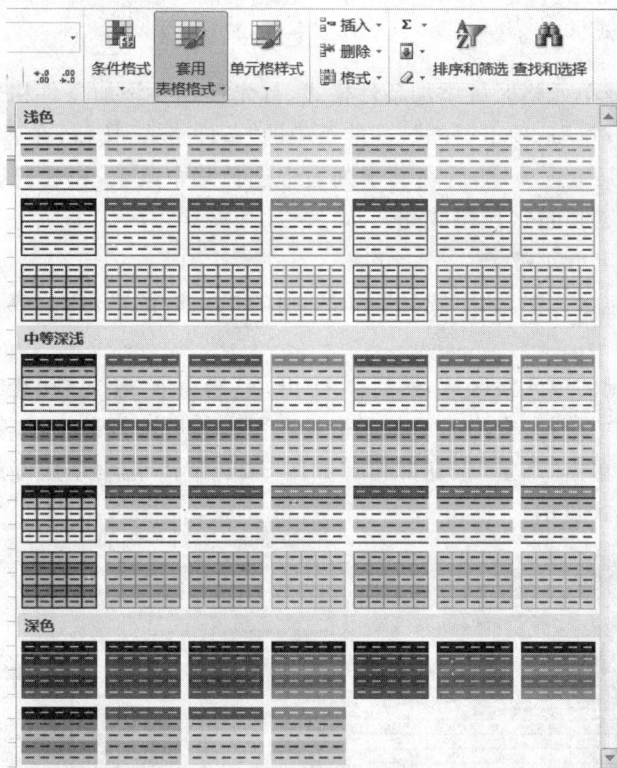

图 5-24　预定义的表格样式

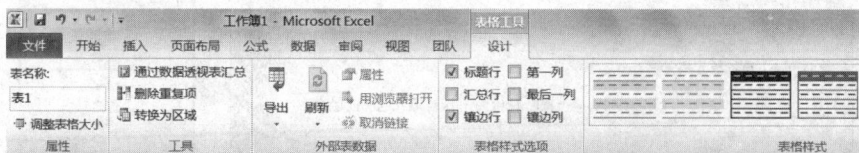

图 5-25　表格工具"设计"选项卡

格式"按钮,在展开列表中单击要使用的表样式,在打开的对话框中进行设置,单击"确定"按钮,所选单元格区域快速套用所选表样式。

5.4.3　使用条件格式

在 Excel 2010 中应用条件格式,可以让符合特定条件的单元格数据以醒目方式突出显示,便于对工作表数据进行更好的分析。

Excel 2010 中的条件格式引入了一些新颖的功能,如色阶、图标集和数据条,使得用户能以一种易于理解的可视化方式分析数据。例如,根据数值区域中单元格的位置,可以分配不同的颜色、特定的图标或不同长度阴影的数据条,来展现一组数据的大小和走势,还可以设置各种条件、规则来突出显示和选取某些数据项目。

1. 添加条件格式

若想为单元格或单元格区域添加条件格式,首先选定要添加条件格式的单元格或单元格区域,然后单击"开始"选项卡"样式"功能组中的"条件格式"按钮,在展开的列表中列出了5种条件规则,选择某个选项,然后在其子列表中选择某个菜单,再在打开的对话框中进行相应设置,即可快速对所选区域格式化。

1)突出显示特定单元格

该规则可以对包含文本、数字或日期/时间值的单元格设置格式,或者为重复(唯一)值的数值设置格式。

选中要应用规则的单元格区域,然后单击"开始"选项卡"样式"功能组中的"条件格式"按钮,在展开的列表中选择"突出显示单元格规则"项,然后选择某个子规则,在打开的对话框中进行设置,最后单击"确定"按钮即可。如图 5-26 所示,把学生成绩统计表中平均分低于 70 分的用条件格式显示。

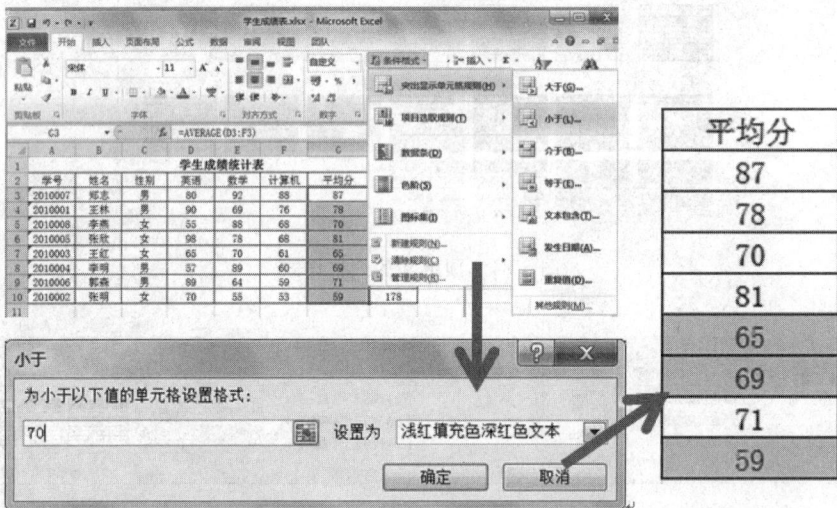

图 5-26　突出显示特定单元格

2)项目选取规则

该规则可以帮助用户识别所选单元格区域中最大或最小的百分数或数字所指定的单元格,或者指定大于或小于平均值的单元格。

选定要设置规则的单元格区域,在"条件格式"列表中选择"项目选取规则",然后选择某个子规则,在打开的对话框中进行设置,确定即可。

例:把学生成绩统计表中总分前 30% 的记录用红字浅绿底纹标识。操作步骤如下。

选定"平均分"列,在"条件格式"列表中选择"项目选取规则",在子规则中选择"值最大的 10% 项",在出现的对话框中选择"自定义格式"命令,在弹出的"设置单元格格式"对话框中设置字体颜色和底纹,如图 5-27 所示。

3)使用"数据条"设置单元格格式

使用数据条可帮助用户查看某个单元格相对于其他单元格的值。数据条的长度代表单

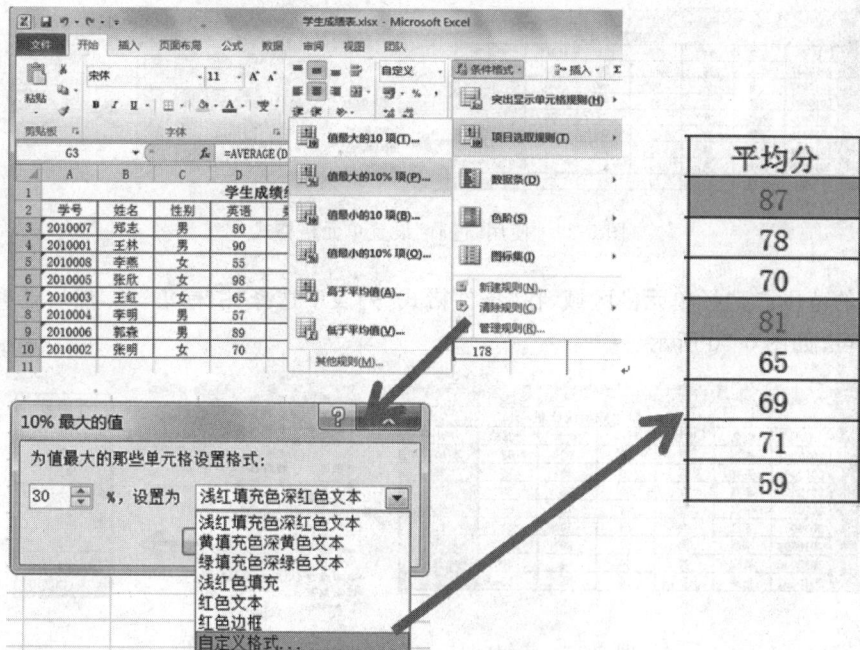

图 5-27　设置项目选取规则

元格中值的大小。数据条越长,表示值越高,数据条越短,表示值越低。在观察大量数据中的较高值和较低值时,数据条尤其有用。

选定要显示值大小的单元格区域,在"条件格式"列表中选择"数据条",然后选择某个子数据条即可,如图 5-28 所示。

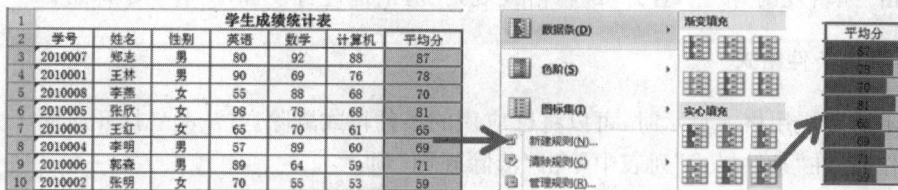

图 5-28　使用"数据条"设置单元格格式

4)使用"色阶"设置单元格格式

色阶是用颜色的深浅来表示值的高低。颜色刻度作为一种直观的指示,可以帮助用户了解数据的分布和变化。其中:双色刻度使用两种颜色的渐变来帮助比较单元格区域。例如,在绿色和红色的双色刻度中,可以指定较高值单元格的颜色更绿,而较低值单元格的颜色更红;三色刻度使用三种颜色的渐变来帮助比较单元格区域,颜色的深浅表示值的高、中、低。选择单元格区域,在"条件格式"列表中选择"色阶"项,然后选择某个子色阶即可,如图 5-29 所示。

5)使用"图标集"设置单元格格式

使用图标集可以对数据进行注释,并可以按阈值将数据分为 3~5 个类别,每个图标代

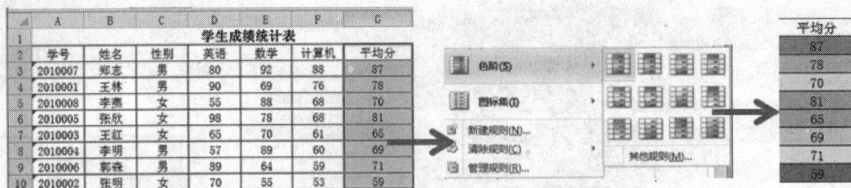

图 5-29　使用"色阶"设置单元格格式

表一个值的范围。选择单元格区域,在"条件格式"列表中选择"图标集"项,然后选择某个子图标集即可,如图 5-30 所示。

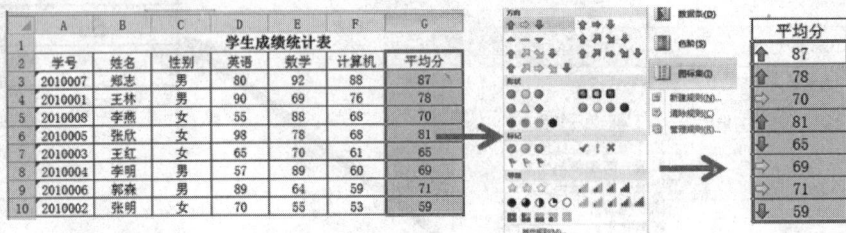

图 5-30　使用"图标集"设置单元格格式

2. 修改条件格式

对于已应用了条件格式的单元格,也可以对条件格式进行编辑、修改,让其以另一种格式显示。

选定已应用条件格式的单元格,在"条件格式"列表中选择"管理规则"项,在打开的对话框中单击"编辑规则"按钮,打开"编辑格式规则"对话框进行设置,然后确定即可。

3. 清除条件格式

当不需要应用格式显示时,可以将已应用的条件格式删除,方法是:打开应用了条件格式的工作表,在"条件格式"列表中单击"清除规则"项,如图 5-31 所示,选择"清除所选单元格的规则"项,可清除选定单元格或单元格区域内的条件格式;选择"清除整个工作表的规则"项,则可以清除整个工作表的条件格式。

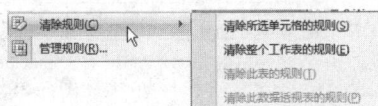

图 5-31　清除条件格式

4. 条件格式管理规则

为单元格区域创建多个条件格式规则时,需要了解如下三个问题:如何评估这些条件格式规则;两个或更多条件格式规则冲突时将发生什么情况;如何更改评估的优先级以获得所需的结果。

在"条件格式"列表中单击"管理规则"项,打开"条件格式规则管理器"对话框,在"显示其格式规则"下拉列表中选择"当前选择",对话框的下方会显示当前工作表中已设置的所有条件格式。

当两个或更多个条件格式规则应用于一个单元格区域时,将按它在"条件格式规则管理器"对话框中列出的优先级顺序评估这些规则。

列表中较高处的规则的优先级高于列表中较低处的规则。默认情况下,新规则总是添加到列表的顶部,因此具有较高的优先级。也可以使用对话框中的"上移"按钮和"下移"按钮来更改优先级顺序,如图 5-32 所示。

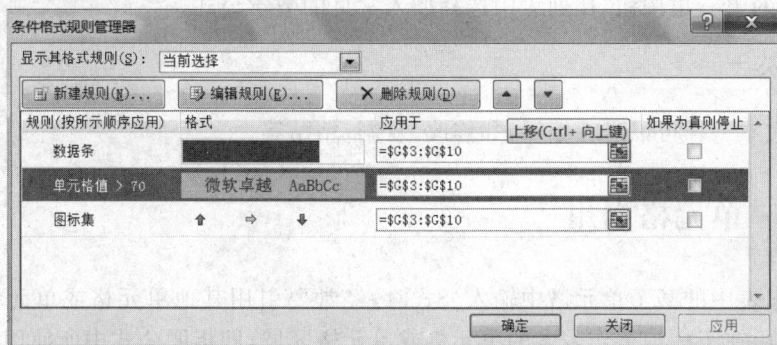

图 5-32　更改规则优先级顺序

对于一个单元格区域,多个条件格式规则评估为真时,如果两种格式间没有冲突,则两个规则都会得到应用。如果两个规则冲突,只应用优先级较高的规则。

5.5　公式和函数

5.5.1　公式

公式是对工作表中的数值执行运算的方程式,是 Excel 中最重要的内容之一,正是由于公式的应用,才使得 Excel 具有如此强大的数据处理功能。

1. 公式的构成

一个完整的公式(如"＝sum(A2:A5)＋5")由以下几部分组成。

(1) 等号"＝":相当于公式的标记,表示之后的字符为公式。

(2) 运算符:表示运算关系的符号,如例中的加号＋、引用符号:。

(3) 函数:一些预定义的计算关系,可将参数按特定的顺序或结构进行计算,如例中的求和函数"sum"。

(4) 单元格引用:参与计算的单元格或单元格范围,如例中的单元格范围"A2:A5"。

(5) 常量:参与计算的常数,如例中的数值"5"。

2. 公式的输入

通常情况下,可以按以下操作步骤输入公式。

(1) 选中需输入公式的单元格。

（2）输入公式的标记——等号"＝"。

（3）继续输入公式的具体内容，完毕后按 Enter 键确认。

输入公式时可以采用手工输入方式，也可以采用键盘鼠标结合的方式，输入的过程中可以在单元格中输入也可在编辑栏中输入。还可以选择"插入"选项卡，在"符号"功能组中单击"公式"按钮，可以打开公式工具面板使用数学符号库构造自己需要的公式；或者单击"公式"按钮右侧的下三角按钮，在列表中选择插入常见的数学公式。

3. 编辑公式

公式像文本一样可以进行编辑，如修改、复制、粘贴等。

5.5.2 单元格引用

在向工作表中的某个单元格中输入公式时，经常要引用其他单元格或单元格区域的数据，引用的作用在于标识工作表中的单元格或单元格区域，即指明公式中所使用数据的来源位置。通过引用，可以在公式中使用工作表中不同部分的数据，或者在多个公式中使用同一单元格的数据，还可以引用同一工作簿不同工作表的单元格、不同工作簿的单元格，甚至引用其他程序的数据。

1. 相对引用

公式中相对单元格引用是基于包含公式和单元格引用的单元格的相对位置，其引用形式为列标行号。如果公式所在单元格位置发生改变，引用也随之改变。如果多行或多列地复制或填充公式，引用会自动调整。其变化规律为：横向复制公式时，列标发生变化，而行号不变；纵向复制公式时，行号发生变化，而列标不变。默认情况下，公式使用相对引用。

2. 绝对引用

和相对引用相反，绝对引用是指固定的引用位置。也就是说，如果在公式中使用了绝对引用，无论如何改变位置，其引用的单元格地址总是不变的。绝对引用的引用形式是在相对引用的列标和行号前加一个符号 $ ，如 B7。

3. 混合引用

混合引用是相对地址与绝对地址的混合使用，例如 B$7 表示 B 是相对引用，$7 是绝对引用。

4. 跨表引用

在引用同一工作簿的不同工作表中的单元格时，可以用"工作表名称！单元格地址"的形式。例如，用"Sheet2！A3：C6"表示对工作表 Sheet2 中的单元格区域 A3：C6 的引用。

在引用不同工作簿中的单元格时，可以用"［工作簿名称］工作表名称！单元格地址"的形式。例如，用"［Book2］Sheet2！A4"表示对工作簿 Book2 中的工作表 Sheet2 中的单元格 A4 的引用。

5. 自动填充公式

自动填充公式是对自动填充功能和相对引用的综合应用,将二者结合起来可以收到事半功倍的效果,如图 5-33 所示。

图 5-33　自动填充公式

5.5.3　函数

函数是预先编写的公式,可以对一个或多个值执行运算,并返还一个或多个值。多用于替代有固定算法的公式。用函数计算数据能简化公式。

1. 函数的结构

Excel 函数通常是由函数名称、左括号、参数、半角逗号和右括号构成。如 SUM(A1:A10,B1:B10)。另外有一些函数比较特殊,它仅由函数名和成对的括号构成,因为这类函数没有参数,如 NOW 函数、RAND 函数。

2. 函数的输入

在 Excel 2010 中选择"公式"选项卡,可以看到其中有很多函数的类型,如图 5-34 所示。进行函数输入的时候,可以从中进行查找。

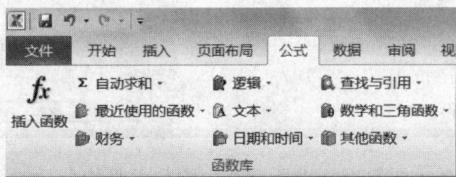

图 5-34　函数库

或者单击其中的"插入函数"按钮,打开"插入函数"对话框创建和编辑函数来进行计算,如图 5-35 所示。

3. 函数的使用

下面通过具体的实例来看一下函数的使用,求学生成绩表中所有女生的数学平均分。

此时可以使用 AVERAGEIF 函数进行计算。选择"公式"选项卡,单击"函数库"功能组

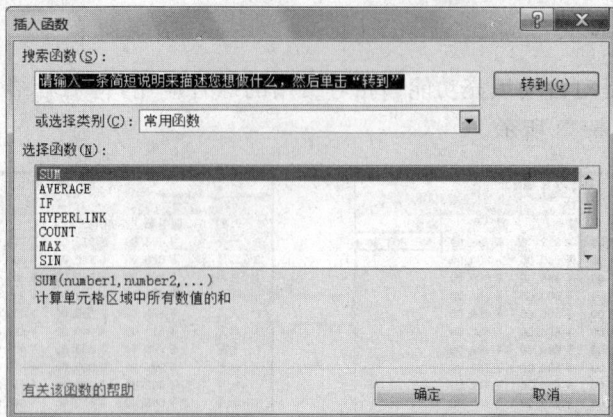

图 5-35 "插入函数"对话框

中的"插入函数"按钮,打开"函数参数"对话框,按如图 5-36 所示选择相关参数。在函数公式中,C3:C10 是求条件的单元格区域,"女"是定义的条件,E3:E10 是用于求平均值的实际单元格区域。

图 5-36 求所有女生的数学平均分

5.6 图表

图表也称为数据图表,是以图形的方式显示 Excel 工作表中的数据,可直观体现工作表中各数据间的关系。Excel 2010 中提供了 11 种标准图表类型,其中最常用的图表类型包括:柱形图、条形图、饼图、折线图、XY 散点图、面积图和圆环图。

5.6.1 创建图表

首先选择数据区域,然后选择"插入"选项卡,根据需要选择"图表"功能组中的某种类型的图表按钮,在打开的下拉菜单中选择具体的图表样式,即可创建一个图表。

例:选择数据区域 A2:E6,再选择"插入"选项卡,在"图表"功能组中单击"柱形图"按钮,在打开的下拉菜单中选择柱形图样式,即可创建一个柱形图,如图 5-37 所示。

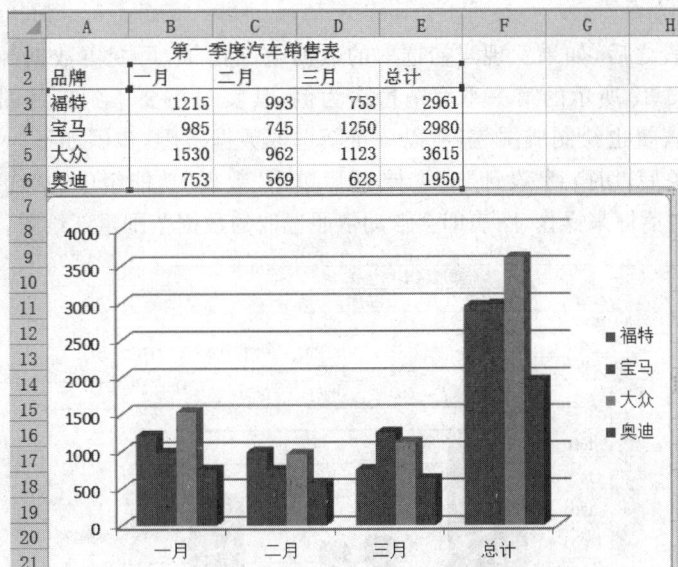

图 5-37　创建图表

5.6.2 图表的编辑

图表创建后,用户可以对它进行编辑修改,比如改变图表的大小、位置、类型、增删数据系列、改动标题等。

1. 调整图表的位置

建立在工作表中的图表,直接拉曳图表对象的外框,即可移动图表,调整图表的位置。

2. 调整图表的大小

如果图表的内容没办法完整显示,或者觉得图表太小看不清楚,可以拉曳图表对象周围的控点来调整图表的大小:拉曳图表外框的控点可调整图表的宽度或高度,拉曳对角控点可同步调整宽、高。

3. 调整字形的大小

如果调整过图表的大小后,图表中的文字变得太小或太大,那么可以选取要调整的文字,并切换到"开始"选项卡,在"字体"功能组拉下"字号"列表框来调整文字大小。在"字体"

功能组中除了可调整图表中的文字大小,还可以利用其中的工具按钮来修改文字的格式,例如加粗、斜体、更改字形颜色等。

4. 变更图表类型

当图表建立好以后,若觉得原先设定的图表类型不恰当,可在选取图表后,切换到图表工具"设计"选项卡,单击"类型"功能组中的"更改图表类型"按钮来更换。

5. 变更数据源范围

在建立好图表之后,如果发现当初选取的数据范围错了,可变更数据源范围,不必重新建立图表。如图 5-37 所示的第一季度销售表为例,其实只需要一到三月的销售量,而不需将第一季的总销售量也绘制成图表,所以要重新选取数据范围,步骤如下。

选取图表对象后,切换到"设计"选项卡,然后单击"数据"功能组中的"选择数据"按钮,开启"选择数据源"对话框来操作,图表即会自动依照选取的数据范围重新绘图,如图 5-38 所示。

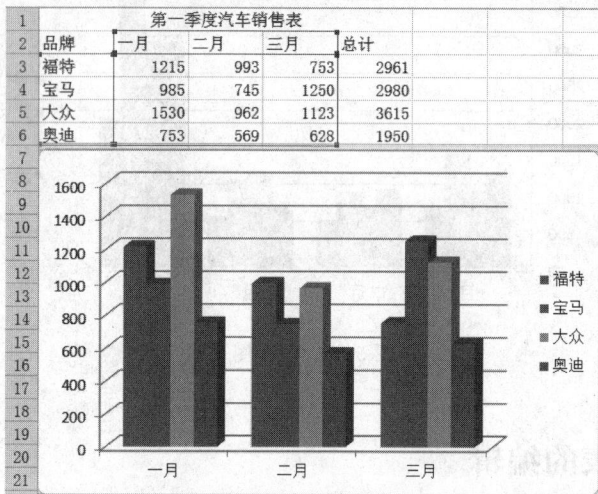

图 5-38   变更数据源范围

6. 改变图表栏列方向

数据系列取得的方向有循栏及循列两种,可以根据需要改变数据系列的取得方向。

以如图 5-38 所示的图表为例,图表的数据系列来自列,如果想将数据系列改成从行取得,可选取图表对象,然后切换至图表工具"设计"选项卡,单击"数据"功能组中的"切换行/列"按钮即可,如图 5-39 所示。

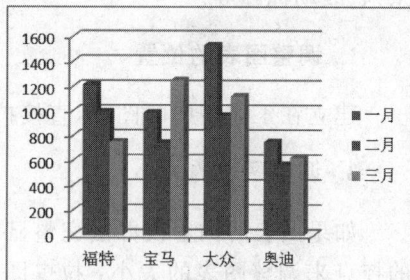

图 5-39   改变图表栏列方向

7. 更改图表名称

如果要更改图表名称,应选择图表,切换至图表工具"布局"选项卡,在"属性"功能组的图表名称框中输入图表名称,按 Enter 键完成图表名称更改。

8. 更改图表布局

默认创建的图表不包含图表标题,用户如果想为图表添加标题,可使用更改图表布局的方式添加。步骤如下。

选择图表,切换至图表工具"布局"选项卡,在"标签"功能组中单击"图表标题"按钮,在下拉列表中选择具体的标题样式即可为图表添加标题。

5.6.3 迷你图

迷你图作为一个将数据形象化呈现的制图小工具,使用方法非常简单,在生成迷你图之前,请特别注意,只有使用 Excel 2010 创建的数据表才能创建迷你图,低版本的 Excel 文档即使使用 Excel 2010 打开也不能创建,必须将数据复制至 Excel 2010 文档中才能使用该功能。

迷你图的创建步骤如下。

首先选定数据区域,然后选择"插入"选项卡,根据需要选择"迷你图"功能组中的某种类型,弹出"创建迷你图"对话框,在对话框中选择好数据范围和位置范围后即可生成迷你图。

以第一季度汽车销售表为例创建迷你图:首先选择数据区域 B3:D6,再选择"插入"选项卡,在"迷你图"功能组中单击"折线图"按钮,打开如图 5-40 所示的"创建迷你图"对话框,选择放置迷你图的位置,即可创建一个迷你图,如图 5-41 所示。

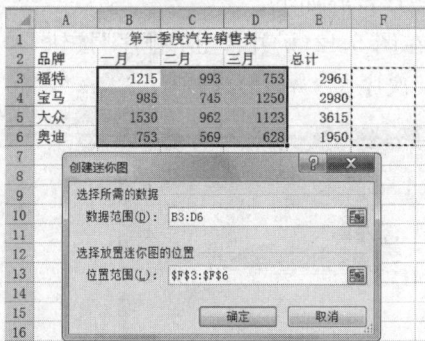

图 5-40 创建迷你图

图 5-41 增加迷你图后的销售表

5.7 数据分析与管理

5.7.1 数据清单

数据清单是工作表中包含相关数据的一系列数据行,它可以像数据库一样接受浏览与编辑等操作。排序与筛选数据记录的操作需要通过数据清单来进行,因此在操作前应先创建好数据清单。

5.7.2　数据排序

1. 简单排序

单击需排序列中的任一单元格,选择"开始"选项卡,在"编辑"功能组中单击"排序与筛选"按钮,在弹出的下拉列表中选择"升序"或"降序"命令,如图 5-42(a)所示。或者选择"数据"选项卡,在"排序和筛选"功能组中选择单击"升序"或"降序"按钮,如图 5-42(b)所示。

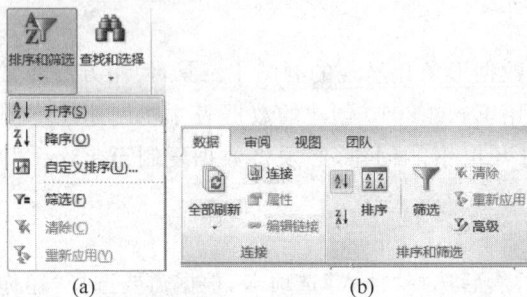

图 5-42　简单排序

2. 复杂排序

如果对排序的要求较高,可以进行复杂排序,操作步骤如下。

在图 5-42(a)中选择"自定义排序"命令,或者在图 5-42(b)中单击"排序"按钮,弹出如图 5-43 所示的对话框,在其中选择排序的关键字及次序。

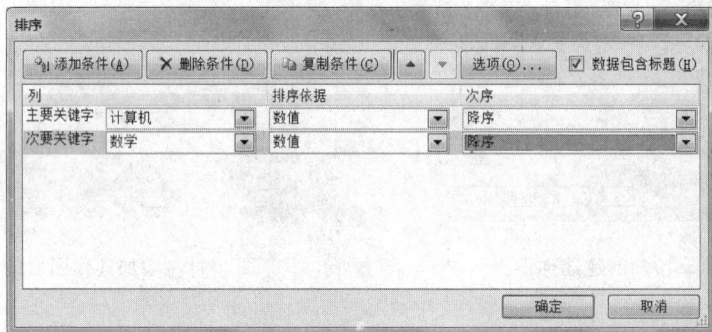

图 5-43　自定义排序

5.7.3　数据筛选

数据筛选是将不符合用户特定条件的行隐藏起来,这样可以更方便地让用户对数据进行查看。Excel 提供了两种筛选数据列表的命令。

1. 自动筛选

自动筛选只能根据一个字段筛选,适用于简单的筛选条件。

单击需筛选数据区域中的任一单元格,选择“开始”选项卡,在“编辑”功能组中单击“排序与筛选”按钮,在弹出的下拉列表中选择“筛选”命令;或者选择“数据”选项卡,在“排序和筛选”功能组中单击“筛选”按钮。设置筛选后如图 5-44 所示。

	A	B	C	D	E	F	G
1	学生成绩统计表						
2	学号	姓名	英语	数学	计算机	平均分	总分
3	2010007	郑志	80	92	88	87	260
4	2010001	王林	90	69	76	78	235
5	2010008	李燕	55	88	68	70	211
6	2010005	张欣	98	78	68	81	244
7	2010003	王红	65	70	61	65	196
8	2010004	李明	57	89	60	69	206
9	2010006	郭森	89	64	59	71	212
10	2010002	张明	70	55	53	59	178

图 5-44 自动筛选

单击每一字段后的下拉按钮,在弹出的下拉菜单中单击“数字筛选”或“文本筛选”命令可设置自动筛选的自定义条件。在设置自定义条件时,可以使用通配符,其中问号?代表任意单个字符,星号 * 代表任意多个字符。

2. 高级筛选

高级筛选适用于复杂的筛选条件,采用复合条件来筛选记录,并允许把满足条件的记录复制到另外的区域,以生成一个新的数据清单。高级筛选操作步骤如下。

(1) 先建立条件区域,条件区域的第一行为条件标记行,第二行开始是条件行。

(2) 然后选择“数据”选项卡,在“排序和筛选”功能组中单击“高级”按钮,弹出“高级筛选”对话框。

(3) 在“高级筛选”对话框中,选择步骤(1)建立的条件区域,并选择筛选的显示方式。

条件区域的几种情况:

(1) 同一条件行的条件互为“与”(AND)的关系,表示筛选出同时满足这些条件的记录。

例:查找学生成绩统计表中“计算机”成绩为“68”且“数学”成绩为“>80”的学生记录,如图 5-45 所示。

	A	B	C	D	E	F	G
1	学生成绩统计表						
2	学号	姓名	英语	数学	计算机	平均分	总分
3	2010007	郑志	80	92	88	87	260
4	2010001	王林	90	69	76	78	235
5	2010008	李燕	55	88	68	70	211
6	2010005	张欣	98	78	68	81	244
7	2010003	王红	65	70	61	65	196
8	2010004	李明	57	89	60	69	206
9	2010006	郭森	89	64	59	71	212
10	2010002	张明	70	55	53	59	178
11							
12	计算机	数学					
13	68	>80					
14							
15	学号	姓名	英语	数学	计算机	平均分	总分
16	2010008	李燕	55	88	68	70	211

图 5-45 筛选同时满足条件的记录

(2) 不同条件行的条件互为“或”(OR)的关系，表示筛选出满足任何一个条件的记录。

例：查找学生成绩统计表中“计算机”成绩为“68”或“数学”成绩为“>80”的学生记录，如图 5-46 所示。

	A	B	C	D	E	F	G
1	学生成绩统计表						
2	学号	姓名	英语	数学	计算机	平均分	总分
3	2010007	郑志	80	92	88	87	260
4	2010001	王林	90	69	76	78	235
5	2010008	李燕	55	88	68	70	211
6	2010005	张欣	98	78	68	81	244
7	2010003	王红	65	70	61	65	196
8	2010004	李明	57	89	60	69	206
9	2010006	郭森	89	64	59	71	212
10	2010002	张明	70	55	53	59	178
11							
12	计算机	数学					
13	68						
14		>80					
15							
16	学号	姓名	英语	数学	计算机	平均分	总分
17	2010007	郑志	80	92	88	87	260
18	2010008	李燕	55	88	68	70	211
19	2010005	张欣	98	78	68	81	244
20	2010004	李明	57	89	60	69	206

图 5-46 筛选满足任一条件的记录

(3) 对相同的列(字段)指定一个以上的条件，或条件为一个数据范围，则应重复列标题。

例：筛选“英语”成绩大于等于 70 分，并且小于等于 90 分的姓“王”的记录，如图 5-47 所示。

	A	B	C	D	E	F	G
1	学生成绩统计表						
2	学号	姓名	英语	数学	计算机	平均分	总分
3	2010007	郑志	80	92	88	87	260
4	2010001	王林	90	69	76	78	235
5	2010008	李燕	55	88	68	70	211
6	2010005	张欣	98	78	68	81	244
7	2010003	王红	65	70	61	65	196
8	2010004	李明	57	89	60	69	206
9	2010006	郭森	89	64	59	71	212
10	2010002	张明	70	55	53	59	178
11							
12	姓名	英语	英语				
13	王*	>=70	<=90				
14							
15	学号	姓名	英语	数学	计算机	平均分	总分
16	2010001	王林	90	69	76	78	235

图 5-47 相同的列指定一个以上的条件

5.7.4 分类汇总

分类汇总是 Excel 中最常用的功能之一，它能够快速地以某一个字段为分类项，对数据列表中的数值字段进行各种统计计算，如求和、计数、平均值、最大值、最小值、乘积等。

1. 创建分类汇总

汇总前必须先按要汇总的字段排序，再选择“数据”选项卡，在“分级显示”功能组中单击“分类汇总”按钮，在弹出的“分类汇总”对话框中选择相应的信息再确定即可完成分类汇总。

例：给学生成绩统计表增加“性别”字段，要求显示男生和女生平均分和总分的平均值。

首先单击"性别"一列的任一单元格,再选择"数据"选项卡,在"排序和筛选"功能组中单击"升序"按钮,把数据表按照"性别"进行排序,然后在"分级显示"功能组中单击"分类汇总"按钮,出现"分类汇总"对话框,在"分类字段"下拉列表框中选择分类字段为"性别",选择汇总方式为"求和",汇总项选择"平均分"和"总分",单击"确定"按钮,如图 5-48 所示。

学生成绩统计表分类汇总后的结果如图 5-49 所示。

图 5-48　"分类汇总"对话框　　　　　　图 5-49　分类汇总后的结果

2. 调整显示级别

在分类汇总中数据是分级显示的,在工作表的左上角出现了这样的一个区域 1 2 3 ,单击其中的"1",在表中就只有总计项出现;单击"2",出现的就只有汇总的部分;单击 3,可以显示所有的内容。

3. 删除分类汇总

选择"数据"选项卡,在"分级显示"功能组中单击"分类汇总"按钮,出现"分类汇总"对话框,单击左下方的"全部删除"按钮即可删除分类汇总。

5.7.5　数据透视表

数据透视表是一种对大量数据快速汇总和建立交叉列表的交互式动态表格,能帮助用户分析、组织数据。数据透视表中提供了多种汇总方式,包括求和、计数、平均值、最大值、最小值、乘积、计数值、标准偏差、总体标准偏差、方差以及总体方差等,用户可以根据实际需要选择不同的汇总方式。建好数据透视表后,可以对数据透视表重新安排,以便从不同的角度查看数据。数据透视表可以从大量看似无关的数据中寻找背后的联系,从而将纷繁的数据转化为有价值的信息,以供研究和决策所用。

单击学生成绩统计表中的任一单元格,选择"插入"选项卡,单击"表格"功能组中的"数据透视表"按钮,在下拉列表中选择"数据透视表",打开"创建数据透视表"对话框。然后选择透视表的数据来源的区域,一般 Excel 已经自动选取了范围,检查一下该选取是否正确。接下来选择透视表放置的位置,如图 5-50 所示。

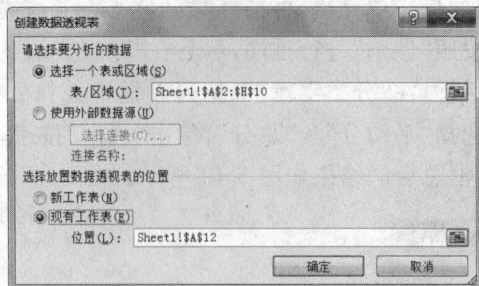

图 5-50 "创建数据透视表"对话框

单击"确定"按钮后出现如图 5-51 所示的数据透视表。

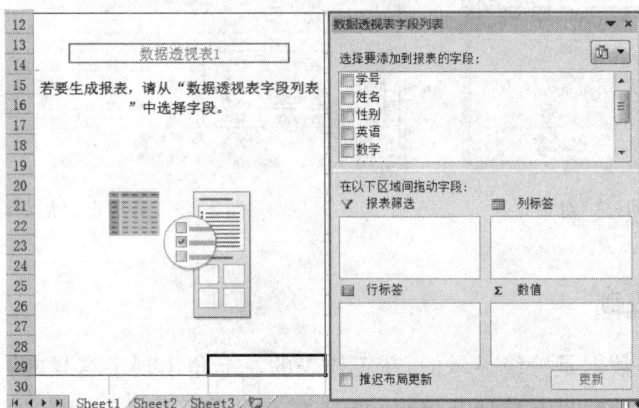

图 5-51 数据透视表

在透视表的各个部分都有提示,同时界面中出现了一个数据透视表字段列表,里面列出了所有可以使用的字段。在本例中要查看男女生的人数、数学最高分和英语的平均分,因此在要添加到报表的字段中选择"性别",然后拖动"姓名"、"数学"和"英语"字段到数值区域,并把"数学"和"英语"字段的汇总方式分别改为求最大值和求平均值。建立好的数据透视表如图 5-52 所示。

图 5-52 建立好的数据透视表

5.7.6 数据透视图

用户还可以根据数据透视表直接生成图表。假定建好的按性别求英语、数学、计算机平均分的数据透视表如图 5-53 所示。

12	行标签 ▾	平均值项:英语	平均值项:数学	平均值项:计算机
13	男	79.00	78.50	70.75
14	女	72.00	72.75	62.50
15	总计	75.50	75.63	66.63

图 5-53　按性别求英语、数学、计算机平均分的数据透视表

单击透视表中的任一单元格,选择"选项"选项卡,单击"工具"功能组中的"数据透视图"按钮,在弹出的对话框中选择图表的样式后,单击"确定"按钮就可以直接创建出数据透视图,如图 5-54 所示。

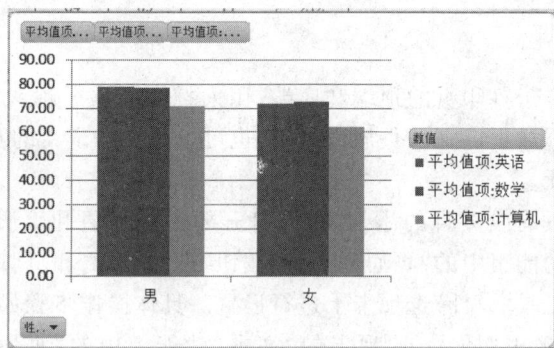

图 5-54　数据透视图

5.8 页面设置和打印操作

对于在 Excel 中建立的工作表,在完成对工作表数据的输入和编辑后,只需很简单的设置就可以打印出具有良好格式的报表。

5.8.1 页面设置

1. 设置纸张方向

纸张方向有"纵向"与"横向"两种。若文件的行较多而列较少则可以使用"纵向",若文件的列较多而行较少则可以使用"横向"。

单击"页面布局"选项卡"页面设置"功能组中的"纸张方向"按钮,在展开的列表中根据需要选择"纵向"或"横向"。此外,也可单击"页面布局"选项卡"页面设置"功能组右下方的按钮,在打开的"页面设置"对话框的"页面"选项卡中进行纸张方向的设置。

2. 设置纸张大小

设置纸张的大小就是设置以多大的纸张进行打印,如 A3、A4 等。要设置工作表的纸张大小,可单击"页面布局"选项卡的"页面设置"组中的"纸张大小"按钮,展开列表,其中列出了一些设置好的选项,单击需要的选项即可。

若列表中的选项不能满足需要,可单击列表底部的"其他纸张大小"项,打开"页面设置"对话框,在"纸张大小"下拉列表中提供了更多的选项供用户选择,如图 5-55 所示。

3. 设置页边距

页边距是指正文与页面边缘的距离。要设置页边距,可单击"页面布局"选项卡"页面设置"功能组中的"页边距"按钮,在展开的列表中可选择"普通"、"宽"或"窄"样式。

此外,还可以自定义页边距。单击"页边距"列表底部的"自定义边距"按钮,打开"页面设置"对话框的"页边距"选项卡,在该选项卡中可分别设置上、下、左、右页边距的值。

4. 设置页眉和页脚

页眉和页脚分别位于打印页的顶端和底端,用来打印表格名称、页号、作者名称或时间等。用户可为工作表添加预定义的页眉或页脚,也可以添加自定义的页眉或页脚,还可在页眉或页脚中添加特定元素。

要进行任何一种页眉或页脚的添加,首先打开要添加页眉和页脚的工作表,然后单击"插入"选项卡"文本"功能组中的"页眉和页脚"按钮,进入"页眉和页脚"编辑状态,最后在自动出现的页眉和页脚工具"设计"选项卡上进行设置。具体操作步骤如下。

(1) 打开工作表,单击"插入"选项卡的"文本"功能组中的"页眉和页脚"按钮,此时,Excel 在"页面布局"视图中显示工作表,页眉和页脚工具"设计"选项卡自动出现,单击工作表页面顶部的左(中或右)编辑框。

(2) 单击"页眉"按钮,在展开的列表中选择所需的预定义页眉,如图 5-56 所示。

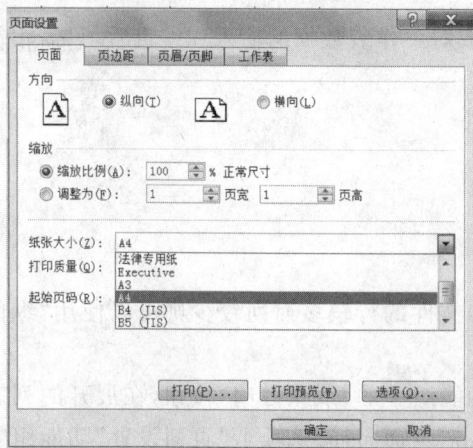

图 5-55 "页面设置"对话框   图 5-56 预定义页眉

（3）单击页眉区，在"设计"选项卡的"页眉和页脚"功能组中单击"转至页脚"按钮，然后单击"页脚"按钮，在展开的列表中选择所需的预定义页脚即可。

注意：如果要添加自定义的页眉或页脚，可直接在页眉或页脚编辑框中输入所需文本。如果要在页眉或页脚中添加特定元素，首先单击页眉或页脚编辑框，然后单击页眉和页脚工具"设计"选项卡"页眉和页脚元素"功能组中的相应按钮，如图 5-57 所示。

图 5-57　在页眉或页脚中添加的特定元素

5. 设置分页符

如果需要打印的工作表中的内容不止一页，Excel 会自动插入分页符，将工作表分成多页。这些分页符的位置取决于纸张的大小、页边距设置等。可以通过插入水平分页符来改变页面上数据行的数量或插入垂直分页符来改变页面上数据列的数量。

单击"视图"选项卡"工作簿视图"功能组中的"分页预览"按钮，可以将工作表从"普通"视图切换到"分页预览"视图。在"分页预览"视图中，可以用鼠标拖动分页符的方法来改变它在工作表上的位置。

要插入水平或垂直分页符，首先在要插入分页符的位置的下面或右侧选中一行或一列，然后单击"页面布局"选项卡"页面设置"功能组中的"分页符"按钮，在展开的列表中选择"插入分页符"项即可。如果单击工作表的任意单元格，Excel 将同时插入水平分页符和垂直分页符，将 1 页分成 4 页。

删除分页符，一般是指删除手动插入的分页符。方法如下：单击垂直分页符右侧的单元格，或者单击水平分页符下方的单元格，然后单击分页符列表中的"删除分页符"项，可删除插入的垂直分页符或者水平分页符；单击垂直分页符和水平分页符交叉处右下角的单元格，可删除同时插入的垂直和水平分页符。

要一次性删除所有手动分页符，可单击工作表上的任一单元格，然后单击"分隔符"列表中的"重设所有分页符"项，如图 5-58 所示。

6. 设置打印区域

正常情况打印工作表时，会将整个工作表都打印输出。有时，只需要打印工作表中的某一部分，其他单元格的数据不要求（或不能）打印输出。这时，可通过设置打印区域来完成该功能，具体操作步骤如下。

（1）在工作表中选择需要打印输出的单元格区域。

（2）在"页面布局"选项卡的"页面设置"功能组中，单击"打印区域"按钮，打开如图 5-59 所示的命令列表。

图 5-58　"分隔符"列表

图 5-59　设置打印区域

（3）单击选择"设置打印区域"命令，经所选区域设置为打印区域，这时，该区域周边将出现一个虚线边框。以后对此工作表进行打印或打印预览时，将只能看到打印区域内的数据。

激活工作表后，在如图 5-59 所示命令组中选择"取消打印区域"命令，可取消前面设置的打印区域，则又可打印输出整个工作表的数据了。

5.8.2　打印输出

页面设置完成后，并且打印预览效果也较为满意时，就可以在打印机上进行真实报表的打印输出了。单击"文件"按钮，打开下拉菜单，选择"打印"命令，出现的界面如图 5-60 所示。

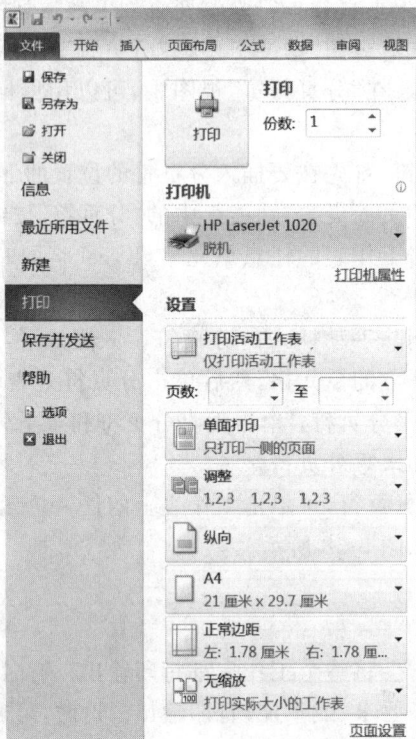

图 5-60　"打印"面板

在其中选择要使用的打印机、设置打印份数、打印的文档范围等后，单击"打印"按钮即可开始打印文档内容。

第 6 章　PowerPoint 2010

6.1　初识 PowerPoint 2010

Microsoft PowerPoint 2010 是一款演示文稿(通常称为幻灯片)制作软件,集演示文稿的制作、编辑、演示为一体。相对以前的版本,PowerPoint 2010 在界面和功能上都有了很大的改进。进一步增强了用户对演示文稿的控制能力,以创建出具有精美外观和强大实用功能的演示文稿;利用其强大的动画和 SmartArt 图形功能,可创建出极富感染力的图形图像;通过远程广播功能,直接在 IE 浏览器中播放和浏览演示文稿;通过网络存储,有效共享演示文稿。

6.1.1　PowerPoint 2010 工作界面

PowerPoint 2010 的工作界面主要由标题栏、功能区、幻灯片编辑区、视图窗格、备注窗格和状态栏 6 部分组成,如图 6-1 所示。

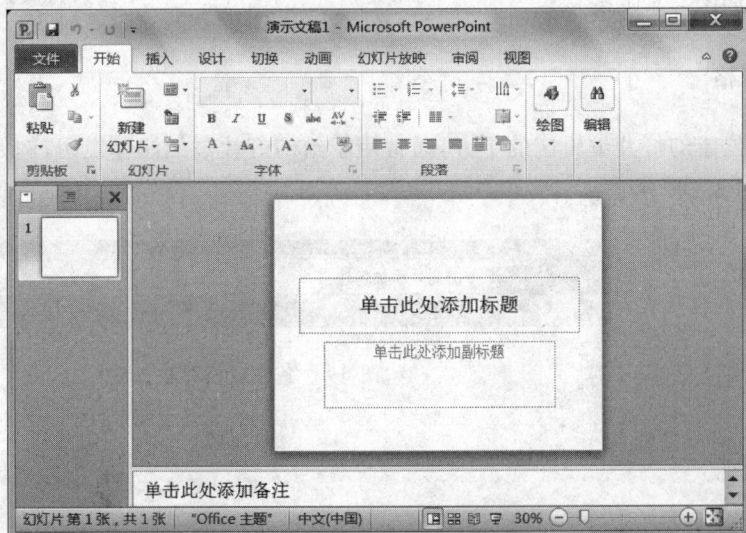

图 6-1　PowerPoint 2010 工作界面

PowerPoint 窗口主要组成部分的说明如下。

1. 标题栏

标题栏位于窗口的最上方,从左到右依次为控制菜单图标、快速访问工具栏、正在操作的演示文稿名、应用程序名和窗口控制按钮,如图 6-2 所示。

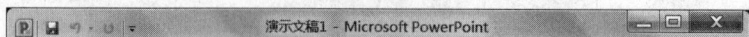

图 6-2 标题栏

2. 功能区

功能区位于标题栏的下方,默认情况下包括 9 个选项卡,分别为:"文件"、"开始"、"插入"、"设计"、"切换"、"动画"、"幻灯片放映"、"审阅"和"视图"。每个选项卡由多个功能组构成,选择某个选项卡,可展开该选项卡下方的所有功能组。

3. 幻灯片编辑区

可以在编辑区中输入文本、插入表格和图形等,其中最主要的制作场所是幻灯片视图,可以在这里制作用于展示的幻灯片中的各种元素。

4. 视图窗格

视图窗格位于幻灯片编辑区的左侧,包含"幻灯片"和"大纲"两个选项卡,默认的是"幻灯片"选项卡,如图 6-3 所示。

5. 备注窗格

备注窗格位于幻灯片编辑区的下方,通常用于给幻灯片添加注释说明,例如幻灯片的讲解说明等,如图 6-4 所示。

图 6-3 视图窗格

图 6-4 备注窗格和状态栏

6. 状态栏

窗口的最下面一栏是状态栏,左端用于显示幻灯片当前是第几张、演示文稿共几张、当前使用的输入法状态等信息。右端有两栏功能按钮,分别是视图切换工具按钮和显示比例调节工具按钮,如图 6-4 所示。

6.1.2 PowerPoint 2010 的视图

一个演示文稿通常由多张幻灯片组成,为了方便用户操作,针对演示文稿的创建、编辑、放映或预览等不同阶段的操作,提供了不同的工作环境,这种工作环境称为视图。PowerPoint 2010 提供了 5 种视图模式:普通视图、幻灯片视图、备注页、幻灯片放映和阅读视图。其中普通视图和幻灯片视图是最常使用的两种视图。

1. 普通视图

普通视图方式下,幻灯片、大纲和备注页集成到一个视图中。

2. 幻灯片浏览视图

在浏览视图中,幻灯片整齐地排列着。在这种视图方式下,可以添加新的幻灯片,也可以复制、删除或移走幻灯片,但不能编辑幻灯片中的具体内容。

3. 备注页

以上下文结构显示幻灯片和备注页,主要用于创建和编辑备注内容。

4. 幻灯片放映

幻灯片放映视图是像播放真实的 35mm 幻灯片那样,一幅幅显示演示文稿的幻灯片,可以显示幻灯片中的动画和声音等效果。

5. 阅读视图

这是 PowerPoint 2010 新增的一种视图方式,它以窗口的形式来查看演示文稿的放映效果,在播放过程中,同样可以欣赏幻灯片的动画和切换等效果。

6.2 幻灯片的创建和编辑

6.2.1 演示文稿的组成

一个演示文稿由若干张幻灯片组成,每张幻灯片由以下几个元素组成。

1. 背景

应用设计模板生成的幻灯片具有预先设计好的背景图形、填充效果及配色方案,如果想自己创建幻灯背景,所有这些预定义效果都可以修改或删除。

2. 标题

通常每张幻灯片都有一个标题。每个演示文稿通常也有一张标题幻灯片,该幻灯片包含该演示文稿的标题、副标题以及该演示文稿的其他信息,如该演示文稿的作者等。

3．正文

即用户输入的内容。经常以符号列表或编号列表的格式出现。

4．占位符

由虚线组成的方框,用于包括添加到幻灯片中的文本和对象(如框图、表格、照片或多媒体文件)。在 PowerPoint 中,某些占位符也具有移动控制点,可以通过拖动控制点来控制占位符的位置。

5．页脚

幻灯片底部的一个区域,可以在这里注明用户的单位名称和幻灯片的主题,也可以删除这个部分。

6．日期和时间

显示在幻灯片的底部,此项可设置为自动更新,也可以删除。

7．幻灯片编号

在默认情况下,编号显示在幻灯片的底部,也可以移动或删除编号。

6.2.2 演示文稿的创建

启动 PowerPoint 2010 后,系统将创建一个名为"演示文稿 1"的空白演示文稿。如果要创建新的演示文稿,单击"文件"选项卡中的"新建"命令,在右侧窗格"可用的模板和主题"中任意选择一种方式,用以创建新的演示文稿,如图 6-5 所示。

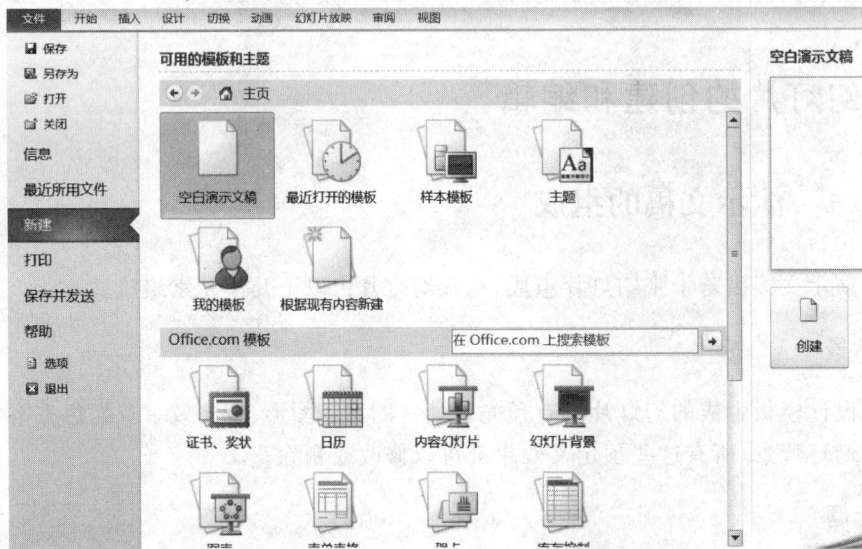

图 6-5 新建演示文稿

1. 空白演示文稿

单击"文件"选项卡中的"新建"命令，在右侧窗格"可用的模板和主题"中选择"空白演示文稿"，单击右侧的"创建"按钮。

2. 根据系统提供的样本模板创建演示文稿

单击"文件"选项卡中的"新建"命令，在右侧窗格"可用的模板和主题"中选择"样本模板"，弹出如图 6-6 所示的样本模板，选择任意一种后，单击右侧的"创建"按钮。

图 6-6　样本模板

3. 根据系统提供的主题创建演示文稿

单击"文件"选项卡中的"新建"命令，在右侧窗格"可用的模板和主题"中选择"主题"，弹出如图 6-7 所示的主题，选择任意一种后，单击右侧的"创建"按钮。

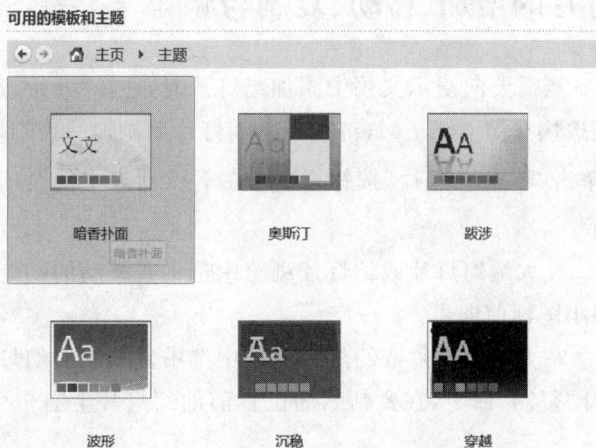

图 6-7　主题

4. 根据现有内容新建演示文稿

单击"文件"选项卡中的"新建"命令,在右侧窗格"可用的模板和主题"中选择"根据现有内容新建",弹出如图6-8所示的"根据现有演示文稿新建"对话框。用户可选择一个已有的演示文稿,然后根据这个演示文稿创建一个新的演示文稿,其所有内容和版式均与现有的演示文稿相同。

图6-8 "根据现有演示文稿新建"对话框

5. 根据 Office.com 网站上的模板创建演示文稿

除了可以使用 PowerPoint 2010 提供的本地模板创建演示文稿外,还可以利用 Internet 上的资源,如果能在 Office.com 的网站上搜索到所需的模板,就可以把模板下载到本地计算机中,从而快速创建出所需的演示义稿。

6.2.3 幻灯片的增加、移动、复制与删除

(1) 增加幻灯片。当需要向演示文稿中添加幻灯片时,选择"开始"选项卡,在"幻灯片"组中单击 按钮或按快捷键 Ctrl+M,将在当前幻灯片后添加一张幻灯片,如果想指定新建幻灯片的版式,则单击"新建幻灯片"按钮 ,在下拉列表中的"Office 主题"中选择一个版式,如图6-9所示。

(2) 移动幻灯片。在大纲幻灯片或幻灯片浏览中选中要移动的幻灯片的小图标 ,将其拖到目的幻灯片的小图标前即可。

(3) 复制幻灯片。在大纲幻灯片或幻灯片浏览中选中要复制的幻灯片的小图标 ,右键弹出快捷菜单,选择"复制"命令,在要粘贴的位置前的幻灯片上右击弹出快捷菜单,选择"粘贴"命令。

(4) 删除幻灯片。在大纲幻灯片或幻灯片浏览中选中要复制的幻灯片的小图标 ,右击弹出快捷菜单,选择"剪切"命令,或者直接按 Delete 键。

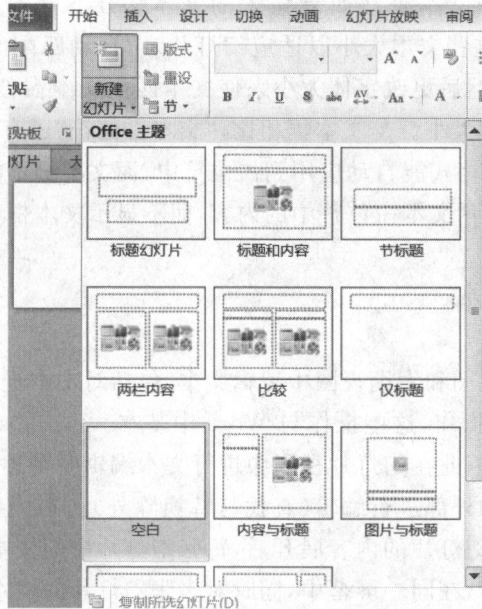

图 6-9 新建幻灯片的版式

（5）更改幻灯片的版式。在大纲幻灯片或幻灯片浏览中选中要更改的幻灯片的小图标，右击弹出快捷菜单，选择"版式"命令，在弹出的"版式"对话框中选择要更改的版式。

6.2.4 输入文本

无论是通过哪种方式创建的新演示文稿，都必须使用输入的文本来替代 PowerPoint 每个幻灯片占位符处的文本。

每张幻灯片的文字内容都是在文本框或文本占位符中输入的。单击编辑窗口中需要输入文字的文本框，出现编辑光标后即可开始输入文本，如图 6-10 所示。

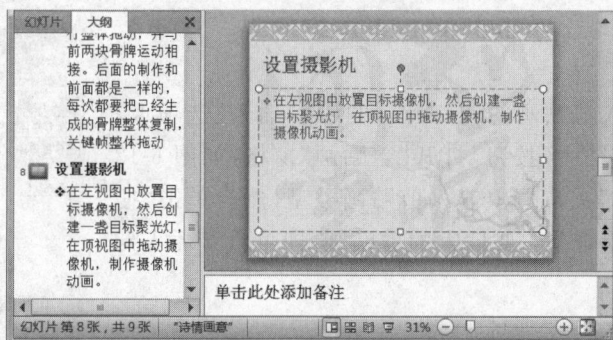

图 6-10 输入文本

占位符一种带有虚线或阴影线边缘的框，绝大部分幻灯片版式中都有这种框。在这些框内可以放置标题及正文，或者是图表、表格和图片等对象。"文本占位符"是在其内可以输

入文本的占位符,类似于文本框。如果输入的文本多于该占位符所能包含的文本,则
PowerPoint 会自动调整这些文本大小以适应幻灯片。"自动匹配文本"功能更改文本各行
之间的行间距或段间距,然后更改字体大小来使文本匹配文本占位符。也可以手动增加或
减小文本的行间距或字体大小。与文本框相比,"文本占位符"还有下面两个特点。

(1) 在母版中设定的格式能自动应用到占位符中,而文本框不能。

(2) 大纲视图中能显示文本占位符中的内容,而不显示文本框中的内容。

6.2.5　编辑文本

用户可以在幻灯片视图和大纲视图中编辑文本,包括对文本进行选择、复制、删除、查找
与替换、设置文本格式等操作,这些操作与 Word 中基本一致。由于在幻灯片视图中,只能
看到一张幻灯片的内容,因此在幻灯片视图中进行文本编辑时是逐张幻灯片进行的,也就是
说每次只对一张幻灯片的外部进行编辑(查找与替换除外)。在大纲视图中,可以看到多张
幻灯片中的文本,并且将幻灯片的内容展开后,每张幻灯片中的文本全部显示。因此可以利
用大纲视图进行文本编辑,在同一屏幕中,同时对多张幻灯片的文本进行编辑。

6.2.6　插入图片

PowerPoint 中的图片是必不可少的,添加图片后可使演示文稿内容更美观。
PowerPoint 2010 中的图片类型有剪贴画、图片、艺术字、自选图形和 SmartArt 图形等。这
些主要集中在"插入"选项卡的"图像"和"插图"组中,如图 6-11 所示。

图 6-11　"插入"选项卡

1. 插入剪贴画

首先选中要插入剪贴画的幻灯片,切换到"插入"选项卡,
单击"图像"中的"剪贴画"按钮,打开"剪贴画"窗格,如图 6-12
所示。在"搜索文字"文本框中输入剪贴画类型,然后单击"搜
索"按钮,在搜索结果中单击要插入的剪贴画,即可将其插入到
当前幻灯片中。

2. 插入图片

首先选中要插入图片的幻灯片,切换到"插入"选项卡,单
击"图像"中的"图片"按钮,弹出"插入图片"对话框,选中要插
入的图片,单击"插入"按钮,如图 6-13 所示。

图 6-12　插入剪贴画

图 6-13　插入图片

3. 插入艺术字

首先选中要插入艺术字的幻灯片,切换到"插入"选项卡,单击"文本"中的"艺术字"按钮,在下拉列表中选择一种艺术字样式,在幻灯片中将出现一个艺术字文本框,占位符内显示的文字"将在此放置您的文字"变为选中状态,此时可直接输入具体文字内容。

4. 插入自选图形

首先选中要插入自选图形的幻灯片,切换到"插入"选项卡,单击"插图"中的"形状"按钮,弹出下拉列表,如图 6-14 所示。在下拉列表中单击任意图形的按钮,光标变成十字,然后在幻灯片上的某一位置单击并拖动鼠标,即可完成图形的绘制。

当绘制椭圆时,若同时按住 Shift 键,将绘制出正圆;若同时按住 Ctrl 键,将以单击点为中心绘制椭圆;若同时按住 Shift+Ctrl 键,则以单击点为中心绘制正圆。

1) 调整图形对象

(1) 选择图形对象。通常用鼠标单击和拖画虚线两种方法来选择对象。当选择多个对象时可以采用下面的两种方法,第一种方法是按住 Ctrl 或 Shift 键,用鼠标依次单击各个图形,松开 Ctrl 或 Shift 键;第二种方法是将光标移到要选择的所有图形的外边,按住鼠标左键,拖画虚线框将图形全部框在其中,松开鼠标左键。

(2) 调整对象的位置、尺寸、颜色、线条。对象的位置可以通过拖动对象来调整,尺寸可以通过拖拉对象的 8 个控制点来调整。更精确的调整可以通过"设置形状格式"对话框来调整。如图 6-15 所示。选中对象后在对象的右键快捷菜单中,选择"设置形状格式"命令,该对话框中除了可以设置尺寸外,还可以设置线条的样式、颜色,填充颜色、透明度等。

2) 添加文本

绝大多数自选图形允许添加文本,方法是:①在图形对象上单击鼠标右键,在弹出的快捷菜单中选择"添加文本"命令;②选中图形对象,直接从键盘上输入文字。

图 6-14　自选图形

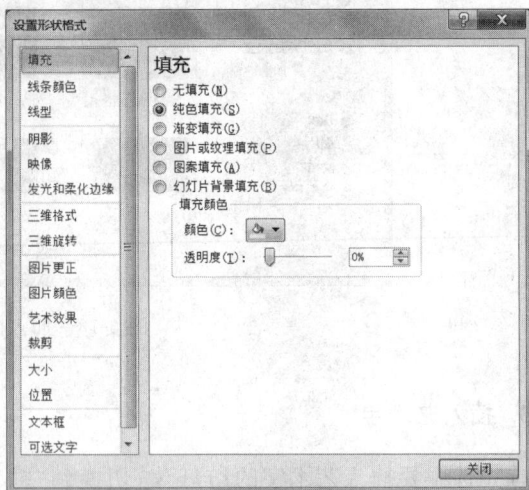

图 6-15　设置形状格式

3）组合图形

在插入的图形、图像中运用"组合"命令使两个或两个以上的图形图像组合在一起，具体步骤如下。

（1）选中第一个对象，按住 Shift 键后继续选中其他的对象。

（2）单击右键后，在右键菜单中单击"组合"命令。此时所有选中的对象组合成一个对象，并共享一个大小调整控点。

（3）如果不想组合对象集，请选中该对象组合，单击同一菜单下的"取消组合"命令，即可取消对象组合。

4）运用绘图层

幻灯片上每一个绘制的对象都处于单独的一个图层中，即某些绘图对象可能遮盖住其他对象的一部分，所以有必要经常改变对象的顺序。要改变对象叠放次序，请使用下列方法：如果希望一个图形对象显示在其他对象的最下面/最上面，请选中该对象，单击右键，在右键菜单中单击"置于底层"/"置于顶层"命令来完成该功能；如果要为大量的图形对象设置次序，请使用同一菜单下的"下移一层"/"上移一层"命令来调整其次序。

5. 插入 SmartArt 图形

首先选中要插入 SmartArt 图形的幻灯片，切换到"插入"选项卡，单击"插图"中的"SmartArt 图形"按钮，在弹出的"选择 SmartArt 图形"对话框中选择一种样式，然后单击"确定"按钮，如图 6-16 所示。

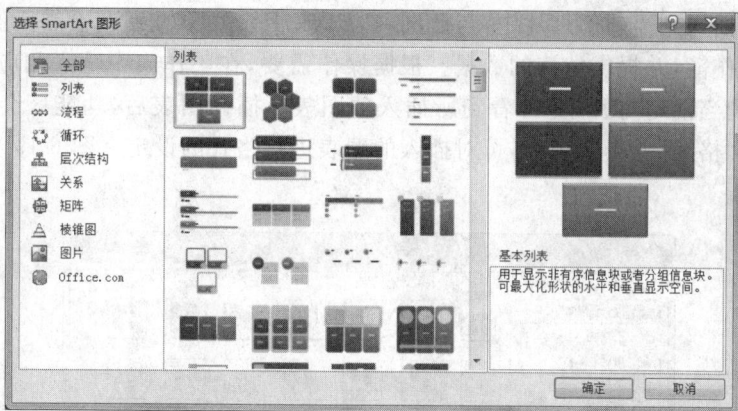

图 6-16　插入 SmartArt 图形

6.2.7　插入表格或图表

如果幻灯片中要使用一些数据实例，则插入表格或图表会更直观清晰。

1. 插入表格

选中要插入表格的幻灯片，切换到"插入"选项卡，单击"表格"组中的"表格"按钮，在弹出的下拉列表中选择"插入表格"，并选择表格的行数和列数，所选的表格即插入到当前幻灯片中了，如图 6-17 所示。插入表格后，功能区中会自动显示"设计"和"布局"两个选项卡，可对表格设置格式。

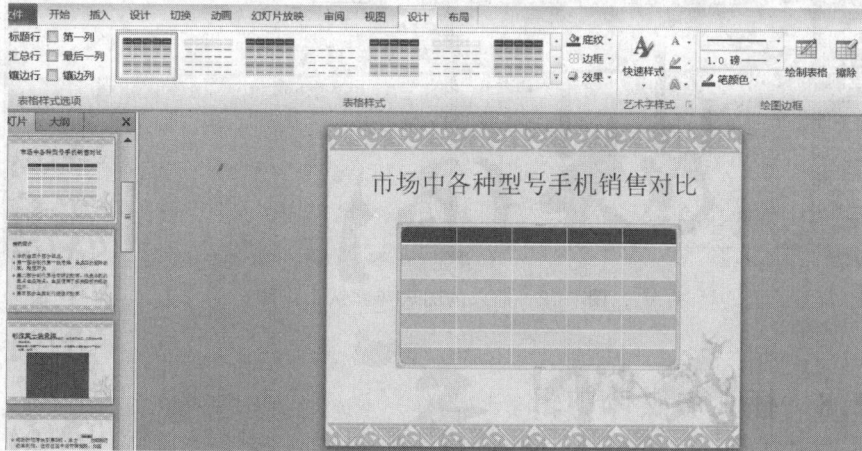

图 6-17　插入表格

2. 插入图表

选中要插入图表的幻灯片，切换到"插入"选项卡，单击"插图"组中的"图表"按钮，在弹出的"插入图表"对话框中选择需要的图表样式，如图 6-18 所示。然后单击"确定"按钮，所选择的图表即插入到当前幻灯片中，与此同时，PowerPoint 2010 系统会自动打开与图表数据相关联的工作簿，并提供默认的数据。根据操作需要，在工作表中输入相应数据，然后关闭工作簿，回到当前幻灯片，即可看到所插入的图表。插入图表后，功能区会自动显示"设计"、"布局"和"格式"三个选项卡，可对插入的图表进行格式的设定。图 6-19 为插入的图表上默认工作簿。

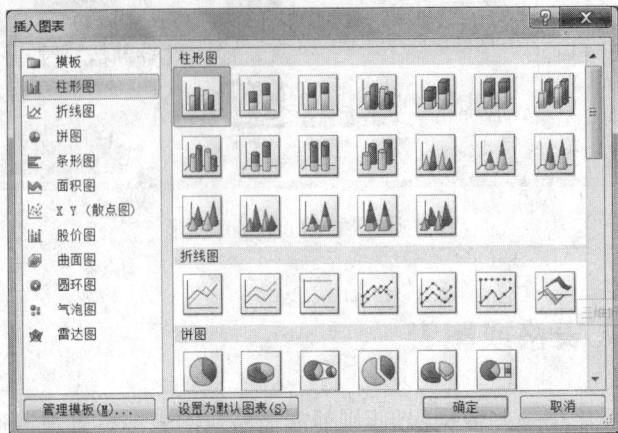

图 6-18　插入图表

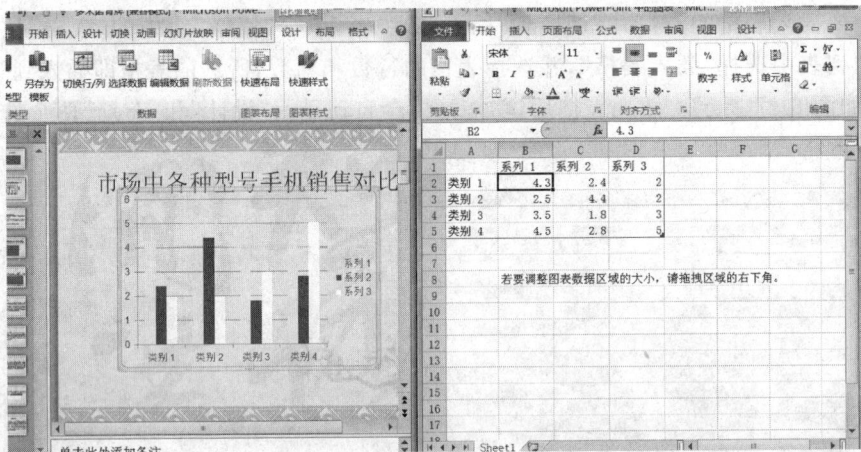

图 6-19　插入的图表与默认工作簿

6.2.8　插入多媒体剪辑

PowerPoint 2010 提供了插入视频和音频功能，音频和视频的效果可以打破幻灯片在放映过程中的沉闷，使其更加吸引听众。

1. 插入视频

在幻灯片中要插入的视频文件可以从两种途径获得，即剪辑库和视频文件，其中大多数电影剪辑库只是些简单的动画文件(.gif)。如果将电影剪辑导入剪辑管理器中，一般以.avi

格式存放。

将视频插入幻灯片的具体步骤如下。

（1）选中要插入视频的幻灯片，切换到"插入"选项卡，单击"媒体"组中的"视频"按钮，如图 6-20 所示。在下拉列表中选择"剪贴画视频"，打开"剪贴画"的任务窗口，浏览剪辑影片，双击选定，将它插入幻灯片；如果选择的是"文件中的视频"命令，打开"插入视频"的对话框，从中选择已存在的视频文件，选定后单击"确定"按钮关闭对话框。

（2）当幻灯片中被插入视频后，在功能区将显示"格式"和"播放"选项卡，可以设定视频图标的外观、视频播放方式等，如图 6-21 所示。

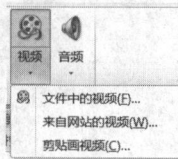

图 6-20 "视频"下拉列表

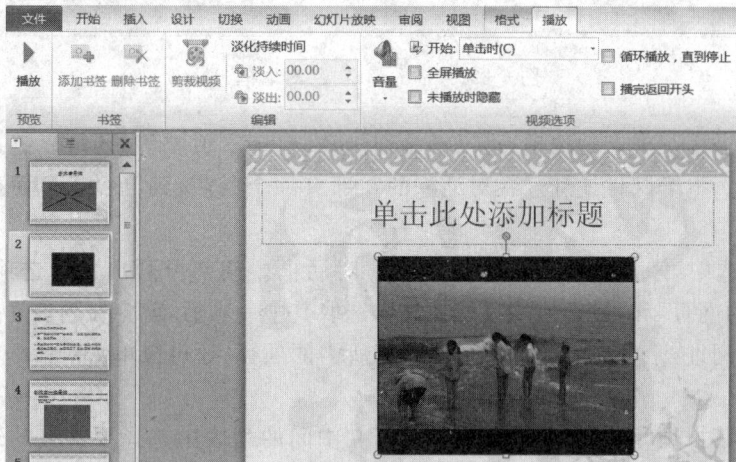

图 6-21 插入视频

2. 插入音频

幻灯片中插入音频也同样可以通过剪辑库和音频文件两个途径。音频文件支持多种格式，如.wav、.aif、.snd、.mid、.rmi、.mp3、.wma 等。

至于将音频插入幻灯片的具体步骤与上述插入视频的步骤类似，在此就不再一一赘述。

提示：插入声音文件成功后，可以看到在当前幻灯片中央出现了一个小喇叭。

6.2.9 插入超链接和动作

1. 插入超链接

可以在演示文稿中添加超链接，然后通过该超链接跳转到不同的位置。例如，跳转到某张幻灯片、自定义放映、演示文稿中的某张幻灯片、其他演示文稿、Microsoft Word 文档、Microsoft Excel 电子表格、Internet、公司内部网或电子邮件地址。可以通过任何对象（包括文本、形状、表格、图形和图片）创建超链接，如果图形中有文本，可以为图形和文本分别设置超链接。激活超链接的方式可以是单击或鼠标移过，通常采用单击的方式，鼠标移过的方式使用于提示。值得注意的是只有在演示文稿放映时,超链接才能激活。设置超链接的步骤如下。

(1)选中要链接的对象,然后单击鼠标右键,选择"超链接"命令,则打开"插入超链接"对话框,如图6-22所示。

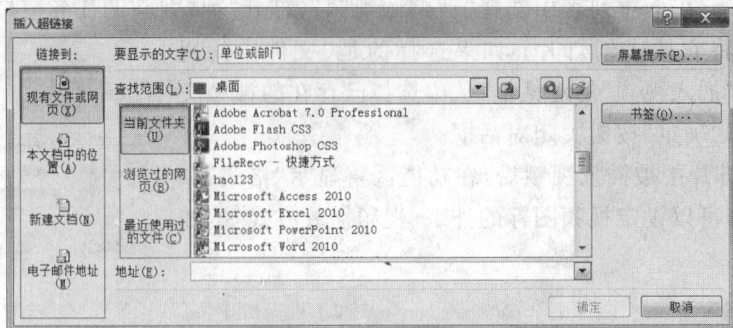

图6-22 "插入超链接"对话框(1)

在这里提供了很丰富的选项,可以链接幻灯片、自定义放映等,还可以链接到最近打开过的文件、网页、电子邮件地址。在对话框的左部有一个"链接到"区域,里面提供了4个带图标的选项。

(2)如果选中第一项"现有文件或网页",对话框中间部分列出三个选项:"当前文件夹"、"浏览过的网页"和"最近使用过的文件",选取其中一项后,就会在列表框中列出符合条件的文件名或网址,十分方便。如果里面没有所需的项目,还可以单击对话框右部的按钮进行查找。

如果选中第二项"本文档中的位置",可以在中间的列表中选择要链接的幻灯片或自定义放映,还可以预览幻灯片如图6-23所示。

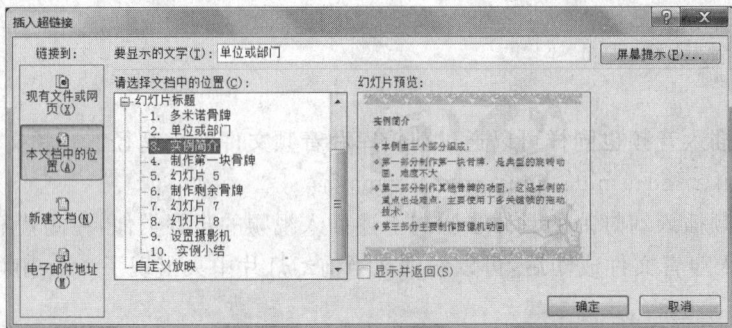

图6-23 "插入超链接"对话框(2)

如果选中第三项"新建文档",可以链接到一个新建的文档中,文档可以在以后有时间再进行编辑。

如果选中第四项"电子邮件地址",就可以从列表框中选取最近用过的邮件地址,或是输入新地址。

(3)当单击了"确定"按钮后,被链接的文字加了下划线且改变了原来的颜色。在进行放映,当鼠标指针停在被链接的文字上时,就变成小手的形状,旁边出现了刚才输入的提示文字。单击后即可以跳转到相应的网页、幻灯片或打开文件、打开 Outlook 发送邮件等。

2. 插入动作按钮

超链接的对象很多,包括文本、自选图形、表格、图表和图画等,此外,还可以利用动作按钮来创建超级链接。PowerPoint 带有一些制作好的动作按钮,可以将动作按钮插入到演示文稿中并为之定义超链接。选择"插入"选项卡,单击"插图"组中的"形状"按钮,在下拉列表中可找到动作按钮,如图 6-24 所示,按钮上的图形都是常用的易理解的符号,比如左箭头表示上一张,右箭头表示下一张,此外还有表示链接到第一张、最后一张等的按钮,有播放电影或声音的按钮。插入一个动作按钮,选择"第一张"按钮,将光标移动到幻灯片窗口中,光标会变成十字形状,按下鼠标并在窗口中拖动,画出所选的动作按钮,释放鼠标,这时"动作设置"对话框自动打开,如图 6-25 所示。

图 6-24 动作按钮   图 6-25 "动作设置"对话框

在"动作设置"对话框中还可以指定运行的程序、运行宏对象动作和播放声音等选项。

在"超级链接到"列表中给出了建议的超级链接,也可以自己定义链接,最后单击"确定"按钮,完成动作按钮的设置。

创建超级链接后,用户可以根据需要随时编辑或更改超级链接的目标。首先选中代表超级链接的文本或对象,在"动作设置"对话框中选择所需选项。另外,也可以选中超级链接,单击鼠标右键,在显示的快捷菜单中选择"超级链接"选项,然后选择"编辑超级链接"选项。

如果需要删除超级链接,可先选中代表超级链接的文本或对象,在"动作设置"对话框中单击"无动作"选项按钮。如果要将幻灯片中的超级链接和代表超级链接的文本或对象同时删除,则选择该对象或文本后,按"Delete"键。

6.2.10 插入页眉和页脚

页眉和页脚可以显示幻灯片的共同信息,例如演示文稿的标题、日期、编号等。具体设置步骤如下。

(1) 选择"插入"选项卡,单击"文本"组中的"页眉和页脚"按钮,打开如图 6-26 所示的

"页眉和页脚"对话框。

（2）单击"幻灯片"标签，并在其中按照需要选择或输入相关设置。

（3）单击"全部应用"按钮，所设置的页眉和页脚被添加到整个演示文稿的幻灯片中。

（4）单击"应用"按钮，则此设置只能添加到当前正处于编辑区的幻灯片中。

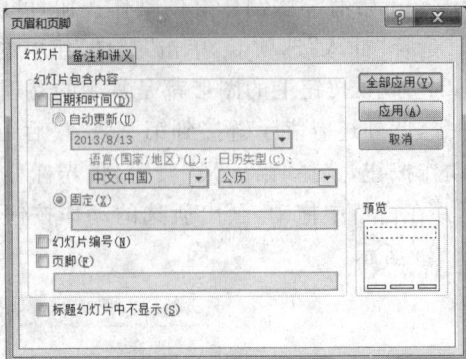

图 6-26 "页眉和页脚"对话框

6.2.11 演示文稿的保存

在成功创建完成一份演示文稿后，还需要进行文稿的检查和保存工作。这里所说的文稿检查与 Word 中的相同，也分为语法和拼写错误检查，方法也类似，在学习时可参见 Word 中的相关内容。

当然还应注意的就是演示文稿的保存。在默认情况下，PowerPoint 2010 以.pptx 文件格式保存。以前 PowerPoint 2003 的版本以.ppt 文件格式保存。

6.3 幻灯片的设计

幻灯片的设计指幻灯片的字体设置、主题、背景、版式等方面的设计，还包括幻灯片的切换和动画效果的设计。

应用在演示文稿中每个文本字符的字体、字号、字形和颜色都是在设计模板中预先设置好的。通过对单张幻灯片或对母版做全局改动就可以重新格式化文本的属性。在单张幻灯片中要改变文本的格式，可以使用"开始"选项卡中的"字体"组进行设置。如果要改变多张幻灯片的文本格式，则可在母版中重新设定文本格式。

为了保持演示文稿中所有幻灯片风格外观一致，PowerPoint 提供了母版和主题这两种重要工具。

6.3.1 幻灯片母版

PowerPoint 提供了母版工具，以方便控制幻灯片的整体风格，或将其应用到打印、备课工作中。母版可分为幻灯片母版、备注母版以及讲义母版三种。其中,最常使用的是幻灯片母版。

1. 查看幻灯片母版

幻灯片母版是一种模板,可以存储多种信息,包括字形、占位符大小和位置、背景设计和主题颜色等。

在 PowerPoint 中选择"视图"选项卡,在"母版视图"组中单击"幻灯片母版"按钮,进入"幻灯片母版"视图,如图 6-27 所示。

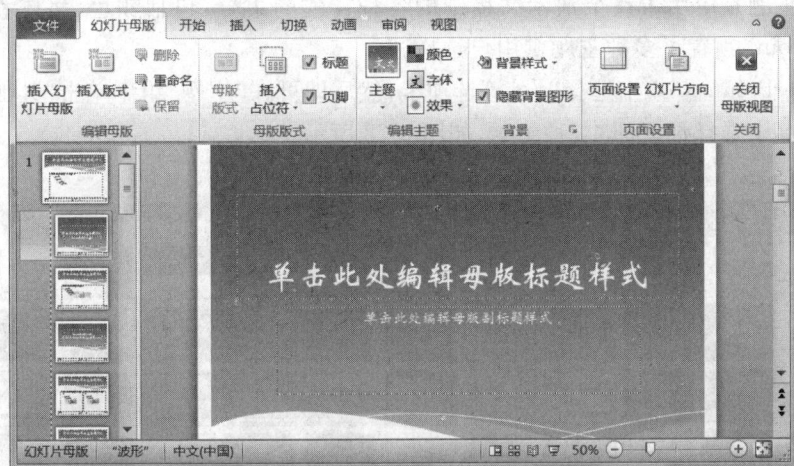

图 6-27　幻灯片母版视图

在一个母版中,可以包含任意数量的版式。在"幻灯片选项卡"栏中,所有的母版都以编号的方式显示,而母版的版式则在母版下方显示。单击任意一个母版或版式,即可在"幻灯片"窗格中查看母版及版式内容。

2. 创建幻灯片母版及版式

在"幻灯片母版"视图中选择"幻灯片母版"选项卡,然后即可在"编辑母版"组中单击"插入幻灯片母版"按钮,插入一个空白母版。同理,单击"编辑母版"组中的"插入版式"按钮,即可为当前选择的母版创建一个新的版式。

3. 修改幻灯片母版及版式

修改幻灯片母版的方式与修改普通幻灯片类似,用户可以方便地选中各种元素,设置元素的样式。但要记住母版上的文本只用于样式,实际的文本(如标题和列表)应在普通视图的幻灯片上输入,而页眉和页脚应在"页眉和页脚"对话框中输入。

6.3.2　讲义母版和备注母版

讲义母版通常用于教学备课工作中,可以显示多张幻灯片的内容,便于用户对幻灯片进行打印和快速浏览。在"讲义母版"模式下,用户可设置浏览讲义母版的方式,设置幻灯片方向以及每页显示幻灯片的数量。

备注母版也常用于教学备课中,其作用是演示文稿中各幻灯片的备注和参考信息,由幻灯片缩略图和页眉、页脚、日期、正文码等占位符组成。同样也可以在"备注母版"模式下,设置备注页方向、幻灯片方向等。

6.3.3　幻灯片主题

幻灯片主题是应用于整个演示文稿中的各种样式的集合,包括颜色、字体和效果三大类。PowerPoint 预置了多种主题供用户选择。

在 PowerPoint 2010 中选择"设计"选项卡,然后即可在"主题"组中单击"其他"按钮 ，在弹出的菜单中选择预置的 44 种主题,如图 6-28 所示。

图 6-28　所有主题

1. 更改主题颜色

PowerPoint 提供了多种预置的主题颜色供用户选择。在"设计"选项卡中单击"主题"组中的 按钮,然后在弹出的下拉列表中选择主题颜色,如图 6-29 所示。

在该列表中单击"新建主题颜色"命令后,可打开"新建主题颜色"对话框,如图 6-30 所示。在弹出的对话框中可设置各种类型内容的颜色。在设置主题颜色的名称后,即可单击"保存"按钮。将其添加到"主题颜色"菜单中。

2. 更改主题字体

字体也是主题中的一种重要元素。单击"主题"组中的"主题字体"按钮 ，在弹出的下拉列表中选择想要更改的主题字体。单击"新建主题字体"命令后也可以建立新的主题字体。

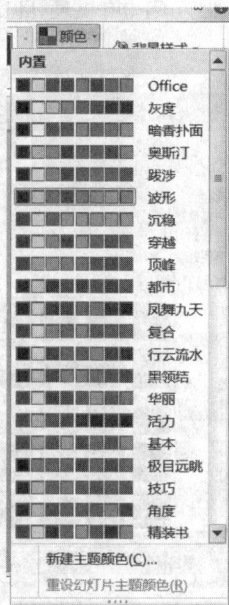

图 6-29 主题颜色

图 6-30 "新建主题颜色"对话框

3. 更改主题效果

主题效果是 PowerPoint 内预置的一些图形元素及特效。单击"主题"组中的"主题效果"按钮 [图]效果·，在下拉列表中可选择预置的各种主题效果样式。由于主题效果的设置非常复杂，因此 PowerPoint 2010 不提供用户自定义主题效果的选项。

6.3.4 幻灯片背景

在 PowerPoint 2010 中，选择"设计"选项卡，在"背景"组中单击"背景样式"按钮 [图]背景样式·，可打开背景样式的设计。背景样式中通常会显示 4 种色调，其色调的颜色与演示文稿的主题颜色息息相关。在更改了演示文稿的主题颜色后，这 4 种色调也将会随之发生变化。在打开的"背景样式"下拉列表中单击"设置背景格式"命令，则打开如图 6-31 所示的"设置背景格式"对话框。

"填充"有 4 种类型："纯色填充"、"渐变填充"、"图片或纹理填充"和"图案填充"，可根据需要添加或更改背景的填充效果。

1. 纯色背景

纯色背景是一种较常见的背景。在图 6-31 中可见，对"纯色填充"可设置"颜色"和"透明度"等属性。单击"全部应用"按钮，可将此设置应用到整个演示文稿的所有幻灯片中。

2. 渐变背景

渐变背景允许用户为幻灯片设置自定义的渐变色背景。用户可选择预设的渐变填充，如"雨后初晴",如图6-32所示。此外,用户还可以通过修改渐变方向、角度等自定义渐变填充。

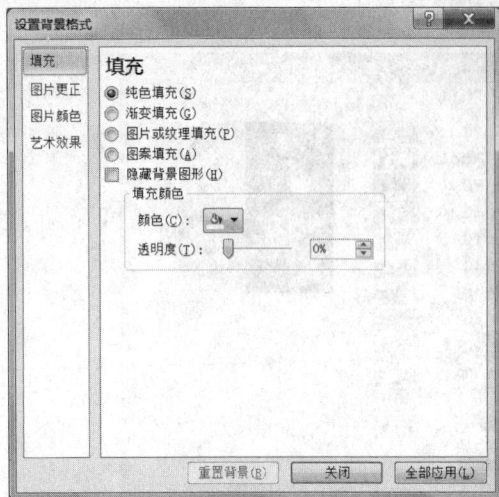

图6-31 "设置背景格式"对话框

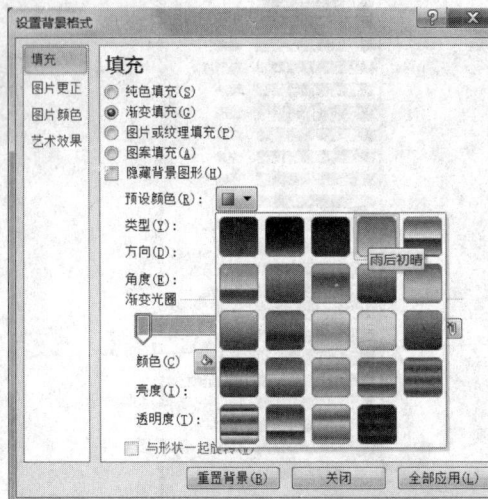

图6-32 渐变填充

3. 图片或纹理背景

图片或纹理背景是一种更加复杂的背景样式,可以将 PowerPoint 内置的纹理图案、外部图像、剪贴板图像以及 Office 预置的剪贴画设置为幻灯片的背景,如图6-33所示。

4. 图案背景

图案背景也是一种比较常见的幻灯片背景,如图6-34所示。

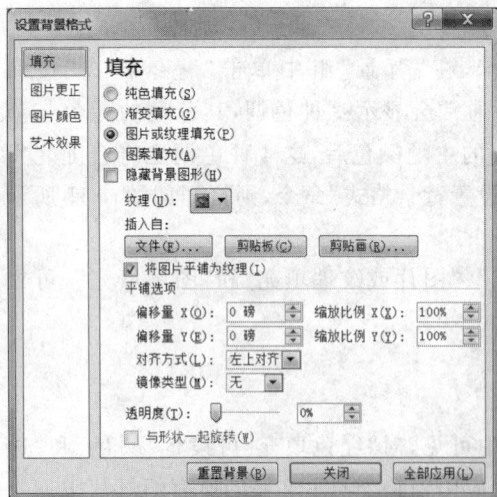

图6-33 图片或纹理填充

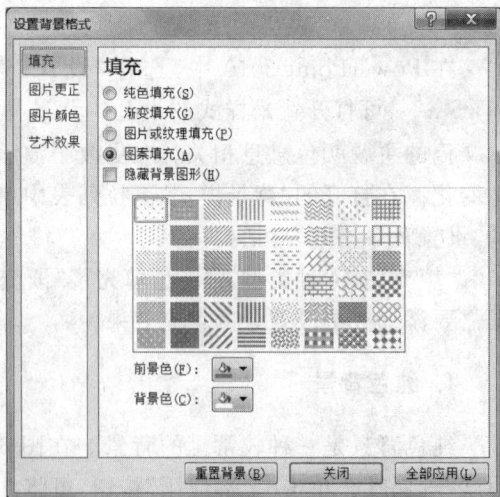

图6-34 图案填充

6.3.5　幻灯片切换

幻灯片上的文本、形状、声音、图像、图表和其他对象都可以具有动画效果，也就是在幻灯片中出现的方式及一些控制设定，例如淡出、百叶窗等。这样一来不仅可以突出重点、控制信息的流程，还可以提高演示文稿的趣味性。

幻灯片切换是某些 Microsoft Office 应用程序中带有的一组切换显示效果之一。切换方式指当用户由一个项目（如幻灯片或网页）移动到另一项目时屏幕显示的变化情况（如渐隐于黑色中）。幻灯片切换方式的设定集中在"切换"选项卡中，如图 6-35 所示。

图 6-35　"切换"选项卡

对要添加不同切换的每张幻灯片重复执行以下步骤。

（1）在普通视图中，选取要添加切换的幻灯片。

（2）选择"切换"选项卡，在"切换到此幻灯片"组中，单击所希望的切换效果，如百叶窗。

（3）在"计时"组中可设置切换的速度、切换时播放的声音、是鼠标单击换片还是隔若干时间自动换片。如果想将动画效果应用于所有幻灯片，请单击"全部应用"按钮。

（4）设置完后，可单击"预览"按钮观看效果。

6.3.6　设置幻灯片的动画效果

上面的切换效果是对整张幻灯片而言，如果要设置幻灯片中各个元素的动画效果，可以使用自定义动画。自定义动画的操作集中在"动画"选项卡中，如图 6-36 所示。动画效果有 4 类：进入式、强调式、退出式和动作路径式。

图 6-36　"动画"选项卡

1. 添加动画效果

添加动画效果的操作步骤如下。

（1）选中当前幻灯片中要进行动画设置的一个或多个对象。

（2）选择"动画"选项卡，在"动画"组中任意选中一个动画效果，即可为当前选中对象添加此效果。如果想为同一个对象添加多个动画效果，可在"高级动画"组中单击"添加动画"按钮，在弹出的下拉列表中选择需要添加的第 2 个动画效果，以此，可添加其他多个动画效果。

（3）每个动画效果选择后，在"动画"组中都可以通过"效果选项"设置该动画的方向和序列。并且添加动画效果后的对象左侧都有编号，编号是根据添加动画效果的顺序自动添加的，如图 6-37 所示。

2. 编辑动画效果

添加动画效果后，还可以对这些效果进行编辑，如更改动画效果、删除动画效果、调整动画播放顺序和更改触发器等。

要编辑动画，单击"高级动画"组中的"动画窗格"按钮，打开"动画窗格"对话框进行编辑，如图 6-38 所示。

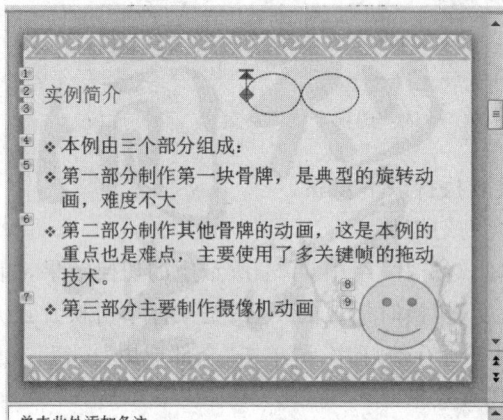

图 6-37 设置幻灯片的动画效果   图 6-38 动画窗格

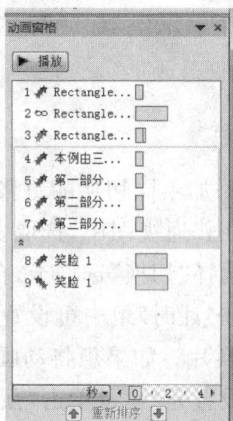

如图 6-38 所示，在"动画窗格"中列表显示了当前幻灯片中所有对象的动画效果，每个列表项目表示一个动画事件，并且用幻灯片上项目的部分文本进行标记；4 种动画类型也用不同的图标标识：★代表进入、⬡⬡代表路径、★代表强调、★代表退出。

单击某个编号，即可选中对应的动画效果，进行编辑，单击右侧的 ▼ 下拉按钮，弹出下拉列表，如图 6-39 所示。可进行如下设置。

1）播放启动方式

在下拉列表中选择"单击开始"、"从上一项开始"和"从上一项之后开始"中的一项，含义分别如下。

（1）单击开始：在幻灯片上单击鼠标时动画事件开始。

（2）从上一项开始：在列表中前一个项目开始的同时开始此动画序列（也就是，一次单击执行两个动画效果）。

（3）从上一项之后开始：在列表中前一个项目完成播放后立即开始此动画序列（也就是，在下一个序列开始时不再需要单击）。

2）效果选项设置

根据所选择的动画类别的不同，效果选项的内容也不同，比如：方向、平滑、显示比例等。"飞入"的效果选项如图 6-40 所示。

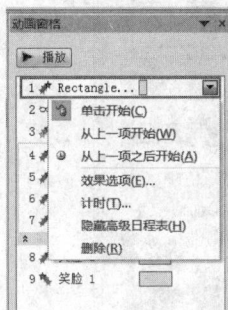

图 6-39　选中某动画的下拉列表项

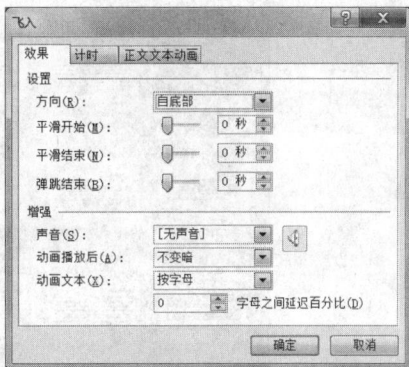

图 6-40　示例中的"效果"选项

3）计时设置

计时设置中可设置播放启动方式、延迟时间、速度、重复等。

4）顺序设置

在动画列表中选中需要调整顺序的一个或相邻的多个动画,单击列表框下部的 ⬆ 或 ⬇ 按钮,将所选对象向上或向下移动,从而改变动画的启动顺序。

5）删除动画效果

如果不再需要选中的动画效果,可单击"删除"按钮。或选中要删除的动画效果直接按 Delete 键进行删除。

设置完后,单击"播放"按钮 ▶ 播放 ,将播放当前幻灯片中的除触发器控制的动画外的所有动画,播放过程中忽略了用户的控制,比如鼠标单击。如果想真实地查看幻灯片中的动画,需要单击状态栏中的"幻灯片放映"按钮 🖵 ,对动画进行播放。

6.4　演示文稿的放映和输出

制作演示文稿的最终目的就是为观众放映幻灯片。放映幻灯片是一个非常精彩的时刻,为了使它更加完美,PowerPoint 提供了很多预备功能,例如,浏览幻灯片、排练幻灯片、标注幻灯片等,下面将一一进行详尽的介绍。

6.4.1　浏览幻灯片

浏览幻灯片可以帮助用户预先对演示文稿进行检查,单击"视图"选项卡中的"幻灯片浏览"按钮,出现如图 6-41 所示的幻灯片浏览视图,可以看到此组演示文稿的整体效果及版式的协调性。用户可以利用"显示比例"按钮或滑块控制幻灯片浏览视图的比例。在该视图中,可直接把幻灯片从原来的位置拖到另一个位置来更改幻灯片的显示顺序。

如果放映幻灯片的时间有限,有些幻灯片将不能逐一演示,用户可以将某几张幻灯片隐藏起来,而不必将这些幻灯片删除。具体操作为:选中要隐藏的幻灯片,右键单击,在弹出

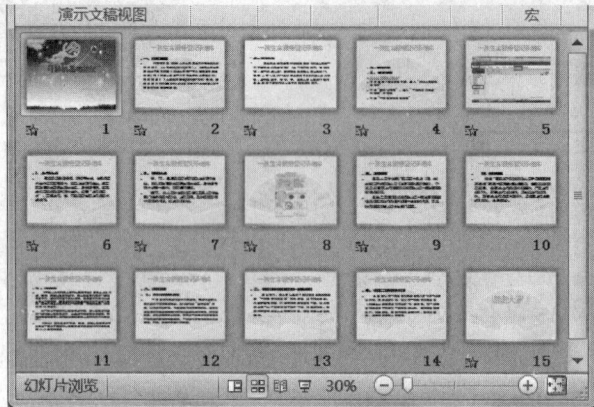

图 6-41　幻灯片浏览

的快捷菜单中选择"隐藏幻灯片"命令,即可完成隐藏操作。此时,在幻灯片右下角的编号上出现一个斜线方框,如图 6-42 所示。如果要重新显示这些幻灯片,只需取消隐藏即可。

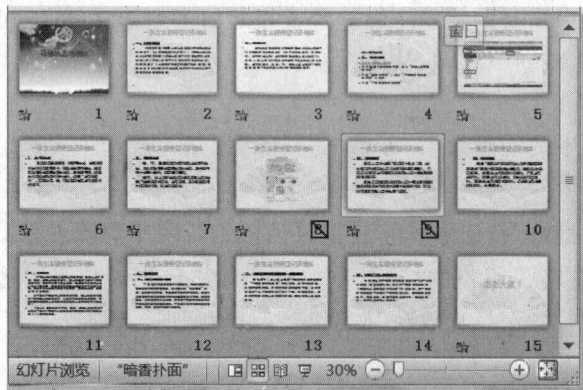

图 6-42　隐藏幻灯片

6.4.2　设置放映方式

默认情况下,演示者需要手动放映演示文稿。此外,还可以创建自动播放演示文稿,如用于商贸展示。自动播放幻灯片,需要设置每张幻灯片在自动切换到下一张幻灯片前在屏幕上停留的时间。

选择"幻灯片放映"选项卡,如图 6-43 所示。

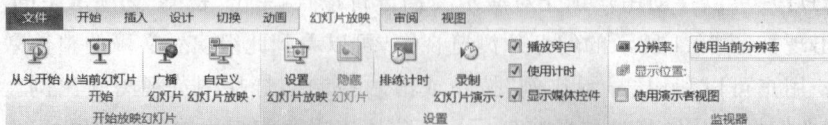

图 6-43　"幻灯片放映"选项卡

单击"设置"组中的"设置幻灯片放映",即可打开"设置放映方式"对话框,如图 6-44 所示。

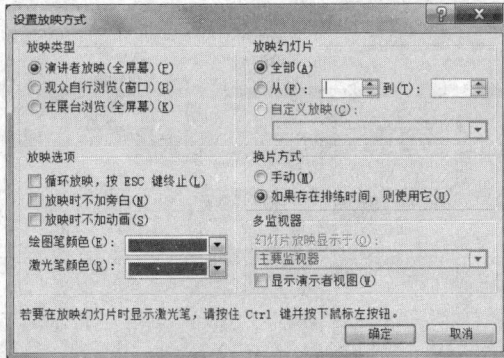

图 6-44　设置放映方式

注意,三个为单选,三个为复选;单击"放映幻灯片"框中选择放映的起始号和终止号;单击"换片方式"框中确定每张幻灯片的切换方式,完成后单击"确定"按钮。

用户可以按照在不同场合运行演示文稿的需要,选择三种不同的方式放映幻灯片。

(1) 演讲者放映(全屏幕)。这是最普遍的放映类型,则幻灯片以整屏显示。如想退出,则按 Esc 键。

(2) 观众自行浏览(窗口)。这是为了方便观众按自己的需要观看而设立的浏览方式,所以预留了工具栏和鼠标。如果想退出,同样按 Esc 键。

(3) 在展台浏览(全屏幕)。这是在无人管理下的自行放映方式,以全屏显示,循环放映。这种方式需要事先做排练计时并设置"换片方式"为"如果存在排练时间,则使用它"。

6.4.3　排练放映

在正式放映幻灯片前,调整掌握最理想的放映速度,可以使放映效果最佳,下面就介绍几种放映速度设定方法。

1. 排练计时

通过排练时记录各个幻灯片的播放时间,操作步骤如下。

(1) 单击"设置"组中的"排练计时"命令。

(2) 系统开始放映幻灯片,同时在左上角出现一个对话框,此为"录制"工具栏,如图 6-45 所示。在这个工具栏中会分别显示每张幻灯片和整套演示文稿放映的时间,用户可通过单击它们左边的按钮来对其进行控制和编排。

(3) 最后一张幻灯片放映完毕后,会打开一个消息框。单击"是"按钮,正式放映时则采用此设置,如果无须保留此设置,则单击"否"按钮。

(4) 单击"是"按钮后,还可单击"浏览"视图中查

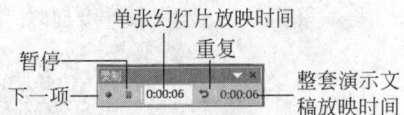

图 6-45　"录制"工具栏

看到所有幻灯片的时间设置,如图 6-46 所示。

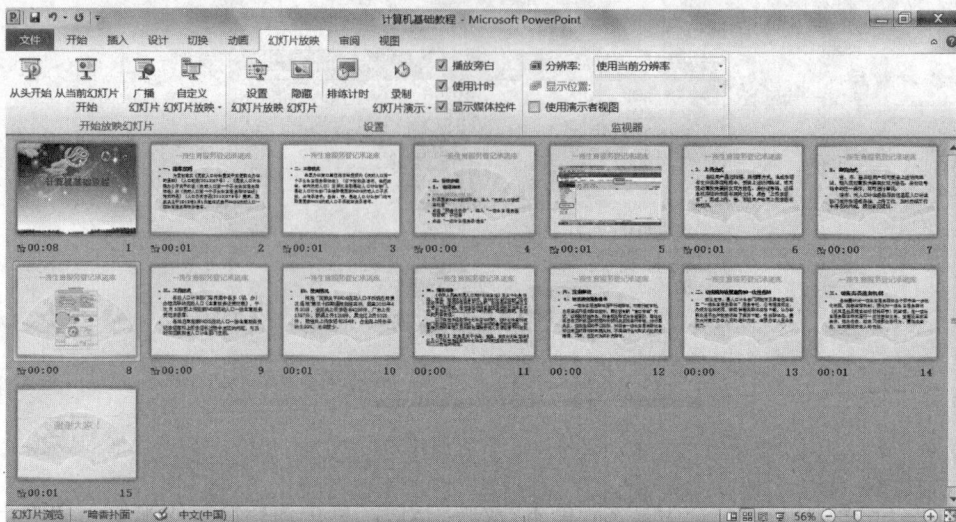

图 6-46　查看时间编排

2. 人工设置放映间隔

如果想在放映前就人工设定时间间隔或者对前面由排练计时所记录的时间做调整,则可以选择"切换"选项卡,在"计时"组中的"切片方式"中的"设置自动换片时间"中设置,如图 6-47 所示。

3. 自定义放映

自定义放映可以将演示文稿中的幻灯片重新选用编排,创建一个新的演示文稿。创建自定义放映的操作步骤如下。

(1) 在"幻灯片放映"选项卡的"开始放映幻灯片"组中单击"自定义幻灯片放映"按钮，打开"自定义放映"对话框,如图 6-48 所示。

图 6-47　设定自动换片间隔时间

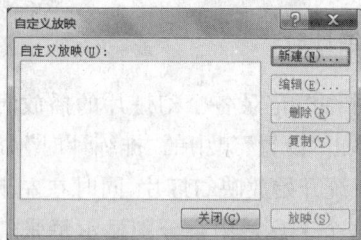

图 6-48　自定义放映

(2) 单击"新建"按钮,屏幕上会出现"定义自定义放映"对话框,如图 6-49 所示。在"幻灯片放映名称"文本框中输入自定义放映演示文稿的名称；单击"在演示文稿中的幻灯片"框中选择要进行自定义放映的幻灯片,然后单击"添加"按钮,当其出现在"在自定义放映中的幻灯片"框中时,表明添加成功。

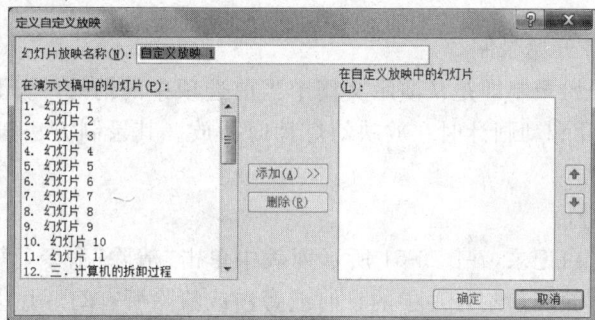

图 6-49 "定义自定义放映"对话框

（3）以此类推，如果要删除某一自定义放映的幻灯片，则单击"在自定义放映中的幻灯片"框中将其选定，单击"删除"按钮即可。

（4）如果要编排自定义放映幻灯片的顺序，则在"在自定义放映中的幻灯片"框中选定它，然后使用右边的 ▼ 和 ▲ 按钮来进行上下移动。

（5）完成设置后，单击"确定"按钮返回"自定义放映"对话框。此时"自定义放映"对话框内容如图 6-50 所示。如果要立刻放映，则单击"放映"按钮；如果无须立刻放映则单击"关闭"按钮退出。如果要删除自定义放映的演示文稿，则在此对话框中单击"删除"按钮即可。

4. 录制幻灯片

在 PowerPoint 2010 中新增了"录制幻灯片演示"的功能，该功能可以选择开始录制或清除录制的计时和旁白的位置。它相当于以往版本中的"录制旁白"功能，将演讲者在演示讲解演示文稿的整个过程中的操作及声音录制下来，针对演讲者不能出席演示文稿会议或在展台上自动运行幻灯片等情况而准备的。此操作需要有声卡和麦克风等硬件支持。

1）从头开始录制

从头开始录制就是从演示文稿的第一张幻灯片开始，录制音频旁白、激光笔标注或幻灯片和动画计时等。在"幻灯片放映"选项卡下，单击"录制幻灯片演示"按钮，在弹出的下拉列表中单击"从头开始录制"命令，如图 6-51 所示。弹出"录制幻灯片演示"对话框，如图 6-52 所示。单击"开始录制"按钮，进入幻灯片放映视图，弹出"录制"工具栏，它与排练计时的"录制"工具栏功能相同，唯一的区别在于该"录制"工具栏中不能手动设置计时时间。录制完成后，自动切换到幻灯片浏览视图下，并且在每张幻灯片中添加声音图标，在其下方显示幻灯片的播放时间。

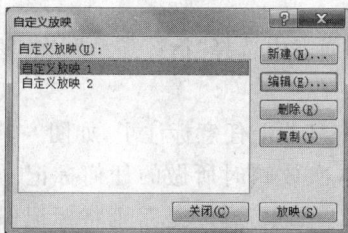

图 6-50 创建"自定义放映"后

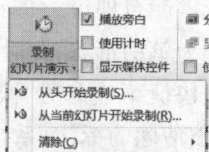

图 6-51 录制幻灯片演示

2）从当前幻灯片开始录制

从当前幻灯片开始录制即是从演示文稿中当前选项中的幻灯片开始,向后录制音频旁白、激光笔势或幻灯片和动画计时在放映幻灯片时播放。其录制方法与从头开始录制功能相同。

3）清除计时或旁白

清除幻灯片的旁白记录,在图 6-51 所示列表中单击"清除"命令,其下拉列表如图 6-53 所示。在其中选择清除当前幻灯片中的计时或旁白或清除所有幻灯片中的计时或旁白。

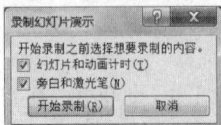

图 6-52　"录制幻灯片演示"对话框　　　　图 6-53　"清除"下拉列表

6.4.4　放映幻灯片

PowerPoint 在幻灯片的放映过程中设置了很多功能,这使得用户在完成此工作的过程中不会留下任何遗憾,下面就逐一进行介绍。

1. 启动幻灯片放映

启动这一精彩时刻有很多种方法,现介绍如下:

方法一:单击"幻灯片放映"选项卡上的"从头开始"或"从当前幻灯片开始"按钮。

方法二:单击状态栏中"幻灯片放映"按钮 🖵。

方法三:按快捷键 F5。

2. 幻灯片放映过程中的控制

在幻灯片放映过程中,用鼠标右键单击屏幕,弹出一个快捷菜单,此菜单可控制幻灯片放映。

3. 标注幻灯片

在放映幻灯片的过程中,有所侧重地做一做标注会使整个演示重点突出,引人入胜。设置标注的操作步骤如下:

右键单击屏幕,打开快捷菜单,在"指针选项"列表中选择"指针类型",在"墨迹颜色"子菜单下选择所需颜色即可。

当指针变为笔的形状,此时可以依据需要在幻灯片上任意标注了,如图 6-54 所示。

可以通过快捷菜单中的"橡皮擦"命令清除本次放映时所做的任何标记。当放映结束后,如果有未被清除的标注,系统会提示是否保留。如果选择"是",则将标记保存为图像对象,嵌入在幻灯片中,如果要清除,只能按照清除对象的方法清除。

一．安装前的准备工作和注意事项

（1）检查各部件

在装机前检查各部件包括两方面，一是检查零部件是否齐全；二是检查各部件外表是否有损坏。以上两类问题都有可能导致计算机工作不稳定，

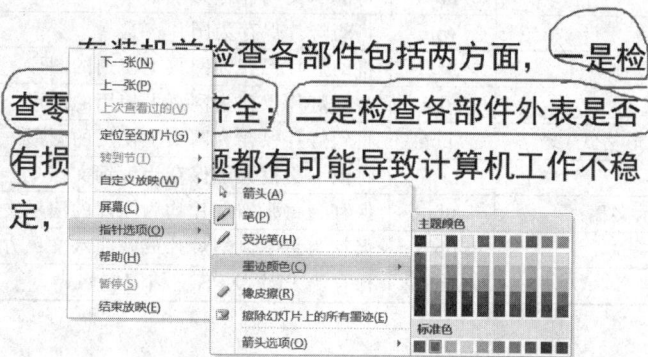

图 6-54　放映中创建标注

6.4.5　幻灯片的输出

在完成了演示文稿的设计后，需要对幻灯片进行保存输出。针对不同的用途，可以将演示文稿保存为不同的文件类型输出。选择"文件"选项卡，在弹出的菜单中单击"保存并发送"命令，如图 6-55 所示。在"文件类型"中单击"更改文件类型"，右侧列出的即为可以输出的常用文件类型。

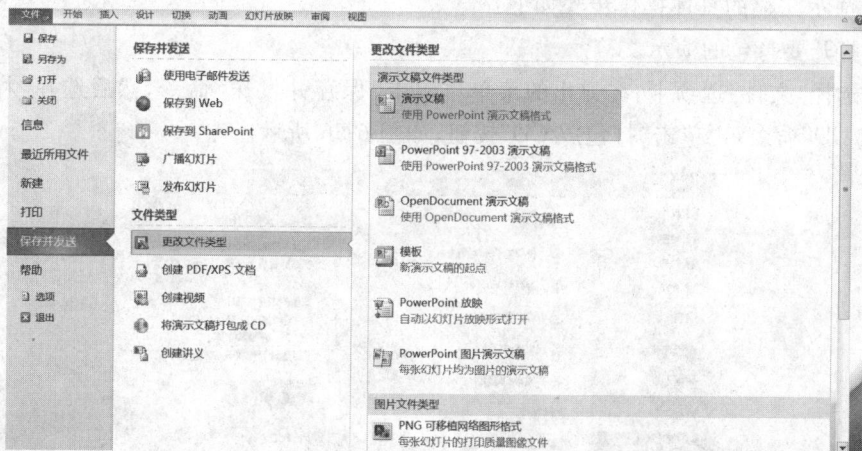

图 6-55　更改文件类型

为了方便观众了解演示文稿内容，还可以创建讲义，单击"创建讲义"命令，即可创建 Word 讲义内容。演示文稿可以保存的其他的文件格式，如表 6-1 所示。

表 6-1　保存演示文稿的文件格式

保 存 类 型	扩展名	用　于
演示文稿	. pptx	保存为 Microsoft PowerPoint 2010 演示文稿
PowerPoint 97—2003 演示文稿	. ppt	保存为 PowerPoint 97-2003 演示文稿
OpenDocument 演示文稿	. odp	保存为 OpenDocument 演示文稿
模板	. potx	将演示文稿保存为模板
Windows 图元文件	. wmf	将幻灯片保存为图片
GIF(图形交换格式)	. gif	将幻灯片保存为网页上使用的图形
JPEG(文件交换格式)	. jpg	将幻灯片保存为网页上使用的图形
PNG(可移植网络图形格式)	. png	将幻灯片保存为网页上使用的图形
大纲/RTF	. rtf	将演示文稿大纲保存为大纲文档
PowerPoint 图片演示文稿	. pptx	保存为每张幻灯片均为图片的演示文稿
PowerPoint 放映	. ppsx	保存为总是以幻灯片放映演示文稿方式打开的演示文稿
PDF/XPS	. pdf	保存为 PDF/XPS 文档固定格式

6.5　演示文稿打包

所谓打包就是指将与演示文稿有关的各种文件都整合到一个文件夹下,将这个文件夹复制到 CD 或可移动盘中。默认情况下,Microsoft Office PowerPoint 播放器包含在 CD 中,即使该计算机未安装 PowerPoint,启动其中的播放程序,也可以正常播放演示文稿。

6.5.1　将演示文稿打包到文件夹或 CD 中

打包演示文稿的具体操作步骤如下:

(1) 打开要打包的演示文稿。

(2) 选择"文件"选项卡,在弹出的菜单中单击"保存并发送"命令,然后选择"将演示文稿打包成 CD"命令,再单击"打包成 CD"按钮,如图 6-56 所示。

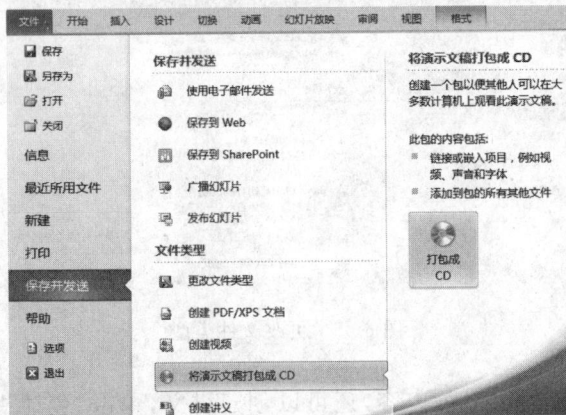

图 6-56　"打包成 CD"按钮

（3）出现如图 6-57 所示的"打包成 CD"对话框。单击"添加"按钮，可以添加多个演示文稿；单击"选项"按钮，可出现如图 6-58 所示的"选项"对话框，可设置是否包含链接的文件，是否包含嵌入的 TrueType 字体，还可设置打开文件和修改文件所用密码等；单击"复制到文件夹"按钮，可以将当前文件复制到用户指定名称和位置的新文件夹中，如图 6-59 所示；单击"复制到 CD"按钮，可以将文件复制到 CD 盘中，前提是计算机装有刻录机。

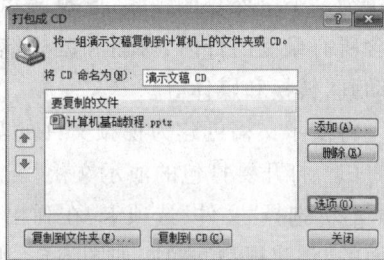

图 6-57 "打包成 CD"对话框

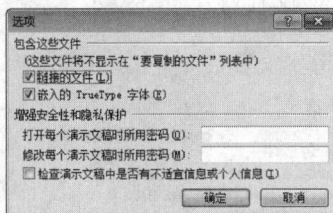

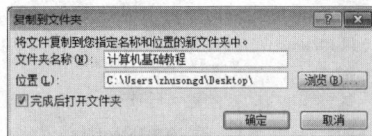

图 6-58 "选项"对话框   图 6-59 "复制到文件夹"对话框

（4）在图 6-59 中单击"确定"按钮，弹出如图 6-60 所示的对话框，提示程序会将链接的媒体文件复制到计算机，直接单击"是"按钮，出现"正在将文件复制到文件夹"对话框并复制文件，复制完后，用户可以关闭"打包成 CD"对话框，完成打包操作。打开打包的文件所在的位置，可以看到打包的文件夹和文件，如图 6-61 所示。

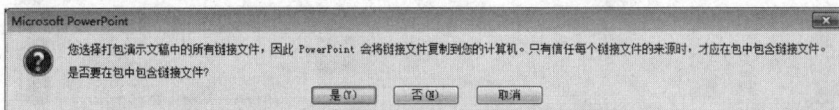

图 6-60 Microsoft PowerPoint 提示框

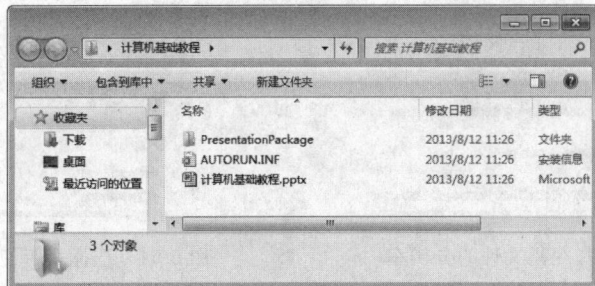

图 6-61 打包后的文件夹示例

6.5.2　将演示文稿创建为视频文件

在 PowerPoint 2010 中新增了将演示文稿转变成视频文件功能，可以将当前演示文稿创建为一个全保真的视频,此视频可能会通过光盘、Web 或电子邮件分发。创建的视频中包含所有录制的计时、旁白和激光笔势,还包括幻灯片放映中未隐藏的所有幻灯片,并且保留动画、转换和媒体等。

将演示文稿创建为视频文件的具体操作步骤如下:

(1)打开要打包的演示文稿。

(2)选择"文件"选项卡,在弹出的菜单中单击"保存并发送"命令,然后选择"文件类型"下面的"创建视频"选项,如图 6-62 所示。

(3)在右侧的"创建视频"选项下,单击"计算机和 HD 显示"选项,在弹出的下拉列表中选择视频文件的分辨率,如图 6-63 所示。单击"不要使用录制的计时和旁白"下拉列表,可选择是否在视频文件中使用录制的计时和旁白,如图 6-64 所示。

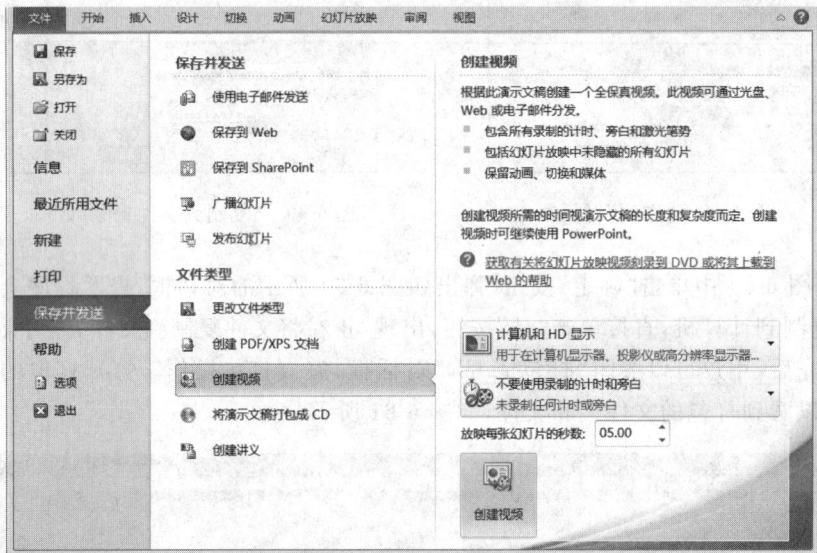

图 6-62 "创建视频"按钮

图 6-63 选择视频文件的分辨率

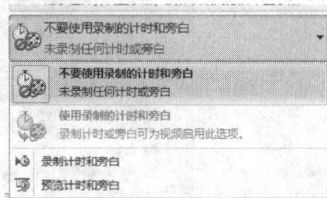

图 6-64 选择是否使用计时和旁白

(4)若选择"录制计时和旁白"命令,则会弹出如图 6-65 所示的"录制幻灯片演示"对话框。单击"开始录制"按钮,进入幻灯片放映状态,并弹出"录制"工具栏,与前面介绍的录制幻灯片演示操作相同。用户可以进行幻灯片的切换,在"录制"工具栏中会显示当前幻灯片放映时间及整个演示文稿的放映时间,并记录用户使用激光笔的情况。

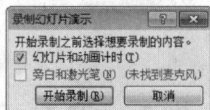

图 6-65 "录制幻灯片演示"对话框

（5）当完成幻灯片演示录制后，再单击"创建视频"按钮 ，弹出如图6-66所示的"另存为"对话框，设置保存位置及文件名后，单击"保存"按钮。此时，PowerPoint演示文稿的状态栏中会显示演示文稿创建为视频的进度，当完成视频制作后，只要双击创建的视频文件，即可开始播放演示文稿。

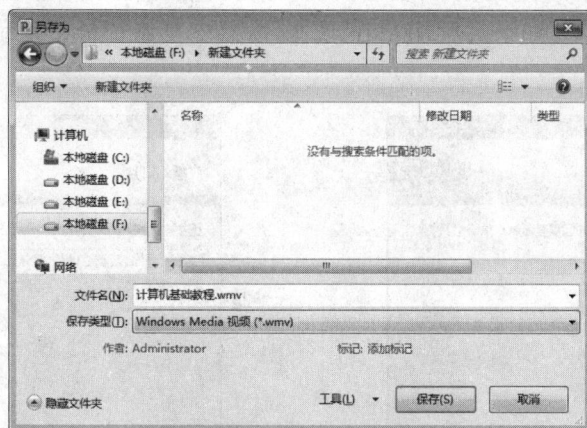

图6-66 "另存为"对话框

6.5.3 广播幻灯片

广播幻灯片是PowerPoint 2010新增的一项功能，它用于向可以在Web浏览器中观看的远程用户广播幻灯片。远程用户不需要安装程序，并且在播放时，用户可以完全控制幻灯片的进度，只需要在浏览器中跟随浏览即可。

广播幻灯片的具体操作步骤如下：

（1）打开要打包的演示文稿。

（2）选择"文件"选项卡，在弹出的菜单中单击"保存并发送"命令，然后选择"保存并发送"下面的"广播幻灯片"选项，如图6-67所示。

图6-67 广播幻灯片

（3）单击右边的"广播幻灯片"按钮，弹出"广播幻灯片"对话框，如图 6-68 所示。单击"启动广播"按钮，自动进入正在连接到 PowerPoint 广播服务进度界面，如图 6-69 所示。然后弹出如图 6-70 所示的"连接到"对话框，填写相应信息后，单击"确定"按钮，返回"广播幻灯片"对话框，显示正在连接 PowerPoint 广播服务的进度。连接完成后，在"广播幻灯片"对话框中显示远程用户共享的链接，可复制链接，将其发给远程用户，单击"开始放映幻灯片"按钮，进入幻灯片放映。如果远程用户在 IE 浏览器中复制了链接地址，即可开始观看幻灯片。

图 6-68　"广播幻灯片"对话框

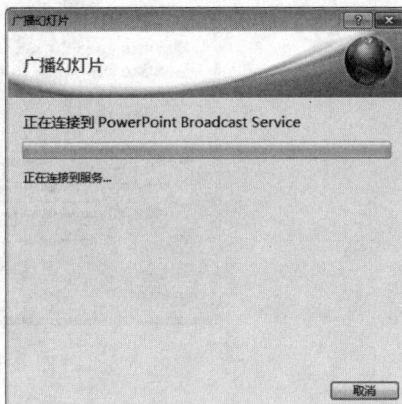

图 6-69　正在连接到 PowerPoint 广播服务

图 6-70　"连接到"对话框

第 7 章　网页基础与 FrontPage

网页制作软件有很多种，Microsoft Office 2003 中包含的 FrontPage 就是一款简单的网页制作软件，此外，Dreamweaver，Adobe GoLive 也是网页编辑软件，而且更图形化、更集成、更专业。Microsoft 在 2006 年年底停止了对 FrontPage 的继续开发，SharePoint Designer 是微软的下一代网站工具，用来取代 FrontPage 在高版本的 Office 中发布。出于简单易学的目的，本章仍然用 FrontPage 作为工具学习网页制作技术。

7.1　网页基础

7.1.1　什么是网页

用户在上网时，在浏览器中看到的一个个页面就是网页，其中包括各种各样的网页元素，如文本、表单及表单对象、图像、动画和超链接等，如图 7-1 所示。网页实际是一个文件，它存放在世界某个角落的某一台计算机中，而这台计算机必须是与互联网相连的。可以通过浏览器来浏览这个文件。这个文件要让全世界任何一台计算机都能够浏览，这就要求这个文件格式符合一个开放的标准。它的格式就是 HTML(Hypertext Markup Language)也就是超文本标记语言。它是以文本格式为基础，所以可以用任何编辑器和文字处理器来为网络创建或转换文本。

7.1.2　网页的组成元素

网页之所以生动形象，与其组成元素是分不开的。其中文本和图像是网页中最基本的元素，是网页信息的主要载体，它们在网页中起着基本框架的作用，而动画、音乐和网页特效的添加则进一步丰富了网页的构造，使网页更加美观。

1. 文本

文本是网页中最基本的组成元素之一，通过它可以非常详细地将要传达的信息传送给浏览者。文本在网络上传输速度较快，用户可以很方便地浏览和下载文本信息，故其成为网页主要的信息载体。

2. 图像

图像也是网页中不可或缺的元素，图像较文本更生动、更形象，可以给人以更强的视觉

图 7-1 网页

冲击,传递一些文本不能传递的信息。在网页中图像常用于网站标识 Logo、背景和超链接等。

3. 其他元素

音乐、动画、视频等多媒体元素也在网页中有着非常广泛的应用,网页中有了这些极富动感的多媒体元素的加入,平静的网页也变得生动起来。

网页中常用的音乐格式有 MID 及 MP3,MID 是通过计算机软硬件合成的音乐,不能被录制;MP3 为压缩文件,其压缩率非常高,且音质也不错,是背景音乐的首选。

网页中常用的动画格式主要有两种,一种是 GIF 动画,一种是 SWF 动画。GIF 动画是逐帧动画,相对比较简单,而 SWF 动画则更富表现力和视觉冲击力,还可结合声音和互动功能吸引浏览者的眼球。

7.1.3 网页中的专用术语

在制作网页的过程中,经常也要接触到一些专业名词,如统一资源定位器、文件传输协议、浏览器、万维网、IP 地址、域名、发布、超链接、导航条、表单和超文本标记语言等。

1. 网站

是由一个一个网页构成的,是网页的有机结合。

2. 主页

网站的第一页。

3. Web 服务器

Web 服务器也称为 WWW(World Wide Web)服务器,主要功能是提供网上信息浏览服务,如图 7-2 所示。

图 7-2　Web 服务器工作示意图

4. 统一资源定位器

统一资源定位器简称 URL,是用来指出某项信息的位置及存取方式,以取得各种服务信息的一种标准方法。简单地说,URL 就是网络服务器主机的地址,也称为网址,其一般书写形式为 http://www.sohu.com/index.html,其中包括如下几个部分。

通信协议:也就是上面举例中的 http 部分,包括 HTTP(超文本传输协议)、FTP(文件传输协议)、Gopher(Gopher 协议)和 News(新闻组)等。

主机名:是指标识网络上的某台计算机的专门名字。在 Internet 上,主机名是一个字符串,它包括当地名称和域名,如上例中的 www.sohu.com 就是搜狐网站的主机名,它可以用“202.106.185.241”的 IP 地址的形式来表示,它们的作用是相同的。

所要访问的文件路径及文件名:如上例中的“/index.html”部分,用于指明要访问资源的具体位置。在主机名与文件路径之间,一般用“/”符号隔开。

5. 超链接

超链接是指页面对象之间的链接关系,当用户将鼠标光标移动到网页中的超链接后,一般都会变为手形状。超链接通常分为文字超链接和图片超链接两种。它可以是网站内部页面、对象的链接,也可以是与其他网站的链接。

6. 发布

将制作好的网页上传到 Internet 的过程即发布,也称为上传。做好网页后,如果没有将网站的内容放到主页服务器上,那么别人是无法访问到这些资源的,因为这些资源只是保存在自己的本地硬盘上而已。

7.1.4　HTML

HTML(Hyper Text Markup Language,超文本标记语言)不是一种程序设计语言,而是一种页面描述语言,它在很大程度上类似于排版语言。在使用排版语言制作文本时,需加一些控制标记,来控制输出的字形、字号等,以获得所需的输出效果。与此类似,编制 HTML 文本时也需加一些标记(Tag),说明段落、标题、图像、字体等。

当用户通过网页浏览器阅读 HTML 文件时,浏览器负责解释插入到 HTML 文本中的各种标记,并以此为依据显示文本的内容。通常把用 HTML 编写的文件称为 HTML 文本，HTML 即 Web 页面的描述语言。

1. HTML 文件的基本结构

HTML 文件是标准的 ASCII 文件，从结构上讲，HTML 文件是由标记及夹在其中的文本内容组成。组成 HTML 文件的标记有许多种，所起作用也各不相同，用于指导文件的输出格式。绝大多数标记都有起始标记和结尾标记。在起始标记和结尾标记中的部分是要输出的内容。每一对标记都有可选择的属性，属性在起始标记内标明。

下面举一个例子来说明 HTML 文件的基本结构。HTML 源文件如下：

```
<html>
    <head>
        <title>这里写标题</title>
    </head>
    <body>
        <h5>这是 HTML 文件的主体部分，请注意标记都是成对出现的.</h5>
    </body>
</html>
```

该 HTML 源代码可用 Windows 自带的记事本文档编辑，注意存盘时后缀应为 .html。另外，标记符号（即上例中尖括号内的内容）中不能有空格，标记不分大小写。查看输出效果时，启动浏览器，选择"文件"菜单下的"打开"命令，选中刚保存的文件，浏览器即显示出效果。

2. 常见的标记

1）基本标志

<html></html> 创建一个 HTML 文档。

<head></head> 设置文档标题和其他在网页中不显示的信息。

<title></title> 将文档的题目放在浏览器的标题栏中。

<body></body> 设置文档的主体部分。

2）文档整体属性标志

<body bgcolor=""> 设置背景颜色。使用颜色的英文名称或 RGB 的十六进制值。

<body text=""> 设置文本颜色。使用颜色的英文名称或 RGB 的十六进制值。

<body link=""> 设置链接颜色。使用颜色的英文名称或 RGB 的十六进制值。

<body vlink=""> 设置已使用的链接的颜色。使用颜色的英文名称或 RGB 的十六进制值。

<body alink=""> 设置正在被选中的链接的颜色。使用颜色的英文名称或 RGB 的十六进制值。

3）格式标志

 创建一个段落，并设置段落按左、中、右对齐。

 插入一个回车换行符。

<dl></dl> 定义列表。

<dt> 放在每个定义术语词前。

　　<dd> 放在每个定义之前。

　　<ol></ol> 创建一个标有数字的列表,ol 是 ordered lists 的缩写。

　　<ul></ul> 创建一个标有圆点的列表,ul 是 unordered lists 的缩写,列表每一行用
<li></li>。

　　<li> 放在每个列表项之前,若在<ol></ol>之间则每个列表项加上一个数字,若在
<ul></ul>之间则每个列表项加上一个圆点,li 是 list item 的缩写。

　　<div align="" ></div> 用来排版大块 HTML 段落,也用于格式化表。

　　4) 文本标志

　　<pre></pre> 预先格式化文本。

　　<h1></h1> 最大的标题。

　　<h6></h6> 最小的标题。

　　<b></b> 黑体字。

　　<i></i> 斜体字。

　　<tt></tt> 打字机风格的字体。

　　<cite></cite> 引用,通常是斜体。

　　<em></em> 强调文本(通常是斜体加黑体)。

　　<strong></strong> 加重文本(通常是斜体加黑体)。

　　<font size="" color="" ></font> 设置字体大小(从 1 到 7)和颜色(使用颜色的英
文名称或 RGB 的十六进制值)。

　　5) 图像标志

　　<img src="/name" align="" border=""> 在 HTML 文档中嵌入一个图像。

　　<hr size="" width=""> 加入一条水平线,并设置其厚度和高度。

　　6) 表格标志。

　　<table></table> 创建一个表格。

　　<tr></tr> 表格中的每一行。

　　<td></td> 表格中一行中的每一个格子。

　　<th></th> 设置表格头:通常是黑体居中文字。

　　7) 链接标志

　　<a href="/URL"></a> 创建超文本链接。

　　<a href="mailtEMAIL"></a> 创建自动发送电子邮件的链接。

　　<a name="name"></a> 创建位于文档内部的书签。

　　<a href="#name"></a> 创建指向位于文档内部书签的链接。

　　8) 表单标志

　　<form></form> 创建表单。

　　<select multiple name="name" size=""></select> 创建滚动菜单,size 设置在需
要滚动前可以看到的表单项数目。

　　<option></option> 设置每个表单项的内容。

　　<select name="name"></select> 创建下拉菜单。

<textarea name="name" cols=40 rows=8></textarea> 创建一个文本框区域,列的数目设置宽度,行的数目设置高度。

<input type="checkbox" name="name"> 创建一个复选框,文字在标签后面。

<input type="radio" name="name" value=""> 创建一个单选框,文字在标志后面。

<input type="text" name="foo" size="20"> 创建一个单行文本输入区域,size 设置字符串的宽度。

<input type="submit" value="name"> 创建"提交"(submit)按钮。

<input type="image" border=0 name="name" src="/name.gif"> 创建一个使用图像的"提交"(submit)按钮。

<input type="reset"> 创建"重置"(reset)按钮。

7.2 FrontPage

7.2.1 FrontPage 2003 窗口

在 Office 软件包中提供了一款所见即所得的网页制作工具——FrontPage,FrontPage 简单易用,对于初学网页制作的用户较为适用,当然在对 FrontPage 逐步熟悉之后,还可以制作出很专业的网页。

由于 FrontPage 也是 Office 中的一个组件,因此和前面讲过的 Word 有类似的界面和操作。所以用 FrontPage 编写网页就像用 Word 写文章一样简单,很适合初学者的学习和使用。

从"开始"菜单中选择"程序"组中的 Microsoft FrontPage,打开 FrontPage 2003 的程序主窗口,如图 7-3 所示。

从图 7-3 中可以看出 FrontPage 界面中的标题栏、菜单栏、常用工具栏、格式工具栏、状态栏、任务窗格等部件,与 Word 的风格和操作方法都很类似。

在网页编辑区中,左下角有"设计"、"拆分"、"代码"和"预览"4 个选项卡,其功能如下。

1. "设计"选项卡

"设计"选项卡用于显示 Web 网页,可以直接在此状态下对网页进行编辑和修改,并且制作网页就像一般的文字处理和图像编辑一样简单。

2. "代码"选项卡

打开"代码"选项卡,就可以看到 FrontPage 为网页生成的 HTML 代码。由此也可以在此视图中自由地进行代码编辑和修改。

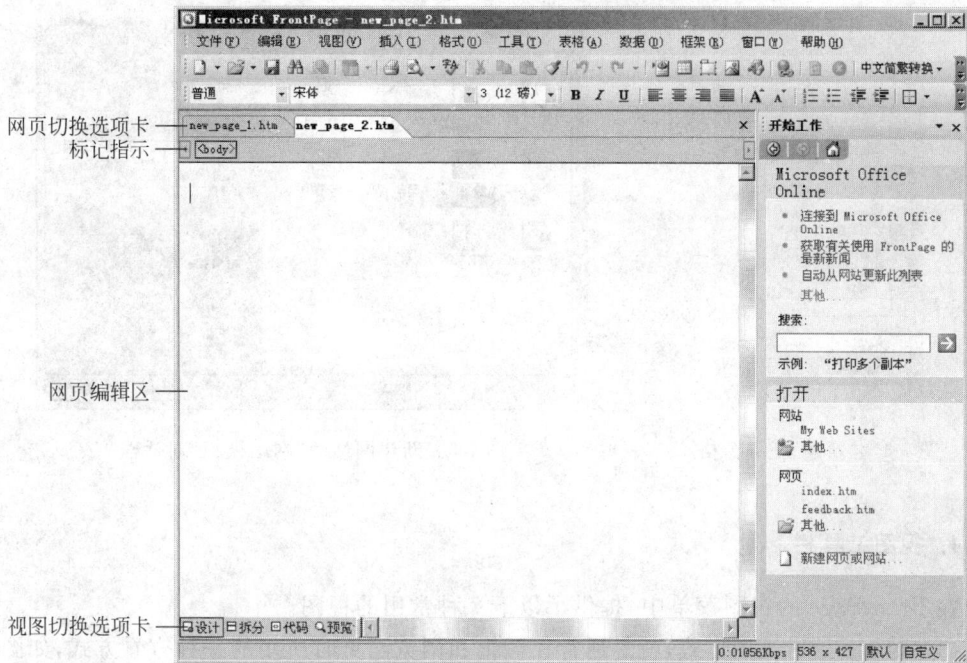

网页切换选项卡

标记指示

网页编辑区

视图切换选项卡

图 7-3　FrontPage 2003 的主窗口

3."拆分"选项卡

在"拆分"视图中进行设计的同时便可看到代码中更新的标记。如果要在"拆分"视图中编辑代码,则单击一下就可以在设计中显示所作的更改。

4."预览"选项卡

"预览"选项卡,顾名思义就是对编辑和修改完毕的网页,在发布前进行浏览的视图方式。

7.2.2　创建站点

创建一个网站就相当于在 Internet 中组建一个属于自己或属于机构的"家"。在建立之前创建人必须先明确创建此网站的目的和用户的需求。然后再着手建立站点,并在此站点中完成所有的网页。这里所说的站点就相当于"家"的房屋建筑,而网页则是这个建筑中的一间一间、功能各异的房间。

创建站点的具体步骤如下。

(1)单击"新建"任务窗格中的"新建网站"列表中选择一种创建方式,如图 7-4 所示。将弹出如图 7-5 所示的"网站模板"对话框。

(2)在图 7-5 的选项卡中按照自己的需要,单击图标选定要使用的模板,并在"指定新网站的位置"中添加站点要存放的位置后,单击"确定"按钮,就可以在指定的位置建立站点了。

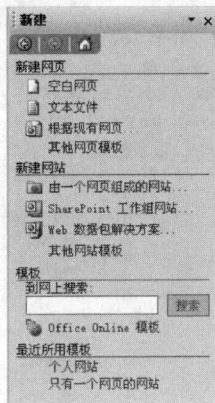

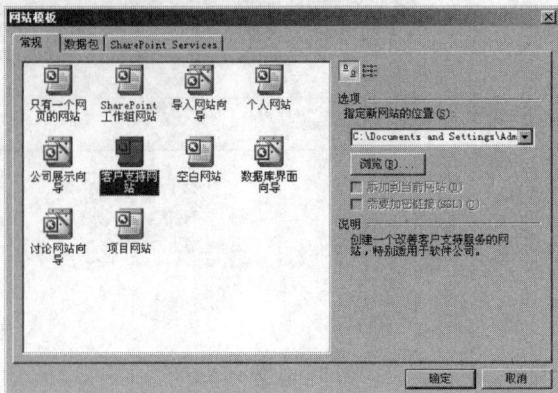

图 7-4 "新建"任务窗格　　　　图 7-5 新建网站的"网站模板"对话框

1. 视图工具栏

在 FrontPage 的视图菜单中,提供了以下 7 种常用的视图。

(1)网页。这种视图方式,就是通常在编辑和浏览网页时所用的一种查看方式,如图 7-6 所示。

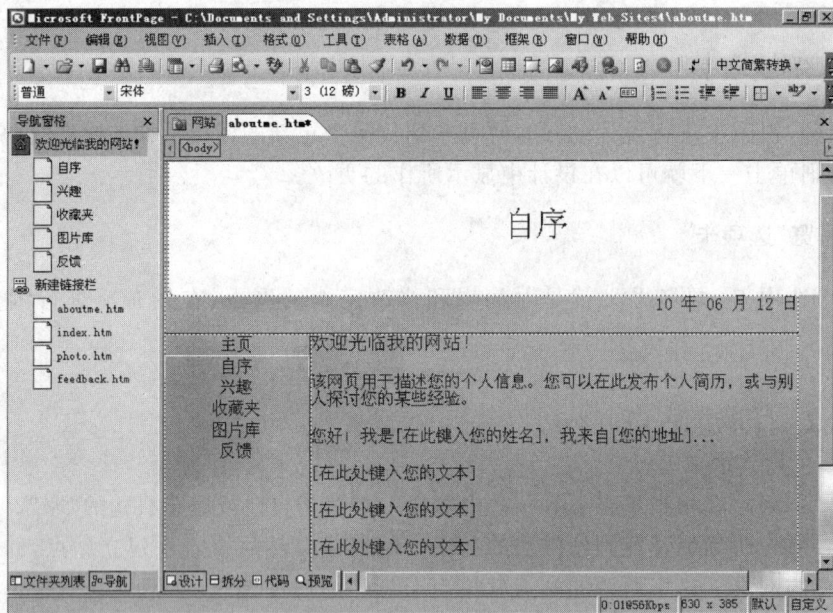

图 7-6 "网页"视图

(2)文件夹。文件夹视图类似于 Windows 的"资源管理器",在此它将显示出打开站点的每个文件夹、网页和文件全部的详细信息,如图 7-7 所示。

(3)远程网站。"远程网站"视图中的状态窗格可以为本地(源)和远程(目标)网站显示网站中每个文件的状态信息。通过了解这些文件状态模式的含义,可以确定要对各个文件

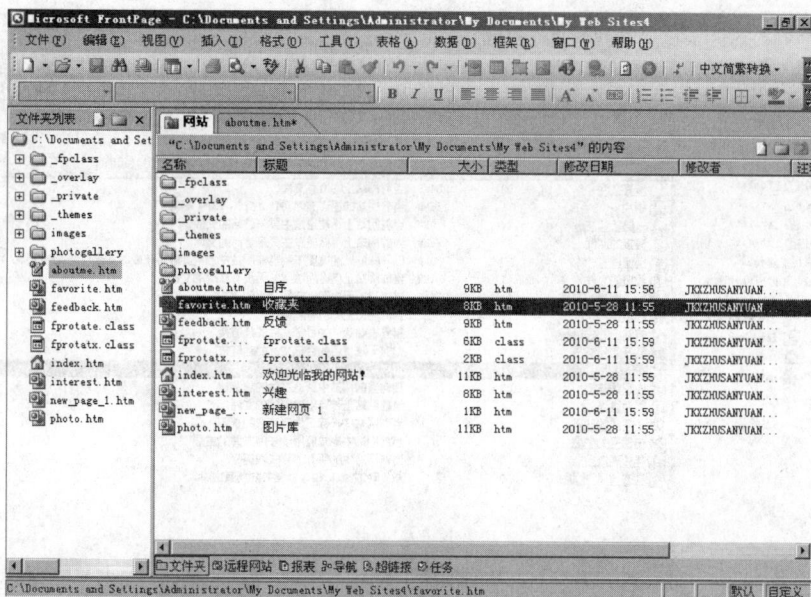

图 7-7 "文件夹"视图

采取的操作,比如将本地修改后的文件同步到远程网站上,如图 7-8 所示。

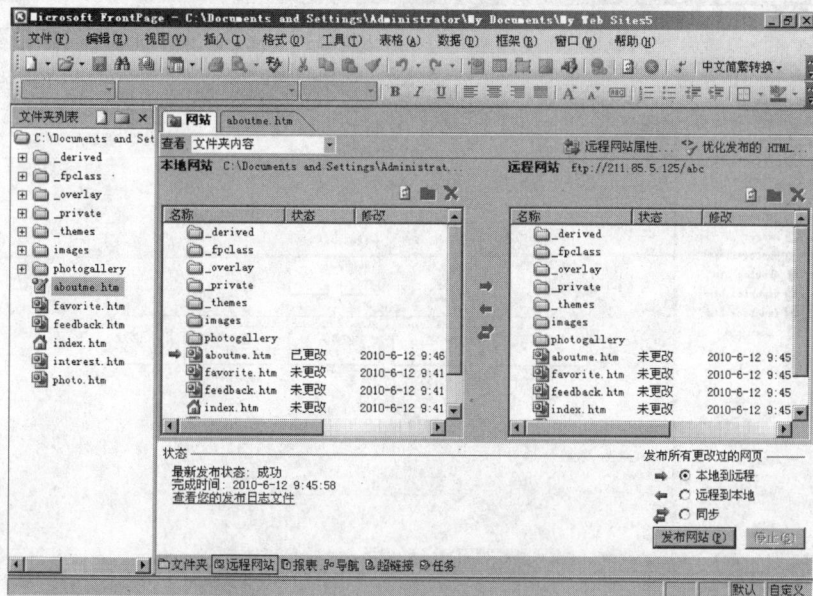

图 7-8 "远程网站"视图

（4）报表。报表视图显示了当前站点中的多个组件的状态,比如各类文件的数目、大小等,如图 7-9 所示。

（5）导航。导航视图为安排当前站点的导航结构提供了一种拖放方式,如图 7-10 所示。

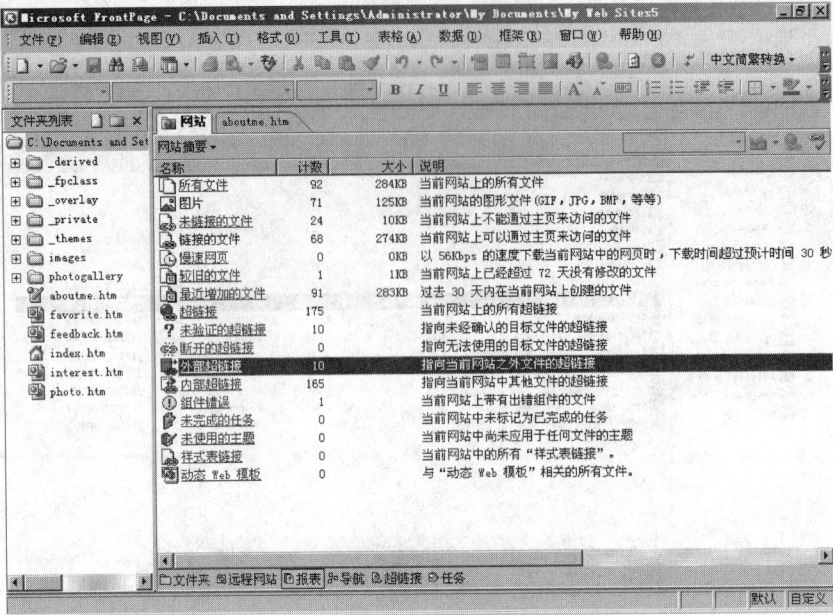

图 7-9 "报表"视图

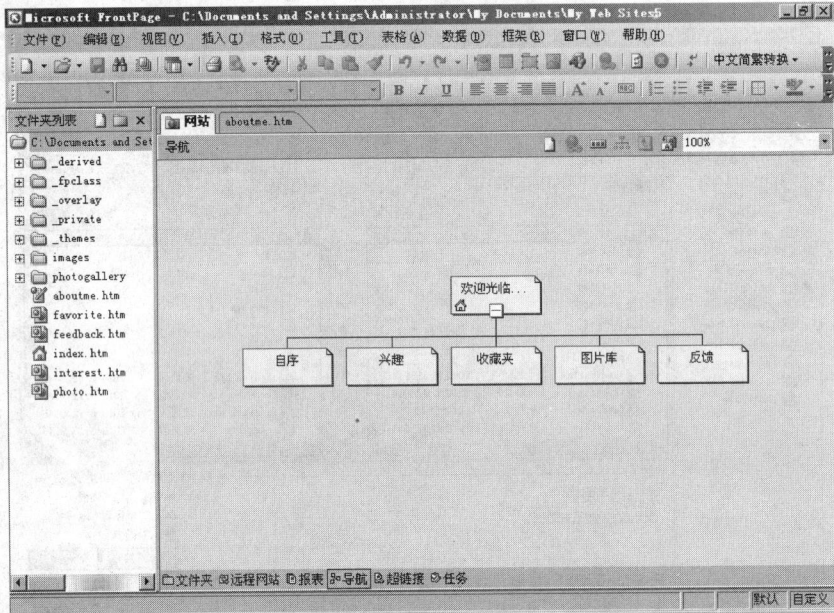

图 7-10 "导航"视图

(6)超链接。这种视图不仅显示当前网页的所有链接,而且还显示了它外部资源的链接图解,如图 7-11 所示。

(7)任务。任务视图能够帮助用户追踪和构建当前站点的全部或部分任务,如图 7-12 所示。

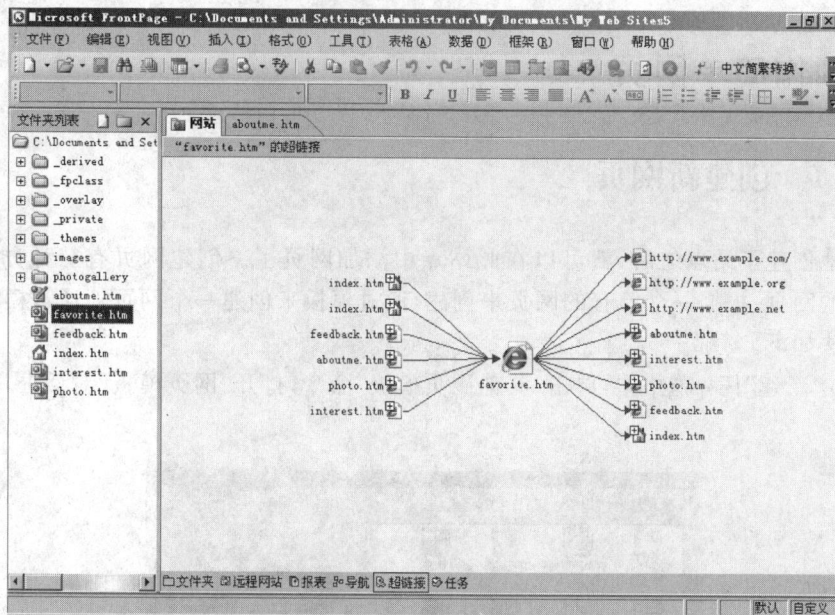

图 7-11 "超链接"视图

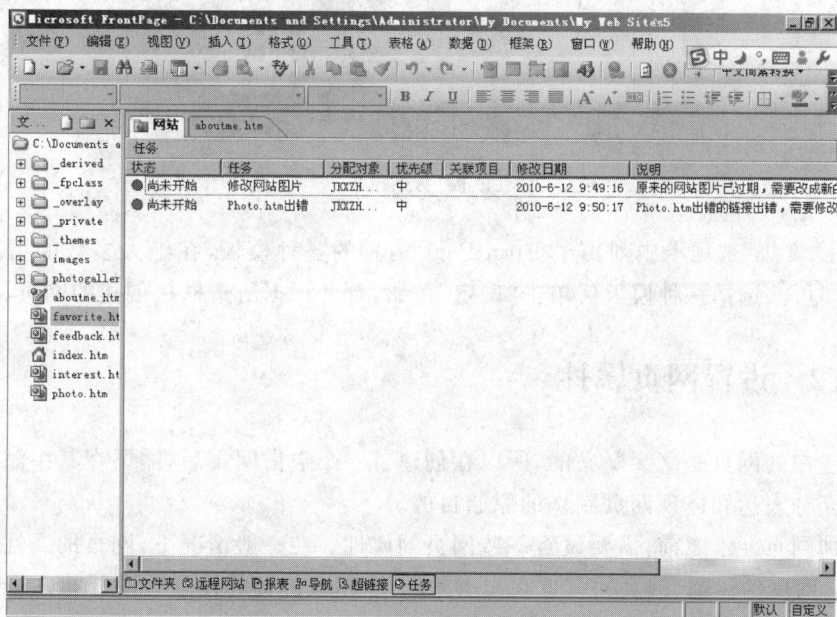

图 7-12 "任务"视图

2. 文件夹列表

文件夹列表是简化了的文件夹视图，用来帮助用户快速地在不同的网页之间切换。用户需要做的只是双击文件夹列表中的文件而已。

7.3 制作简单网页

7.3.1 创建新网页

成功地创建了站点之后,就可以在此站点中添加网页了。创建网页有三种方式:创建一个空白的网页、根据一个已有的网页来创建、通过模板来创建一个网页。通过模板来创建的具体方法如下。

(1) 在"新建"任务窗格中,单击"其他网页模板"命令,打开"网页模板"对话框,如图 7-13 所示。

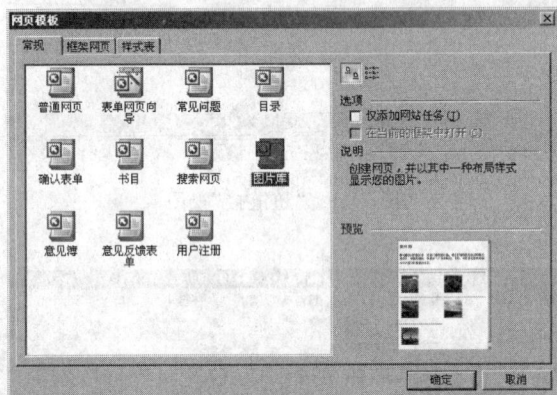

图 7-13 "网页模板"对话框的"常规"选项卡

(2) 在"常规"选项卡中列出了 FrontPage 内置的各种模板,在绝大多数的情况下只要直接套用即可。选择一种模板后单击"确定"按钮,打开根据所选模板创建的网页。

7.3.2 设置网页属性

因为空白的网页是毫无疑义的,所以在创建了一个空白网页后,需要在其中添加一些网页元素来充分表达和体现网页制作的原始目的。

在添加网页元素之前,需要设置一些网页的属性。在一般情况下,网页的属性主要牵涉的内容有:网页的标题、网页的背景和文本的颜色、超级链接的设置。设置的方法如下。

(1) 单击鼠标右键,在出现的右键菜单中选择"网页属性"命令,打开"网页属性"对话框,对话框共有 6 个选项卡,如图 7-14~图 7-19 所示。

(2) 在"常规"选项卡中设置网页的标题、网页说明、关键字、网页背景音乐等。

(3) 在"格式"选项卡中选择背景颜色或背景图片、文本的颜色、超链接的颜色。如果需要在网页上加上背景图片,也可以先选中"背景图片"的方框,然后在"浏览"中选择该图片的路径,该路径应该是在网站文件夹下。请注意,在网络上最常用的图片格式是 GIF 和 JPG,所以尽量选用这种格式的图片。可以将背景图片设置为水印,水印的含义是:如果图片的长与宽不同于网页,则图形会在网页的背景中重复出现,但不会与网页中的文本和其他元素一起滚动,而是固定在背景中。对于超级链接的设置,为了区分该链接是否已被访问过,可以选择不同的颜色来表示。譬如说,对于没被访问过的链接可选择它为蓝色,已被访问过的链接设置为紫色,而正在单击的超级链接可选它为红色。

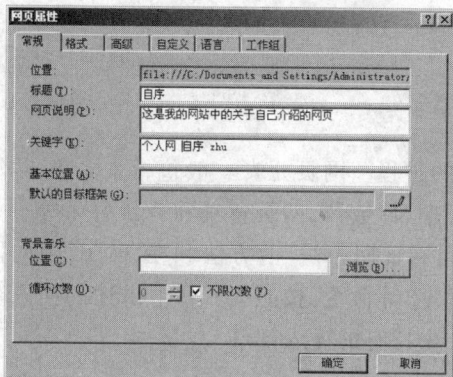

图 7-14 "网页属性"对话框之"常规"选项卡

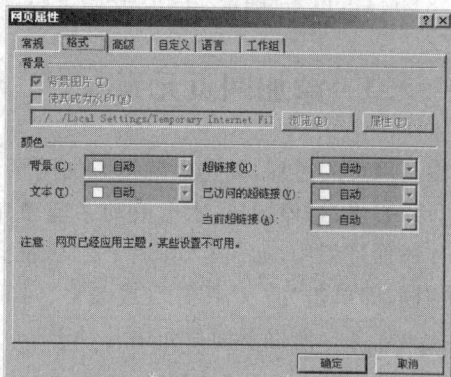

图 7-15 "网页属性"对话框之"格式"选项卡

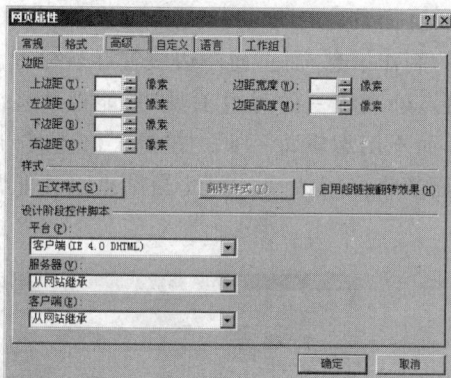

图 7-16 "网页属性"对话框之"高级"选项卡

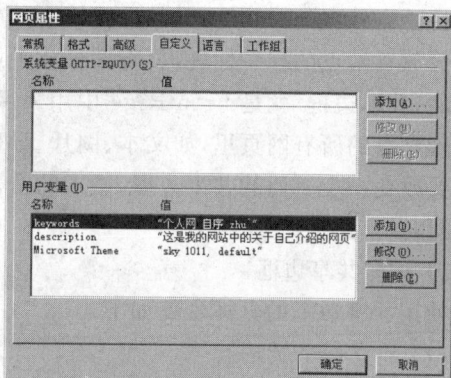

图 7-17 "网页属性"对话框之"自定义"选项卡

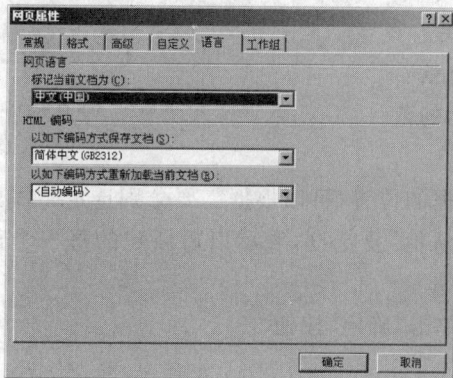

图 7-18 "网页属性"对话框之"语言"选项卡

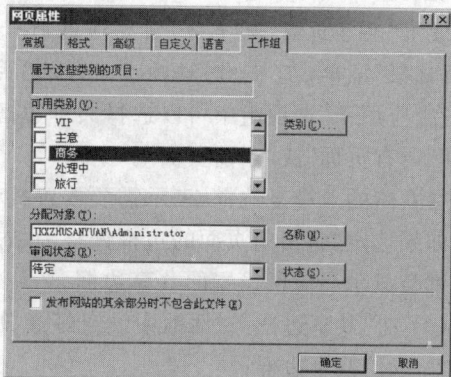

图 7-19 "网页属性"对话框之"工作组"选项卡

（4）在"高级"选项卡中设置网页的上下左右边距、正文样式、网页默认的脚本语言种类等。

（5）在"自定义"选项卡中设置系统变量、用户变量等值。

（6）在"语言"选项卡中设置网页文本所使用的字符编码类型。

（7）在"工作组"选项卡中设置该网页所属的类别、由何人负责、当前审阅状态等。

（8）最后，单击"确定"按钮，开始编写网页。

7.3.3　添加网页元素

编写网页的过程，其实也就是添加网页元素的过程。网页元素一般包括：文字、共享边框、图片、表格、悬停按钮、水平滚动字幕、时间、日期、计数器、网页背景和背景音乐等。

在添加过程中，如"插入图片、表格、插入时间和日期……"的方法和在 Word 中的插入方法相同，即单击"插入\图片"（或表格、时间和日期）等命令，按照 Word 中讲述的插入步骤完成插入任务。所以下面只介绍几种 FrontPage 中特有的插入部件。

1. 共享边框

在制作一个站点的时候，保持站点外观的一致性成为站点树立自身形象的基本要求。要保持站点外观的一致性，可以设置统一的颜色及页面设计，比如一个站点的全部页面的页眉部分放置站点的统一标题，页脚部分放置站点的制作信息，而页面左边放置导航栏等。

而"共享边框"就是 FrontPage 中用来保持站点外观统一的得力工具，它能把某些内容放置到站点的所有网页里，如文本、图片、导航栏，而不用编辑每一页。在需要修改时，也同样只要改变一个页面的共享边框，站点的全部页面都将同时改变。因此当站点页面非常多时，使用共享边框尤为重要。

1）添加共享边框

使用共享边框的具体步骤如下。

（1）建立一个新站点。

（2）单击"格式"→"共享边框"命令，打开"共享边框"对话框，如图 7-20 所示。

说明：FrontPage 2003 在默认安装下，"格式"菜单下没有"共享边框"菜单项，需要通过打开"工具"→"网页选项"菜单，在"创作"选项卡中勾选"共享边框"。

在"应用于"选项组中可以选择共享边框应用的范围，即"所有页面"或"当前页面"。

图 7-20　"共享边框"对话框

在右侧的 4 个复选框，表示需要放置共享边框的位置，可以根据需要分别选定。

如果选定"将当前页面的边框恢复为站点默认值"复选框，表示以后新建的每一个普通网页都会显示当前所设置的共享边框。

（3）在"共享边框"对话框中设定好参数后，单击"确定"按钮。

2）取消共享边框

取消共享边框的具体步骤如下。

（1）如果想取消某一个页面的共享边框，需打开文件夹列表视窗，如果看不到文件夹列

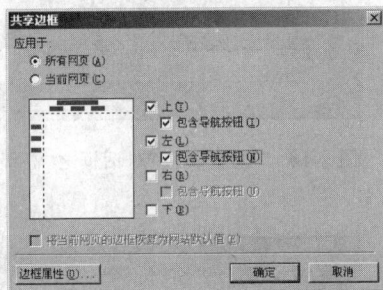

表视窗,单击"查看"→"文件夹"命令,单击选中要取消共享边框的页面文件。

(2) 单击"格式"→"共享边框"命令或在编辑页面状态下单击鼠标右键,在右键菜单中选择"共享边框"命令,打开"共享边框"对话框,如图 7-20 所示。把选定的共享边框应用取消,单击"确定"按钮。

注意:只是取消了这一页的共享边框;如果想恢复为该页应用共享边框,单击选择页面文件后,重复应用共享边框的第(2)步。同样道理,也可以取消所有页面的共享边框。

3) 编辑共享边框内容

共享边框就是一个页面,就像编辑其他页一样来编辑。不过在 FrontPage 中无法查看共享边框页面的 HTML 代码。

还可以选择菜单"工具"→"站点设置"(必须在站点编辑状态下才有站点设置),在"站点设置"对话框中选择"高级"选项卡,在"显示隐藏目录中的文档"前的方框里打上钩,单击"确定"按钮并刷新站点。在文件夹列表视窗中有一个_borders 目录,选择该目录,在左边出现了该目录下的内容,这里出现的内容就是共享边框的页面(共享边框就是一个页面)。如果应用了上,下,左,那么会看到三个页面,双击某一个页面就可以像其他页面一样编辑它了。

FrontPage 提供给我们一个灵活的保持站点统一外观的方法,无须去关心代码的构成,而只要利用 FrontPage 的图形编辑方式去获得想要的结果。

2. 悬停按钮

悬停按钮可分为文本式悬停按钮和图像式悬停按钮两种形式。插入文本式悬停按钮步骤如下。

(1) 单击"插入"→组件→"悬停按钮"命令,打开"悬停按钮属性"对话框,如图 7-21 所示。

(2) 在此对话框中根据需要添入以下各项参数,单击"确定"按钮。

① 在"按钮文件"文本框中输入文本悬停按钮的文本内容。

② 在"链接到"文本框中输入文本悬停按钮链接的对象。

③ "按钮颜色"列表框用于设置未单击悬停按钮时所显示的颜色。

④ "效果"列表框中列出了所有用于设置单击悬停按钮时所显示的颜色。

⑤ "背景色"列表框用于设置文字的背景颜色。

⑥ "效果颜色"列表框用于设置单击悬停按钮后所显示的颜色。

⑦ "宽度"和"高度"文本框可用于设置悬停按钮的高度和宽度。

⑧ 单击"自定义"按钮可以自行设置悬停按钮单击或悬停时播放不同的声音。

要设置图像式悬停按钮,必须事先准备好两幅大小相同、色彩稍微有所区别的图片。在图 7-21 中单击"自定义"按钮,选择按钮图片和悬停时的图片,如图 7-22 所示。

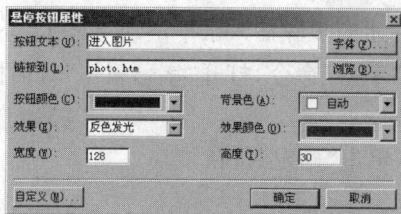

图 7-21 "悬停按钮属性"对话框

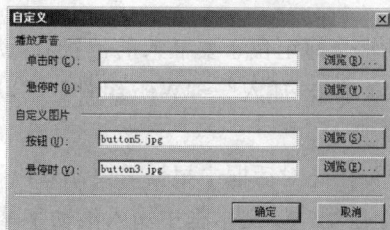

图 7-22 悬停按钮的自定义设置

3. 插入交互式按钮

交互式按钮是 FrontPage 2003 引入的新功能，它提供了比悬停按钮更丰富的显示特效。

（1）添加按钮文本，选择按钮和背景的颜色。

（2）为按钮的所有状态（包括原始、悬停和按下状态）指定字体、字号和颜色。

（3）设置水平和垂直对齐方式。

（4）更改按钮的大小和比例。

（5）自动创建构成该按钮的图像文件。

（6）可以设置图像的透明背景。

单击"插入"→"交互式按钮"或"插入"→"Web 组件"→"动态效果"→"交互式按钮"，在"交互式按钮"对话框的"按钮"选项卡中选择某种内置的按钮样式，输入按钮的文本，以及单击该按钮将跳转到的网页的 URL；在"字体"选项卡中设置字体、字形、字号、初始字体颜色、光标悬停其上时的字体颜色、鼠标按下时字体的颜色以及文本在按钮上的水平和垂直对齐方式；在"图像"选项卡中设置按钮的宽度和高度、是否创建三种状态的（预载、光标悬停、单击）图片、按钮图片保存的格式以及按钮外围背景的颜色，如图 7-23 所示。

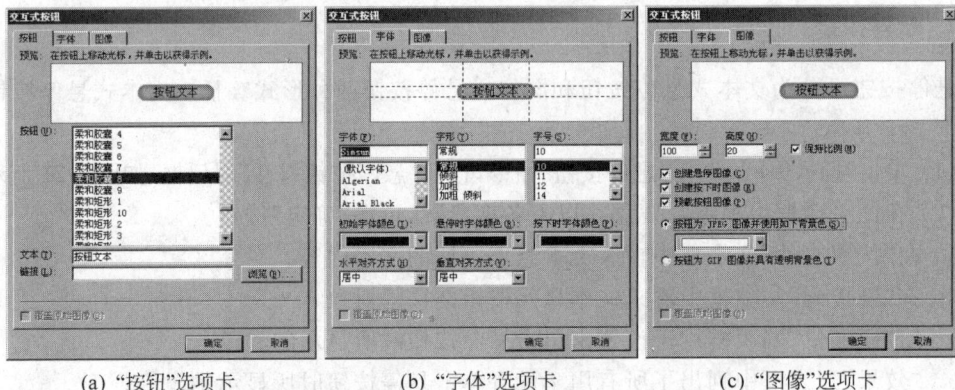

(a) "按钮"选项卡　　　　(b) "字体"选项卡　　　　(c) "图像"选项卡

图 7-23　交互式按钮设置

当设定了相应的项目后，单击"确定"按钮，完成交互式按钮的设计。在保存包含交互式按钮的网页时系统将弹出"保存嵌入式文件"对话框，如图 7-24 所示，用来保存所生成的图片。在保存前，可以修改文件名、设置图片文件所保存的位置、设置图片的文件格式等。

4. 插入水平滚动字幕

先将光标定位于要插入的位置后，就可以按照下述的步骤插入水平滚动字幕了。

（1）单击"插入"→"Web 组件"→"动态效果"→"字幕"命令，打开"字幕属性"对话框，如图 7-25 所示。

（2）在此对话框中根据需要添入以下各项参数，单击"确定"按钮。

① 在"文本"文本框中输入滚动字幕的文本内容。

② 从"方向"选项组中可以选择滚动字幕出现的方向。

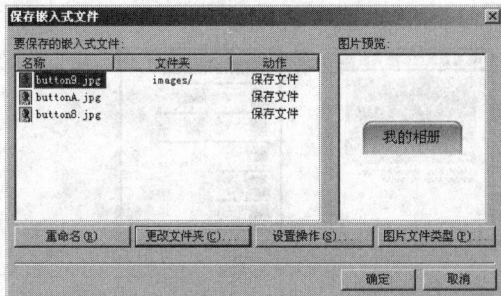

图 7-24　保存"交互式按钮"图片　　　　图 7-25　"字幕属性"对话框

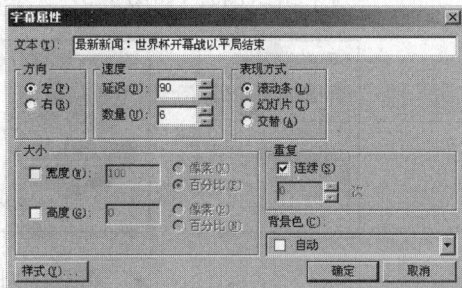

③ 在"速度"选项组中可以设置在延迟时间内出现的次数。

④ 在"大小"选项组中可以设置滚动条的长度和宽度,它的单位有"像素"和"百分比"两种。

⑤ 在"重复"选项组中可以设置滚动字幕循环的次数。

⑥ "背景色"列表框用于设置滚动字幕的背景颜色。

5. 插入计数器

插入计数器的步骤与插入悬停按钮和滚动字幕很类似,具体步骤如下所述。

（1）单击"插入"→"Web 组件"→"计数器"命令,打开"站点计数器属性"对话框,如图 7-26 所示。

（2）在此对话框中根据需要添入以下各项参数,单击"确定"按钮。

① 在"计数器样式"选项组中可以选择一种自己喜欢的计数器样式。

② 选中"计数器重置为"复选框,可以在此选项后的文本框中设置初始值。

图 7-26　"站点计数器属性"对话框

③ 选中"设定数字位数"复选框,可以在此选项后的文本框中输入计数器允许出现的最大位数。

说明:计数器功能使用了特殊的技术,必须将网页发布到 Web 服务器上,且要求 Web 服务器必须支持 FrontPage 扩展功能方能正常使用。

6. 在图片上添加文字

在插入的图片上添加文字,操作步骤非常简单。即打开"图片"工具栏,单击 A 按钮,在打开的信息框中单击"确定"按钮,然后选中的图像中就会出现一个透明的文本框,可以直接在此输入文本。

7. 插入图片库

图片库是包含以特定布局排列的图片集的网页。Microsoft FrontPage 提供了 4 种不

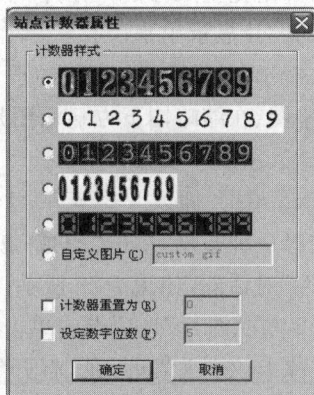

同的布局排列来组织图片,如图 7-27 所示。

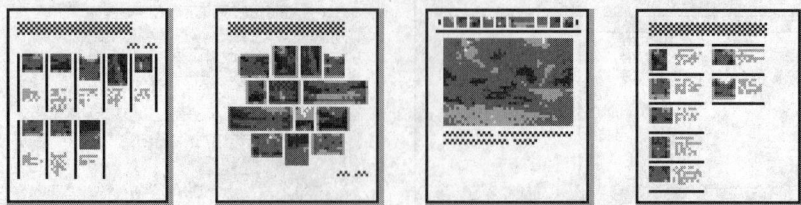

图 7-27　图片库的 4 种布局

(1) 水平版布局:在页面上水平编排一组图片,自动创建图像的缩略图、分多行显示缩略图、在缩略图下方显示图片的标题和说明文字。

(2) 蒙太奇布局:在页面上以蒙太奇版式编排一组照片,自动创建图像的缩略图,缩略图以拼贴画模式显示,当光标悬停在缩略图上时,将会出现图像的标题文字(此布局不配置说明文字)。

(3) 幻灯片布局:以幻灯片版式编排图片,上部是缩略图,缩略图按行编排并可左右滚动,中部是完全尺寸的大图片,下部是图片的标题和说明文字。单击缩略图,使得该缩略图对应的图片显示出来。

(4) 垂直布局:在页面的垂直方向上编排一组图片,自动创建图像的缩略图、分多列显示缩略图、在缩略图下方显示图片的说明文字。

插入图片库步骤如下。

(1) 单击“插入”→“Web 组件”→“图片库”命令,选择一种布局,单击“完成”按钮,将弹出“图片库属性”对话框,如图 7-28 所示。

(2) 在“图片”选项卡中单击“添加”按钮,选择“图片来自文件”菜单,在“打开”对话框中选择需要显示的若干个图片文件。

(3) 单击文件列表中的文件,设置其缩略图的宽度和高度,设置标题文字和说明文字及其字体相关属性等。

(4) 可以选中文件列表中的若干个文件,然后单击“上移”或“下移”按钮来调整图片的顺序。

(5) 设置完毕后单击“确定”按钮,完成设计。图 7-29 为幻灯片布局的图片库效果网页。

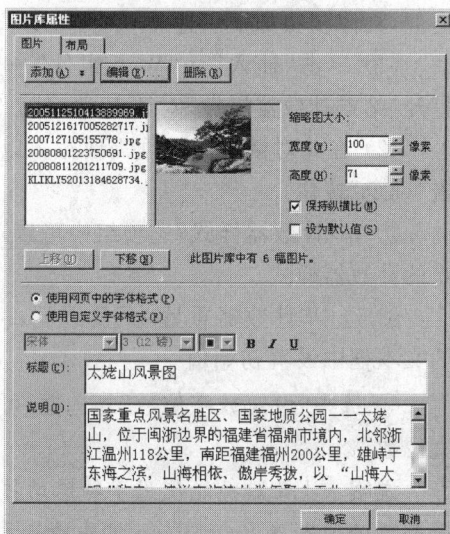

图 7-28　“图片库属性”对话框

8. 创建表单

在浏览的网页中经常可以看到网页中的表单,如申请 E-mail 时,网站要求申请人填写的资料表,就是表单的一种应用。基于表单的广泛应用,在下面就介绍表单的创建。具体操作步骤如下:

(1) 单击“插入”→“表单”→“表单”命令,即可插入一个空白的表单,如图 7-30 所示。

图 7-29　幻灯片布局图片库

图 7-30　空白表单

（2）接下来就是在空白表单中添加其他元素。将光标放置于表单中，单击"插入"→"表单"子菜单，选择其中的任一命令，都可以将选择的表单元素添加到空白表单中，如图 7-31 所示。

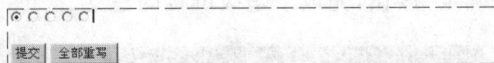

图 7-31　插入单选按钮后的表单

（3）设置表单元素的属性。双击加入的表单元素，在弹出的表单元素属性对话框中设置相应的属性。一般而言，需要设置表单元素的名称，以便于以后对该元素所代表的值进行获取。代表同一组数据的单选或复选按钮组，需要赋以相同的名称。图 7-32 为性别单选按钮之一的属性设置。

9. 书签和超级链接

书签其实就是一种网页文档内的链接，这种链接指向网页文档本身的某一特定位置。事实上这种做法是为了方便网页访问者能快速、方便地找到自己希望看到的内容。

书签的创建步骤如下。

（1）将鼠标放在要插入书签的位置，单击"插入"→"书签"命令，打开"书签"对话框，如图 7-33 所示。

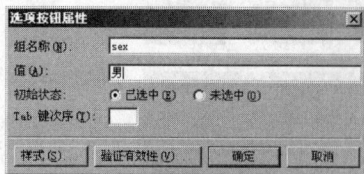

图 7-32 单选按钮的属性设置对话框

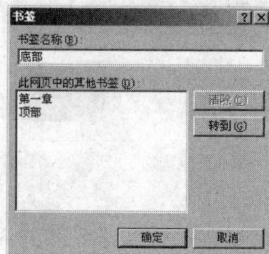

图 7-33 "书签"对话框

（2）在此对话框中，可以设置书签的相关参数，如：

① 在"书签名称"文本框中输入设置的书签名。

② 在"此网页中的其他书签"列表框中，显示当前页的所有已经定义的书签名称。输入的书签名不能与这些名称相同，否则有警告消息弹出。

③ 单击"清除"按钮可以删除选择的书签。

④ 在"此网页中的其他书签"列表框中选中一个对象，单击"转到"按钮，将直接跳转到选择的书签处，省去了寻找书签的操作。

（3）单击"确定"按钮生成书签，在设计视图中显示为图标 。但此时的书签并不能应用。它要添加了超级链接、并将超级链接指向该书签后才能真正发挥作用。

超级链接可以说是网页中最重要的一个功能之一，通过链接可以访问其他的网站和网页。添加超级链接的操作步骤如下。

（1）选中要添加超级链接的图片或文本，单击"插入"→"超链接"命令，打开"插入超链接"对话框，如图 7-34 所示。

（2）在此对话框中可以设置超链接的地址，可以是列表框中所列的同一网站的网页，也可以指定 URL 地址，还可以是网页中已存在的书签等。

（3）设置完成，单击"确定"按钮，完成了超级链接的建立。

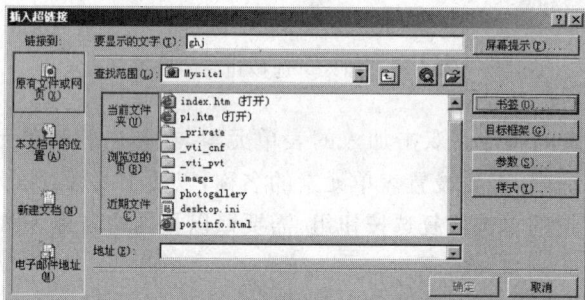

图 7-34 "插入超链接"对话框

10. 创建图像映射

可以对图像中的某一部分创建超级链接，称为图像映射。具体的操作步骤如下。

（1）选中要创建热点超级链接的图片，打开"图片"工具栏，从中选择一个创建热点的工具，□○⌒分别是"长方形热点"、"圆形热点"、"多边形热点"。选定后按住鼠标左键在图像中拖动出一个热点。

（2）松开左键时，自动打开"插入超链接"对话框，如图 7-34 所示，其余步骤与创建超级链接的方式相同。

7.4　美化网页

如果想制作出一个精美的网页，而不仅仅是一个简单的网页，那么在网页中插入各种网页元素后，还必须对网页的各个元素进行美化。

7.4.1　网页元素格式化

1．美化文本

对于文本的美化在 Word 中已经进行了充分、透彻的介绍，例如，给文本改变颜色、大小、风格……，给文本添加下划线、方框、阴影……，因为 Word 和 FrontPage 同属于 Office 软件包，所以在 FrontPage 中对文本的美化方法与 Word 类似，这里就不再一一赘述了。

FrontPage 中有一个比较特殊的文本处理技术，就是给文本添加底纹，它的具体操作方法如下：选中要添加底纹的文本，单击"格式"工具栏中的"突出显示色"按钮，从弹出的调色板中选择所需要的颜色。

2．添加水平分隔线

水平分隔线就是将网页水平分隔成上下两部分的直线，使不同内容或性质的段落分开，类似于报刊中的印刷装饰线。它的具体操作方法是：单击"插入"→"水平线"命令，即可以插入一条水平分隔线。

如果要修改水平分隔线的样式，只需要双击水平线，打开"水平线属性"对话框，如图 7-35 所示，在此对水平线进行相关设置即可。

需要说明的是，在"水平线属性"对话框中，如果单击"样式"按钮，就可以打开"修改样式"对话框，在此对话框中进行水平分隔线与其他内容的位置关系。

图 7-35　"水平线属性"对话框

3．美化表格

表格的美化分为美化单元格和美化整个表格两类。

1）美化单元格

先将光标移至要美化的单元格处，单击鼠标右键，在右键菜单中单击"单元格属性"命令，打开"单元格属性"对话框，如图 7-36 所示。

在此对话框中有以下三个选项组。

（1）"布局"选项组：用户可以在此根据需要对选中的单元格进行各种布局方面的参数设置，如单元格的对齐方式、高度、行跨距、列跨距等。

（2）"边框"选项组：通过在这个选项组的设置，可以改变选中单元格的边框样式。

（3）"背景"选项组：用户既可以用颜色填充选中单元格的背景，也可以选择"使用背景图片"的复选框并通过输入或在"浏览"中选择一个图片地址，来添加一个背景图片。

最后单击"确定"按钮即可。

2）合并或拆分单元格

单元格的合并就是指使两个或两个以上的单元格合并为一个单元格，即，取消这几个选中的单元格的分隔线。它的具体操作方法是：选中要合并的单元格，单击鼠标右键，在右键菜单中单击"合并单元格"命令即可。

单元格拆分其实可以理解为单元格操作的逆操作，它的具体操作方法是：选中要拆分的单元格，单击鼠标右键，在右键菜单中单击"拆分单元格"命令即可。

3）美化整个表格

美化整个表格与美化单元格的区别，就在于这两者进行的美化操作的应用范围不同，而它们的操作步骤与方法却很相似。具体步骤如下。

（1）先将光标移至要美化的表格处，单击鼠标右键，在右键菜单中单击"表格属性"命令，打开"表格属性"对话框，如图 7-37 所示。

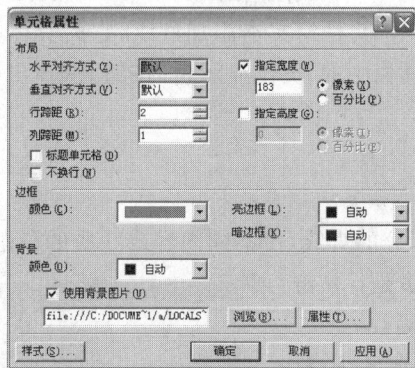

图 7-36 "单元格属性"对话框

图 7-37 "表格属性"对话框

（2）从图 7-37 中可以看出，"表格属性"对话框与"单元格属性"对话框的选项组类似，并且设置方法也相同，所以在操作时可以参考前述的方法进行。

4. 表格与文本的转换

前面所介绍的表格创建过程都是先制作好表格边框，然后再向表格添加内容，但有时候需要对一段格式化了的文本设计一个表格，如果还要重新输入，就非常麻烦。因此 FrontPage 提供了文本向表格转换的功能。它的具体操作步骤如下。

（1）选中要格式化的文本，单击"表格"→"转换"→"文本到表格"命令，打开"将文本转换为表格"对话框，如图 7-38 所示。

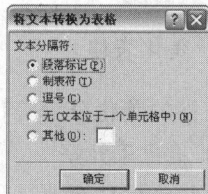

图 7-38 "将文本转换为表格"对话框

（2）在"将文本转换为表格"对话框中选择以哪种方式来格式化，如果选择了"其他"选项，则在它的文本框中把上面的符号全部删除掉再输入一个用户自定义的分隔符即可，如空格。

（3）单击"确定"按钮返回 FrontPage 主界面，可以看到原来的文本被自动地转换成了表格（按预先设定的文本分隔符转换的）。

把光标放置到表格中，然后单击"表格"→"转换"→"表格到文本"命令，这时候 FrontPage 就会把表格中的内容转换为文本方式。

7.4.2 主题

一般一个 Web 站点应该有一个统一的主题，或者说是统一的风格。这样才能让人感觉多而不乱，且有一定的专业外观。主题就是一个统一的表现元素，如统一风格的按钮，以及统一的配色方案。

FrontPage 2003 提供了许多完整主题，用户可以将主题应用到整个 Web 站点、一张或者多张 Web 网页上，如图 7-39 所示。实际上，利用向导或者模板创建的 Web 站点已经应用了某个默认的主题。用户若不满意，可以更改这个默认的主题，或者将默认的主题删掉。

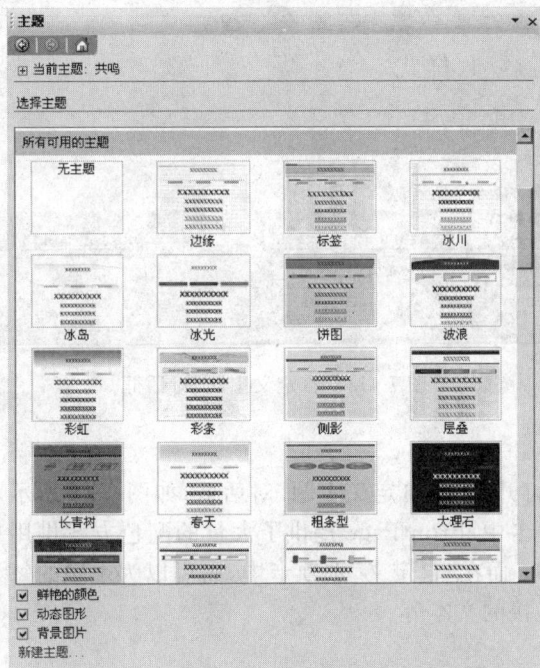

图 7-39 "主题"任务窗格的可用主题列表

1. 应用主题

对 Web 站点应用主题的操作步骤如下。

（1）执行"格式"→"主题"菜单命令，打开如图 7-39 所示的"主题"窗格。

（2）若事先已经打开了一个 Web 网页，则选择"主题"窗格中的"应用于所选网页"菜单命令即可，如图 7-40 所示。

（3）如果要将某个主题设为网站所有网页的主题，需要选择所有网页，然后选择"应用于所选网页"命令，并且将该主题选择为"应用为默认主题"，使得新建的网页均使用该主题。

（4）要删除已经应用的主题，在如图 7-39 所示的"主题"窗格中的主题列表中选择"无主题"即可。

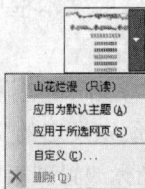

图 7-40　应用主题快捷菜单

2. 修改主题

Web 网页是展现信息的一个平台，千篇一律的 Web 网页让人厌倦。FrontPage 给用户提供了很大的自由度，用户可以事先修改 FrontPage 提供的主题。在"主题"窗格中选择"自定义"命令，将弹出如图 7-41 所示的对话框。对话框中出现以下几个按钮："颜色"、"图形"、"文本"。

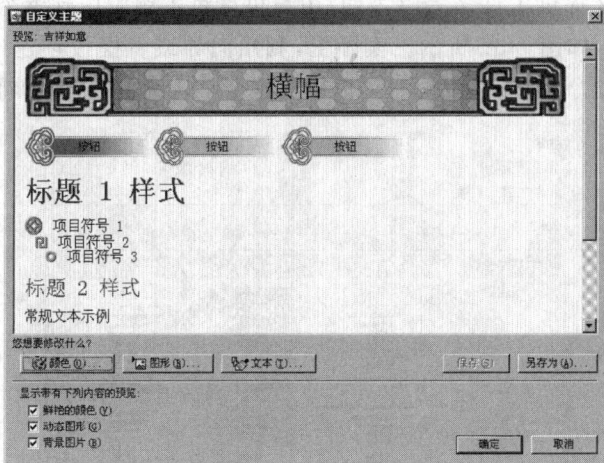

图 7-41　"自定义主题"对话框

1）修改颜色

单击"颜色"按钮，打开一个"自定义主题"对话框，如图 7-42 所示。

在"配色方案"选项卡中，FrontPage 提供了大量的配色方案供用户选择，这样的配色方案是应用于整个主题的；而在"自定义"选项卡中，则可以为主题的每个内容设定颜色方案，如各级标题、按钮、超链接的文本等。

2）修改图形

单击"自定义主题"对话框中的"图形"按钮，打开另一个"自定义主题"对话框，如图 7-43 所示。这时主要修改的是主题的背景图片以及字体。在如图 7-43 所示的对话框左侧的"图片"选项卡中的"背景图片"文本框里表示的即为该主题的背景图片。

3）修改文本

单击"自定义主题"对话框的"文本"按钮，打开第三个"自定义主题"对话框，如图 7-44 所示。在对话框左上角选择要修改的文本，然后在下侧的列表中选择一种字体即可。单击"其他文本样式"按钮可以设置诸如超链接颜色、表格内文本等其他类型文本的颜色。

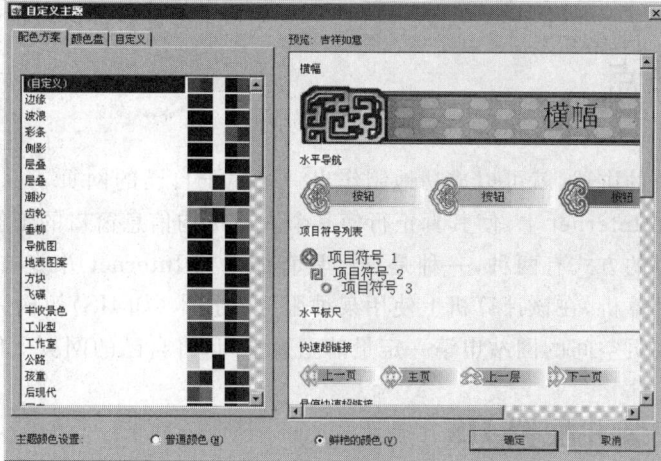

图 7-42 "自定义主题"对话框(修改颜色)

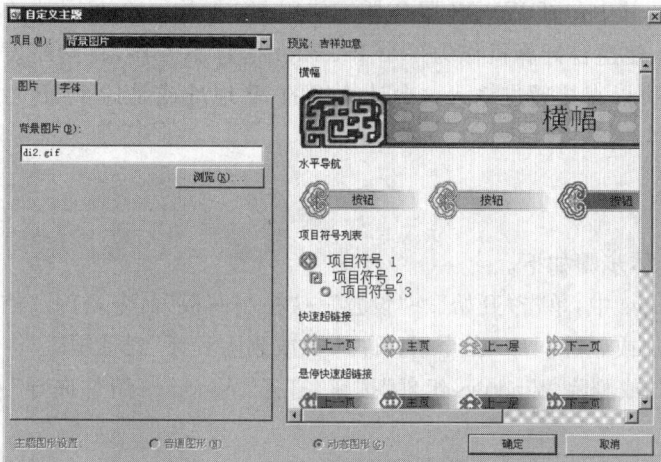

图 7-43 "自定义主题"对话框(修改图形)

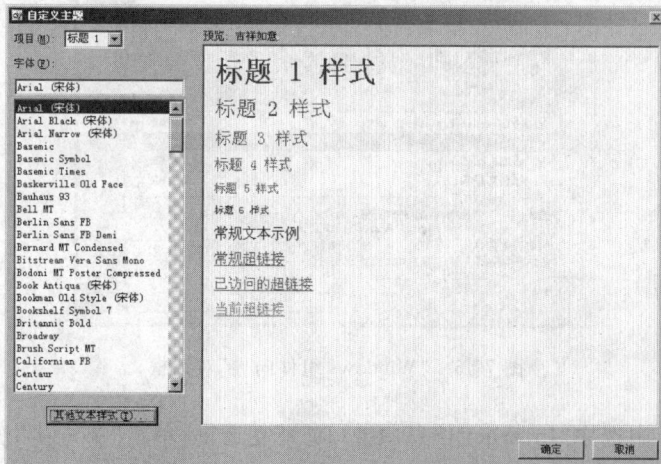

图 7-44 "自定义主题"对话框(修改文本)

7.5　发布站点

经过前面几节的讲述,就可以成功地制作出一个属于自己的网页了。剩下的工作就只有将它最终发布在 Internet 上,使其真正行使其个人或机构信息窗口的工作了。

目前发布站点的方式有两种,一种是自己具有加入到 Internet 并能被 Internet 上其他用户直接访问的计算机,在该计算机上使用某种服务器技术(如 IIS)架构一个新网站,另一种是在某些提供主页空间的网站申请一定量的主页空间,将自己的网页上传上去。

7.5.1　安装并配置 IIS

IIS(Internet Information Services),即 Internet 信息服务,是微软公司提供的一种 Internet 服务技术,其中包括 WWW 服务器。使用 IIS 架构一个新网站的意思就是在一台计算机上安装 IIS,使这台计算机作为一个 Internet 信息服务器,将网站发布在这台计算机上,这样访问者就可以直接通过输入这台计算机的 IP 地址或是这个 IP 对应的域名来访问这个网站了。

1. 安装 IIS

安装 IIS 的具体步骤如下。

(1) 在 Windows 中,单击"开始"→"设置"→"控制面板"命令,打开"控制面板"窗口。

(2) 双击"添加或删除程序"命令,打开"添加或删除程序"对话框。

(3) 单击"添加或删除 Windows 组件"按钮,打开"Windows 组件向导"对话框,如图 7-45 所示。

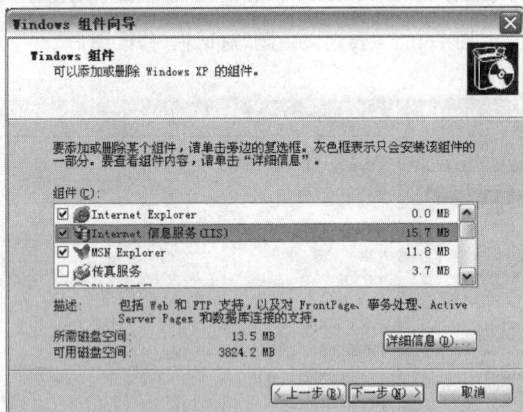

图 7-45　"Windows 组件向导"对话框

(4) 在"组件"中选中"Internet 信息服务(IIS)"复选框,单击"下一步"按钮。

(5) 接下来根据向导的提示信息进行操作。

2. 配置 IIS

配置 IIS 的具体步骤如下。

（1）在 Windows 中，单击"开始"→"设置"→"控制面板"命令，打开"控制面板"窗口，双击"管理工具"图标或者直接在 Windows 中单击"开始"→"程序"→"管理工具"Internet 服务管理器"命令，打开"Internet 信息服务"管理界面，如图 7-46 所示。

图 7-46 "Internet 信息服务"管理界面

（2）单击左侧目录树中的"Internet 信息服务"→"本地计算机网站"→"默认站点"，右击"默认站点"，在快捷菜单中选择"属性"命令，打开站点的属性页面，如图 7-47 所示。

（3）在"网站"选项卡中可以设置本服务器所使用的 IP 地址和端口号以及连接属性等，如图 7-47 所示。

（4）在"主目录"选项卡中，可以设置网页文件所在的目录以及目录权限等，如图 7-48 所示。

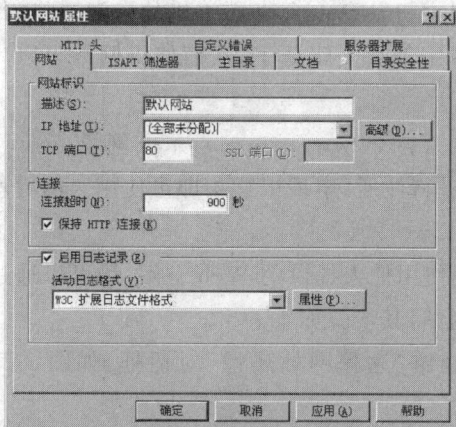

图 7-47 "Internet 信息服务"管理界面

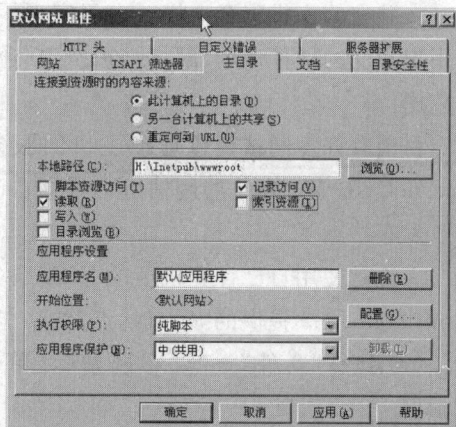

图 7-48 "主目录"选项卡

（5）在"文档"选项卡中，可以设置网站的默认文档和文档页脚，默认文档指当仅输入 IP 地址或域名时，服务器自动选用要显示的网页，文档页脚指在附加到服务器发送给客户端浏览器的每个网页中的页脚的文档，如图 7-49 所示。

（6）在"目录安全性"选项卡中，可以设置访问服务器的用户和密码、允许和禁止访问服务器的 IP 地址和域名以及在进行安全通信时的服务器证书，如图 7-50 所示。

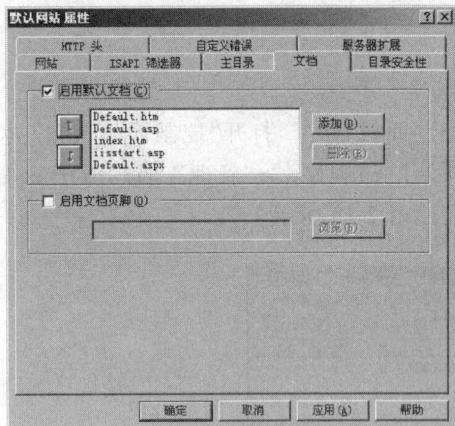

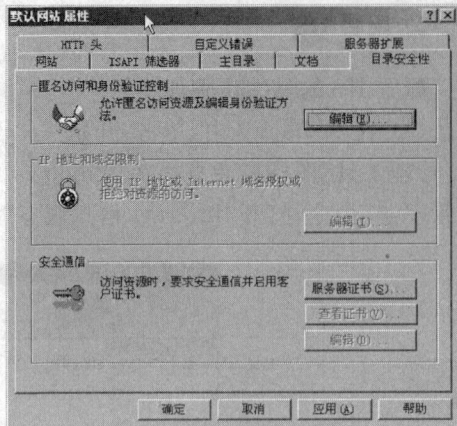

图 7-49 "文档"选项卡   图 7-50 "目录安全性"选项卡

7.5.2 发布站点

通常个人用户和一些企业是没有必要自己组建一个网站的,所以可以采用租赁的形式租用现有的网站空间,当然有些网络公司还提供了免费的个人主页空间,和免费电子邮件一样,这种免费的服务将越来越少。

这些虚拟主机都具有独立的域名、IP 地址和完整的 Internet 服务器功能,从外界看来和一台独立的主机完全一样。由于实现了多台虚拟主机共享一台真实主机的资源,所以每个用户承受的硬件费用、网络维护费用、通信线路费用都大大降低了,从而使得网络得以广泛应用。

目前有许多网站提供虚拟主机的服务,如中国万网(www.net.cn)、东方网景(www.east.net.cn)等。在这些网站可以根据自己的需要进行注册、申请或购买即可使用。然后就可以发布站点了。

无论是使用自己计算机上的 Web 服务器,还是使用他人提供的 Web 空间,均可以通过 FrontPage 2003 提供的"发布站点"的功能来发布网站,其步骤如下。

(1)执行"文件"→"发布网站"菜单命令,将弹出"远程网站属性"对话框,如图 7-51 所示。

(2)根据网站的目的计算机以及目的计算机所提供的上传方式可以选择"FrontPage 或 SharePoint Services"、WebDAV、FTP 或"文件系统"等 4 种类型之一。然后在"远程网站位置"输入框中输入或选择相应的位置值。

(3)在"发布"选项卡中选择相应的发布选项,单击"确定"按钮。

(4)当使用除"文件系统"中的本地文件夹外的某种类型上传时,通常需要提供用户名和密码,输入正确的用户名和密码即可。

(5)上传成功后,在"远程网站"视图中将显示本地文件与远程网站列表的窗格,如图 7-52 所示。

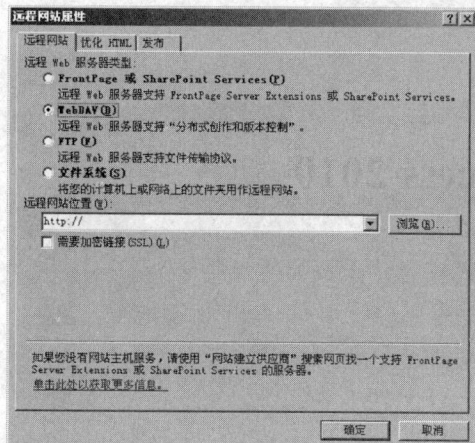

图 7-51 "远程网站属性"对话框之
"远程网站"选项卡

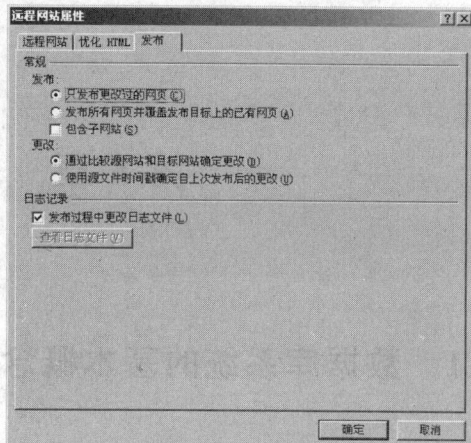

图 7-52 "远程网站属性"对话框之
"发布"选项卡

第8章 Access 2010

8.1 数据库系统的基本概念

人们在现实生活中进行的各种活动都会产生相应的信息,把这些信息以文字记录下来时便形成数据。因此可以说,数据就是信息的载体,是信息的具体表现形式。日常生活或工作中,人们对各种形式的数据进行收集、存储、加工和传播等活动,称为数据处理。通过数据处理,可以从大量的原始数据中抽取或整理出对人们有价值的信息,作为行动和决策的依据,或借助计算机科学地保存和管理复杂的、大量的数据,便于人们方便地利用这些宝贵的资源。

8.1.1 常用术语

1. 数据库

数据库(Database,DB)是长期存储在计算机内的、有组织的、可共享的、统一管理的相关数据集合。数据库中的数据按照一定的数据模型描述、组织和存储,具有较小的冗余度,较高的数据独立性、易扩展性和共享性。

2. 数据库管理系统

数据库管理系统(Database Management System,DBMS)是介于用户(或应用程序)和操作系统之间的对数据库进行管理的软件系统。用户对数据库的一切操作,如查询、更新、插入、删除以及各种控制都是通过 DBMS 进行的,DBMS 提供给用户可使用的数据库语言,用户不直接接触数据库。

数据库管理系统一般是由国际上一些著名的软件公司提供的,目前应用比较广泛的数据库管理系统有 Microsoft Access、Microsoft SQL Server、Oracle、DB2 等。

3. 数据库系统

数据库系统(Database System,DBS)是由 DB、DBMS、应用程序、数据库管理员、用户等构成的人-机系统。数据库管理员是专门从事数据库建立、使用和维护的工作人员。

8.1.2 关系模型

计算机信息管理的对象是现实生活中的客观事物,但这些事物是无法直接送入计算机的,必须通过进一步整理和归类,进行信息的规范化,然后才能将规范信息数据化并送入计算机的数据库中保存起来。将现实世界抽象为信息世界(建立概念模型,便于用户和 DB 设计人员交流),将信息世界转换为机器世界(建立数据模型,便于机器实现)。

1. 概念模型的基本术语与表示方法

概念模型是对客观事物及其联系的抽象,用于信息世界的建模。在概念模型中主要有以下几个基本术语。

1) 实体与实体集

实体是现实世界中可区别于其他对象的"事物"或物体。例如,学生就是一个实体。

实体集是具有相同类型及共享相同性质(属性)的实体集合。例如,全班学生就是一个实体集。

2) 属性

实体通过一组属性来描述。属性是实体集中每个成员所具有的描述性性质。例如,学生实体有学号、姓名、年龄、性别和班级等属性。每个实体的每个属性都有一个值。例如,某个特定的 student 实体,其学号是 01217014101,姓名是白丽,年龄是 19,性别是女。

3) 关键字和域

实体的某一属性或属性组合,其值能唯一标识出某一实体,称为关键字,也称为码或键。例如,学号是学生实体集的关键字,由于姓名有相同的可能,故不应作为关键字;在学生成绩表中,学号不能单独称为关键字,课程号也不能单独称为关键字,而属性组(学号,课程号)可以唯一地确定一个学生的某一门课程的成绩,所以是关键字。

每个属性都有一个可取值的集合,称为该属性的域,或者该属性的值集。例如,姓名的域为字符串集合,性别的域为"男"和"女"。

4) 联系

现实世界的事物之间总存在某种联系,这种联系必然要在信息世界中加以反映。实体与实体之间的联系可分为三类。一对一联系(1:1)、一对多联系(1:n)、多对多联系(n:n)。例如,一个班只有一个班主任,一个班主任只能带一个班,那么,班和班主任之间就是一对一联系;一个班有多名学生,而每个学生只属于一个班,那么班和学生之间就是一对多联系;学校开设的每门课程供多个学生选择,一个学生可以选修多门课程,课程和学生之间就是多对多联系。

概念模型的表示方法很多,其中最著名的是 E-R(Entity-Relations,实体-联系)方法。

2. 关系模型的基本术语与完整性约束

概念模型必须转换为逻辑数据模型,才能在 DBMS 中实现。数据模型是数据库中数据的存储方式,是数据库系统的核心和基础。在数据库系统中,通常按照数据结构的类型来命名数据模型。主要的数据模型有层次模型、网状模型、关系模型和面向对象模型。前两种数据模型已很少使用了,目前应用最广泛的是关系模型。自 20 世纪 80 年代以来,软件开发商提供的数据库管理系统几乎都是基于关系模型的。

关系数据库是当今世界的主流数据库。下面介绍关系模型中的一些基本术语以及关系模型的完整性约束。

1) 关系

一个关系就是一张二维表。关系模型是用二维表结构来表示实体及实体之间联系的数据模型。它把每一个实体集合看成是一个二维表,这种二维表在数学上称为关系。对于某校学生、课程和成绩的管理,要用到如表 8-1～表 8-3 所示的几个表格。

表 8-1 学生信息表

学　号	姓　名	性别	出 生 日 期	籍　　贯	院系 ID	照　片
01217014101	白丽	女	1993-4-3	湖北武汉	1701	
01217014102	博文	男	1994-9-9	湖北孝感	1701	
01217014121	葛冰	男	1993-7-8	湖南岳阳	1701	
01217014135	王艳	女	1994-6-12	四川宜宾	1701	
01217014223	刘海军	男	1994-5-28	湖北荆门	1701	
01218014105	关云风	男	1994-1-20	河南商丘	1801	
01218013101	陈淑艳	女	1993-12-25	湖南长沙	1801	
01318014112	刘芸	女	1995-2-4	湖北荆州	1801	
01317013101	段端	男	1994-11-21	甘肃酒泉	1701	

表 8-2 课程表

课程号	课 程 名 称	学分	教师 ID
1001	高等数学	6	11001
1002	计算机基础	5	17025
1003	大学语文	3	12005
2001	大学英语(一)	3	14002
3002	体育	2	15001

表 8-3 学生成绩表

学　号	课程号	成绩
01217014101	1001	75
01217014101	1002	85
01217014101	3002	80
01217014121	1002	86
01217014121	2001	88
01218014105	1003	90
01218014105	2001	78
01218014105	3002	65
01218013101	1002	90

在上面三个表格中,如果要找学生"白丽"的"高等数学"成绩,首先需要在学生信息表中找到"姓名"为"白丽"的记录,记下她的学号 01217014101,再到课程表中找到"课程名称"为"高等数学"的课程号"1001",接着到成绩表中查找"学号"为"01217014101",课程号为"1001"的对应成绩值。

关系具有如下的性质。

(1) 每一列中的分量都是同一类型的数据;

(2) 不同的列可以出自同一个域,但要赋予不同的字段名;

(3) 列的次序可以任意交换;

(4) 行的次序可以任意交换;

(5) 任意两行不能完全相同;

(6) 每一个分量必须是不可再分的数据项。

2) 记录

二维表中的一行称为一条记录,也被称为元组。它对应于现实世界中的一个实体或一个联系。比如学生信息关系中的第一行(01217014101 白丽 女 1993-4-3 湖北武汉 1701)代表了特定的一名学生,而学生成绩关系中的第一行(01217014101 1001 75)代表了学号为01217014101 的学生选修了课程号为 1001 的课程并获得 75 分的学生与课程之间的联系。

3) 属性

二维表中的一列称为一个属性,也被称为字段。每个属性都有一个名称,称为属性名。

4) 关系模式

对关系的描述,一般表示为:关系名(属性 1,属性 2,…,属性 n)。例如,可以将学生关系描述为:学生(学号,姓名,性别,出生年月,籍贯,院系编号)。

5) 主关键字和外关键字

一个表中可能有多个关键字,但在实际应用中只能选择其中的一个,被选用的关键字称为主关键字,也称为主码或称主键。例如,如果在学生信息表中增加一个字段"身份证号",显然身份证号也是关键字,而我们往往选择"学号"作为主键。

如果一个属性组不是所在关系的关键字,但它是其他关系的关键字,则该属性组称为外关键字,也称为外码或外键。

6) 关系数据库

对应于一个关系模型的所有关系的集合称为关系数据库。

关系模型的完整性规则是对关系的某种约束条件,也就是说,关系的值随着时间变化应该满足一些约束条件。这些约束条件实际上是现实世界的要求。任何关系在任何时刻都要满足这些语义约束。关系模型中有三类完整性约束:实体完整性、参照完整性和用户定义的完整性。

实体完整性规则为:如果属性 A 是基本关系 R 的主属性,则 A 不能取空值。参照完整性规则为:如果属性 F 是基本关系 R 的外键,它与基本关系 S 的主键 Ks 相对应,则对于 R 中每个记录在 F 上的值必须为空或是等于 S 中的某个记录的主键值。用户定义的完整性是针对某一具体关系数据库的约束条件,它反映某一具体应用所涉及的数据必须满足的语义要求。

实体完整性和参照完整性是关系模型必须满足的完整性约束条件,被称做是关系的两个不变性。

8.2 Access 2010 概述

Access 2010 是一个面向对象的、采用事件驱动的新型关系数据库,是 Microsoft 公司推出的 Office 组件之一,是国外最流行的、功能强大的桌面数据库管理系统。它是基于关系数据模型的 DBMS,运行于 Windows 操作系统之上。使用 Access 2010 无须编写程序代码,仅通过直观的可视化操作即可完成大部分设计的管理工作。Access 2010 还可以通过 ODBC 与 Oracle、Sybase、FoxPro 等其他数据库相连,实现数据的交换和共享。

8.2.1 Access 2010 工作界面

Access 2010 采用了一种全新的用户界面,相对于旧版本的 Access 2003,其界面发生了相当大的变化。除了"文件"相关的操作以菜单形式展示以外,其他功能都集中在几个功能区中,包括"开始"、"创建"、"外部数据"和"数据库工具"等,如图 8-1 所示。

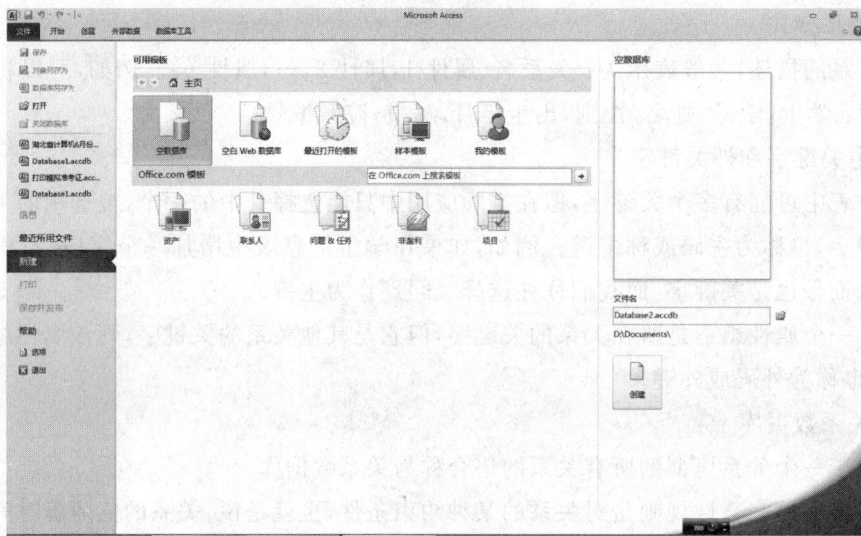

图 8-1　Access 2010 初始界面

从图 8-1 可以看到,在首界面中默认显示的是"文件"菜单所在的"新建"页面,该页面的中央区域显示的是"可用模板"。在"可用模板"中选择"样本模板"选项,可查看当前 Access 2010 系统中所有的样本模板,如图 8-2 所示。用户也可以通过"可用模板"中的"空数据库"或"空白 Web 数据库"选项创建一个空数据库。此时进入如图 8-3 所示的工作界面。

可用模板

图 8-2　Access 2010 中的样本模板

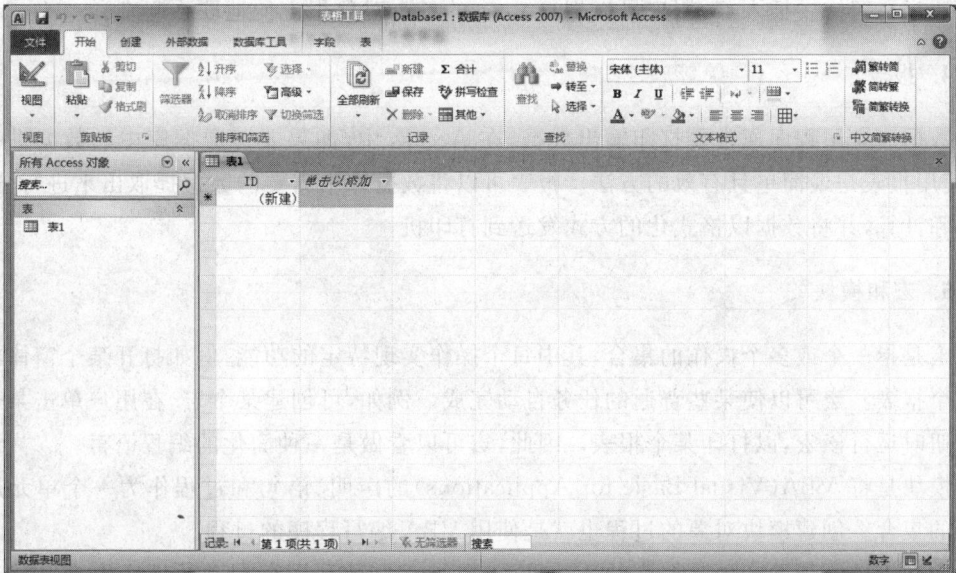

图 8-3　Access 2010 中新建空白数据库后"表 1"的数据工作表视图

8.2.2　Access 2010 数据库对象

数据库对象是 Access 最基本的容器对象,具有管理数据库中所有信息的功能。早期的 Access 中有 7 种不同类别的数据库对象,即表、查询、窗体、报表、数据访问页、宏和模块,不同的对象在数据库中有着不同的作用。需要注意的是,Access 2010 不再支持数据访问页对象。

1. 表

在任何数据库中最常见的对象是表,这是保存实际数据的地方。Access 允许一个数据库中包含多个表,用户可以在不同的表中存储不同类型的数据。通过在表之间建立关系,可以将不同表中的数据联系起来,以供用户使用。

2. 查询

查询是数据库中应用得最多的对象之一。在数据库中可以用查询在已有的表中查找、浏览和修改。查询是数据库设计目的的体现,数据库创建完成后,数据只有被使用者查询使用才能真正体现它的价值。需要注意的是,查询对象必须建立在数据表对象之上。

3. 窗体

窗体是 Access 数据库对象中最灵活的一种对象,其数据源可以是表或查询。窗体是用来处理数据的界面,通常包含一些可执行各种命令的按钮。可以说窗体是数据库与用户进行交互操作的最好界面。利用窗体,用户能够从表中查询、提取所需的数据,并将其显示出来。通过在窗体中插入宏,用户可以把 Access 的各个对象很方便地联系起来。

4. 报表

数据库应用程序通常要打印输出数据,在 Access 中,如果要对数据库中的数据进行打印,使用报表是最简单且有效的方法。报表可以将数据库中需要的数据提取出来进行分析、整理和计算,并将数据以格式化的方式发送到打印机。

5. 宏和模块

宏是指一个或多个操作的集合,其中每个操作实现特定的功能,例如打开某个窗体或打印某个报表。宏可以使某些普通的任务自动完成。例如,可创建某个宏,在用户单击某个命令按钮时运行该宏,以打印某个报表。因此,宏可以看做是一种简化的编程语言。

模块是将 VBA(Visual Basic for Applications)的声明、语句和过程作为一个单元进行保存的集合。创建模块对象的过程也就是使用 VBA 编写程序的过程。

宏和模块能帮助产生数据库的活动界面,提供了一种利用存在于数据库中表、查询、窗体以及报表的手段。

8.3　Access 2010 数据库与数据表的创建

8.3.1　数据库的建立

开发一个 Access 2010 数据库应用系统的第一步工作就是创建一个 Access 数据库文件，其操作的结果是在磁盘上建立一个扩展名为 .accdb 的数据库文件；第二步工作则是在数据库中创建数据表，并建立数据表之间的关系；接着创建其他对象，最终形成完备的 Access 2010 数据库应用系统。

Access 2010 数据库是一个独立的数据库文件，扩展名为 .accdb。在 Access 数据库中，可以包含 6 种数据库对象。

Access 提供了两种新建数据库的方法：一种是创建空白数据库，一种是使用模板创建数据库。使用模板创建数据库又分为样品模板、根据现有内容创建、我的模板、最近打开的模板以及从 Office.com 模板几种选择方式。另外，Access 2010 提供了两类数据库的创建，即 Web 数据库和传统数据库，本节以介绍传统数据库的创建为主。

1. 创建空数据库

（1）启动 Access 2010，打开 Access 的启动窗口。在中间窗格上方的"可用模板"中选择"空数据库"。

（2）在右侧窗格的"文件名"文本框中输入数据库名，如"Student.accdb"，或直接用默认的文件名 Database1.accdb，单击"浏览"按钮 📂，在打开的"文件新建数据库"对话框中，选择数据库的保存位置，如 D 盘。

（3）在右侧窗体下面，单击"创建"按钮，即可创建一个空白数据库，并以数据工作表视图方式打开一个默认名为"表 1"的数据表，如图 8-3 所示。

2. 使用模板创建数据库

使用模板来创建数据库，可以帮助初学者很快地学会利用 Access 2010 建立数据库系统。除了可以使用 Access 提供的本地模板创建数据库外，还可以利用 Internet 上的资源，如果能在 Office.com 的网站上搜索到所需的模板，就可以把模板下载到本地计算机中，从而快速创建出所需的数据库。在 Office 安装过程中已默认安装了 10 种常用的数据库系统的模板，用户可以选择其一来自动生成一个完善的数据库系统。下面以"联系人 Web 数据库"模板为例创建一个"联系人 Web 数据库"。

例 8.1　利用模板创建"联系人 Web 数据库"。

（1）启动 Access 2010，打开 Access 的启动窗口，在启动窗口中的"可用模板"窗格中，单击"样本模板"选项，在 Access 2010 提供的 12 个示例模板中选择"联系人 Web 数据库"模板。

（2）选择"联系人 Web 数据库"模板后，在右侧窗格中的"文件名"文本框中自动生成一个默认的文件名"联系人 Web 数据库.accdb"，保存位置默认在"我的文档"中，用户可以自已指定文件名及文件保存的位置。

（3）单击"创建"按钮，完成数据库的创建。创建的数据库如图 8-4 所示。这个窗口中提供了配置数据库和使用数据库教程的链接；此外，如果计算机已经联网，则单击 ▶ 按钮就可以播放相关教程。

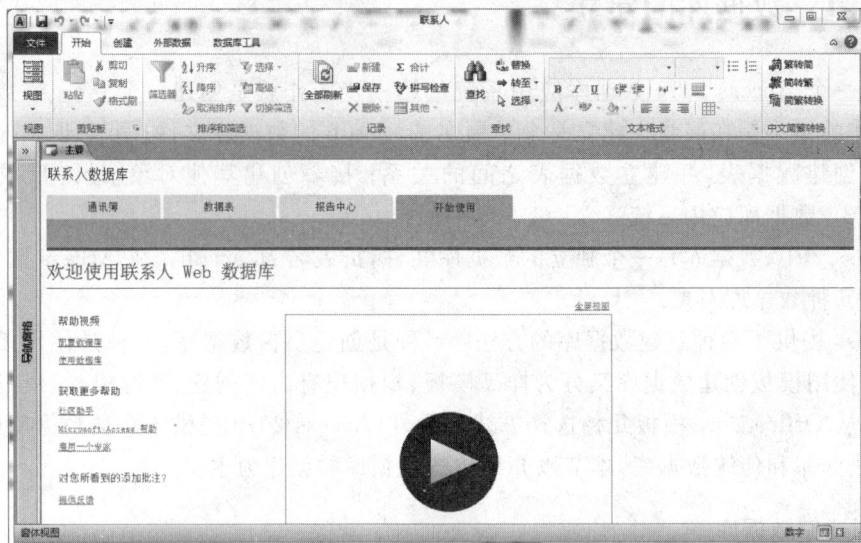

图 8-4　联系人 Web 数据库

（4）展开左边的"导航窗格"，可以查看该数据库中包含的所有 Access 对象，如图 8-5 所示。

3. 转换数据库

Access 有不同版本，Access 2003 及之前的版本，数据库的文件格式为 .mdb，从 Access 2007 开始，数据库的文件格式为 .accdb。此文件格式支持新的功能，如多值字段和附件。在早于 Access 2007 的版本中无法打开 .accdb 文件，如果需要在早期版本的 Access 中使用新型文件格式的数据库，必须将其转换为早期版本的文件格式。

将 .mdb 格式数据库转换为 .accdb 格式数据库的步骤如下。

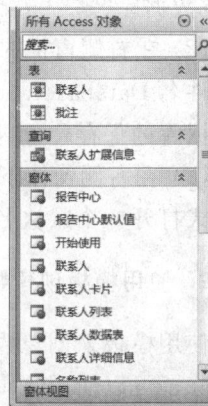

图 8-5　查看库中所有对象

（1）在"文件"选项卡上单击"打开"命令。

（2）在打开的对话框中，选择要转换的数据库并将其打开。如果出现"数据库增强功能"对话框，则表明数据库使用的文件格式早于 Access 2000。

（3）在"文件"选项卡上单击"保存并发布"命令按钮，然后在"数据库文件类型"中选择"Access 数据库（＊.accdb）"选项，如图 8-6 所示。

（4）单击"另存为"按钮，在打开的对话框中，输入要保存的文件名，然后单击"保存"按钮即可完成转换，Access 将创建数据库副本并打开该副本。

使用同样的操作，可以将 .accdb 格式数据库转换为 .mdb 格式数据库，以便在早于 Access 2007 的版本中使用。

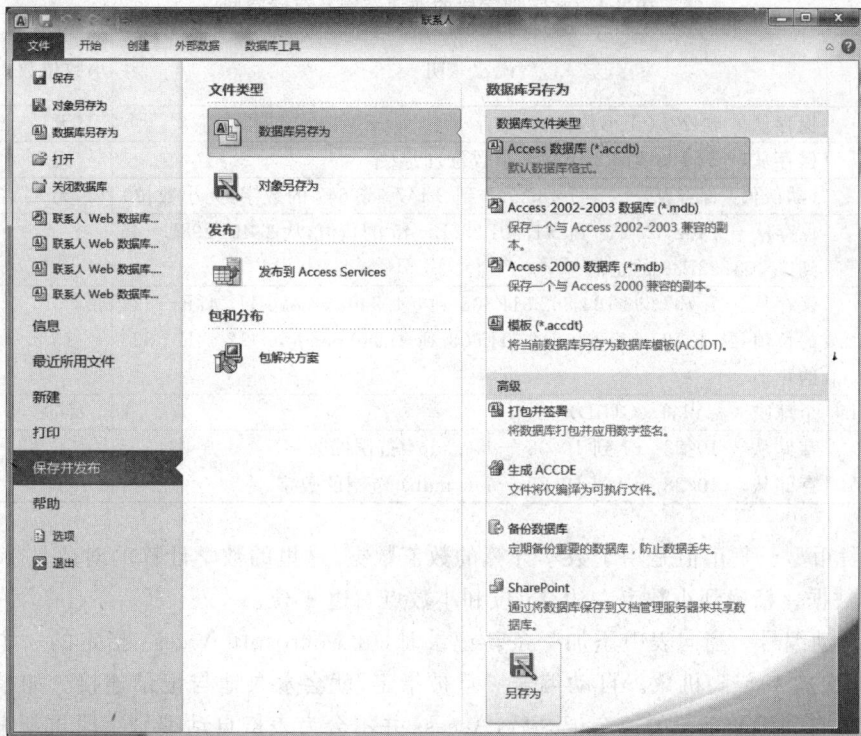

图 8-6 数据库类型的转换

8.3.2 数据表的建立

在创建表时,首先必须确定表的结构,即确定表中各字段的名称、类型、属性等。

1. 字段类型

在 Access 2010 中,数据类型有以下 12 种。

(1) 文本型。用于存放文本或文本与数字的组合,最多存储 255 个字符,Access 默认的大小是 50 个字符,一般输入时,系统只保存输入到字段中的字符。设置"字段大小"属性可以控制能输入的最大字符长度。一般说来,不需要计算的数值数据都应设置成文本型,例如学生的学号、身份证号、电话号码等。

(2) 备注型。用来存放较长的文本,如说明性文字等,最多可存储 65535 个字符。

(3) 数字型。用来存储可以进行算术计算的数字数据,用户可以设置"字段大小"属性定义一个特定的数字类型,任何指定为"数字"数据类型的字型可以设置成"字节"、"整数"、"长整数"、"单精度数"、"双精度数"、"同步复制 ID"和"小数"7 种字段长度。各子类型的表示的数值的范围和存储空间如表 8-4 所示。

(4) 日期/时间。用来存储日期、时间或日期时间的组合,每个日期/时间字段需要 8 个字节来存储空间。取值范围从公元 100 年 1 月 1 日 0 时 0 分 0 秒到公元 9999 年 12 月 31 日 23 时 59 分 59 秒。

表 8-4   数字型字段的数值范围及存储空间

子类型	说明	小数位数	存储量大小
字节	保存从 0 到 225(无小数位)的数字	无	1 B
整型	保存从 −32 768 到 32 767(无小数位)的数字	无	2 B
长整型	(默认值)保存从 −2 147 483 648 到 2 147 483 647 的数字(无小数位)	无	4 B
单精度型	保存从−3.402 823E38 到−1.401 298E−45 的负值,从 1.401 298E−45 到 3.402 823E38 的正值	7	4 B
双精度型	保存从 −1.797 693 134 862 31E308 到−4.940 656 458 412 47E−324 的负值,从 1.797 693 134 862 31E308 到 4.940 656 458 412 47E−324 的正值	15	8 B
同步复制 ID	全球唯一标识符(GUID)	N/A	16 B
小数	存储从 −10^38 −1 到 10^38 −1 (.adp) 范围的数字 存储从 −10^28 −1 到 10^28 −1 (.mdb) 范围的数字	28	12 B

(5) 货币型。货币值是用于数学计算的数值数据,这里的数学计算的对象是带有 1~4 位小数的数据。精确到小数点左边 15 位和小数点右边 4 位。

(6) 自动编号。当向表中添加一条新记录时,由 Microsoft Access 指定的一个唯一的顺序号(每次加 1)或随机数。自动编号一旦被指定,就会永久地与记录连接。如果删除了表格中含有自动编号字段的一个记录后,Access 并不会为表格自动编号字段重新编号。当添加某一记录时,Access 不再使用已被删除的自动编号字段的数值,而是按递增的规律重新赋值。

(7) 是/否。用于存放逻辑型数据,如 Yes/No、True/False 或 On/Off。也可用来表示具有两种状态的数据,如“性别”、“婚否”等。

(8) OLE 对象。这个类型是指字段允许单独地“链接”或“嵌入”OLE 对象。添加数据到 OLE 对象字段时,可以链接或嵌入 Access 表中的 OLE 对象是指在其他使用 OLE 协议程序创建的对象,例如 Word 文档、Excel 电子表格、图像、声音或其他二进制数据。OLE 对象字段最大可为 1GB,它主要受磁盘空间限制。

(9) 超级链接。用来保存超级链接的,超级链接型字段包含作为超级链接地址的文本或以文本形式存储的字符与数字的组合。超级链接地址可以是一个 URL 或 UNC 网络路径(通往局域网中的一个文件的地址)。超级链接型使用的语法格式如下:

Displaytext ♯ Address ♯ Subaddress

其中:Displaytext 指在字段或控件中显示的文本;

Address 指到文件(UNC 路径)或页面(URL)的路径;

Subaddress 指在文件或页面中的地址(每一部分最多包含 2048 个字符)。

(10) 附件。可以将图像、电子表格文件、文档、图表和其他类型的支持文件附加到数据库的记录,这与将文件附加到电子邮件非常相似。还可以查看和编辑附加的文件,具体取决于数据库设计者对附件字段的设置方式。附件字段比 OLE 对象字段更灵活,而且更节省存储空间,因为它不用创建原始文件的位图图像。

(11) 计算。用于表达式或结果类型为小数的数据,用 8 个字节存放。

（12）查阅向导。查阅向导是一种比较特殊的数据类型。在进行记录数据输入时，如果希望通过一个列表或组合框选择所需要的数据以便将其输入到字段中，而不是直接手工输入，此时就可以使用查阅向导类型的字段。在使用查阅向导类型字段时，列出的选项可以是来自其他的表，或者是事先输入好的一组固定的值。

2. 字段属性

确定了数据类型之后，还应设置字段属性才能更准确地确定数据的存储。不同的数据类型有不同的属性，常见的属性有以下 10 种。

（1）字段大小。指定文本型字段或数字型字段的长度。文本型长度范围在 0～255 个字符。

（2）格式。格式属性用于自定义数字、日期、时间及文本等显示及打印的方式。对不同的字段数据类型使用不同的设置。对该属性的设置只影响数据的显示方式，不影响数据的保存方式。例如，可以选择以"月/日/年"格式或其他格式来显示日期，若对文本字段设置"@@@-@@-@@@@"，若存储的数据为"465043799"，则显示的结果为"465-04-3799"。

（3）小数位数。用来指定小数的位数（只用于数字和货币型数据），此属性只影响可显示的小数位数，而不影响实际保存的小数位数。

（4）标题。用于在数据表视图、窗体和报表中取代字段的名称。往往将字段名称设置为英文，而将标题设置为对应的汉字。

（5）默认值。该数值在新建记录时将自动输入到字段中。例如，在"学生信息"表中可以将"性别"字段的默认值设置为"男"。当用户在表中添加记录时，记录可以接受默认值，也可以输入"女"。

（6）有效性规则。用于指定对输入到字段中的数据的要求。例如在"学生成绩"表中，应该设置规则：成绩＞＝0 and 成绩＜＝100。

（7）有效性文本。当数据不符合有效性规则时所显示的信息。

（8）必需。该属性是用来规定该字段是否必须输入数据。该属性有"是"和"否"两个选项，默认值为"否"。

（9）允许空字符串。该属性仅对文本型的字段有效，其属性取值有"是"和"否"两个选项。当取值为"是"时，表示该字段可以不填写任何字符。

（10）索引。索引可加速对索引字段的查询，还能加速排序及分组操作。例如，如果在"姓名"字段中搜索某一学生的姓名，可以创建此字段的索引，以加快搜索具体姓名的速度。不能索引备注、超链接或 OLE 对象等数据类型的字段。

3. 字段的命名

字段名可以是用户想要的任何名称，但是 Access 对字段名有如下的规定。
（1）长度最多只能为 64 个字符；
（2）可以是字母、数字、空格几种特殊字符的任意组合，包括汉字，但是不能使用西文的句号、感叹号、重音符号和方括号等；
（3）不能以空格或控制字符（ASCII 码值 0～31）开头。

4. 创建数据表

在现有的数据库中创建表的方式有以下 4 种。

1) 使用数据表视图创建表

例 8.2 在空白数据库 DB.accdb 中使用数据表视图创建"学生信息表"。

步骤：

（1）启动 Access 2010，打开数据库 DB.accdb。

（2）打开"创建"功能区选项卡，在"表格"组中单击"表"按钮，将在数据库中插入一个默认表名为"表1"的新表，并且在数据表视图中打开该表，如图 8-7 所示。

（3）在表的数据表视图中，默认为表创建了名为 ID 的字段，该字段的数据类型是"自动编号"，单击"单击以添加"为表添加新字段，此时，将弹出如图 8-8 所示的下拉列表，可以从中为新字段选择所需的数据类型。

图 8-7 新建表的数据表视图   图 8-8 添加新字段

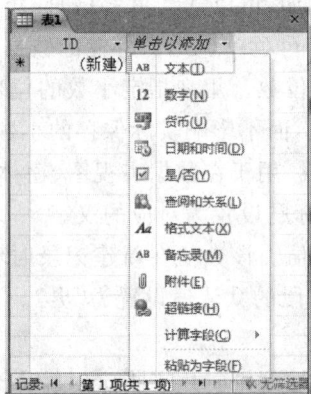

（4）数据表中就会增加一个字段，默认字段名为"字段1"，将这个字段名改为想用的字段名即可。按此方法逐个添加其他字段，即可完成数据表的创建。

（5）单击快速访问工具栏中的"保存"按钮 ，如图 8-9 所示，弹出"另存为"对话框，在"表名称"文本框中输入"学生信息"，如图 8-10 所示，单击"确定"按钮，完成表的创建。

图 8-9 快速访问工具栏   图 8-10 "另存为"对话框

2) 使用设计视图创建表

使用设计视图创建表时可以根据用户的需要，自行设计字段并对字段的属性进行定义，所以这是一种较常用的方法。

例 8.3 在空白数据库 DB.accdb 中使用设计视图创建"学生信息"表。

表结构如表 8-5 所示：

表 8-5 "学生信息"表的结构

字段名称	字段类型	字段长度	是否主键	默认值	有效性规则
学号	文本	11	是		
姓名	文本	10	否		
性别	文本	1	否		
出生日期	日期/时间		否		
籍贯	文本	20	否		
院系 ID	文本	4	否		
照片	附件		否		

步骤：

（1）启动 Access 2010，打开数据库 DB.accdb。

（2）打开"创建"功能区选项卡，在"表格"组中单击"表设计"按钮，将在数据库中新建一个表，并打开表的设计视图，如图 8-11 所示。

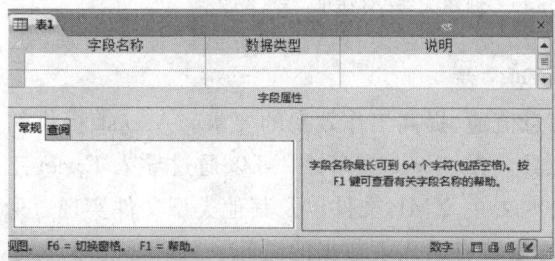

图 8-11　新建表的设计视图

（3）在表的设计视图中，按表 8-5 的内容设置各字段及其相关属性。设置主键的方法是：在学号字段所在的行右击，从弹出的快捷菜单中单击 🔑 。

（4）单击快速访问工具栏中的"保存"按钮 🖫 ，在弹出的对话框中输入表的名称"学生信息"，单击"确定"按钮，完成表的创建。

3）使用模板创建表

对于一些常用的应用，如创建"联系人"、"任务"或"事件"等相关主题的数据表可以使用模板。使用模板创建表的好处是方便快捷。

例 8.4　在数据库 DB.accdb 中使用模板创建一个联系人表。

步骤：

（1）启动 Access 2010，打开数据库 DB.accdb。

（2）打开"创建"功能区选项卡，在"模板"组中单击"应用程序部件"按钮，在弹出的下拉列表中选择"联系人"选项，如图 8-12 所示。

（3）从图 8-12 中可看出，使用"联系人"模板，将创建一个带有窗体和报表的数据表。此时将弹出"创建关系"

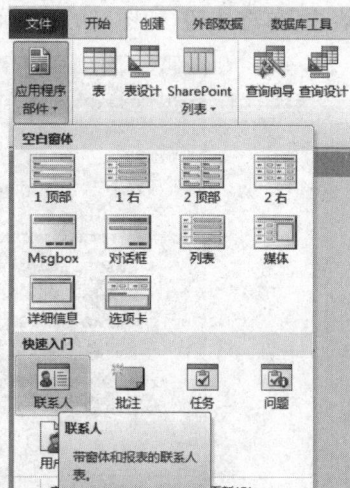

图 8-12　"应用程序部件"下拉列表

对话框,本例选择"不存在关系"单选按钮,如图 8-13 所示。单击"创建"所示,导航窗格中的内容如图 8-14 所示。

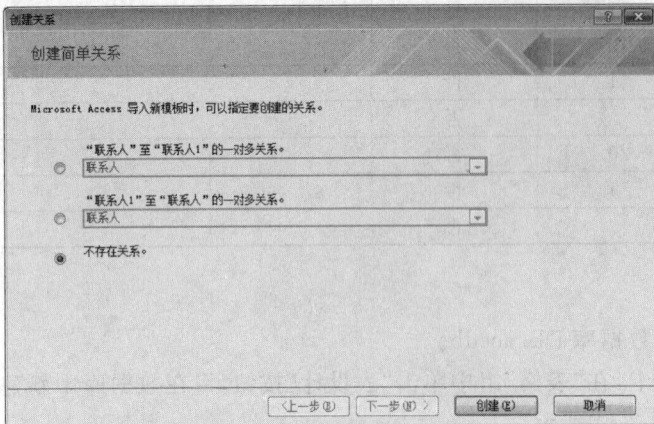

图 8-13　"创建关系"对话框　　　　　　　　　　图 8-14　导航窗格

4) 通过导入或链接创建表

数据共享是加快信息流通、提高工作效率的要求。Access 提供的导入与导出功能就是用来实现数据共享的工具。在 Access 2010 中可以通过导入 Excel 工作表、ODBC 数据库、其他 Access 数据库、文本文件、XML 文件以及其他类型文件实现。通过导入其他位置存储的数据信息来创建表,可以节省录入表数据的时间。

例 8.5　在数据库 DB.accdb 中通过导入"课程表.xlsx"创建课程信息表。

步骤:

(1) 启动 Access 2010,打开数据库 DB.accdb。

(2) 打开"外部数据"功能区选项卡,在"导入并链接"组中单击 Excel 按钮,打开"获取外部数据"对话框,单击"浏览"按钮,找到"课程表.xlsx"所在的位置,单击"打开"按钮,在"指定数据在当前数据库的存储方式和存储位置"选项中选择"将数据源导入当前数据库的新表中"单选按钮,如图 8-15 所示。

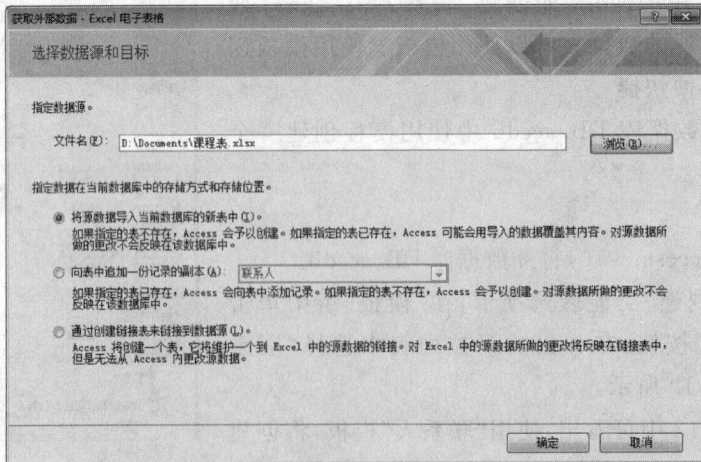

图 8-15　"获取外部数据"对话框

（3）单击"确定"按钮，启动"导入数据表向导"，第1步选择 Excel 文件保护的工作表区域，如图 8-16 所示。单击"下一步"按钮，进入第2步，选中"第一行包含列标题"复选框。单击"下一步"按钮，进入第3步，定义正在导入的每一个字段的详细信息，选中"课程号"，设置相应的"数据类型"，如图 8-17 所示。依次选择其他字段，进行设置。

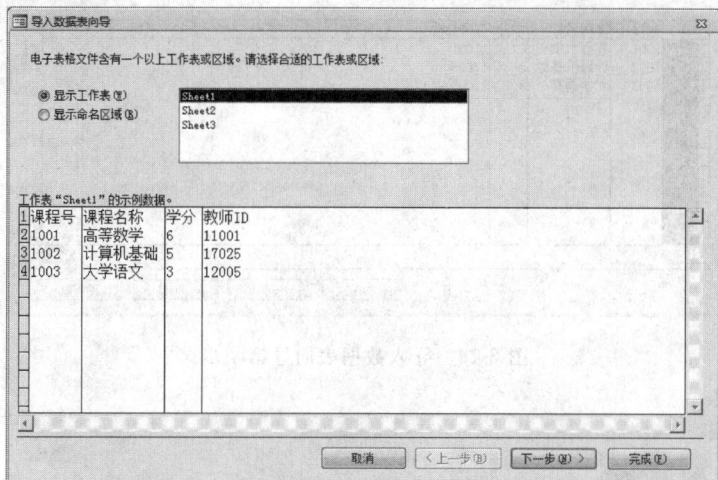

图 8-16　导入数据表向导第1步

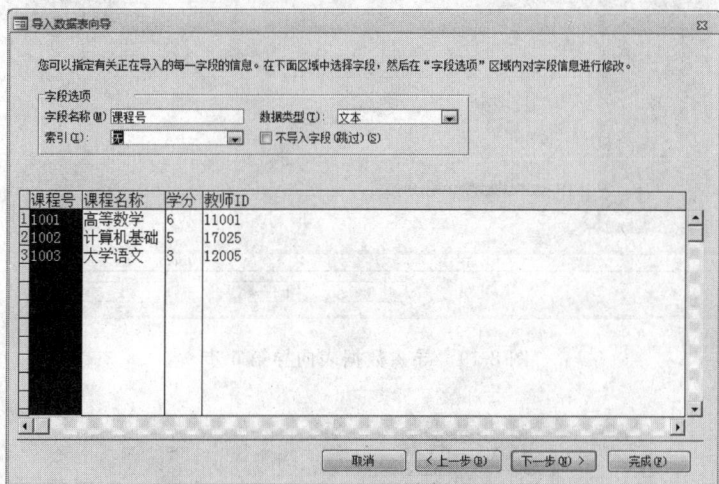

图 8-17　导入数据表向导第3步

（4）单击"下一步"按钮，进入第4步，设置主键，选中"让 Access 添加主键"单选按钮，则 Access 会自动添加一列，名为 ID，数据类型为"自动编号"，如图 8-18 所示。

（5）单击"下一步"按钮，进入第5步，输入表的名称，这里输入"课程信息"，如图 8-19 所示。单击"完成"按钮，在"保存导入步骤"设置中，如果不需要进行相同的导入操作，则直接单击"关闭"按钮。对于经常进行同样数据导入操作的用户，可把导入步骤保存下来，方便以后快速完成同样的导入。此处直接单击"关闭"按钮。导入完成后，在"导航窗格"中双击"课程信息"表，打开该表的数据表视图，如图 8-20 所示。

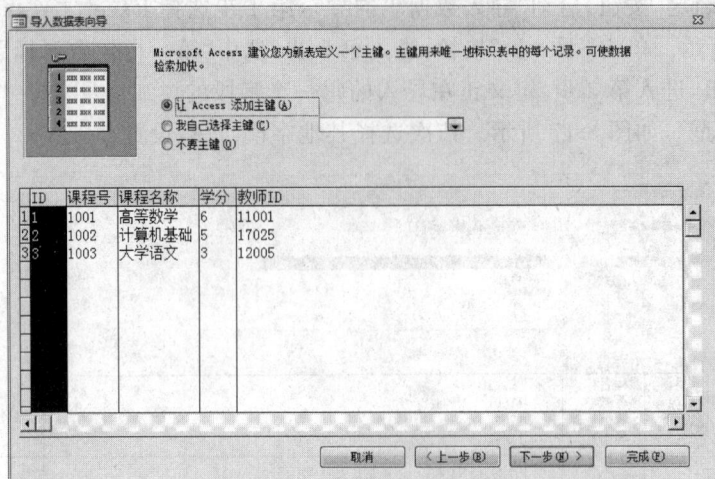

图 8-18　导入数据表向导第 4 步

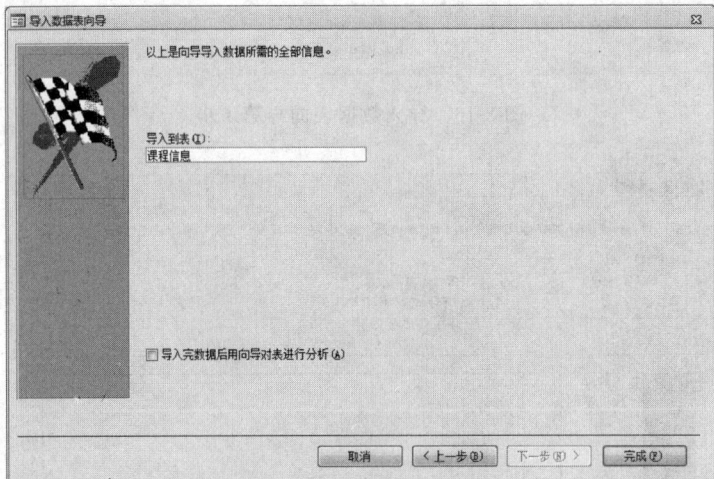

图 8-19　导入数据表向导第 5 步

图 8-20　导入表"课程信息"的数据表视图

5）创建查阅字段列

在向表中输入数据时，经常出现输入的数据是一个数据集合中的某个值的情况。如"性别"字段一定是"男"或"女"中的一个值。把"性别"字段设置为"查阅向导"数据类型后，就可以不用手工输入数据而是从一个列表中选择数据。查阅字段数据的来源有两种：来自表、查询中的数据和来自创建值列表的数据。

　　例 8.6　在数据库 DB.accdb 中为学生信息表的"性别"字段设置"查阅字段"列,使得该列的值从下拉列表中选择"男"或"女"。

　　步骤:

　　(1) 启动 Access 2010,打开数据库 DB.accdb。

　　(2) 在"导航窗格"中找到"学生信息"表,右击,从快捷菜单中选择"设计视图"命令,打开设计视图后,选择"性别"字段,单击"数据类型"列右侧的下拉箭头,弹出下拉列表,选择"查阅向导"选项。

　　(3) 在打开的"查阅向导"对话框中,选中"自行键入所需的值"单选按钮,如图 8-21 所示。单击"下一步",在打开的对话框中依次输入"男"和"女",如图 8-22 所示。依次单击"下一步","完成"按钮。在设计视图中可以看到,"性别"字段的"数据类型"仍然显示为"文本",在下面的"字段属性"区域中,单击"查询"标签,打开如图 8-23 所示的信息。保存修改。

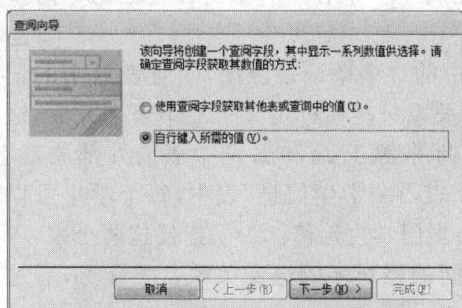

图 8-21　选中"自行键入所需的值"　　　　图 8-22　输入在查阅字段中显示的值

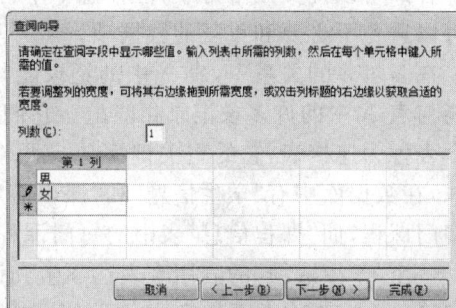

　　(4) 关闭"学生信息"表的设计视图,双击"学生信息"表,打开数据表视图,此时,输入"性别"字段时,可以单击下拉列表进行选择,如图 8-24 所示。

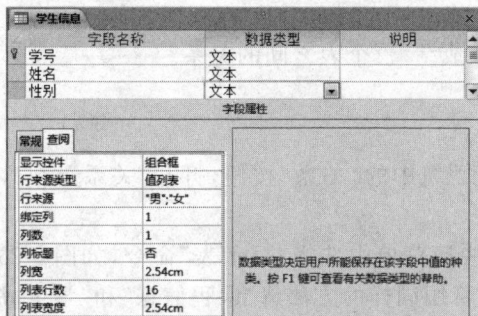

图 8-23　"性别"字段的查阅属性　　　　图 8-24　设置查阅向导后"性别"输入下拉列表

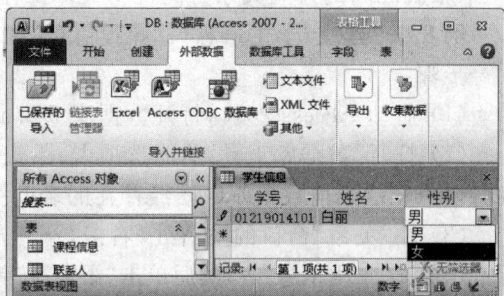

8.3.3　表间关系的建立

　　Access 数据库是一个关系型数据库管理系统,这种数据库中的数据被保存在多个文件或分开的数据库表中,再由这些文件或数据表中相同的字段连接起来,实现信息的共享。建立表间的关系之后,用户在创建查询、窗体和报表时可以从多个相关联的表中获取信息。关系是通过两个表中匹配关键字字段的数据来执行的,关键字字段通常是两个表中具有相同名称的字段。通常情况下,这些关键字字段对应表的主键,即能在对应的表中唯一标示每一条记录,并且在其他表中有一个外部键(用来引用另一个表的主键的一个或多个字段)。

1. 关系的类型

根据两个表中记录的匹配情况,可以将表之间的关系分为三类:一对一、一对多、多对多的关系。

在一对一的关系中,表 A 中的每一记录只能与表 B 中的一条记录相匹配,并且表 B 中的每一记录只能与表 A 中的一条记录相匹配。这种关系类型对应简单,但在实际中用的并不多,因为两个表中的重复字段浪费了磁盘空间。

一对多的关系是最常用的类型。在一对多的关系中,假设有"客户"表和"订单"表,任何一个客户可以提交几个订单,但任意一个订单只能属于一个客户。像这样建立的一对多关系可以避免不必要和重复的数据项。

在多对多的关系中,表 A 中的记录能与表 B 中的许多条记录匹配,同时表 B 中的记录也能与表 A 中的许多条记录相匹配。它们之间的关系只能通过定义第三个表来完成,这第三个表称为连接表,它的主关键字包含两个字段,即来源于 A 和 B 两个表的外部关键字。例如,在数据库中有"学生信息"和"课程信息"两个表,在"学生信息"表中,每个学生可以选修多门课程,而"课程信息"表中的每门课程可以由多门学生选修。为了连接这两个表,需要建立一个"学生成绩"的表用来表达学生和课程之间的多对多的选课关系。实际上,通过连接表将一个多对多关系转变成了两个一对多关系。

2. 建立表之间的关系

在定义表之间的关系之前,应把要定义关系的所有表关闭,因为不能在已打开的表之间创建关系或对关系进行修改。下面以在 DB 数据库中的"学生信息"、"课程信息"和"学生成绩"三个表之间的建立关系为例说明具体操作步骤。

例 8.7 建立"学生信息"、"课程信息"和"学生成绩"三个表之间的关系。

步骤:

(1) 启动 Access 2010,打开数据库 DB. accdb。

(2) 打开"数据库工具"功能选项卡,单击"关系"组中的"关系"按钮,打开"关系"窗口,该窗口中显示当前数据库中已经存在的表间关系。

(3) 在"关系"窗口的空白处,右击,从弹出的快捷菜单中选择"显示表"命令,如图 8-25 所示。单击"学生信息"表,然后单击"添加"按钮,接着用同样的方法将"课程信息"和"学生成绩"表添加到"关系"窗口内。关闭"显示表"对话框,"关系"窗口的显示结果如图 8-26 所示。

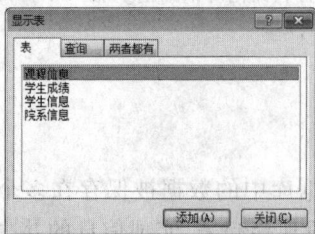

图 8-25 "显示表"对话框   图 8-26 将相关表添加到"关系"窗口下

（4）将"学生信息"表中的"学号"字段拖到"学生成绩"表的"学号"字段上，这时将弹出"编辑关系"对话框。勾选"实施参照完整性"、"级联更新相关字段"和"级联删除相关记录"复选框，单击"创建"按钮，完成"学生信息"表和"学生成绩"表的关系创建，如图 8-27 所示。

（5）将"课程信息"表中的"课程号"字段拖到"学生成绩"表的"课程号"字段上，参照第（4）步，完成"课程信息"表和"学生成绩"表的关系创建。关系窗口中表间的连线表示表间的关系，"1"和"∞"表示"一对多"关系，如图 8-28 所示。

（6）关闭"关系"窗口，在弹出的确认对话框中选择"是"。

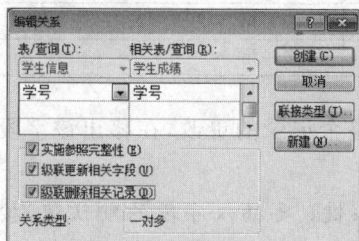

图 8-27　编辑表间"学号"的关系　　　　　图 8-28　关系窗口显示的表间关系

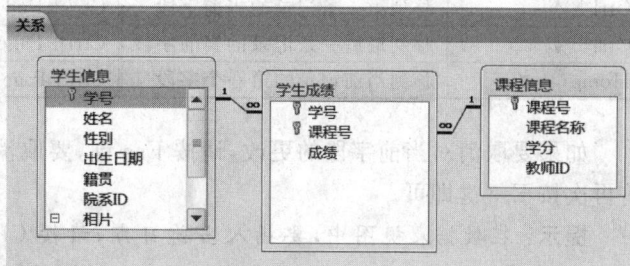

8.4　表数据的基本操作

Access 数据表中的信息都是以记录的形式保存的。通过对表记录的操作，可以对数据进行增加、删除、修改、查找以及其他的一些相关操作。

8.4.1　添加记录

在数据表视图中添加新记录的方法如下。

（1）直接将光标定位在表的最后一行。

（2）单击状态栏中的"新（空白）记录"按钮▶，插入点被移到表的空行上，此时可以向新记录输入数据。如果输入数据时有错，可按 Back Space 键清除。

（3）输入所需数据时，按 Tab 键或方向键将插入点移至下一个字段。一旦在新记录处输入了数据，该记录的下方就会自动出现一条新的空记录。

（4）在记录的末尾，按 Tab 键或右方向键，可以将插入点移到下一条记录继续添加数据。

8.4.2　修改记录

在数据表视图中，为了编辑某个字段，需要学会在表中移动插入点。

使用鼠标在表中移动时，只需将光标指向某个单元格，再单击鼠标左键即可。若要编辑的字段没有显示在屏幕上，则使用鼠标拖动垂直滚动条和水平滚动条使其出现在窗口内，再单击该单元格。另外也可使用键盘在表中定位,表8-6列出了常用的定位快捷键。

表8-6　使用键盘在表中移动

按　键	移　动	按　键	移　动
Tab、Enter 或→	移到当前记录的下一个字段	End	移到当前记录的最后一个字段
Shift＋Tab 或←	移到当前记录的上一个字段	Page Up	上移一屏
↑	移到上一条记录的当前字段	Page Down	下移一屏
↓	移到下一条记录的当前字段	Ctrl＋Home	移到第一条记录的第一个字段
Ctrl＋↑	移到第一条记录的当前字段	Ctrl＋End	移到最后一条记录的最后一个字段
Ctrl＋↓	移到最后一条记录的当前字段	Ctrl＋Page Up	左移一屏
Home	移到当前记录的第一个字段	Ctrl＋Page Down	右移一屏

如果要取消对当前字段的更改,请按 Esc 键,要取消对整个记录的更改,在移出该字段前再次按 Esc 键即可。

提示:在数据表视图中,要插入当前日期,请按 Ctrl＋;键;要插入字段的默认值,按 Ctrl＋Alt＋空格键;要插入与前一条记录相同字段中的值,按 Ctrl＋'键。

8.4.3　删除记录

在删除记录时,首先选中需要删除的记录。如果要同时删除多条连续的记录,先单击该连续区域中的首(或尾)记录,然后在按下 Shift 键的同时单击该连续区域中的尾(或首)记录;如果要删除多条不连续的记录,则需要按住 Ctrl 键,依次选择要删除的记录。

选择要删除的记录后,打开“开始”功能区选项卡,单击“记录”组中的“删除”按钮 ✕删除;在打开的警告信息对话框中,单击“是”按钮,删除完成,如图8-29所示。

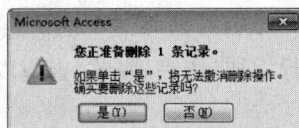

图8-29　警告信息对话框

8.4.4　查找记录

在数据表中查找数据,当数据很多时,要快速找到某个数据,则要使用 Access 提供的查找功能。可以有两种方法:一种是打开某个表的数据表视图,在状态栏的记录导航条的“搜索”处输入要查找的内容,如图8-30所示,光标将定位到所查找到的位置,如果有多条记录,则按 Enter 键,光标将定位到下一个满足条件的记录处。另一种方法是使用“查找和替换”对话框进行查找。按 Ctrl＋F 快捷键,打开“查找和替换”对话框,如图8-31所示。在“查找范围”下拉列表框中可以选择进行搜索的范围,此范围可以是对整个表中的字段进行搜索,也可以只对当前所选定字段进行搜索。在“匹配”下拉列表框中确定在“查找内容”文本框中输入的内容与表内信息的匹配类型。如果选择“字段任何部分”,则指定匹配内容位于字段的任何部分;如果选择“整个字段”,则查找的内容与整个字段匹配;如果选择“字段开头”,则只要字段开头与查找内容相符即可。在“搜索”下拉列表框中确定搜索方式,包括“向上”、“向下”和“全部”。

图 8-30　搜索栏

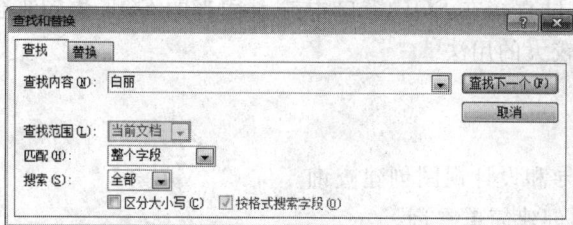

图 8-31　"查找和替换"对话框

8.5　Access 2010 数据查询、窗体、报表

8.5.1　数据查询

查询是指在指定的(一个或多个)表中,根据给定的条件从中筛选所需要的信息,供使用者查看、更改和分析,也可以将查询作为窗体和报表的记录源。

1. 查询的类型

Access 支持多种类型的查询,简要说明如下。

1) 选择查询

选择查询是最常用的一种查询。这类查询提出问题,然后根据设计的查询选择所需的信息进行回答。例如,可以创建一个查询,求出所有的有不及格课程的学生的学号、姓名以及课程名称。

2) 交叉表查询

交叉表查询类似于 Excel 的数据透视表,用来显示来源于某个字段的总结值,如合计、计数、求平均值,并将它们分组,一组列在数据表的左侧,另一组在数据表的上部。

3) 参数查询

参数查询在执行时能够显示对话框以提示用户输入信息,该信息作为查询的条件,系统根据该条件将查询结果以指定的形式显示出来。例如,可以设计参数来提示输入两个日期,然后检索在这两个日期之间的所有记录。

4) 操作查询

操作查询执行一个操作,如删除记录或修改数据。与仅用来查看数据的选择查询相反,操作查询实际上是对表中数据进行操作。操作查询的主要功能是对大量的数据进行更新。例如,可以使用一个查询将所有课程的学分加 1。Access 提供了以下 4 种类型的操作查询。

追加查询:向已有表中添加数据。

删除查询:删除满足查询指定的某些准则的记录。

更新查询：改变已有表中所有满足查询指定的某些准则的记录。

生成表查询：使用从已有表中提取的数据创建一个新表。

5）SQL查询

SQL查询可以通过直接在SQL窗口中输入适当的SQL语句来创建该查询。这是一种较高级的灵活性比较大的用法。

2. 创建查询

可以使用查询向导和设计视图创建查询。

1）使用查询向导创建简单查询

例8.8 使用查询向导建立基于"学生信息"表的简单查询。

（1）打开DB.accdb数据库。

（2）选择"创建"选项卡，单击"查询"组中的"查询向导"按钮，在打开的"新建查询"对话框中，选择"简单查询向导"选项，如图8-32所示。单击"确定"按钮后进入简单查询向导的第1步"确定查询中使用的字段"，如图8-33所示。本例中，在"表/查询"下拉列表框中选择"表：学生信息"，在"可用字段"中选择所有字段，单击 >> 按钮。若要逐一选择，则选择要用的字段，单击 > 按钮。

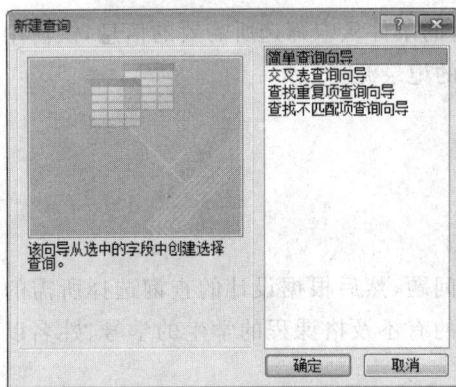

图8-32 "新建查询"对话框

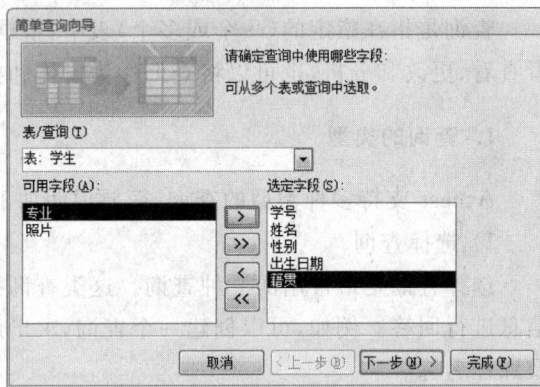

图8-33 简单查询向导第1步

（3）单击"下一步"按钮，进入第2步，确定采用明细查询还是汇总查询，如图8-34所示。默认为"明细查询"，即显示每个记录的每个字段。汇总查询则可对所选字段进行汇总、平均、最大、最小等进行汇总，如对学生成绩可以汇总每个学号的学生成绩总和及平均分。

（4）单击"下一步"按钮，进入第3步，为查询指定标题，并选择是打开查询还是修改查询设计，单击"完成"按钮，如图8-35所示。如果选择"打开查询查看信息"单选项，在表的窗口中将显示查询信息，如图8-36所示。如果选择"修改查询设计"单选项，将在主窗口中打开查询的设计视图，可在其中修改查询。

2）使用查询向导创建交叉表查询

例8.9 建立检索各个专业的男生和女生人数的查询。

（1）打开DB.accdb数据库。

（2）选择"创建"选项卡，单击"查询"组中的"查询向导"按钮，在如图8-32所示的"新建

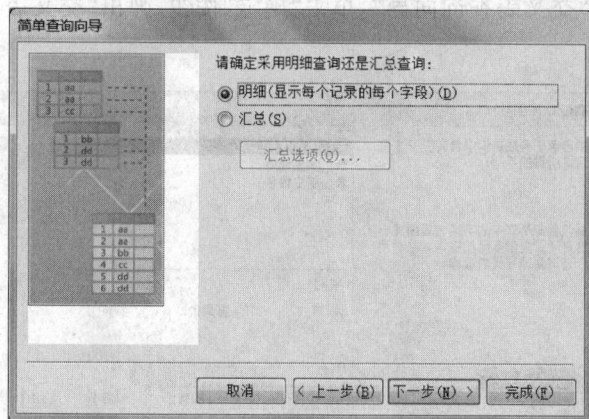

图 8-34 简单查询向导第 2 步

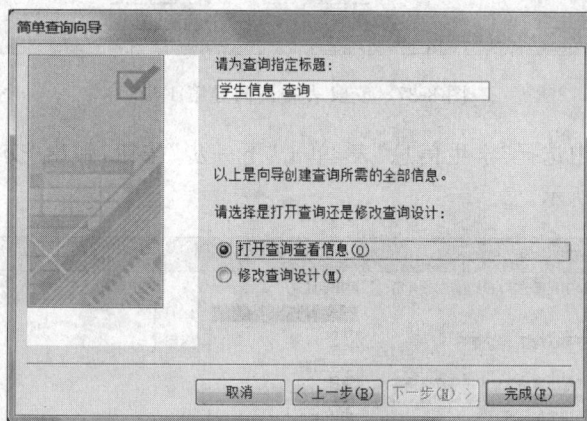

图 8-35 简单查询向导第 3 步

图 8-36 学生信息表简单查询结果

查询"对话框中,选择"交叉表查询向导",单击"确定"按钮,弹出"交叉表查询向导"第1步对话框,如图 8-37 所示。

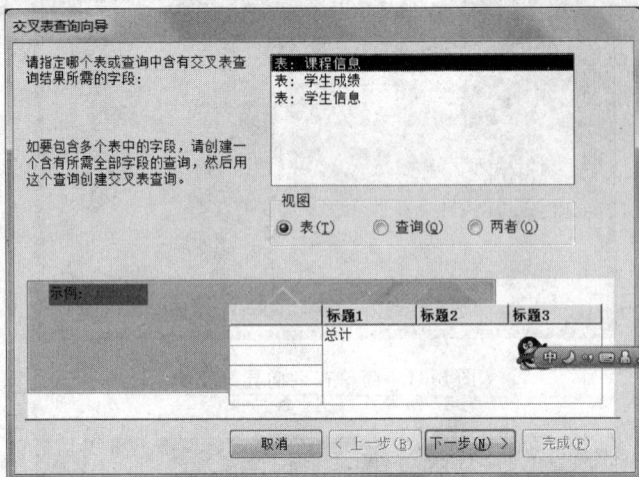

图 8-37　交叉表查询向导第 1 步

(3) 在该对话框中选择"学生信息"表,单击"下一步"按钮,弹出"交叉表查询向导"第 2 步对话框,如图 8-38 所示。

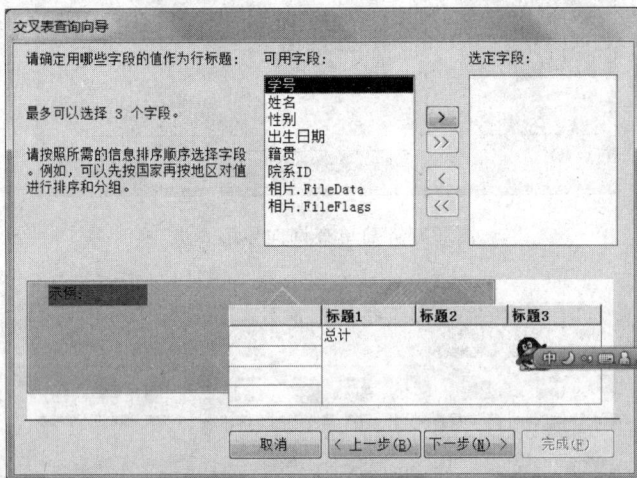

图 8-38　交叉表查询向导第 2 步

(4) 在该对话框左边的列表框中单击"院系 ID"字段,然后单击 ＞ 按钮。再单击"下一步"按钮。弹出"交叉表查询向导"第 3 步对话框,如图 8-39 所示。

(5) 在该对话框中的列表框中单击"性别"字段。再单击"下一步"按钮。弹出"交叉表查询向导"第 4 步对话框,如图 8-40 所示。

(6) 在该对话框左边的列表框中单击"学号"字段,在右边的列表框中单击"计数",再单击"下一步"按钮,弹出"交叉表查询向导"第 5 步对话框,如图 8-41 所示。

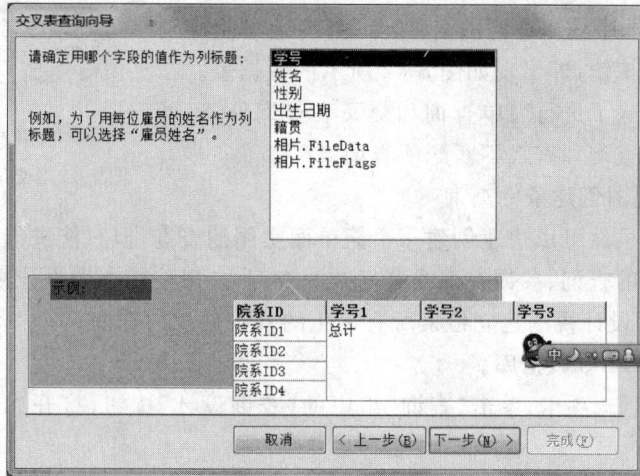

图 8-39　交叉表查询向导第 3 步

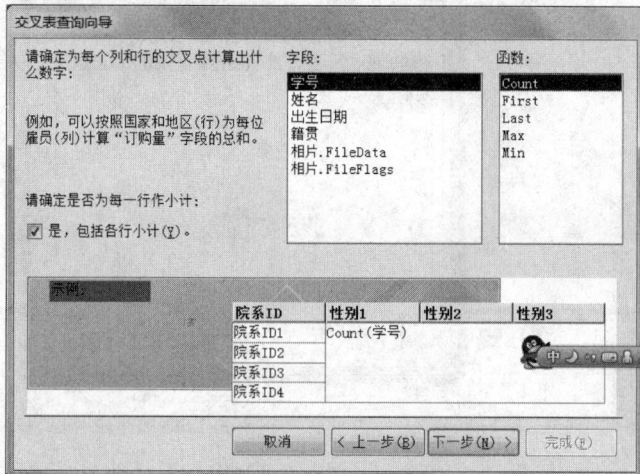

图 8-40　交叉表查询向导第 4 步

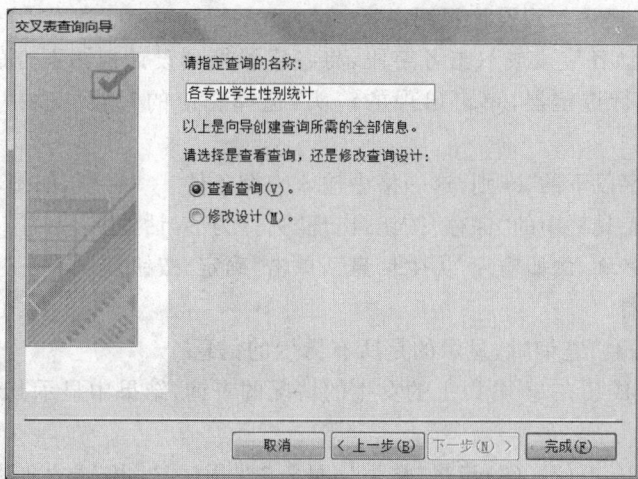

图 8-41　交叉表查询向导第 5 步

（7）在该对话框中输入查询的名称，如"各专业学生性别统计"，单击"完成"按钮，即出现如图8-42所示的数据表。

使用查询向导除了进行简单查询和交叉表查询外，还可以进行查找重复项查询和查找不匹配项查询。

图 8-42　交叉表查询结果显示

3）使用设计视图创建条件查询

使用查询向导虽然可以快速创建一个简单而实用的查询，但只能进行一些简单的查询，对于创建指定条件的查询、参数查询或更复杂的查询，一般使用查询设计视图进行查询。

例 8.10　使用设计视图建立检索所有男生的基本信息的查询。

（1）打开 DB.accdb 数据库。

（2）选择"创建"选项卡，单击"查询"组中的"查询设计"按钮，打开如图 8-43 所示的查询设计视图。

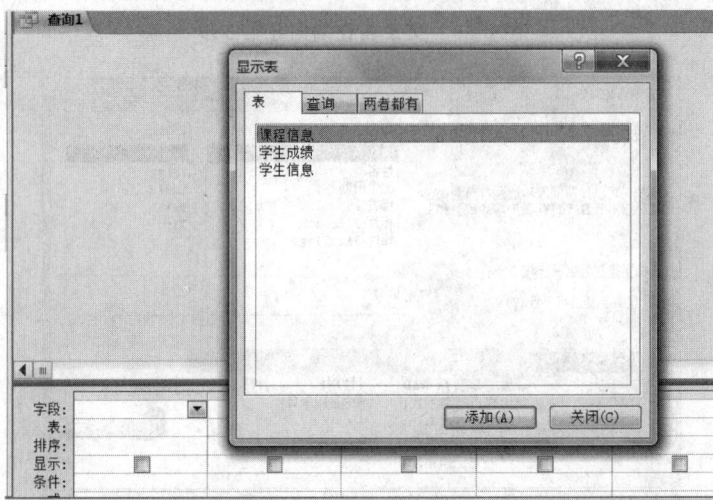

图 8-43　查询设计视图

（3）单击"学生信息"表，单击"添加"按钮，然后再单击"关闭"按钮，关闭"显示表"对话框，"学生信息"表已经添加到设计视图内。

（4）用鼠标拖动各字段或双击各字段，将各字段拖到设计视图下方的设计网格中，或者单击网格中字段行选定器，单击出现的箭头，选择相应的字段。表中的 * 代表所有的字段。

（5）在"性别"字段下的"准则"这一格中输入查询条件"="男""，如图 8-44 所示。

（6）单击快速工具栏中的"保存"按钮，出现"另存为"对话框。

（7）输入查询名称，例如输入"男生信息"，单击"确定"按钮。

（8）关闭设计器。

当双击"男生信息"查询时，显示的是所有男生的信息。

例 8.11　建立成绩在85分以上的女生的情况的查询，结果中显示其学号、姓名、专业、课程名、分数。

（1）按照例 8.10 第（2）、（3）步将"学生信息"、"课程信息"和"学生成绩"表加入到设计视图中。

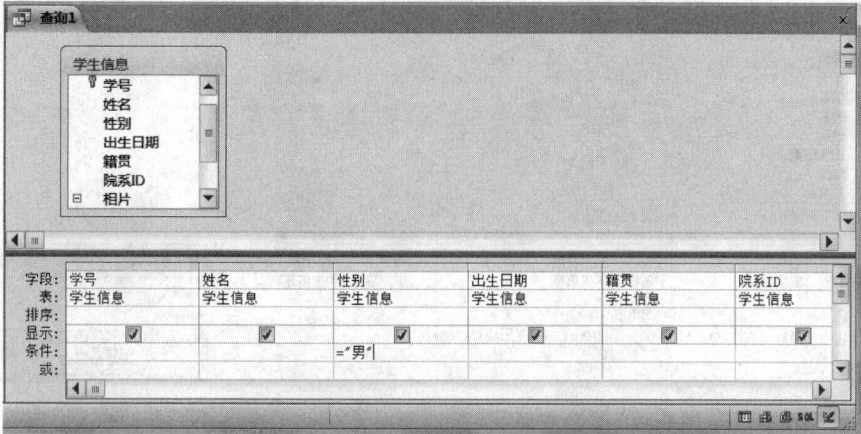

图 8-44　检索所有男生的查询

（2）将学生信息的学号、姓名、院系 ID、性别，课程信息表的课程名，学生成绩表的成绩字段拖入到下面的网格中，将"性别"字段的"显示"复选框中的勾去掉。

（3）在成绩的条件栏中输入"＞85"，在性别的同行的条件栏中输入"＝"女""，如图 8-45所示。

（4）关闭并保存查询为"女生优秀成绩列表"。

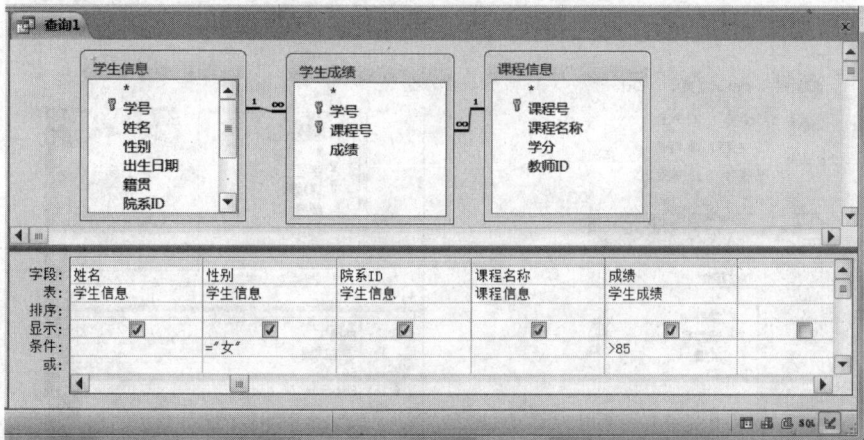

图 8-45　"女生优秀成绩清单"查询

4）创建参数查询

例 8.12　建立按姓氏检索年龄在 20 岁以下的学生信息的查询。

（1）按照例 8.10 的步骤（3）和（4），将"学生信息"表加入到设计窗口中，并将相关的字段拖入到下方的网格中。

（2）在"姓名"字段的条件栏中输入"Like［姓氏］& "＊""，在出生日期字段的同行条件栏中输入"(Date()-［出生日期］)＜365＊20"，如图 8-46 所示，关闭并保存查询。

（3）双击运行该查询，将出现要求输入参数的对话框，如图 8-47 所示。输入姓氏后将显示出查询结果。

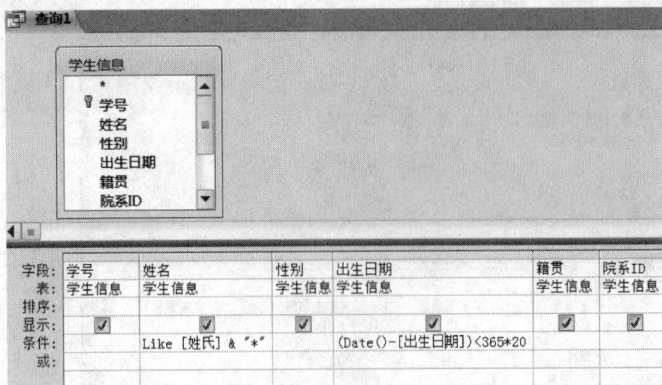

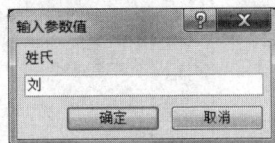

图 8-46 参数查询 　　　　　图 8-47 "输入参数值"对话框

5）创建操作查询

例 8.13 创建将"学生成绩"表中成绩为 50 分以上 60 分以下的成绩更新为 60。

（1）按例 8.10 的步骤，将"学生成绩"表添加到设计视图中。

（2）单击"查询类型"组中的"更新"命令 ，如图 8-48 所示，则设计视图的下方网格中出现"更新到"一栏。

（3）在"字段"行中选择"成绩"，在"更新到"栏中输入"60"，在"条件"栏中输入"Between 50 And 60"，如图 8-49 所示。

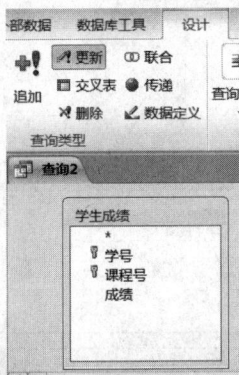

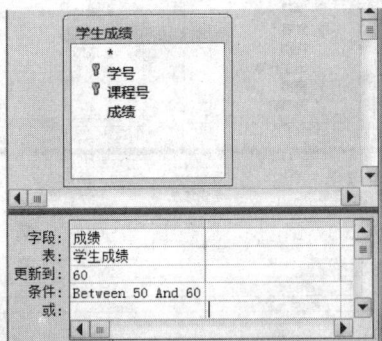

图 8-48 更新查询命令 　　　　　图 8-49 更新查询条件输入

（4）单击"运行"命令 ，执行更新查询。系统将自动搜索符合条件的记录，搜索到后，将弹出一个提示对话框，如图 8-50 所示，此时单击"是"按钮，完成更新操作。

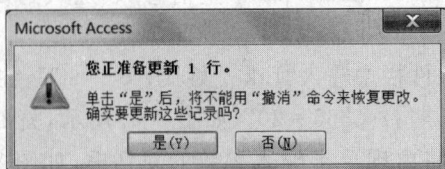

图 8-50 执行更新查询的提示

8.5.2 窗体

无论什么样的数据库,都必须有一个人机交互的界面使用户可以进行数据操作,Access 提供了功能全面的窗体来实现这一目标。窗体是基于表或查询创建的,其本身并不存储大量的数据,只需在表或查询中直接调用就可以了。

一般来说,窗体的功能主要有以下几个方面。

(1) 数据的显示与编辑。这是窗体最基本的功能,可以利用窗体对数据库中的数据进行修改、添加或删除操作。

(2) 数据输入。用户可以根据需要设计窗体,作为数据库中数据输入的接口。这也是窗体与报表的主要区别。

(3) 控制应用程序的流程。在窗体中可以建立命令按钮或其他控件,单击某一控件,Access 就会执行相应操作。

(4) 信息显示和数据打印。利用窗体,可以显示各种提示、错误信息和警告等。此外,窗体还可用来打印数据库中的数据。

Access 2010 为创建窗体提供了丰富的方法。在功能区 "创建"选项卡的"窗体"组中提供了多种创建窗体的功能按钮, 其中包括"窗体"、"窗体设计"和"空白窗体"三个主要按钮,以 及"窗体向导"、"导航"和"其他窗体"三个辅助按钮,如图 8-51 所示。

图 8-51 "窗体"组

例 8.14 使用"窗体"按钮创建"学生信息"窗体。

(1) 启动 Access 2010,打开 DB.accdb 数据库。在"导航窗格"中,选择"学生信息"表作为窗体的数据源。

(2) 在功能区的"创建"选项卡的"窗体"组中,单击"窗体"按钮,Access 2010 会自动创建窗体,如图 8-52 所示。

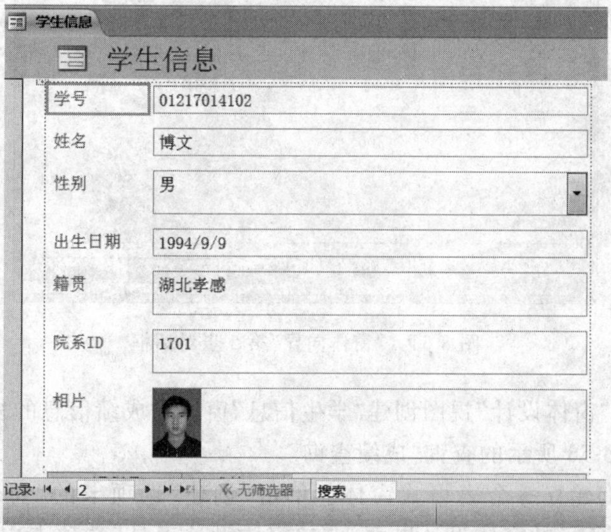

图 8-52 使用"窗体"按钮创建的窗体

（3）单击"保存"按钮，在打开的对话框中输入窗体名称为"学生1"，然后单击"确定"按钮。

例 8.15　使用"窗体向导"创建"学生信息"窗体。

（1）启动 Access 2010，打开 DB.accdb 数据库。在"导航窗格"中，选择"学生信息"表作为窗体的数据源。

（2）在功能区的"创建"选项卡的"窗体"组中，单击"窗体向导"按钮，弹出"窗体向导"第 1 步对话框，如图 8-53 所示。

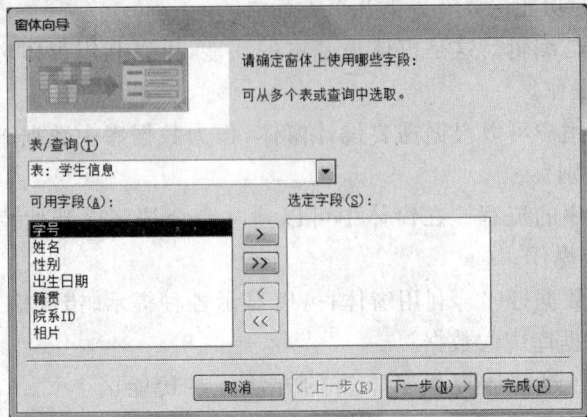

图 8-53　"窗体向导"第 1 步对话框

（3）单击"全选"按钮 >> ，再单击"下一步"按钮，弹出"窗体向导"第 2 步对话框，选择窗体使用的布局，如图 8-54 所示。此处选择"纵栏表"，单击"下一步"按钮，弹出"窗体向导"第 3 步对话框，指定窗体标题，如图 8-55 所示。指定窗体标题后，单击"完成"按钮，创建的窗体与图 8-52 一致。

图 8-54　"窗体向导"第 2 步对话框

例 8.16　使用"窗体设计"视图创建"学生信息"窗体和成绩信息的复合窗体。

（1）建立如图 8-56 所示的查询"成绩查询"。

（2）为上述查询建立一个表格式窗体。单击"创建"选项卡的"窗体"组中的"窗体设计"，打开如图 8-57 所示的窗体设计界面。在"窗体设计工具"选项卡中的"工具"组中单击

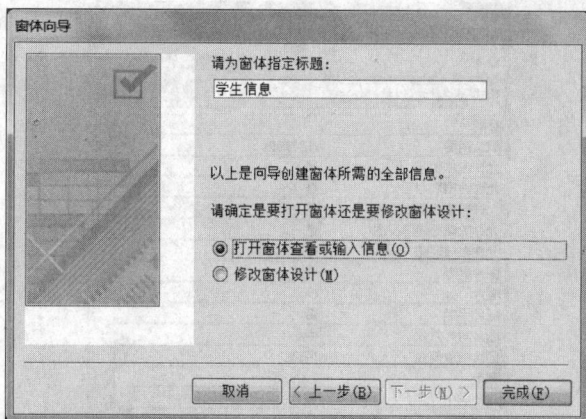

图 8-55 "窗体向导"第 3 步对话框

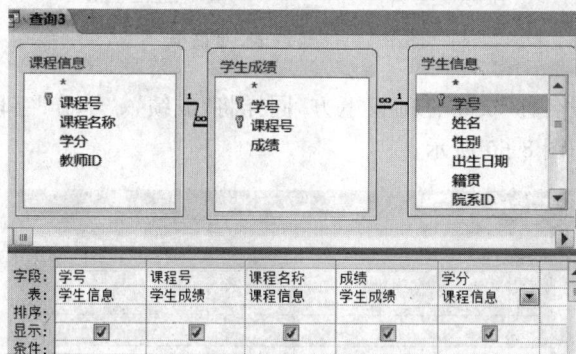

图 8-56 学生成绩查询

"属性表",打开"属性表",在"属性表"对话框中的"所选内容的类型"下拉列表中选择"窗体",在"格式"选项卡的"默认视图"下拉列表中选择"连续窗体",如图 8-58 所示。

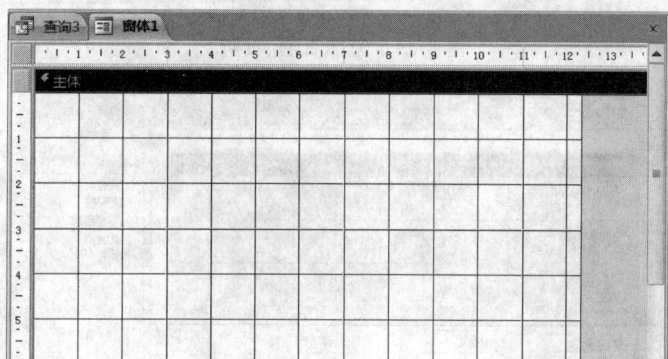

图 8-57 窗体设计界面

（3）右击窗体设计界面中的"主体"节,在弹出的快捷菜单中选择"窗体页眉/页脚",则显示出"窗体页眉"节和"窗体页脚"节,如图 8-59 所示。

（4）单击"工具"组中的"添加现有字段"按钮,从字段列表中将"课程名称"字段拖到窗体的"主体"节,将"课程名称"文本框前的文字标签"课程名称"剪切并粘贴到"窗体页眉"节,

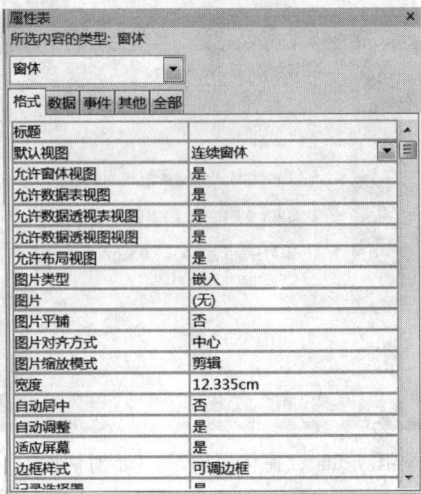

图 8-58　"属性表"对话框

然后将其拖动到"课程名称"文本框的正上方,同样将"成绩"、"学分"字段拖到"主体"节并重新设置其文字标签,如图 8-60 所示。

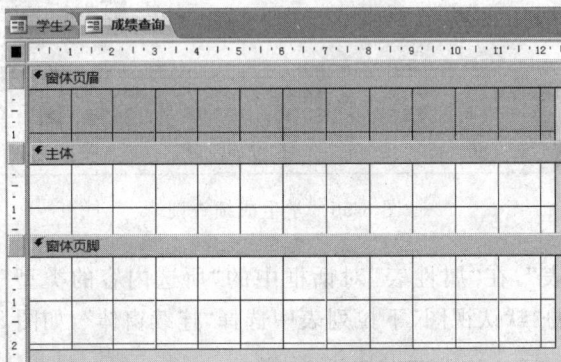

图 8-59　窗体页眉、页脚

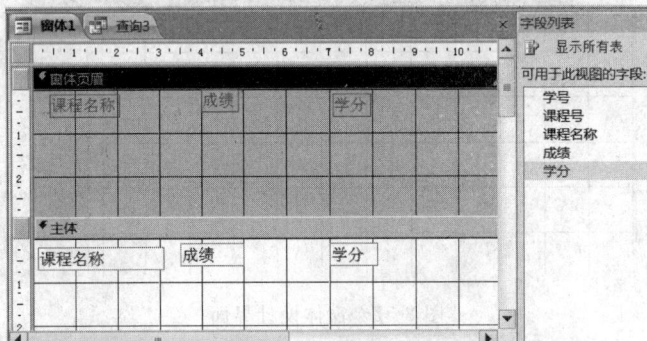

图 8-60　窗体主体和页眉设置

　　(5) 在窗体页脚中创建两个文本框,方法是:先单击"控件"组中的文本框控件按钮 abl ,然后在窗体页脚中适当位置单击。将文本框左边对应的标签分别修改为"总学分:"和"课程门数:",然后分别在两个文本框中输入"＝Sum(学分)"和"＝Count(课程号)",如图 8-61 所示。

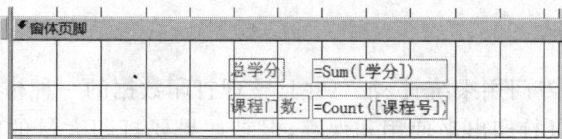

图 8-61　设置窗体页脚

（6）关闭并保存窗体为"成绩查询"。

（7）在导航窗格中选择例 8.10 中创建的"学生信息"窗体后右击,在弹出的快捷菜单中选择"设计视图"命令,则打开"学生信息"的设计视图。在窗体设计界面中,向下拖动"窗体页脚"的上边缘,使"主体"空间加高。将显示照片的绑定对象框的宽和高拖动到合适大小和位置,并且右击该对象框,在弹出的快捷菜单中选择"属性"命令,设置"图片缩放模式"属性为"缩放"。

（8）然后单击控件组中的"子窗体/子报表"控件按钮 ，放置在"学生信息"窗体的下部,将弹出"子窗体向导"之一,如图 8-62 所示。选择"使用现有的窗体"和"成绩查询",单击"完成"按钮。

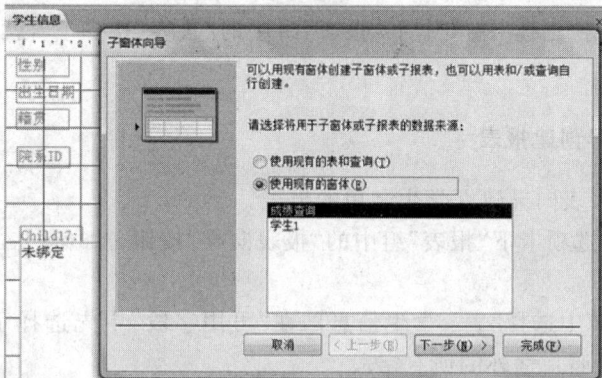

图 8-62　子窗体向导

（9）关闭并保存窗体。

（10）在导航窗格中打开"学生信息"窗体,则可同时显示学生的基本信息和课程成绩信息,如图 8-63 所示。

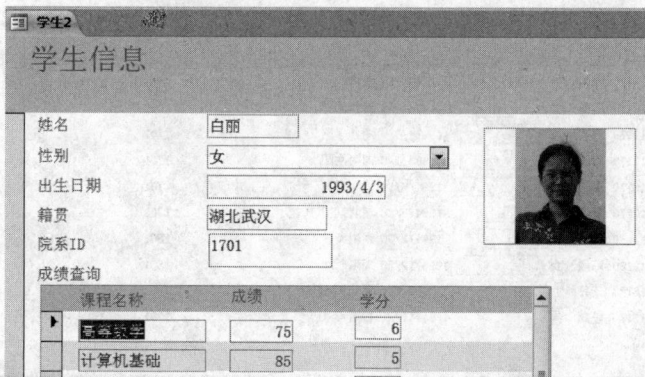

图 8-63　学生基本信息和课程成绩窗体

8.5.3　报表

报表是 Access 中专门用来统计、汇总并且整理打印数据的一种格式。虽然前面介绍的表、查询、窗体等都可以打印出来使用和保存，但是如果要打印大量的数据或者对打印的格式要求比较高，则必须使用报表的形式。在 Access 2010 中，报表的功能非常强大，以至于很少接触报表的人也能够通过简单的学习掌握它，制作出精致、美观的专业性报表。

报表中的大部分内容是从基表、查询或 SQL 语句中获得的。创建和设计报表对象与创建和设计窗体对象有许多共同之处，两者之间的所有控件几乎都是共用的，它们之间唯一的不同是：报表不能用来输入数据，而在窗体中可以输入数据。

与窗体一样，Access 2010 提供了多种创建报表的方法，包括基本报表、报表向导、报表设计视图、空报表以及标签向导等。

1. 创建基本报表

这是一种非常简单的创建报表的方法。打开数据库后，选择需要创建报表的数据表或查询作为数据源，单击"创建"选项卡下"报表"组中的"报表"按钮 📋，就可以为该数据创建一个基本报表了。

2. 使用报表向导创建报表

例 8.17　利用报表向导建立学生名单的报表。

(1) 单击"创建"选项卡下"报表"组中的"报表向导"按钮 🔍 报表向导 ，打开"报表向导"对话框。

(2) 在"表/查询"中选择"表：学生信息"，在"可用字段"中先选择字段名，然后单击中间的 ❯ 按钮，选定除照片之外的所有字段。

(3) 连续 4 次单击"下一步"按钮，然后单击"完成"按钮。则在保存完毕后以预览的形式打开了报表，如图 8-64 所示。

(4) 单击"页面布局"组中的"页面设置"按钮，设置纸张的相关属性。

(5) 关闭并保存报表。以后要打印时，只需在数据库窗口中选择预览并打印该报表即可。

学生信息					
学号	姓名	性别	出生日期	籍贯	院系ID
012170	白丽	女	1993/4/3	湖北武汉	1701
012170	博文	男	1994/9/9	湖北孝感	1701
012170	葛冰	男	1993/7/8	湖南岳阳	1701
012170	王艳	女	1994/6/12	四川宜宾	1701
012170	刘海	男	1994/5/28	湖北荆门	1701
012180	关云	男	1994/1/20	河南商丘	1801
012180	陈淑	女	1993/12/25	湖南长沙	1801
013180	刘芸	女	1995/2/4	湖北荆州	1801
013170	段端	男	1994/11/21	甘肃酒泉	1701

图 8-64　学生信息报表

3. 使用设计视图创建报表

使用"报表"按钮创建基本报表很方便,但创建的报表形式和功能都比较单一,很多时候不能满足用户的要求。设计视图可用来创建复杂的报表,这是一种创建和设计报表最完善的方法。

例 8.18 使用设计视图建立学生信息的报表。

(1) 单击"创建"选项卡下"报表"组中的"报表设计"按钮 ![报表设计],打开报表的设计视图,同时打开"属性表"对话框。

(2) 在属性框的"所选内容的类型"下拉列表中选择"报表"选项,在"报表"的"数据"选项卡中设置"记录源"选项,单击该属性右侧的下拉按钮,从打开的下拉列表中选择"学生信息"表,如图 8-65 所示。

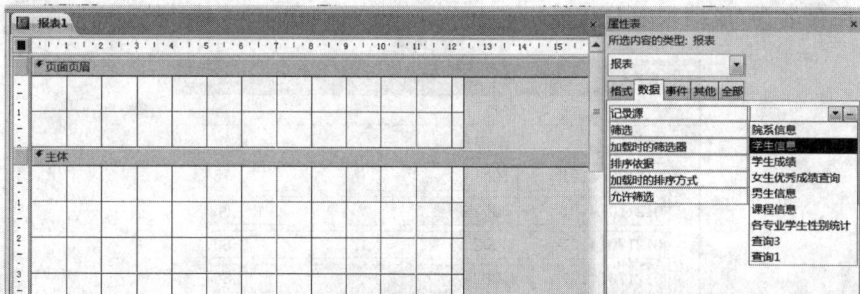

图 8-65 设置报表的"记录源"属性

(3) 单击"报表设计工具"→"设计"功能区选项卡中的"添加现有字段"按钮,打开"字段列表"对话框,将"学生信息"表中除照片外的其他字段拖动到报表设计视图的"主体"区域中,并调整字段控件的大小和"主体"节的大小,在页面页眉中添加一个标签控件,内容为"学生报表",作为报表的标题。在页面页脚部分添加一个标签控件和一个文本框控件,分别用于显示报表的制作人和制作时间,设计界面如图 8-66 所示。选中页面页脚部分的文本框控件,在"属性表"对话框中选择"数据"选项卡,设置其"控件来源"属性为"＝Date()"。

(4) 将设计视图切换到报表视图,即可看到该报表的结果,效果如图 8-67 所示。

图 8-66 报表的设计视图

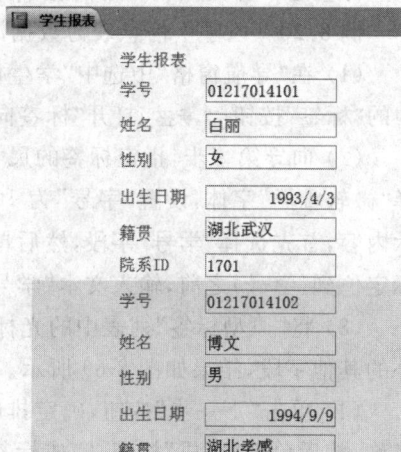

图 8-67 报表效果

4. 使用空报表创建报表

使用空报表工具与使用设计视图创建报表类似,都是从一个空白报表开始,通过向报表中添加字段来生成报表,所不同的是空报表工具默认使用的报表是布局视图。

例 8.19 使用空报表建立学生成绩的报表。

(1)单击"创建"选项卡下"报表"组中的"空报表"按钮 🔲 ,新建空白报表,并打开报表的布局视图。

(2)单击"报表设计工具"→"设计"功能区选项卡中的"添加现有字段"按钮,打开"字段列表"对话框,单击"显示所有表"链接,显示当前数据库中的所有表。

(3)展开"学生成绩"表,双击学号、课程号和成绩字段,这些字段将被添加到报表的布局视图中,如图 8-68 所示。将布局视图切换到报表视图,即可看到该报表的结果。单击"保存"按钮,保存名为"成绩报表"。

学号	课程号	成绩
01217014101	1001	75
01217014101	1002	85
01217014101	3002	80
01217014121	1002	86
01217014121	2001	88
01218014105	1003	90
01218014105	2001	78
01218014105	3002	65
01218013101	1002	60

图 8-68　报表的布局视图

5. 使用标签创建报表

标签是一种类似名片的信息载体,使用标签向导也可以创建标签报表。

例 8.20 以学生信息表为数据源,使用标签创建标签报表。

(1)在"导航窗格"中选中"学生信息"表,作为数据源。单击"创建"选项卡下"报表"组中的"标签"按钮 🔲 标签,打开"标签向导"对话框。

(2)向导第一步,指定标签的尺寸,单击"下一步"按钮,设置文本的字体和颜色,本例选择"微软雅黑"字体,设置"字号"为10,颜色为红色,单击"下一步"按钮,确定邮件标签的显示内容,首先选择"学号"字段,然后单击 ❯ 按钮将其添加到"原型标签"列表中,接着,将光标定位到{学号}之前,输入文本"学号:"。

(3)将"原型标签"列表中的光标定位到"学号:{学号}"下面的空白行,继续添加除相片外的其他字段,结果如图 8-69 所示。

(4)单击"下一步"按钮,确定排序字段,这里选择"学号",单击"下一步"按钮,指定报表名称,然后单击"完成"按钮,完成标签报表的创建过程,结果如图 8-70 所示。

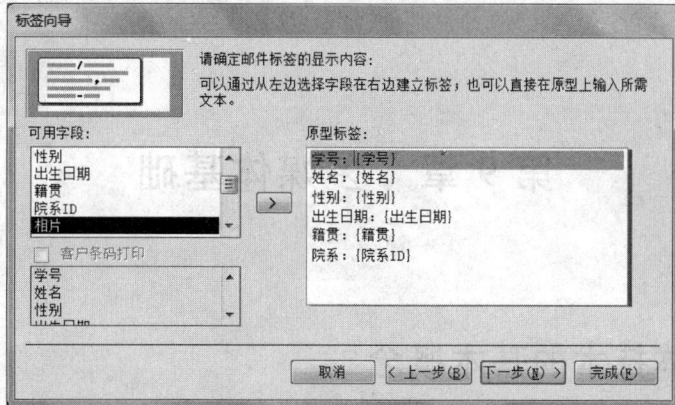

图 8-69 确定邮件标签的显示内容

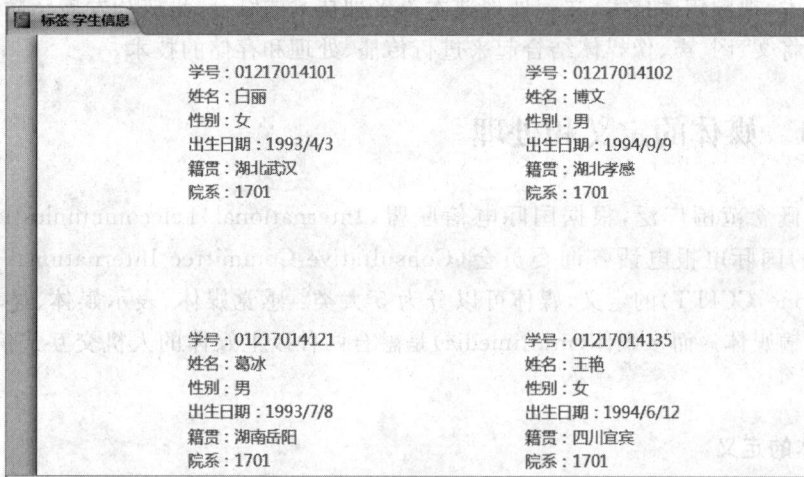

图 8-70 标签报表的运行效果

第 9 章　多媒体基础

9.1　多媒体技术的基本概念

多媒体技术(Technique of Multimedia)是计算机技术、通信技术、音频技术、声频技术、图像压缩技术、视频传播技术、文字处理技术等多种技术的结合、集成和发展。简单地说,是计算机技术将文、图、声、像媒体结合起来进行传播、处理和存储的技术。

9.1.1　媒体的定义和处理

媒体的概念范围广泛,根据国际电信联盟(International Telecommunication Union, ITU)下属的国际电报电话咨询委员会(Consultative Committee International Telegraph and Telephone,CCITT)的定义,媒体可以分为 5 大类:感觉媒体、表示媒体、显示媒体、存储媒体和传输媒体。而多媒体(multimedia)是融合两种以上媒体的人机交互式信息交流和传播媒体。

1. 媒体的定义

(1) 感觉媒体(Perception Medium)。感觉媒体是指能直接作用于人的感觉器官,包括人类的各种语言、音乐、其他声音、文字、图形、图像、动画等。

(2) 表示媒体(Representation Medium)。表示媒体是对数、文、声、形、图 5 类信息的数字化表示。

(3) 显示媒体(Presentation Medium)。显示媒体分为输入媒体和输出媒体。输入媒体如键盘、鼠标、光笔、扫描仪、数字化仪、数码相机、摄像机、话筒等;输出媒体如显示器、打印机、投影仪、绘图仪、喇叭等。

(4) 存储媒体(Storage Medium)。存储媒体又称为存储介质,主要有硬盘、CD-ROM、DVD 等。

(5) 传输媒体(Transmission Medium)。传输媒体指的是通信的载体,主要是网络设施。

2. 媒体的处理

媒体的处理是指多媒体的信息处理。多媒体信息通常是指在媒体中传播的信息,是指文字、声音、图形、图像、动画、电视图像(video)等,多媒体信息都是以数字的形式存储和传输的。多媒体信息处理是使用计算机,实现对多媒体信息的获取、制作、加工、处理、存储、传播、表示和显示。

目前,多媒体信息处理的研究和应用开发主要在下列几个方面。

(1) 多媒体数据的表示技术。包括文字、声音、图形、图像、动画、影视等媒体在计算机中的表示方法。由于多媒体的数据量大得惊人,尤其是声音和影视,包括高清晰度数字电视(High Definition Television,HDTV)类的连续媒体。为克服数据传输通道带宽和存储器容量的限制,投入了大量的人力和物力来开发数据压缩和解压缩技术。

另外,人机接口技术如语音识别和文本语音转换(Text To Speech,TTS)是多媒体研究中的重要课题。虚拟现实(Virtual Reality,VR)是当今多媒体技术研究中的热点技术之一。

(2) 多媒体创作和编辑工具。使用工具将会大大缩短提供信息的时间。将来人人都要会使用多媒体创作和编辑工具,就像现在人们使用笔和纸那样熟练。

(3) 多媒体数据的存储技术。这包括 CD 技术、DVD 技术等。

(4) 多媒体的应用开发。包括多媒体 CD-ROM 节目(title)制作,多媒体数据库,环球超媒体信息系统(Web),多目标广播技术(multicasting),影视点播(Video On Demand,VOD),电视会议(video conferencing),远程教育系统,多媒体信息的检索等。

9.1.2 多媒体系统

1. 系统的特征

(1) 系统的层次结构。多媒体系统的层次结构如图 9-1 所示。

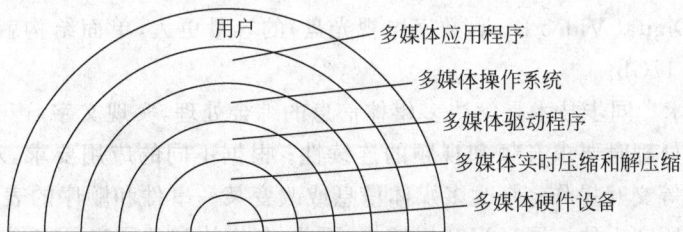

图 9-1 多媒体系统的层次结构

(2) 基本特征。多媒体技术具有集成性、交互性、实时性和多样性。

① 集成性。集成性包括多媒体信息媒体的集成和处理多媒体信息的设备、设施和软件的集成。

② 交互性。交互性表明了多媒体技术的一个重要特征:人对信息的获取和控制是主动的。

③ 实时性。实时性是指多媒体技术能够综合地处理与时间有关系的媒体,如音频、视频、动画,甚至是实况信息媒体。

④ 多样性。信息媒体的多样性,也称为多维化,是指多媒体技术扩展和扩大了计算机处理信息的空间。数字、文本可以看成是一维媒体,图形可以是二维媒体,也可以是三维媒体。

2. 多媒体信息处理的基本技术

多媒体信息处理的技术是多种技术的结合。依靠通信技术可以实现文、图、声、像一体化的传递，通过数字化技术，可以将非数字化的视频、音频信息转换为数字信号，再由计算机进行压缩、存储、传输等处理。数字化处理是多媒体技术的基础。

（1）压缩技术。压缩技术，包括编码技术是实现多媒体信息处理的关键。数字化的声音和图像的数据量是非常大的，例如，一幅分辨率为 640×480 的 24 位的彩色图像，其数据量为＝$640 \times 480 \times 24/8 = 921.6$Kb；如果同样大小的活动画面，以每秒 24 帧的方式播放，1s 约需存储量为 22.12Mb，这张 CD 容量为 680Mb，只能存储播放 31s 不到的活动画面；用 44.1kHz 采样，每个采样点用 8 位表示的 1min 声音的数据量为＝$44.1 \times 1000 \times 8 \times 60/8 = 2.648$Mb。因此，要实时地处理这些大数据量的信息，必须采用先进的数据压缩技术和统一的编码标准。

（2）超大规模集成电路（Very Large Scale Integrated，VLSI）。压缩处理需要大量的计算，甚至需要实时完成计算。VLSI 技术的进步能生产出价格低廉的 DSP（数字信号处理器）芯片，DSP 上的指令集能完成多媒体特定信号的处理，通常一条指令取代了普通芯片的多条指令，为多媒体技术的普及创造了必要的条件。

（3）存储技术。存储技术是大容量的光盘存储技术。多媒体信息即使经过压缩技术处理，其数据量仍然大得惊人，如视频图像经压缩处理后每分钟的数据量仍达 8.4Mb。使用硬盘存储在容量上是可行的，但是价格不菲；同时也不方便携带和交换，所以，不能用于多媒体信息和软件的发行。

光盘恰好适合这一需要。一张 5 英寸的 CD-ROM，容量达 650Mb，价格低廉、数据交换也方便。DVD（Digital Video Disk，数字电视光盘）的容量更大，单面结构就高达 4.7Gb，双面结构更是高达 17Gb。

（4）同步技术。同步技术是解决多媒体信息的综合处理，实现文字、声音和图像在时空上的同步。实时处理时要求音频和视频的连续性；根据不同的应用要求，对某些媒体执行加速、放慢、重复等交互操作；修改多媒体信息或改变某一事件和顺序的表现；各媒体在通信路线上的传输所产生的不同延迟和损耗等，因此，各媒体间的同步是多媒体技术中的关键问题。

多媒体信息之间存在着三种制约关系：直接、间接和交互制约关系。直接制约关系是指一种媒体状态的转移或激活，会影响另一媒体的状态；间接制约关系是多个媒体按事先约定的次序，即按事件发生的顺序同步；交互制约关系是允许使用交互方式改变各媒体之间的固有同步关系，也包含一种媒体的信息变换为另一媒体的信息。

（5）网络技术。网络技术充分发挥了多媒体技术对信息的处理能力。多媒体实际上已经成为超媒体系统中的一个子集，所谓超媒体系统是使用超链接构成的全球信息系统，全球信息系统是使用 TCP/IP 和 UDP/IP 的应用系统。

Internet 在世界范围内的普及，网络多媒体技术得到了迅速而又广泛的发展，形成了 4 类重要的应用：多媒体数据库（Multimedia DataBase Application）、学术出版物（Academic Publishing）、计算机辅助学习（Computer Aided Learning）和通用多媒体信息服务（General Multimedia Information Service）。

多媒体网络通信技术包含语音压缩、图像压缩和多媒体的混合传输技术。多路混合传输技术是在一根线路上，采用特殊的约定，同时传输语音、图像、文字等信号，如命名为SVD(Simultaneous Voice on Data，语音数据同时传输)的技术就是语音、数据同时传输的技术。

(6) 其他技术的支持。

① 专用芯片。多媒体计算机硬件结构的核心是专用处理器(CPU)，另一个硬件体系结构的关键是专用芯片。多媒体计算机专用芯片可以归结为两类：一种是功能固定的芯片，另一种是可编程的多功能芯片。这些专用芯片具有各自特定的处理技术，如图像数据的压缩处理、图形生成和绘制的图形处理、视频音频的压缩和解压缩、抑制噪声和滤波等的语音处理、图像的淡入淡出和马赛克等特技效果处理等。常用的专用芯片包括 VRAM、A/D 变换器、D/A 变换器、音频处理芯片等。

② AVSS 或 AVK。多媒体计算机系统软件的核心是 AVSS 或 AVK，即音频/视频子系统或音频/视频内核。AVSS/AVK 是用于连接驱动程序接口模块的多媒体计算机的核心软件，其设计思想包括：平台的独立性、灵活性、可扩展性及高性能；能完成的任务有支持运动和静止图像的处理显示、提供语音和视频数据流的同步的实时调度、支持标准的 PC 环境、使 CPU 的开销减到最小、能在多种硬件和操作系统环境运行、AVSS/AVK 性能指标随硬件性能的增加而增长。

③ 信息检索技术。信息检索技术是在众多多媒体信息中快速定位有用信息的技术。MPEG-7 是创建一种对多媒体数据的描述标准，建立在描述基础上的模型将使信息的检索、过滤更加方便和容易，以便能用最少的时间定位于所感兴趣的信息处。

④ 声卡技术。声卡是多媒体计算机中最基本的硬件部件，声卡的作用是实现声音模拟信号和数字信号之间的相互转换。声卡在声音采样和声音回放上采用的是脉冲编码调制(Pulse Code Modulation，PCM)技术。此外还有一个音乐设备数字接口(Music Instrument Digital Interface，MIDI)的连接口，是电子音乐设备与计算机的通信口，也增强了 PCM 对于声音的处理能力。

⑤ 视频卡技术。视频卡是专门为图形图像处理设计的另一个重要的硬件。视频卡根据用途可以分为：视频图像采集卡和视频信号转换卡。视频图像采集卡是将视频图像逐帧捕捉采集转换为数字信号存储于文件中；视频信号转换卡是将计算机输出的显示器数字信号转化为模拟信号。

⑥ 触摸屏技术。触摸屏技术是计算机的一种控制技术，使对计算机的交互和控制更方便。目前，触摸屏主要有红外切割式、电阻压力式和电容感应式等类型。

⑦ 超文本与超媒体技术。超文本与超媒体技术是一个非线性的结构，以节点为单位组织信息，在节点与节点之间通过表示其间关系的链加以连接，由此组成了表达特定内容的信息网络。超媒体与超文本之间的不同之处在于：超文本主要是以文字的形式表示信息，建立的链接关系主要是文句之间的链接关系；超媒体除了使用文本外，还使用图形、图像、声音、动画或影视片断等多种媒体来表示信息，建立的链接关系是文本、图形、图像、声音、动画和影视片断等媒体之间的链接关系。

3. 多媒体系统

(1) 从规模形式来看,多媒体系统分为以下几种。

① 多媒体个人计算机系统(MPC)。

多媒体个人计算机系统是以 PC 为基础增加多媒体升级硬软套件而成的,目前成为多媒体计算机的主流。

② 通用的计算机多媒体系统。

通用的计算机多媒体系统是多媒体计算机发展史上起重要作用的系统。主要有 Macintosh、Amiga、CD-I(Compact Disc-Interactive)、DVI(Digital Video Interactive)等。

③ 多媒体工作站。

多媒体工作站有 GUI,有很强的图形处理功能,又有图像的输入输出与处理功能。典型的产品有 SGI 公司的 Indigo 多媒体工作站和小型多媒体工作站 Indy。

(2) 多媒体系统从组成形式来看,包括多媒体硬件、多媒体的软件和多媒体信息组成的有机整体。

① 多媒体硬件。

多媒体硬件是指多媒体终端设备、多媒体网络设备等。

② 多媒体的软件。

多媒体的软件包括:多媒体操作系统、多媒体信息处理工具、多媒体应用软件。

- 多媒体操作系统。MPC 上使用的最为流行的操作系统是 Windows 系列。Windows 操作系统具有同时处理多种媒体的功能和多任务的特点,并能控制和管理多种媒体输入输出的设备。Windows 虚拟内存管理技术,使得许多多媒体的大应用程序借助于硬盘空间得以运行。
- 多媒体信息处理工具。多媒体信息处理工具主要包括:文字处理、图形图像处理、声音处理、动画处理、视频处理、集成工具软件等。
- 多媒体应用软件。多媒体应用软件是利用多媒体加工和集成工具制作的,运行在多媒体计算机上的具有某种具体功能的软件,如辅助教学软件、游戏软件、电子工具书、电子百科全书等。多媒体应用软件一般具有多种媒体的集成、超媒体结构和交互操作功能。

③ 多媒体信息。

多媒体信息是多方面的,从图像、音乐、动画到影视等应有尽有,许多多媒体作品使用光盘存储器发行,更多的多媒体作品则使用 Internet 来传播。

9.2　多媒体信息的数字化

多媒体信息的数字化是多媒体信息处理的基础,多媒体信息的数字化包括采样、量化、编码和存储 4 个过程。媒体信息的不同,如声音、图形、图像、视频等,其数字化的方法也不同。

9.2.1　声音媒体的数字化

1. 采样

采样是获取样本值的方法,通常采用间隔时间相等的均匀采样。采样频率,即单位时间内的采样数,是声音频率的两倍,才能实现无损数字化。人的听觉器官能感应的声音频率约在 20～20kHz 之间,所以常用的采样频率有三种:11.025kHz 的语音效果、22.05kHz 的音乐效果和 44.1kHz 的高保真效果。采样频率 44.1kHz,表示每秒采样 44 100 次。

2. 量化

量化精度通常也采用等间隔幅度的线性量化,由四舍五入取等级值。常用的量化级别可分为 8 位、12 位和 16 位等。8 位级别将幅度划分为 256 个等级,而 16 位级别可将幅度划分为 65 536 个等级。采样和量化一般由声卡实现。

3. 编码

脉冲编码调制(Pulse Code Modulation,PCM)是模拟信号数字化的取样技术,特别是对于音频信号。编码是用相应的二进制数表示采样样本的量化级。

4. 存储

声音数字化后的每秒所需要的存储空间为:
$$存储空间＝(采样频率×量化位数)/8$$
若采用双声道的立体声,则存储空间增加一倍。

9.2.2　图像媒体的数字化

图形与图像是两个不同的概念,图像是由各不相关点像素构成的灰度或色彩所描绘的画面。图像的质量主要由图像的分辨率和灰度等级或色彩位数决定。

1. 分辨率

分辨率有图像分辨率与屏幕分辨率之分:屏幕分辨率与显示模式有关,标准 VGA 图形卡的最高分辨率为 640×480;图像分辨率是指图像水平和垂直方向的像素个数,图像分辨率决定了图像在一定屏幕分辨率下的显示尺寸,图像分辨率越高,显示的图像越大。

2. 灰度

经过采样和量化后,一幅黑白的图像在每一像素的表示可以采用的等级就是图像的灰度等级。常用的灰度等级是 256,即用 8 位表示。

3. 色彩

图像的色彩是由色彩位数决定,采用 RGB(红绿蓝)三基色,每一颜色用 8 位,共 24 位,能表示 16 772 216 种颜色。

4. 存储

图像数字化后所需要的存储空间为：

$$存储空间＝（水平分辨率×垂直分辨率×色彩位数）/8$$

例如，一幅分辨率为 1024×768 的 24 位的彩色图像，其数据量为＝1024×768×24/8＝2.356Mb。

9.2.3　图形媒体的数字化

图形是指点、线、面、体几何形状及其几何属性。

1. 矢量图

矢量图是用一组指令集合来描述图形的内容，包括构成图形的所有直线、折线、圆、圆弧、曲线等图元的位置、形状、填充、属性。指令集合取自于成熟的产品，如 GKS（图形核心系统）标准、或 PHIGS（程序员层次型交互式图形系统）标准、或 SRGP（光栅图形软件包）等。详细请参阅有关《计算机图形学》的书籍。

因此矢量图不需要对每一点进行量化保存，只需要描述对象的几何特征即可。例如，一个圆只需要知道其圆心的半径。然后调用相应的函数画出图形。当然还有图形的光照、着色、填充、质材等属性效果。

显示矢量图要有专门的软件支持，这些软件将描述图形的指令转换为屏幕上显示的形状和颜色。

2. 变换

矢量图容易进行移动、缩放、旋转、扭曲等变换。矢量图与分辨率无关，不会因为缩放而使显示的图形变模糊、或产生马赛克、或变形。

3. 存储量

矢量图在表现线框型的图画、工程制图、美术字时，存储量较小。而对于具有灰度或色彩的图形，实际上就按图像的数字化方法处理。

9.2.4　视频媒体的数字化

视频（Video）是由一幅幅的图像序列组成，每一幅图像称为一帧（Frame），当帧以一定的速率连续显示时，将得到连续运动的视频图像。帧运动的速率单位是 fps，即每秒显示的帧数。通常伴随视频图像还有一个或多个音轨，以提供配套的声音。

视频信息的数字化是指在一段时间内以一定的速度对视频信号进行获取并加以采样后形成数字化数据的处理过程。视频信号的采集是将视频信号经过硬件（视频采集卡）数字化后，再将数字化后的数据加以存储。视频信号采集后，则可以对数字视频进行编辑或加工。

如复制、删除、特技变换和改变视频格式等。

视频信号的采集有单帧采集和连续采集两种。单帧采集是将视频信号定格后,以图像方式数字化,可以以多种图像文件格式存储。连续采集是对多帧动态连续的画面以每秒25～30 帧的获取速度对视频信号进行采集,可以选择压缩或不压缩,并以文件的形式存储。

随着媒体技术的发展,计算机不但可以播放视频信息,而且还可以编辑、处理视频信息,这为有效地控制视频信息,并对视频节目进行二次加工和创作提供了高效的工具。

9.3 多媒体信息压缩技术

多媒体信息压缩技术,包括编码技术,是实现多媒体信息处理的关键技术,目的是减少存储容量和降低数据传输量。多媒体处理的信息主要对象是文字、声音、图形、图像等,声音、图形、图像占信息总量的比重极高,所以在多媒体信息处理过程中,都要对声音、图形、图像进行压缩处理。由于数字化后的图像信息的数据量非常大,对其存储和处理极为困难,所以对图像信息的压缩尤为重要。

9.3.1 数据压缩概述

1. 数据压缩的基本原理

数据压缩的对象是数据,并不是信息,数据用来记录和传送信息,是信息的载体。真正有用的不是数据本身,而是数据所携带的信息。数据压缩的目的是在传送和处理信息时,尽量减少数据量。信息量与数据量的关系可以表示为:

$$信息量＝数据量－数据冗余量$$

信息压缩是去掉信息中的冗余,即保留不确定的信息,去除确定可推知的信息。

多媒体对象的信息通常存在很大的冗余。例如,视频连续画面,每一帧画面由许多的像素组成,相邻像素有许多相同或变化不大,形成空间冗余;从一幅画面到下一幅画面,背景与前景可以没有太多的变化,形成时间冗余。

数据在表现信息过程中,数据本身就大于实际的信息量。例如,一个长编码远比一个短编码的信息量大,一个等长编码也比不等长编码的冗余多。这就是编码冗余。

生理冗余是人体对外界现实的敏感程度,例如,人的视觉分辨率要远低于实际图像产生的冗余,视觉对灰度的分辨率为 2^6,而一般图像量化采样的灰度等级为 2^8。

2. 无损压缩和有损压缩

多媒体数据压缩可以分为有损压缩和无损压缩。

(1) 无损压缩。无损压缩是数据压缩和解压缩过程中,不会改变或损失。解压缩后的数据是对原始对象的完整复制。

(2) 有损压缩。有损压缩在数据压缩过程中会造成一些信息的损失。只要这种损失被限制在允许的范围内,并且解压缩后的数据对原始对象的复原,完全适合人体的听觉、视觉不十分敏感的生理特征。这种没有产生任何影响的有损压缩是可以接受的。

3. 对称压缩和不对称压缩

压缩技术的基本方式有两种：对称压缩和不对称压缩。

（1）对称压缩。压缩算法和解压缩算法是一样的，是一种可逆操作。对称压缩的优点在于双方都以同一种速度进行，例如，视频会议的实时传播。

（2）不对称压缩。不对称压缩是指压缩和解压缩的运算速度是不相同的。例如，制作VCD时，压缩需要耗时几十个小时或更多，而播放时解压缩速度极快。

4. 影响数据压缩的因素

影响数据压缩的因素是多方面的，主要有：压缩比、质量和压缩解压缩速度等。

9.3.2 编码技术概述

1. 编码技术的标准化

在国际电信联盟（ITU）、国际标准化组织（ISO）和国际电工委员会（IEC）积极工作下，压缩数据的编码技术形成了一系列的标准，新的编码技术标准还在不断推出。目前，数据压缩的编码技术标准的分类如图 9-2 所示。

预测编码	变换编码	统计编码	其他编码	图像压缩标准
帧间预测编码 自适应差分脉冲编码调制（ADPCM） 差分脉冲编码调制（DPCM）	小波变换 K-L 变换 离散余弦变换（DCT）	LZW 编码 算术编码 游程长度编码 哈夫曼编码	分形编码 子带编码 矢量化编码	H. 261 MPEG JPEG

图 9-2 数据压缩的编码技术标准的分类

2. 自适应差分脉冲编码调制

ADPCM（Adaptive Differential Pulse Code Modulation）是一种新型的脉冲编码技术，是性能比较好的波形编码。其核心思想是：一是改变量化阶的大小，即使用小的量化阶（step-size）去编码小的差值，使用大的量化阶去编码大的差值,；二是使用过去的样本值估算下一个输入样本的预测值，使实际样本值和预测值之间的差值总是最小。

9.3.3 静止图像压缩标准——JPEG

ISO 规定了静止图像压缩标准 JPEG（Joint Photographics Expert Group）。JPEG 标准适合于照片、传真和印刷图像，压缩率为 10：1～100：1。

1. JPEG 编码模式

JPEG 有以下 4 种不同的压缩模式。

（1）无损编码模式。图像压缩后，仍能精确地恢复成原始图像。

（2）DCT顺序编码模式。以DCT变换为基础，按照从左到右、从上到下的顺序对原始图像数据进行压缩编码。图像还原时也按照上述顺序进行。

（3）DCT累进编码模式。以DCT变换为基础，在多次扫描中对原始图像数据进行压缩编码。图像还原时能很快看到由模糊到清晰的过程。

（4）DCT分层编码模式。在多分辨率上对图像数据进行编码，先低后高，逐步提高，直到与原分辨率一致为止。

2. DCT 编码

DCT(Discrete Cosine Transform)编码是基于离散余弦变换的编码方法。任何连续的实对称函数的傅里叶变换中只含余弦项，因此余弦变换与傅里叶变换一样有明确的物理量意义。

9.3.4　运动图像压缩标准——MPEG

ISO规定了动态图像压缩标准MPEG(Motion Picture Expert Group)。MPEG实现了对视频、音频压缩，以及多样压缩数据的同步和复合，产生一个单一的位流。MPEG标准使视频和音频信息能够在CD-ROM、硬盘、可写光盘等存储介质上存储，在网络上播放。

MPEG标准包括：MPEG-1、MPEG-2、MPEG-3、MPEG-4、MPEG-7。

1. MPEG-1 标准

MPEG-1标准是1991年制定的数字存储运动图像及伴音编码标准，由以下三个部分组成。

（1）MPEG-1图像。MPEG-1图像是关于图像的压缩技术。将分辨率为352×240、每秒30帧或分辨率为352×288、每秒25帧的电视图像压缩为数据率为1.2Mb/s的编码图像。MPEG-1采用两种基本压缩技术：一是减少时间冗余度；二是减少空间冗余度。

（2）MPEG-1声音。MPEG-1声音支持采样为48kHz、44.1kHz和32kHz而量化精度为16位的声音压缩。还原后接近于原来的声音质量，如CD音频质量。单声道的速率为705.6kb/s，立体声采用两声道，合成单一的位流后速率为1.411Mb/s，采用MPEG-1算法可以将位速率降至0.192Mb/s。

（3）MPEG-1系统。MPEG-1系统是关于同步技术和多路复合技术。用于将数字图像和声音复合成单一的数据位流，使位速率达1.5Mb/s。MPEG-1的数据位流分成系统层（外层）和压缩层（内层）：系统层提供了使用时所需的功能，包括定时、复合和分离图像和声音，以及图像与声音的同步；压缩层包含压缩的图像和声音的数据位流。

2. MPEG-2 标准

MPEG-2标准是对MPEG-1标准的扩充、丰富和完善。适用于宽屏幕和高清晰电视（HDTV）的高质量电视广播。MPEG-2标准具有以下特点。

（1）MPEG-2解码器通常支持MPEG-1标准和MPEG-2标准。

（2）MPEG-2 的基本分辨率为 720×480，传输速率为每秒 30 帧，具有 CD 的音质。

（3）MPEG-2 允许在一定范围内改变压缩比，在画面质量、存储容量和带宽之间权衡。

（4）MPEG-2 压缩比高达 200∶1。实际的压缩比依赖于重放的质量，运动和背景的变化越多，压缩比越少。

（5）MPEG-2 能够对可变分辨率的视频信号进行压缩编码，传输速率为 10Mb/s。

DVD 格式的视频部分采用 MPEG-2 压缩标准；音频部分由电视制式确定，美、日的 NTSC 制式中采用的是 AC3 音频压缩标准，欧式的 PAL 制式已采用 MPEG-2 标准。

由于 MPEG-2 要用几百秒的时间压缩用于 1s 的电视画面，所以不适用于实时的播放。

3. MPEG-3 标准

MPEG-3 标准是为高清晰度电视设计，由于画面有轻度的扭曲，现已为 MPEG-2 High-1440 Level 中的一部分替代。

4. MPEG-4 标准

MPEG-4 标准适用于窄带可视电话，是基于交互式内容的压缩标准。

5. MPEG-7 标准

MPEG-7 标准用以对多媒体数据作描述。2000 年 11 月出版国际标准。

9.4 音频信息处理技术

数字音频主要有三种：Wave 波形音频、MIDI 音频和 CD 音频。

9.4.1 声音与音频概述

声音是携带信息的极其重要的媒体，是多媒体技术研究中的一个重要内容。

1. 声音

声音是通过空气传播的一种连续的波，叫声波。声音用电表示时，声音信号在时间和幅度上都是连续的模拟信号。声波具有反射（Reflection）、折射（Refraction）和衍射（Diffraction）等普通波所具有的特性。

声音信号的两个基本参数是频率和幅度。信号的频率是指信号每秒钟变化的次数，用 Hz 表示。声音按频率分为：亚音、音频和超声波。亚音信号（Subsonic），也称为次音信号，其频率小于 20Hz。超声波（Ultrasonic）信号，也称为超音频信号，其频率高于 20kHz。频率范围为 20Hz～20kHz 的信号称为音频（Audio）信号，是人的听觉器官能够感应的声音。人的发音器官发出的声音频率大约是 80～3400Hz，但人说话的信号频率通常为 300～3000Hz，这一频率范围的信号称为话音（speech）信号。在多媒体技术中，处理声音主要是音频信号，它包括音乐、话音、风声、雨声、鸟叫声、机器声等。声音信号的幅度是表示声音的强弱程度。

2. 声音的术语

声音中经常用到：音调、音质、音量、语音和音宽等术语，其含义如下。

（1）音调。频率反映了声音的音调，频率高的声音尖，频率低的声音粗。

（2）音质。频率和幅度不变的声音信号是单音，一般只能由专用的电子设备产生；自然界的声音一般都是复音。复音中最低频率称为复音的基音，基音通常为常数，决定了声调；复音中的其他频率称为泛音（或称谐音）。基音和泛音的组合，决定了声音的音质，也称音色。

（3）音量。音量，又称声响、响度，是声音的强弱程序。是由声音信号的幅度决定的。

（4）语音。音频信号分为语音信号和非语音信号。非语音信号不含语义和语法信息，信息量低，识别简单，主要指音乐和自然界存在的其他声音形式。语音是特殊的复音，由辅音和元音合成。元音是一种能连续发声的乐音，辅音是短促的噪声。语音为语言的载体。

（5）音宽。音频信号往往由许多频率不同的信号复合组成，复合信号的频率范围就是音宽。频率范围越大，声音质量越优美。

3. 分贝

分贝（dB）是音频信号的强度指标，分贝的幅度就是音量。分贝是 SNR 的单位，SNR（Signal-to-Noise Ratio）是信号噪声比，简称信噪比。信噪比是采样精度的另一种表示方法。

4. 声音质量与数据率

声音信号的一个重要参数就是带宽，它用来描述组成复合信号的频率范围。根据声音的频带，通常把声音的质量分成 5 个等级，由低到高分别是电话（Telephone）、调幅（Amplitude Modulation，AM）广播、调频（Frequency Modulation，FM）广播、激光唱盘（CD-Audio）和数字录音带（Digital Audio Tape，DAT）的声音。在这 5 个等级中，使用的采样频率（kHz）、样本精度（b/s）、声道数和数据率（kb/s per sample，kb/s）见表 9-1。

表 9-1　声音质量和数据率

质量	采样频率 kHz	样本精度	声道数	数据率	频率范围
Telephone	8	8	单道声	8	200～3400Hz
AM	11.025	8	单道声	11.0	20～15 000Hz
FM	22.050	16	立体声	88.2	50～7000Hz
CD	44.1	16	立体声	176.4	20～20 000Hz
DAT	48	16	立体声	192.0	20～20 000Hz

5. 声音文件

现在主流的音频格式文件有：WAV 音频、MP3 歌曲、VQF 音频、RM 在线听、微软新品 WMA、MIDI 音乐。常见的声音文件的扩展名见表 9-2。

表 9-2　常见的声音文件扩展名

文件的扩展名	说　　明
au	Sun 和 NeXT 公司的声音文件存储格式
aiff(Audio Interchange)	Apple 计算机上的声音文件存储格式
ASF(Advanced Stream Format)	是微软公司针对 Real 公司开发的新一代网上流式数字音频压缩技术
CDA	CD Audio,唱片采用的格式,又叫"红皮书"格式,记录的多是波形流
cmf(Creative Music Format)	Creative 公司的专用音乐格式,声霸(SB)卡带的 MIDI 文件存储格式
mct	MIDI 文件存储格式
mff(MIDI Files Format)	MIDI 文件存储格式
mid(RMI/MIDI)	Windows 的 MIDI 文件存储格式,是数字乐器接口的国际标准
mp2	MPEG Layer Ⅰ , Ⅱ
mp3	MPEG Layer Ⅲ,是目前最为流行的一种音乐文件
mod(Module)	MIDI 文件存储格式
rm(RealMedia)	RealNetworks 公司的流放式声音文件格式
ra/ram(RealAudio)	RealNetworks 公司的流放式声音文件格式
rol	Adlib 声卡文件存储格式
snd(sound)	Apple 计算机上的声音文件存储格式
seq	MIDI 文件存储格式
sng	MIDI 文件存储格式
voc(Creative Voice)	声霸卡存储的声音文件存储格式
VQF(TwinVQ)	是雅马哈公司专有格式,全称为 Transform-domain Weighted Interleave Vector Quantization
Wav(Wave form Audio File)	采用波形声音文件存储格式,是 Windows 存放数字声音的标准格式
WMA/WAX/ASX	是微软公司针对 Real 公司开发的新一代网上流式数字音频压缩技术
wrk	Cakewalk Pro 软件采用的 MIDI 文件存储格式

9.4.2　Wave 音频

1. Wave 音频的特性

Wave 音频是波形音频,是多媒体计算机获取音频的最直接、最简便的方式。

(1) 输入源。通常音频信号的输入源为:话筒、录音机、CD 激光唱盘等。

(2) 声卡。由声卡以一定的采样频率和量化精度进行数字化,将模拟信号转换为数字信号。目前声卡的采样频率为 44.1kHz,量化精度为 16 位和具有立体播放声音功能。

(3) 存储。以适当的文件格式存储在硬盘或光盘上。

(4) 播放。由声卡将文件中的数字信号还原为模拟信号,以混合器混合后由扬声器输出。

2. Wave 音频文件

Wave 音频文件又称为波形文件,是 Windows 使用的标准数字音频,文件的扩展名为 .wav。波形文件由许多不同类型的文件构造块组成,其中最主要的两个文件构造块是 Format Chunk(格式块)和 Sound Data Chunk(声音数据块)。格式块包含描述波形的重要参数,例如采样频率和量化精度等,声音数据块则包含实际的波形声音数据。

波形文件的最大优点是忠实地记录了实际声音的采样数据,无论是 CD 音质的音乐还是不规则的噪声,也无论是单声道还是立体声,都能够重现原来的声音。波形文件的最大缺点是产生的文件太大,不适合长时间录制。

Wave 音频文件支持存储各种采样频率和样本精度的声音数据,并支持声音数据的压缩。所以可以使用采样频率为 11.025kHz,量化精度为 8 位的较低质量的波形文件、数字化话音(speech)信号;也可以采用硬件或软件的方法进行压缩,常用的软件压缩方法有 PCM(均匀量化)和 ADPCM(自适应差分量化)等。

3. Wave 音频文件的制作

Wave 音频文件的制作一般使用工具软件,Windows 自带的“录音机”,是 Wave 音频文件录制、混合、播放、编辑和多 Wave 音频文件间简单处理的工具。“录音机”具有以下功能。

(1)录音。录音是最基本的功能,录音后,可以选择不同采样频率和量化精度,然后以 Wave 文件的格式保存在磁盘上。

(2)播放声音。可以用“录音机”或者任意其他支持.wav 文件的程序播放录音。

(3)混合声音文件。混合声音文件是将声音文件合并在一起以创建新的声音,只能混合未压缩的声音文件。

(4)将声音插入到文档。将声音文件插入到文档,使文档丰富多彩。

(5)声音文件链接到文档。将声音文件链接到文档以便可以添加声音而不增加文件大小。

(6)编辑声音文件。编辑声音文件包括:更改声音文件的音量、调整声音文件的质量、更改声音文件的格式、更改声音文件的速度、反向播放声音文件、在声音文件中添加回音、删除声音文件的一部分、将声音录制到声音文件中、将声音文件插入到另一个声音文件中、撤销对声音文件的更改等。

许多声音处理软件都能制作 Wave 音频文件,如 Ulead Audio Editor、CakeWalk、Creative 的录音大师、超级解霸等。

9.4.3 MIDI 音频文件

1. MIDI 简介

MIDI(Musical Instrument Digital Interface,电子乐器数字接口)是音乐合成器(Music Synthesizers)、乐器(Musical Instruments)和计算机之间交换音乐信息的一种标准协议。MIDI 是乐器和计算机使用的标准语言,是一套指令指示乐器(MIDI 设备)做什么和怎么做,如演奏音符、加大音量、生成音响效果等。即 MIDI 不是声音信号,而是发给 MIDI 设备或其他装置让他产生声音或执行某个动作的指令。

MIDI 标准有几个优点:一是 MIDI 文件较小,因为其存储的是命令,而不是声音波形;二是易于编辑,因为编辑命令比编辑声音波形要容易得多;三是适宜作背景音乐,MIDI 音乐和其他的媒体,如数字电视、图形、动画、话音等一起播放,可以加强演示效果。

生成 MIDI 音乐,用得较多的方法有两种:一种是 FM(Frequency Modulation)合成法,另一种是波形表(Wavetable)合成法,也称乐音样本合成法。

2. FM 合成法

20 世纪 80 年代初,美国斯坦福大学(Stanford University)的研究生 John Chowning 发明了数字式频率调制合成法(Digital Frequency Modulation Synthesis),简称为 FM 合成法。John Chowning 把几种乐音的波形用数字来表达,并且用数字计算机而不是用模拟电子器件把它们组合起来,通过数模转换器(Digital to Analog Converter,DAC)来生成乐音。斯坦福大学将发明专利授给了 Yamaha 公司,并由该公司把这一专利技制作在集成电路芯片里,FM 合成法的发明使合成音乐工业发生了一次革命。

FM 合成器由 5 个基本模块组成:数字载波器、调制器、声音包络发生器、数字运算器和模数转换器。数字载波器用了三个参数:音调(Pitch)、音量(Volume)和各种波形(Wave);调制器用了 6 个参数:频率(Frequency)、调制深度(Depth)、波形的类型(Type)、反馈量(Feedback)、颤音(Vibrato)和音效(Effect);乐器声音除了有它自己的波形参数外,还有其比较典型的声音包络线,声音包络发生器用来调制声音的电平,这一过程也称为幅度调制(Amplitude Modulation),并且作为数字式音量控制旋钮,它的 4 个参数写成 ADSR(Attack,Decay,Sustain,Release),这条包络线也称为音量升降维持静音包络线。

FM 合成法生成各种逼真的乐音是相当困难的,有些乐音几乎不能产生。

3. 乐音样本合成声音

乐音样本合成法是把真实乐器发出的声音以数字的形式记录下来,播放时改变播放速度,从而改变音调周期,生成各种音阶的音符。乐音样本的采集相对比较直观。在真实乐器上演奏不同的音符,选择 44.1kHz 的采样频率、16 位的乐音样本,相当于 CD-DA 的质量,把不同音符的真实声音记录下来,这就完成了乐音样本的采集。乐音样本通常制作在 ROM 芯片上。

乐音样本合成器所需要的输入控制参数比较少,可控的数字音效也不多,大多数采用这种合成方法的声音设备都可以控制声音包络的 ADSR 参数,产生的声音质量比 FM 合成方法产生的声音质量要高。

4. 电子乐器数字接口(MIDI)系统

MIDI 协议提供了一种标准的和有效的方法,用来把演奏信息转换成电子数据。MIDI 信息是以"MIDI Messages"传输的。

MIDI 数据流是单向异步的数据位流(Bit Stream),其速率为 31.25kb/s,每个字节为 10 位(1 位开始位、8 位数据位和 1 位停止位)。MIDI 乐器上的 MIDI 接口通常包含三种不同的 MIDI 连接器,用 In(输入),Out(输出)和 Thru(穿越)表示。

MIDI 数据流通常由 MIDI 控制器(MIDI Controller)或 MIDI 音序器(MIDI Sequencer)产生。MIDI 控制器是当作乐器使用的一种设备,在播放时把演奏转换成实时的 MIDI 数据流;MIDI 音序器是一种装置,允许 MIDI 数据被捕获、存储、编辑、组合和重奏。MIDI 数据输出通过 MIDI Out 连接器传输。

MIDI 数据流的接收设备通常是 MIDI 声音发生器(MIDI Sound Generator)或者 MIDI 声音模块(MIDI Sound Module)。在 MIDI In 端口接收,然后播放声音。

单个物理 MIDI 通道(MIDI Channel)分成 16 个逻辑通道,每个逻辑通道可指定一种乐器。在一个 MIDI 设备上的 MIDI In 连接器接收到的信息可通过 MIDI Thru 连接器输出到另一个 MIDI 设备,并可以连接多个 MIDI 设备,这样就组成了一个复杂的 MIDI 系统。

多媒体个人计算机(Multimedia PC,MPC)规格需要的合成器是多音色和多音调的合成器。多音色是指合成器能够同时播放几种不同乐器的声音;多音调是指合成器一次能够播放的音符数。MPC 规格定义了两种音乐合成器:基本合成器(Base-Level Synthesizer)和扩展合成器(Extended Synthesizer),基本合成器和扩展合成器之间的差别见表 9-3。

表 9-3　基本合成器和扩展合成器之间的差别

合成器名称	旋律乐器声		打击乐器声	
	音色数	音调数	音色数	音调数
基本合成器	3 种音色	6 个音符	3 种音色	3 个音符
扩展合成器	9 种音色	16 个音符	8 种音色	16 个音符

5. MIDI 消息

MIDI 文件的内容被称为 MIDI 消息(MIDI Messages)。一个 MIDI 消息由 1 个 8 位的状态字节并通常跟着两个数据字节组成。在状态字节中,最高有效位设置成"1",低 4 位用来表示这个 MIDI 消息是属于哪个通道,4 位可表示 16 个可能的通道,其余 3 位的设置表示这个 MIDI 消息是什么类型的消息。

MIDI 消息可分成通道消息(Channel Messages)和系统消息(System Messages)两大类,如图 9-3 所示。MIDI 通道消息可分成通道声源消息(Voice Messages)和通道方式消息(Mode Messages)。通道声源消息携带演奏数据;通道方式消息表示合成器响应 MIDI 数据的方式。MIDI 系统消息分成公共消息(Common Messages)、实时消息(Real-Time Messages)和独占消息(Exclusive Messages)。公共消息标识在系统中的所有接收器;实时消息用于 MIDI 部件之间的同步;独占消息是厂商的标识代码。

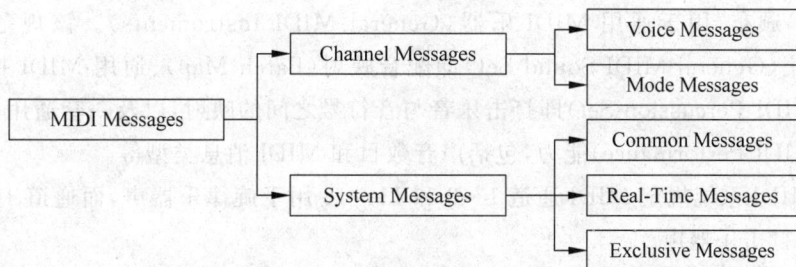

图 9-3　MIDI 信息

6. MIDI 音序器和标准 MIDI 文件

MIDI 合成器实时接收和处理 MIDI 消息(MIDI Messages):当合成器接收到一个

"Note On(乐音开)"MIDI 消息时就演奏相应的声音；当接收到一个"Note Off（乐音关）"MIDI 消息时就停止演奏。当 MIDI 数据源是乐器键盘，"Note On"消息就实时产生，无须发送一个定时信息；当 MIDI 数据源是存储的数据文件，或者使用音序器编辑的数据文件，则就需要某种形式的定时标记(Time-Stamping)。

定时标记 MIDI 数据的标准化方法适合各种应用软件共享 MIDI 数据文件，这些软件包括音序器、乐谱软件包和多媒体演示软件。

标准 MIDI 文件(Standard MIDI File)规范定义了三种 MIDI 文件格式，MIDI 音序器能够管理文件标准规定的多个 MIDI 数据流，即声轨(Tracks)。MIDI 文件格式 0(Format 0)规定所有 MIDI 音序数据(MIDI Sequence Data)必须存储在单个声轨上，它仅用于简单的单声轨设备；MIDI 文件格式 1(Format 1)规定数据以一个声轨集的方式存储；MIDI 文件格式 2(Format 2)可用几个独立模式存储数据。

7. 合成器的多音调和多音色

合成器或者声音发生器的多音调(Polyphony)是一次演奏多个音符(Note)的能力。许多现代的声音模块有 16、24 或者 32 个音符的复调音。一个合成器或者声音发生器能够同时产生两个或者两个以上的不同乐音，就说这个合成器或者声音发生器是多音色(Multi-Timbre)的。例如，如果一个合成器能够同时演奏 5 个音调(Notes)，就说它是多音调的(Polyphonic)；如果一个合成器也能够同时产生钢琴声(Piano Sound)和低音(Bass Sound)，就说它是一个多音色(Multi-Timbre)合成器。

合成器或者声音发生器能够产生的不同声音一般用配音(Patch)、指令(Program)、算法(Algorithm)、声音(Sound)或者音色(Timbre)来表示。现代合成器通常使用指令号(Program Number)来表示它们产生的不同声音。使用指令号(Program Number)或者配音号(Patch Number)来指定想要获得的声音(Sound)。配音号和声音之间的关系称为配音映射(Patch Map)。

8. 通用 MIDI(GM)

通用 MIDI 规范(General MIDI Specification)是由国际 MIDI 协会(International MIDI Association)颁布，用于通用 MIDI 乐器(General MIDI Instruments)。该规范包括通用 MIDI 声音集(General MIDI Sound Set)即配音映射(Patch Map)、通用 MIDI 打击乐音集(General MIDI Percussion Set)即打击乐音与音符号之间的映射，以及一套通用 MIDI 演奏(General MIDI Performance)能力，包括声音数目和 MIDI 消息类型等。

通用 MIDI 系统规定 MIDI 通道 1～9 和 11～16 用于旋律乐器声，而通道 10 用于以键盘为基础的打击乐器声。

9.4.4　CD 音频文件

CD 音频文件的扩展名为 CDA，也称 CD 音乐格式。其取样频率为 44.1kHz，16 位量化位数，与 WAV 一样。但 CD 存储采用了音轨的形式，又叫"红皮书"格式，记录的是波形流，是一种近似无损的格式。

9.4.5 其他音频文件

除了 WAV 格式、MIDI 格式、CD 格式文件外,其他常用的音频文件见表 9-4。

表 9-4 常用的音频文件

音 频 格 式	扩 展 名	说 明
WAV 格式	WAV	WAV 格式支持许多压缩算法,支持多种音频位数、采样频率和声道,采用 44.1kHz 的采样频率,16 位量化位数
MIDI 格式	MID RMR XMI	在 MIDI 文件中存储的是一些指令。把这些指令发送给声卡,由声卡按照指令将声音合成出来
CD 格式	CDA	其取样频率为 44.1kHz,16 位量化位数,存储采用了音轨的形式
MP3 格式	MP3	全称是 MPEG-1 Audio Layer 3,符合 MPEG 规范。MP3 能够以高音质、低采样率对数字音频文件进行压缩
MP3Pro	MP3	可以在基本不改变文件大小的情况下改善原先的 MP3 音乐音质。能够在用较低的比特率压缩音频文件的情况下,最大程度地保持压缩前的音质
Windows Media Audio	WMA	WMA 格式是以减少数据流量但保持音质的方法来达到更高的压缩率目的,其压缩率一般可以达到 1∶18。此外,WMA 还可以通过 DRM(Digital Rights Management)方案加入防止复制
MP4	MP4	MP4 在文件中采用了保护版权的编码技术,只有特定的用户才可以播放,有效地保证了音乐版权的合法性。另外 MP4 的压缩比达到了 1∶15,体积较 MP3 更小,但音质却没有下降
SACD		SA=SuperAudio,它的采样率为 CD 格式的 64 倍,即 2.8224MHz。SACD 重放频率带宽达 100kHz,为 CD 格式的 5 倍,24 位量化位数,远远超过 CD,声音的细节表现更为丰富、清晰
QuickTime	MOV	数字流媒体,它面向视频编辑、Web 网站创建和媒体技术平台
VQF 格式	VQF TVQ	压缩率能够达到 1∶18,VQF 的文件体积比 MP3 小 30%～50%,更便利于网上传播,同时音质极佳,接近 CD 音质(16 位 44.1kHz 立体声)
DVD Audio		音乐格式的 DVD 光碟,取样频率为 48kHz/96kHz/192kHz 和 44.1kHz/88.2kHz/176.4kHz 可选择,量化位数可以为 16b、20b 或 24b。能够传输先前所有音频载体格式无法携带的全新标准的高质量音频数据
MD	MD	MiniDisc,MD 之所以能在一张小小的盘中存储 60～80min 采用 44.1kHz 采样的立体声音乐,就是因为使用了 ATRAC 算法(自适应声学转换编码)压缩音源
RealAudio	RA、RM RAM RTS	RealAudio 主要适用于网络上的在线播放。现在的 RealAudio 文件格式主要有 RA(RealAudio)、RM(RealMedia,RealAudio G2)、RMX(RealAudio Secured)等三种

续表

音频格式	扩展名	说　明
RealMedia	ra、ram	RealNetworks 公司的流放式声音文件格式
RealAudio 8		Internet 音频的新标准。能以 64kb/s 的编码速率提供 CD 的音质，生成的文件只有 MP3 文件的一半
LQT	LQT	Liquid Audio 是一家提供付费音乐下载的网站。它通过在音乐中采用自己独有的音频编码格式来提供对音乐的版权保护
Audible	AA	拥有 4 种不同的格式：Audible1、2、3、4。Audible.com 网站主要是在互联网上贩卖有声书籍，并对它们所销售商品、文件通过 4 种 Audible.com 专用音频格式中的一种提供保护
VOC 文件	VOC	Creative 公司波形音频文件格式，是随声霸卡一起产生的数字声音文件，与 WAV 文件的结构相似，可以通过一些工具软件方便地互相转换
AU 文件	AU	在 Internet 上的多媒体声音主要使用该种文件。是 WWW 上唯一使用的标准声音文件
AIFF.	AIF AIFF	Apple 计算机公司开发的声音文件格式，被 Macintosh 平台和应用程序所支持。支持压缩
Amiga 声音	SVX	Commodore 所开发的声音文件格式，被 Amiga 平台和应用程序所支持，不支持压缩
MAC 声音	snd	Apple 计算机公司所开发的声音文件格式，被 Macintosh 平台和多种 Macintosh 应用程序所支持，支持某些压缩
stereo、48kHz	S48	采用 MPEG-1 layer 1，MPEG-1 layer 2(简称 MP1，MP2)声音压缩格式，由于其易于编辑、剪切，所以在广播电台应用较广
Advanced Audio Coding		高级音频编码已成为 MPEG-4 规范的核心，同时它还是在因特网、无线网以及数字广播网领域中的新一代音频数字解码器的选择
Ogg Vorbis	OGG	Xiph Foundation 格式，在低至 64kb/s 的比特率下提供接近 CD 音质的音频质量。开放源代码，不需要支付使用许可费用
Monkey's Audio	ape	Matthew T. Ashland 格式，无失真压缩。部分开放代码
vox	vox	Dialogic 标准、面向语音的编码。
MOD(Module)	mod	由乐器采样和乐谱、演奏控制信息组成。扩展名有 s3m/it/xm/mtm/ult/ 669

9.4.6　音频文件的相互转换

　　音频格式之间的相互转换最常用的就是 WAV 文件，所以目标就是要做到各种格式与 WAV 格式之间的转换，再借助 WAV 实现格式间的转换。

　　通用的格式转换工具有：Winamp；音频编辑软件，如 CoolEdit 之类的软件，就可以支持 SAM、WAV、IFF、SVX、AIF、SND、VOX、DWD、AU、SND、VCE、SMP、VOC、VBA 等多种格式；国产豪杰的"音乐工作室"等。

　　音频格式转换的常用工具和转换工具实现的转换见表 9-5 和表 9-6。

表 9-5　音频格式转换的常用工具

转　换	常　用　工　具
WAV→MIDI	Gama wavmid32 Digital Ear AKoff Music Composer MIDI Recognition System 等
MIDI→WAV	n-Track Studio WAVmaker AmazingMIDI Wingroove Yamaha s-YXG 等
WAV→MP3	L3enc MPEG Layer-3 Audio Codec RightClick-MP3 mp3creator MPlifier
MP3→WAV	MP32WAV Professional Mp3towav RightClick-MP3 DART CD-Recorder mp3decoder 等
WAV→CD	AudioWriter 或者 DART CD-Recorder Plu
CD→WAV	；CDCopy AudioGrabber WinDAC32、Digital Audio Copy、MusicMatch Jukebox 等
WAV→RM,RAM	；Real Producer G2
RA→WAV	Ra2Wav Streambox Ripper
WAV→VQF	Yamaha SoundVQ Encoder Audiograbber 等
RAW→WAV	RAWtoWAV
MP3→CD	MP3CD Maker、CDCOPY、MP32WAV Professional、AudioWriter、Siren Jukebox 等
CD→MP3	MusicMatch Jukebox、Cdtomp、Cdex、Ultimate Encoder、AudioCatalyst 等

表 9-6　转换工具实现的转换

工　具	实　现　转　换
Audio Converter	WAV→VQF；MP3 转换为 CD；WAV、VQF、MP3→WMA、WAV；WAV→RA
极速火龙 CD 压缩器	CD→WAV、WMA、VQF、MP3；WAV 与 WMA、VQF、MP3
Wisecrof Ripper	RA、RM、RAM→WAV
Midi2Wav Recorder	MID→WAV
Amazing MIDI	WAV→MIDI

9.5　图像信息处理

图形(graphics)和图像(image)是两个不同的概念。图像的表示形式是位图,而图形的表示形式是矢量图。

9.5.1　图像信息

图像是指由输入设备捕获的实际场景画面,或以数字化形式存储的任意画面。图像经过扫描仪或数码相机输入计算机,并转换为由行列点阵(像素)组成的数字信息,存储在存储介质上。

位图是由数字阵列信息组成,阵列中的各项数字用来描述构成图像的各个点的颜色和强度等信息。位图的质量主要由图像的分辨率和色彩位数决定。分辨率有图像分辨率和屏幕分辨率之分。在一定的屏幕分辨率下,图像分辨率决定了显示的尺寸大小。色彩位数是以二进制位决定,1 位二进制表示纯黑白两种颜色、4 位二进制表示 16 种纯色、8 位二进制表示 256 种颜色、24 位二进制表示 16 777 216 种真彩色。

位图适合表现含有大量细节的画面,如复杂场景、明暗变化、丰富色彩等,并能直接、快速地显示在屏幕上。

9.5.2　图像信息的输入技术

由于图像信息的表现形式是位图,因此图像信息的获取主要通过扫描仪、数码相机等图像捕获设备获得。

1. 扫描仪图像信息的输入技术

扫描是获取图像的最简单的方法,能将图片和文本转换成位图。扫描仪已成为 MPC 输入设备的标准配置。

扫描仪的性能指标主要有分辨率、色彩位数和扫描速度。

扫描仪一般都配置相应的软件,许多图像处理软件也支持流行的扫描仪。扫描仪允许选择扫描区域、分辨率、对比度、颜色深度等。

OCR(Optical Character Recognition)是光学符号识别技术,OCR 通过扫描或摄像等光学方式获取纸质上文字的图像方式,利用各种模式识别算法,分析文字形态特征,判断出文字的标准码,并按通用格式存储在文本文件中。

2. 数码照相机信息采集技术

数码照相机是集光、电、机于一体的产品。数码相机由镜头、CCD、A/D(模数转换器)、MPU(微处理器)、内置存储器、LCD(液晶显示器)、PC 卡(可移动存储器)和接口(计算机接口、电视机接口)等部分组成。

数码照相机将外部的景物通过镜头,以反射光线照射在感光器件 CCD(电荷耦合器件)上;并由 CCD 转换为电荷;CCD 由数千万独立的光敏元件排列成矩阵(如 $2048 \times 1536 =$ 300 万像素)组成,每个元件上的电荷量取决于其所受的光照强度,最终表现为景物图像的一个像素。

CCD 得到景物的电子图像后,还需要使用 A/D 器件进行模数信号的转换;再由 MPU 对数字信号进行压缩并转化为特定的图像格式,如 JPEG 格式;最后以图像文件存储在内置存储器中。数码相机信息采集技术如图 9-4 所示。

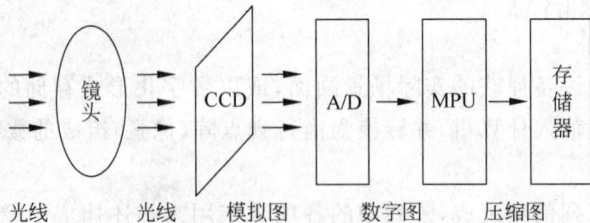

| 光线 | 光线 | 模拟图 | 数字图 | 压缩图 |

图 9-4　数码照相机信息采集技术

通过 LCD 可查看所拍摄的照片,同时还可对数码相机进行一些简单的操作,如设置、删除等操作。为了扩大存储容量,可使用可移动存储器,如 PC 卡、微型硬盘等。

3. 数码相片的拍摄、输入技术、处理与输出技术

1）数码相片的拍摄

数码相片的拍摄可以通过数码相机、数字摄像机、数字摄像头、手机等，以专用的数码相机为最好。数码相机具有传统相机不具备的两个独特的性能，即白平衡和数码变焦。所谓白平衡是指在任何环境的光线下，都能将"白"定义为人眼所认定的"白"的功能。商用级的数码相机都有白平衡功能。白平衡的设置因相机而异，一般有自动白平衡、白炽灯白平衡、荧光灯白平衡、室外（阳光、多云、阴天等）白平衡和自定义白平衡等。所谓的数码变焦，实质上是在镜头原视角的基础上，在 CCD 影像信号范围内，截取一部分影像进行放大。对影像清晰度要求不高时，数码变焦能享受远摄长焦镜头的拍摄乐趣。数码相片的优势在于：即拍即见、影像品质永远不变、采用无胶卷纯物理方式的"绿色摄影"、直接在计算机上进行处理等。

2）输入技术

数码相片通过 USB 接口直接输入存储在计算机的硬盘上。

3）数码的处理

数码的处理是通过计算机进行修整或创作，既包括对曝光、反差、色彩、色调、裁剪等一切摄影画面的常规处理，也包括拼接、合成、变换背景、变形、浮雕效果、油画效果、马赛克效果等各种特效处理，甚至对拍虚了的相片也能进行提高清晰度的处理等。

4）输出技术

数码相片的输出通常有：屏幕或电视的直接观看，打印或扩印成照片，制作成光盘或 VCD，E-mail 传送，通过照片记录仪制作彩色、黑白负片或正片等。

9.5.3 数字图像文件

常见的数字图像文件形式如表 9-7 所示。

表 9-7 常见的图像文件

格 式	扩展名	说 明
PCX	.pcx	PCX 是一种位图格式，适用于绘画程序。PCX 支持 16 色、最高支持 256 色。采用游程编码压缩方法
BMP	.bmp	BitMAP 是最为普遍的点阵图格式之一，也是 Windows 的标准格式。存储容量大，不失真。BMP 有压缩和非压缩之分。BMP 支持单色、16 色和 256 色伪彩色及 RGB 真彩色图像
JPEG	.jpg	Joint Photographic Expert Group 是一种高效率的压缩文件，采用有损压缩技术，压缩比与图像品质有关，是网上流行的图像格式
TIFF	.tif	Tagged Image File Format 是一种以说明标准点阵资料的格式，TIFF 以 RGB 真彩模式存储，支持 OPI，常用于彩色图像扫描和桌面出版系统
PCD	.pcd	PCD 是电子照片文件的存储格式，是 PhotoCD 的专用格式。读取时要用 Kodak 公司的专用软件。能使用 Photo Styler、CorelDraw 等将 PCD 转换为其他标准的图像文件

续表

格 式	扩展名	说　明
GIF	.gif	Graphics Interchange Format 是 CompuServe 公司的图形文件格式,可使背景透明,并将数张图片存储为一个文件形成动态效果,在网上被广泛使用
WMF	.wmf	Windows Metafile Format 是 Windows 中支持的图像格式,WMF 是一种矢量图形格式,既可以连接矢量图形,也可以连接位图图像
动态 GIF	.gif	Animated GIF 格式是 GIF 格式的动态版本,网上可以看到大量的动态 GIF 图像
PNG	.png	Portable Network Graphics 标准支持 48 位色彩、16 位 RGB 单独通道,以及 16 位灰度图。网上使用的 PNG 一般是 8 位或 16 位。PNP 格式的另一大优越性是它的透明效果
MNG	.mng	Multiple-image Network Graphics 是 PNG 格式的动画版本。MNG 表现要比动态 GIF 强,不强调专利权而且提供品质优秀的无损压缩等

9.5.4　图像信息处理的常用软件

目前常用的图像信息处理软件有：英国 Corel System 公司的 Photo Paint、Aldus 公司的 PhotoStyler、Adobe 公司的 Photoshop 等,其中最著名的是 Photoshop。

Photoshop 支持的图像文件格式有：BMP(Bit Map Picture),是标准的 Windows 图像格式,有压缩和非压缩两种形式,该格式可表现从 2 位到 24 位的色彩,分辨率也可从 480×320 至 1024×768。PSD(Photoshop Standard),是 Photoshop 中的标准文件格式,支持所有的图像颜色模式,是编辑图像的原始文件。TIFF(Tagged Image File Format),文件存储的信息量多、容量大,包含较多的细微层次的信息,有利于原稿色调与色彩的复制,多用于彩色印刷行业,其形式有压缩和非压缩两种,最高可支持高达 16M 的色彩数。GIF(Graphics Interchange Format),是一种在各种平台的图形处理软件上均可处理的压缩图形格式,适合应用于网络,缺点是存储色彩最高只能达到 256 种。JPEG(Joint Photographic Experts Group),是一种可大幅度压缩图形文件的格式,JPEG 格式存储的文件是其他类型图形文件的 1/10～1/20,且色彩数可最高达到 24 位。EPS(Encapsulated PostScript),是用 PostScript 语言描述的 ASCII 图形文件,在 PostScript 图形打印机上能打印出高品质的图形,最高能表示 32 位图形(图像),有 Photoshop EPS 格式、Adobe Illustrator EPS 和标准 EPS 格式。PDF(Portable Document Format),是一种跨平台、跨程序灵活的文件格式,不但可精确地保存版面,还可实现文档搜索和超链接功能。

9.6　动画信息处理

使用计算机进行动画信息处理可以分解为对一系列图形、图像处理的综合,在此过程中需要解决的主要问题包括如何保存系列图像和图形使其冗余最小、如何实现图像的过渡等。

9.6.1　动画信息

动画信息包含一系列变化了的画面及使这些画面能够连续播放的信息。

1. 动画

动画(animation)是通过连续播放一系列画面,给视觉造成连续变化的图画。它的基本原理是"视觉暂留"的特性造成一种流畅的视觉变化效果。"视觉暂留"是指人的眼睛看到一幅画或一个物体后,在 1/24s 内不会消失。因此,电影采用了每秒 24 幅画面的速度拍摄播放,电视采用了每秒 25 幅(PAL 制)或 30 幅(NSTC 制)画面的速度拍摄播放。广义而言,把一些原先静止的东西,经过影片的制作与放映,变成会活动的影像,即为动画。

2. 帧

组成动画的每一张图片称为帧(frame)。帧是动画的最小单位。帧分为以下两种。

(1) 关键帧(key-frame)。任何要表现运动或变化的动画,其中一个动作变化的部分,至少前后要给出两个不同的关键状态,表示关键状态的帧叫做关键帧。

(2) 过渡帧。在两个关键帧之间,完成过渡画面的帧称为过渡帧。

关键帧和过渡帧的联系和区别:其一,两个关键帧的中间可以没有过渡帧(如逐帧动画),但过渡帧前后肯定有关键帧,因为过渡帧附属于关键帧;可以修改关键帧的内容,但无法修改过渡帧内容。其二,关键帧中可以包含形状、剪辑、组等多种类型的元素或诸多元素,但过渡帧中的对象只能是剪辑(影片剪辑、图形剪辑、按钮)或独立形状。

3. 帧频

帧频是指 1s 动画所包含的帧的数量,用"帧/秒"或 FPS 表示。基本上,FPS 数都是 24 的因数。12FPS 是为了节省数据量,普通的动画基本上是 12FPS,放映时连续的两帧为同一画面,12FPS 事实上不会产生滞涩感。低成本动画采用 8FPS,其画面质量比较差。

4. 动画的分类

动画的分类没有一定规则。从制作技术和手段看,动画可分为以手工绘制为主的传统动画和以计算机为主的计算机动画。按动作的表现形式来区分,动画大致分为接近自然动作的"完善动画"(动画电视)和采用简化、夸张的"局限动画"(幻灯片动画)。如果从空间的视觉效果上看,又可分为平面动画和三维动画。从播放效果上看,还可以分为顺序动画和交互式动画。从每秒播放的帧数来讲,还有全动画(24FPS)(迪斯尼动画)和半动画(少于24FPS)。

9.6.2　动画信息的生成

动画信息的形成手段可以是人工的方式,也可以通过建立模型后由计算机自动生成。

1. 手工动画

手工动画(classical animation)又称卡通(cartoon)片,意思是漫画和夸张,往往采用夸张拟人的手法将一个个卡通形象搬上银幕。

手工动画的制作,通常由美术师绘制关键画,然后由美工使用关键画描绘出中间画,最后将这些画面拍照形成动画影片。

2. 计算机动画

计算机动画(computer animation)是指利用计算机图像与图形的处理技术,借助编程或动画制作软件生成一系列的画面,形成可供播放的连续帧。

计算机动画的原理与手工动画的原理基本相似,在手工动画的基础上,将计算机技术应用于手工动画的制作和处理,并达到手工动画难以达到的效果。

1) 计算机动画的应用

计算机动画的应用相当广泛,可以是某一应用软件中某个对象或字幕的运动,电子出版物、电视片的片头和片尾的设计,广告制作,建筑装潢,游戏制作,电影特技,计算机动画片等。

2) 实时动画与逐帧动画

实时动画(real time)也称为算法动画,是通过各种算法来实现对物体运动的控制。计算机对输入的数据进行快速处理,并在人眼察觉不到的时间内将结果显示出来。实时动画的响应时间与许多因素有关,如计算机的运算速度、图形计算的软件和硬件、景物的简单和复杂、动画图像的大小等。

逐帧动画(frame by frame)也称帧动画,或关键帧动画。逐帧动画是通过一帧一帧显示动画的图像序列而实现运动的效果。

3) 二维动画与三维动画

二维动画(2D animation)也称计算机辅助动画。计算机主要是辅助动画师制作传统的平面动画,即将事先手工制作的原动画逐帧扫描输入计算机,由计算机完成描线上色,生成过渡帧,并用计算机控制运动方式。

三维动画(3D animation)也称计算机生成动画。三维动画中参加动画的对象不是简单地由外部输入,而是根据三维数据在计算机内部生成,运动的轨迹和动作的设计也是在三维空间中考虑。

4) 游戏动画、网页动画和影视动画

游戏动画的制作和表现是基于计算机的。在保证一定图像质量的基础上,更强调其交互显示的实时性,因而对计算机硬件的要求较高,特别是显示卡的要求。

网页动画的制作和表现也是基于计算机的。网页动画关注动画文件的大小,有利于网络传输,并不强调图像的真实性。

影视动画的制作基于计算机,而表现则是影视屏幕等媒体。影视动画更强调真实性,无论是场景还是人物应尽可能地"以假乱真"。

9.6.3　动画制作软件

随着动画制作需求的不断深入,动画制作软件近年来有了极大的发展,从二维平面动画发展到三维立体动画,由简单动画发展到影视动画。

1. 专业二维动画制作软件

专业级的二维动画制作软件,除了具有绘画功能外,还具有输入关键帧、生成过渡帧、动画测试、动画系列生成、编辑记录等功能。目前比较流行的专业二维动画软件有以下几个。

(1) Animo。Animo 是英国 Cambridge Animation 公司开发的运行于 SGI O2 工作站和 Windows NT 平台上的二维卡通动画制作系统,它是世界上最受欢迎、使用最广泛的系统。Animo 系统的代表作品有《空中大灌篮》、《小倩》、《埃及王子》等。

(2) USAnimation。USAnimation 是加拿大 Toon Boom 公司开发的运行于 Windows 2000 平台上的排名世界第一的 2D 卡通制作系统产品,迪斯尼的动画片很多时候都是使用这个软件进行制作。

USAnimation 系统的代表作品有《美女与野兽》等。

(3) RETAS。RETAS PRO 是日本 Celsys 株式会社开发的一套应用于 PC 和苹果机的专业二维动画制作系统,RETAS 运行于 Windows 95/98/NT、Mac 平台。RETAS Pro 在日本动画界广泛使用,占有市场份额 80% 以上。日本已有 100 家以上的动画制作公司使用该软件。RETAS Pro 系统的代表作品有《鲁宾三世》、《蜘蛛人》等。

(4) Animation Stand。Animation Stand 是目前欧美国家最先进的、唯一能在所有高性能平台上都适用的二维动画制作系统。全球最大的卡通动画公司,如沃尔特、华纳兄弟、迪斯尼和 Nckelodeon 等都曾采用;全世界的专业人员、工业动画制作工作室和各影视公司电视台也都采用,广泛服务于娱乐业。

(5) 点睛动画制作系统。点睛辅助动画制作系统是国内第一个也是唯一一个拥有自主版权的计算机辅助制作传统动画的软件系统。该软件由方正集团与中央电视台联合开发。其代表作品有《海尔兄弟》。

(6) 其他系统。西班牙 Crater Software 公司的软件包 CTP,运行于任何 Windows PC 上;意大利 SoftImage 公司的 Toonz,运行于 SGI 超级工作站的 IPIX 平台、PC 的 Windows 平台和苹果机的 Mac 平台;法国的 PEGS 有 NT 版本,是世界上唯一提供矢量与点阵两种方式的卡通软件,并可合成 Flash 文件格式。

2. 网页动画制作软件

网页动画主要有 GIF 动画和 Flash 动画。

(1) GIF 动画。GIF 的全称为图像交换格式(Graphics Interchange Format),是 Internet 上最常见的图像格式之一。GIF 只支持 256 色以内的图像,采用无损耗压缩存储。支持透明色,使图像浮现于背景上。GIF 动画就是通过在 GIF 文件中存储多幅彩色图像并将多幅图像逐帧显示,构成一种最简单的逐帧动画。这种逐帧动画的文件很小,可以直接在网页和多媒体软件中使用。

GIF 动画的制作比较简单,制作的软件也很多。在 Windows 平台上,有著名的 Adobe 公司的 ImageReady、中国台湾地区友立公司的 GIF Animation 等。在 Linux 平台上,GIMP 就是一个具有同 GIF Animation 或者 ImageReady 一样简单易用,并且功能强大的制作工具。

Adobe 公司的 Fireworks 有强大的矢量图制作能力,通过动画符号(Symbol)在不同影格的不同设置,造成视觉上的变化,影像随着影格播放就形成了动画。

(2) Flash 动画。Flash 是美国 Adobe 公司的优秀网页动画设计软件。Flash 是一种交互式动画设计工具,可以将音乐、声效、动画及富有新意的界面融合在一起,制作出高品质的网页动态效果。

3. 三维动画制作软件

三维动画的制作早期主要在一些大型的工作站上完成,随着 PC Windows 平台上的 3ds Max、Maya 等工具的出现,推动了三维动画应用领域的不断拓展与发展。

1) 3ds Max

3ds Max 是 3d studio Max 的简称,是美国 Autodesk 公司开发的基于 PC 系统的三维动画渲染和制作软件。

3ds Max 具有功能强大、扩展性好、操作简单、容易上手和其他相关软件配合流畅、动画效果非常的逼真等特点。

3ds Max 广泛应用于广告、影视、工业设计、建筑设计、多媒体制作、游戏、辅助教学及工程可视化等领域。在游戏方面,主要客户有 EA、Epic、SEGA 等,大量应用于游戏的场景、角色建模和游戏动画制作。在建筑方面,建筑效果图和建筑动画制作占据绝对优势。在室内设计方面,可用于制作 3D 模型,如沙发模型、客厅模型、餐厅模型、卧室模型等。在影视方面,热门电影《阿凡达》《诸神之战》、北京申奥宣传片等都引进了先进的 3D 技术。

2) Maya

Maya 是美国 Alias/Wavefront 公司(后被 Autodesk 公司收购)出品的世界顶级的三维动画软件。Maya 功能完善,工作灵活,易学易用,制作效率极高,渲染真实感极强,是电影级别的高端制作软件。

Maya 集成了最先进的动画及数字效果技术。它不仅包括一般三维和视觉效果制作的功能,而且还与最先进的建模、数字化布料模拟、毛发渲染、运动匹配技术相结合。

Maya 软件主要的商业应用的领域有:平面图形可视化,它极大增进了平面设计产品的视觉效果,其强大的功能开阔了平面设计师的应用视野;网站资源开发;电影特技(其代表作品有《蜘蛛侠》、《黑客帝国》、《指环王》等);游戏设计及开发。

3) LightWare 3D

LightWave 3D 是美国 NewTek 公司出品的一款高性价比的高端三维软件,它的功能非常强大,价格却很低廉。

LightWave 3D 被广泛应用在电影、电视、游戏、网页、广告、印刷、动画等各领域。它的操作简便,易学易用,在生物建模和角色动画方面功能异常强大;基于光线跟踪、光能传递等技术的渲染模块,令它的渲染品质几尽完美。

LightWave 3D 在三维制作领域有相当重要的地位,LightWave 3D 以其优异性能备受影视特效制作公司和游戏开发商的青睐。好莱坞大片 *TITANIC* 中细致逼真的船体模型、

REDPLANET 中的电影特效,以及《恐龙危机 2》《生化危机——代号维洛尼卡》等许多经典游戏均由 LightWave3D 开发制作完成。

9.6.4 虚拟现实

虚拟现实(Virtual Reality,VR)是当今计算机科学中最激动人心的研究课题之一。

虚拟现实系统又称为虚拟现实环境,是指计算机生成的一个实时三维环境。使用者可以在该环境中"自由地"运动,观察周围的景物,还可通过各种专用的传感交互设备与虚拟物体进行交互操作。用户看到的是全彩色景象,听到的是虚拟环境中的音响,感觉(手、脚或皮肤等)到的是虚拟环境所反馈的作用力,从而让使用者产生一种身临其境的感觉。

1. 虚拟现实的含义

虚拟现实主要有以下三方面的含义。

(1) 虚拟现实是利用计算机技术而生成的逼真的实体,使人对该实体具有真实的视觉、听觉、触觉、嗅觉,甚至味觉。

(2) 可以通过自然技能与虚拟现实进行对话,即通过人的头部转动、眼的活动、四肢运动等各种人体的自然动作或技能可以与虚拟现实进行交互,具有真实感。

(3) 虚拟现实往往会借助于三维的传感设备,来完成交互动作,如数据手套、数据衣服、头盔式显示器、三维操纵器等。

2. 虚拟现实的基本特征:

虚拟现实具有三个基本的特征(3I):沉浸(immersion)、交互(interaction)和构想(imagination)。

(1) 沉浸。借助于各种传感器,用户所看到的、听到的、感受到的一切都很真实,有身临其境的神奇效果。

(2) 交互。能用自然的方式对虚拟现实中的环境进行应对或操作。

(3) 构想。能使用户产生更丰富的联想。

3. 虚拟现实的技术

虚拟现实的基础技术是多媒体技术。虚拟现实的主要技术包括:实时三维图形生成技术、多传感交互技术、高分辨率显示技术。虚拟现实技术系统有:输入/输出设备、虚拟环境及其软件、计算机系统。

4. 产生虚拟现实环境的方法

产生虚拟现实环境的方法有以下几种。

(1) 基于模型的方法(Modelbased Method,MM)。

这种方法产生虚拟环境的步骤为:

① 用放置在不同地点的多个摄像机将某环境或事物记录下来。

② 利用计算机的视频技术抽取出环境或事物的三维模型。

③ 从虚拟摄像头的视角展示获得模型。具体的做法是：获得数据→标度摄像头→分离对象→建立模型→嵌入颜色→交互回放。

（2）基于图像的方法（Imagebased Method，IM）。

一般做法是：

用摄像头连续扫描周围空间来获取某一区域完整的景物图像，将获取的景物图像，通过图像处理技术，按坐标映射到图形工作站的虚拟全景屏上，用户戴上头盔显示器就可以看到所摄周围景物环境。

5. 虚拟现实系统的常用设备及要求

虚拟现实系统常用设备有：三维鼠标（也称鸟标）、数据手套、数据衣服、头盔显示器、立体声耳机等。对虚拟现实系统的要求除了应具有高性能的计算机系统（包括软、硬件）外，还必须有下列关键技术提供强有力的支持。

（1）能以实时的速度生成具有三维全色彩的、有明暗、有阴影、有纹理的、逼真感强的景物图像。

（2）头盔显示器能产生高分辨率图像和较大的视角。

（3）能高精度地实时跟踪用户的头和手。

（4）能对用户的动作产生力学反馈。

6. 虚拟产品

虚拟产品（Virtual Product，VP）是虚拟现实技术应用于产品设计的产物，是一个数字化的产品。它具有真实产品所必须具有的特征。通过对产品实时性功能的仿真，设计人员或用户就能够像使用真实产品一样使用虚拟产品。由于产品的设计过程是数字化的，因此节省了传统方法中需要制造的物理模型（包括概念模型、模拟实验模型、外观模型和生产模型等）的时间和物质。在计算机中由于对设计的产品进行反复设计、分析、干涉检查、模具设计等过程，使设计绘图的工作量比传统的绘图工作量大大减少。

7. 软件实现的虚拟现实

基于计算机图形图像（包括动画、视频）应用的虚拟现实技术，基本不需要辅助设备，完全由计算机软件完成。目前已应用于电子商务中的三维商品展示、景点的虚拟旅游、虚拟博物馆、虚拟展览会等。

软件实现的虚拟现实技术主要有：基于平面图像的全景（panorama）技术、VRML（Virtual Reality Moldeling Language）建模语言和其他的 VR 技术（如三维网络技术的Cuit3D、ViewPoint 技术等）。

9.7 视频信息处理

数字视频信息量十分庞大，利用计算机存储量大、运算速度快的特点进行视频信息处理，主要是利用了人的视觉暂留特性，通过对视频帧信息的加工处理实现所需要的效果。

9.7.1 视频信息

视频信息包括运动图像和音效或伴音,其信息量大,表现力丰富。数字视频源主要是模拟视频信号,因此在视频信息的模数或数模转换过程中,数据的质量不仅取决于 MPC 的硬、软件平台,还取决于模拟视频设备以及信号源的性能。

9.7.2 视频信息的获取

数字视频信息的来源主要有三种。

1. 计算机生成的动画

计算机动画是利用计算机表现真实对象和模拟对象随时间变化的行为和动作,其实质是计算机图形技术绘制出来的连续画面。

2. 工程静态图形或图像序列组合

由一系列的静态图形或图像按照一定的顺序排列而成的,这些静态图形或图像的每一幅称为帧(Frame)。每一帧与相邻帧略有不同,当帧以一定的速度连续播放时,视觉暂留特性造成了连续的动态效果。

3. 视频采集卡采集

通过视频采集卡将模拟视频信号转换为数字视频,并以数字视频文件的格式保存。

9.7.3 数字视频的采集系统

1. 视频采集卡

视频采集卡有多种规格,应用于不同的环境和具有不同的技术指标。其接口、采集和驱动功能基本相同。

(1)接口。接口包括与 PC 的接口和与模拟视频设备的接口。视频采集卡一般都支持 PAL 和 NTSC 两种电视制式。

视频采集卡一般不具备电视天线接口和音频输入接口。视频采集卡通过声卡获取数字化的伴音,并将伴音与数字视频同步合成。

(2)采集。视频采集卡接收来自视频输入端的模拟信号,对该信号进行采集、量化成数字信号,然后压缩编码为数字视频序列。

一般视频采集卡采用帧内压缩的算法,将数字化的视频数据存储为 AVI 格式文件;高档的视频采集卡还能直接将数字化的视频数据实时压缩为 MPEG-1 格式文件。

(3)驱动。视频采集卡一般都配有硬件驱动程序,实现 MPC 对采集卡的控制和数据通信。

2. 数字摄像机

数字摄像机可以实时地获取动态的实景,并将实景记录在存储介质上。

(1)数字摄像机的类型。数字摄像机有 MD 摄像机、数字 8mm 摄像机和 Mini DV 摄像机。MD 摄像机将信号记录在 MD 光盘上,由于 MD 容量所限,连续拍摄时间较短。数字 8mm 摄像机使用 8Hi 录像带,录像带价格低廉。Mini DV 摄像机性能价格比相对较高,体积小,重量轻,品种型号多。

(2)数字摄像机的特点。DV(Digital Video,数字视频)摄像机通过 CCD 将光信号转换为图像信号、通过话筒得到的音频信号,经过模数转换并压缩处理后,由磁头记录。DV 摄像机具有:画面质量高、声音达 CD 水准、可拍摄数字相片、与计算机交换信息方便、信噪比高达 54dB(不会出现上下颤抖、减少了雪花斑点)等。

3. 其他采集方式

除了数字摄像机实时地获取动态的实景外,磁带录像机与录像带和电视信号的采集也是常用的方式。

(1)磁带录像机与录像带。磁带录像机与录像带是提供视频信号源的最常用设备之一。

(2)电视信号。电视信号的采集最简单的方法是先通过磁带录像机将节目录制在磁带上,然后通过录像机的 Video 或 S-Video 端口与 MPC 上视频采集卡的相应端口相连,进行采集;另一种是添置一块 TV 调谐卡接收电视信号,通过视频采集卡将解调后的复合模拟视频信号转换为数字视频 AVI 文件。

4. 数字视频的输出

数字视频的输出可以在计算机显示器上实现,也可以将数字视频文件转换为模拟视频信号在电视机上显示。

(1)在计算机上实现。在计算机上实现数字视频的输出是通过影视播放软件进行的。流行的视频播放软件有 Windows Media Player、Windows Media Player Classic、RealOne Player、RealPlayer、RealPlayer Plus、Xing、豪杰超级解霸、Rmvb-Play 视频播放器、暴风影音、金山影霸、PowerDVD Build、WinDVD、Microsoft Video for Windows、Video、Indeo Video 等。

(2)在电视机上实现。在电视机上实现数字视频的输出是通过视频采集的逆过程进行的。需要专门的设备来完成数模转换,将数字视频文件转换为模拟视频信号,输出到电视机上显示,或输出到录像机记录的磁带上。这种专门设备有高档的视频采集卡,用于专业级的视频采集、编辑及输出;有 TV 编码器(TV Coder),将计算机显示器上显示的内容转换为模拟信号,并输出到电视机或录像机上,功能较少。

9.7.4 常见视频文件格式

常见的视频文件见表 9-8。

表 9-8　常见的视频文件

格　式	扩展名	说　明
AVI	.avi	Audio Video Interleaved 是 Microsoft 公司开发的符合 RIFF 文件规范的数字音频和数字视频文件格式。AVI 允许视频和音频交错在一起同步播放,支持 256 色和 RLE 压缩。AVI 主要应用在多媒体光盘上
Quick Time	.mov .qt	Quick Time 是 Apple 公司开发的一种音频、视频文件格式。Quick Time 支持 25 位彩色,支持 RLE、JPEG 压缩,提供 150 种视频效果,配有二百多种 MIDI 的声音装置。目前已成为数字媒体技术领域的事实上的工业标准
MPEG	.mpeg .mpg .dat	文件格式是运动图像压缩算法的国际标准。MPEG 标准包括 MPEG 视频、MPEG 音频和 MPEG 系统(视频、音频同步)三部分。MPEG 的平均压缩比为 50：1,最高可达 200：1,图像和音响质量也很好。MPEG 有统一的标准格式,兼容性好
RealVideo	.rm	采用 RealNetworks 公司的音频视频压缩规范,主要用于网上实时传输活动视频影像,实现了实时传送和实时播放

9.7.5　视频信息处理的常用软件

目前常用的视频编辑软件有:Premiere、Video For Windows 和 Digital Video Productor、会声会影、Windows Moive Maker、MediaStudio、AfterEffect 等。其中 Adobe 公司开发的 Premiere 是视频编辑软件中功能较强的,在多媒体和电子出版中应用最广。而 Windows Moive Maker 是 Windows 系统自带的应用程序,使用简单、操作方便,是制作电子相册、小视频的普及型软件。

9.7.6　视频信息的处理

视频信息处理是使用视频编辑软件进行的,主要体现在数字视频的编辑处理上,包括视频画面的剪辑、合成、叠加、转换和配音等。具有视频文件编辑功能的软件称为数字视频编辑器,简称为视频编辑器。视频编辑器的功能如下。

(1) 编辑和组装各种视频片断。

(2) 各种过渡效果。

(3) 各种特技处理。

(4) 各种字幕、图标和其他视频效果。

(5) 配音,并对音频片断进行编辑调整。

(6) 改变视频特性参数,如图像深度、视频帧率和音频采样等。

(7) 设置音频、视频编码及其压缩参数。

(8) 输出生成 AVI 或 MOV 格式的数字视频文件。

(9) 转换成 NTSC 或 PAL 电视制式的兼容色彩,以便转换成模拟视频信号。

9.8　多媒体网络应用

通常把声音通信和图像通信的网络应用称为多媒体网络应用(Multimedia Networking Application)。网络上的多媒体通信应用要求在客户端播放声音和图像时要流畅,声音和图像要同步,因此对网络的时延和带宽要求很高。多媒体网络技术(Multimedia Networking)是目前网络应用开发的最热门的技术之一。

9.8.1　多媒体网络应用实例

现在已经在 Internet 上实现的多媒体应用有以下几种。

1. 现场实播

现场声音、电视广播,或者预录制内容的广播,可使用单目标广播传输,也可使用更有效的多目标广播传输。成熟的广播软件有 RealNetworks 公司广播器。

2. 音频点播

在用户请求传送服务机上存放的经过压缩的音频文件,如演讲、音乐、广播等,都可以实时地从音频点播软件中读取音频文件,而不是在整个文件下载之后开始播放。边接收文件边播放的特性称为流(streaming)。音频点播软件有 RealNetworks 公司的 RealPlayer 和 Vocaltec 公司的 Internet Wave。

3. 视频点播

与音频点播完全类似。服务机上存放的压缩的视频文件可以是授课、电影、电视剧、卡通片和音乐电视片等。存储和播放视频文件比音频文件需要更大的空间和传输带宽。视频点播软件有很多,如 RealOne 等。

4. IT 电话

IT 电话是利用 Internet 进行相互通信,可以是近距离通信,也可以长途通信,而费用却非常低廉。

5. 分组实时电视会议

分组实时电视会议与 IT 电话类似,但允许多人参加。会议期间,可以为参会的每一个人打开一个窗口。分组实时电视会议的产品有 Cornell University 开发的 CU-SeeMe。

9.8.2　多媒体网络应用分类

多媒体网络应用可分成以下三类。

1. 现场交互应用

IP 电话和实时电视会议是现场交互应用的实例。时延要求严格,这是因为人的听觉对延迟小于 150ms 的声音感觉不到有时延,在 150～400ms 之间可以接受,超过 400ms 就会令人感觉别扭。

2. 交互应用

音频点播、视频点播是交互应用的实例。用户仅要求服务器开始传输文件、暂停、从头开始播放或者是跳转而已。时延大约在 1～5s 就可以接受。

3. 非实时交互应用

现场声音、电视广播或者预录制内容的广播是非实时交互应用的实例。用户只是简单地调用播放器播放,时延在 10s 或者更多一些都可以接受。

9.8.3 Internet 上存取音频和视频的方法

经过压缩的音频或视频文件可以存放在 Web 服务器上,或者存放在音频/视频的流媒体服务器(streaming server)上。对于前一种情况,由 Web 服务器通过 HTTP 把文件传送给用户。对于后一种情况,由流媒体服务器通过非 HTTP 把文件传送给用户。

1. 读取音频和视频文件的方法

由于音频点播和视频点播还没有完全集成到 Web 浏览器中,所以需要媒体播放器(MediaPlayer)来播放音频和视频。插件技术把媒体播放器的用户接口放在 Web 客户机的用户界面上,浏览器在 Web 页面上保留屏幕空间,并且由媒体播放器来管理。目前,读取音频和视频文件的方法如表 9-9 所示。

表 9-9　读取音频和视频文件的方法

读取音频和视频文件的方法及图示	说　　明
通过 Web 浏览器将音频/视频从 Web 服务器传送给媒体播放器 Web浏览器 ←HTTP请求/响应→ Web服务器 ↓音频/视频文件 媒体播放器	方法简单,但存在比较大的时延问题。因为媒体播放器必须通过 Web 浏览器,才能从 Web 服务器上得到音频/视频文件。而且浏览器需要将整个文件从 Web 服务器下载到浏览器之后才把它传送给媒体播放器。这样做的结果是,即使对中等大小的文件,在传输过程中引入的播放时延也是很难接受的
直接将音频/视频从 Web 服务器传送给媒体播放器 Web浏览器 ←HTTP请求/响应→ Web服务器 ↓播放说明　↑ 媒体播放器 ←请求响应的文件→	使用这种方法传送音频/视频文件的中间环节,但这种方法依然使用 HTTP 传送文件,不容易使用户获得与 Web 服务器的满意交互性能,如暂停、从头开始、重放等功能。一般不推荐这种结构

续表

读取音频和视频文件的方法及图示	说　　明
直接将音频/视频从多媒体流媒体服务器传送给媒体播放器 Web浏览器 ──HTTP请求/响应── Web服务器 ↓播放说明 媒体播放器 ──请求响应的文件── 流媒体服务器	使用这种结构,媒体播放器即向流媒体服务器请求传送文件,而不是向 Web 服务器请求传送文件,媒体播放器和流媒体服务器之间可以使用它们自己的协议进行通信,声音/电视文件可以使用 UDP 而不是 TCP 直接从流媒体服务器传送给媒体播放器

2. 媒体播放器的主要功能

媒体播放器(Media Player)用来播放音频或者视频文件。一般都具有下述功能。

(1) 解压缩。几乎所有的音频和视频文件都是经过压缩之后存储的,因此无论播放来自存储器还是来自网络上的音频和视频都要解压缩。

(2) 去抖动。在媒体播放器中,限制抖动的简单方法是使用缓存技术,就是把音频或者视频数据先存放在缓冲存储器中,经过一段延时之后再播放。

(3) 错误处理。由于在 Internet 上会出现部分信息包在传输过程中丢失的情况,如果连续丢失的信息包太多,用户接收的声音和图像质量就不能容忍。采取的办法往往是重传。

(4) 用户可控制的接口。媒体播放器为用户提供的控制功能通常包括声音的音量大小、暂停/重新开始和跳转等。

9.8.4　多媒体网络应用面临的问题

由于 Internet 应用提供的服务不能对信息包的时延和时延的大小有任何保证,所以,开发任何一种成功的多媒体网络应用都是非常困难的。时至今日,Internet 上的多媒体应用取得了重大的成就,但还只是有限度的成功。

多媒体网络应用要解决的问题是提高网络带宽、减少时延(delay)和减少抖动(jitter)。

解决多媒体网络应用的途径主要是改善服务。

在忍受 Internet 的可靠性服务的同时,为提高多媒体网络应用的质量,只能改善服务。例如,使用 UDP 而不使用 TCP;在接收端增加延迟播放时间(例如 100ms 或更多)来减少网络引入的延迟抖动;可以给信息包添加错误校正码,以减少传输过程中信息的丢失。

为各种应用保留点对点的带宽。但这样要对 Internet 做一些较大的更改。例如,要开发保留带宽协议;要修改路由器队列中行程安排的策略才能实现带宽的保留;要给网络一个交通说明,网络要维持每种应用的交通;网络必须要有一种手段以确定是否有足够的带宽来支持新的带宽保留请求等。

参 考 文 献

1. 陈佛敏,陈建新.计算机基础教程(第二版).成都:电子科技大学出版社,2007.
2. 徐久成,王岁花.大学计算机基础.北京:科学出版社,2009.
3. 朱三元,陈建新.计算机基础教程.北京:科学出版社,2011.
4. 王琛.精解 Windows 7.北京:人民邮电出版社,2009.
5. 谢希仁.计算机网络(第五版).北京:电子工业出版社,2008.
6. 龚沛曾,杨志强.大学计算机基础(第 5 版).北京:高等教育出版社,2009.
7. 龚沛曾,杨志强.大学计算机基础上机实验指导与测试(第 5 版).北京:高等教育出版社,2009.
8. 王志强.多媒体技术及应用.北京:清华大学出版社,2011.
9. 张海波.精通 Office 2010.北京:清华大学出版社,2012.
10. 张爱民,陈炯.计算机应用基础(Windows 7＋Office 2010).北京:电子工业出版社,2013.